全国电力继续教育规划教材

水电厂运行

主　编　李奎生

副主编　李书彦　吴　玮

编　写　冯艳蓉　张鹏国　尹广斌　李昱洁　温铁成

主　审　杨启军

中国电力出版社
CHINA ELECTRIC POWER PRESS

内 容 提 要

本书共十三章，其内容有：水电站油系统的运行、水电站技术供排水系统的运行、水电站气系统的运行、主阀系统的运行、水轮机的运行、调速器的运行、水电厂厂用交直流系统运行、水轮发电机的运行、变压器的运行、配电装置中电气设备的运行、继电保护与自动装置运行、计算机监控系统、电气倒闸操作。

本书不仅是新入职员工、转岗人员岗前培训教材，也是在职变电运行人员培训作业指导书。本书实用性强，通俗易懂，是水电运行技能培训的理想教材，同时还可作为电力工程类的高职高专院校现场技能学习的参考书。

图书在版编目（CIP）数据

水电厂运行/李奎生主编. —北京：中国电力出版社，2016.6
全国电力继续教育规划教材
ISBN 978-7-5123-9123-9

Ⅰ. ①水… Ⅱ. ①李… Ⅲ. ①水力发电站-运行-继续教育-教材 Ⅳ. ①TV73

中国版本图书馆 CIP 数据核字（2016）第 064959 号

中国电力出版社出版、发行

（北京市东城区北京站西街 19 号　100005　http://www.cepp.sgcc.com.cn）
汇鑫印务有限公司印刷
各地新华书店经售

*

2016 年 6 月第一版　2016 年 6 月北京第一次印刷
787 毫米×1092 毫米　16 开本　21.75 印张　531 千字
定价 45.00 元

敬 告 读 者

出 版 说 明

为贯彻落实《国家中长期教育改革和发展规划纲要（2010—2020）》的精神，满足电力行业产业发展对高级管理人才、高技术技能型人才的需要，在中国电力企业联合会、国家电网公司的领导下，由中国电力出版社组织电力企业的资深专家、电力院校的知名教授、高级培训师，成立了全国电力继续教育规划教材编委会，启动了 2010～2020 年全国电力继续教育规划教材建设工作。通过统筹规划、专题研讨、集思广益、交流合作，经过两年时间的努力，完成了本套教材的编写工作。本套教材主要有以下特点。

（1）在内容设计上，以尽快培养宽口径复合型、技能型人才为原则，以使受训者拓宽、加深专业知识，了解技术与管理中的前沿内容，提升企业管理理念和技能；以专业理论为基础，国家专业技术规程、规范、标准为依据。涵盖电力专业技术、企业管理与执行、企业文化与团队建设、企业安全管理与监控等内容；突出新技术、新设备、新工艺、新方法，采用来自生产现场的第一手资料，并以理论与实践 1:1 的构架，形成了完整独特的培训教材体系。

（2）在编写方式上，坚持少而精的原则，立足当前，着眼未来，内容的取舍取决于高技术技能型人才培训现在与未来的实际需求。做到结构清晰、重点突出，语言精炼、术语规范和标准化。教材以章节进行划分，每节按内容的走向分段落，每个段落形成一个版块，包括教学目标、任务准备、操作过程、技术标准、安全防范等环节，以便实现"教、学、做"一体化的传授模式。

（3）在传授的特点上，本套教材具有知识的系统性、连贯性、针对性；技能的实用性和可操作性等，由浅入深，从理论到实际地进行叙述，因此是电力企业高技术技能型人才继续教育、转岗、轮岗和新入职大学毕业生上岗培训首选的教科书，也是非电类专业优选的课外读物，是在职员工拓展专业知识、提升专业技术水平中具有指导性的培训教材，也是管理者继续教育不可缺少的参考资料。

本套教材的出版是贯彻落实国家人才队伍建设总体战略，实现电力企业高端管理和技能型人才培养的重要举措；是加快电力企业培训改革创新，全面提高培训质量的具体实践，必将对电力"一强三优""一特四大""三集五大"步伐起到积极的推动作用。

希望读者在使用这套教材的同时，能将教材中出现的不足和问题反馈给我们，以便进行完善和修订。

全国电力继续教育规划教材编委会

前　言

全国电力继续教育教材是按照全国电力继续教育规划教材的八条指导原则进行编写。教材体现了"一比例、二结合、三特性和四创新"的原则，即理论知识和实践内容上的比例为1∶1，编写工作采取了校企结合，教材充分体现了理论和实际相结合；在编写的过程中要做到有针对性、可操作性和最大限度的保证其实用性；在教材的内容结构上体现了新技术、新设备、新工艺和新方法。

本书由电力系统部分培训单位和部分电力企业生产单位承担具体编写任务。其中第一章水电站油系统的运行、第二章水电站技术供排水系统的运行、第三章水电站气系统的运行、第四章主阀系统的运行由李奎生编写；第五章水轮机的运行、第六章调速器的运行由尹广斌编写；第七章水电厂厂用交直流系统运行由温铁成编写；第八章水轮发电机的运行由冯艳蓉编写；第九章变压器的运行由李昱洁编写；第十一章继电保护与自动装置运行由张鹏国编写；第十章配电装置中电气设备的运行、第十二章计算机监控系统、第十三章电气倒闸操作由李书彦编写。全书由国网新源丰满培训中心李奎生和吴玮统稿，由重庆电力高等专科学校杨启军审稿。

本书最大的特点是专业内容理论简明、扼要，实际操作部分针对性强，所有操作项目紧密围绕现场实际。

本书在编写过程中，得到了国网新源丰满培训中心、国网东北分部长甸发电厂、国网新源丰满发电厂、国网赤峰供电公司、国网新源河北丰宁抽水蓄能有限公司的大力支持，在此一并表示衷心的感谢！

在编写本书时，参考了大量的相关书籍，在此对原作者表示深深的谢意！

限于编者经验和理论水平，书中难免出现疏漏和不妥之处，敬请读者批评指正。

2016 年 1 月 30 日

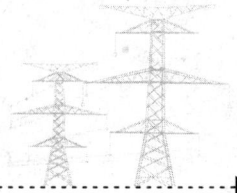

目 录

出版说明
前言
第一章 水电站油系统的运行 ………………………………………… 1
　第一节 油系统概述 ………………………………………… 1
　第二节 油系统的运行操作 ………………………………… 5
　第三节 油系统运行维护与试验 …………………………… 8
　第四节 机组油系统事故故障处理 ………………………… 10
　【思考与练习】 …………………………………………… 15
第二章 水电站技术供排水系统的运行 …………………… 16
　第一节 技术供水系统概述 ………………………………… 16
　第二节 技术供水系统的运行操作 ………………………… 21
　第三节 检修排水系统的运行 ……………………………… 29
　第四节 渗漏排水系统的运行 ……………………………… 34
　第五节 技术供水系统运行维护与试验 …………………… 41
　第六节 技术供水系统事故故障处理 ……………………… 45
　【思考与练习】 …………………………………………… 48
第三章 水电站气系统的运行 ……………………………… 49
　第一节 水电站气系统概述 ………………………………… 49
　第二节 水电站供气系统的运行 …………………………… 50
　第三节 水电站用气系统的运行 …………………………… 54
　第四节 水电站气系统事故故障处理 ……………………… 63
　【思考与练习】 …………………………………………… 70
第四章 主阀系统的运行 …………………………………… 71
　第一节 主阀系统概述 ……………………………………… 71
　第二节 主阀的自动控制 …………………………………… 72
　第三节 主阀的正常操作 …………………………………… 76
　第四节 主阀的运行监视与维护 …………………………… 82
　第五节 主阀的检修措施 …………………………………… 82
　第六节 主阀系统事故故障处理 …………………………… 84
　【思考与练习】 …………………………………………… 86
第五章 水轮机的运行 ……………………………………… 87
　第一节 水轮机运行基本技术要求 ………………………… 87

　　第二节　水轮机正常操作 ････････････････････････････････････ 89

　　第三节　水轮机运行监视与维护 ･･･････････････････････････････ 92

　　第四节　水轮机事故故障处理 ････････････････････････････････ 95

　　【思考与练习】 ･･･ 103

第六章　调速器的运行 ･･･ 104

　　第一节　调速器运行基本技术要求 ･･････････････････････････ 104

　　第二节　调速器正常操作 ･･････････････････････････････････ 105

　　第三节　调速器运行监视与维护 ･･･････････････････････････ 107

　　第四节　调速器试验 ･･････････････････････････････････････ 108

　　第五节　调速器事故故障处理 ････････････････････････････ 112

　　【思考与练习】 ･･･ 116

第七章　水电厂厂用交直流系统运行 ･･･････････････････････････ 117

　　第一节　水电厂厂用交流系统运行 ･･････････････････････････ 117

　　第二节　直流系统的运行 ･･････････････････････････････････ 125

　　【思考与练习】 ･･･ 134

第八章　水轮发电机的运行 ･･･････････････････････････････････ 135

　　第一节　水轮发电机运行技术要求 ･･････････････････････････ 135

　　第二节　水轮发电机正常运行 ････････････････････････････ 136

　　第三节　水轮发电机运行监视与维护 ･･･････････････････････ 139

　　第四节　水轮发电机组事故故障处理 ･･･････････････････････ 144

　　第五节　发电机黑启动操作 ････････････････････････････････ 155

　　【思考与练习】 ･･･ 157

第九章　变压器的运行 ･･･ 159

　　第一节　变压器运行方式和要求 ･･･････････････････････････ 159

　　第二节　变压器正常操作 ･･････････････････････････････････ 163

　　第三节　变压器运行监视与维护 ･･･････････････････････････ 171

　　第四节　变压器事故故障处理 ････････････････････････････ 174

　　【思考与练习】 ･･･ 184

第十章　配电装置中电气设备的运行 ･･･････････････････････････ 185

　　第一节　配电装置运行的一般规定 ･･････････････････････････ 185

　　第二节　断路器的运行 ････････････････････････････････････ 191

　　第三节　隔离开关的运行 ･･････････････････････････････････ 198

　　第四节　电流互感器的运行 ････････････････････････････････ 203

　　第五节　电压互感器的运行 ････････････････････････････････ 205

　　第六节　其他电气设备的运行 ････････････････････････････ 209

　　第七节　母线与线路的运行 ････････････････････････････････ 213

　　【思考与练习】 ･･･ 219

第十一章　继电保护与自动装置运行 ･･･････････････････････････ 220

　　第一节　发电机保护运行 ･･････････････････････････････････ 220

第二节　变压器保护运行 ･･ 242

第三节　励磁系统运行 ･･･ 253

第四节　同期装置运行 ･･･ 283

【思考与练习】 ･･ 296

第十二章　计算机监控系统 ････････････････････････････････････ 298

第一节　计算机监控系统概况 ････････････････････････････････････ 298

第二节　监控系统现地控制单元及硬、软件设置 ･･････････････････ 302

第三节　计算机监控系统的运行方式 ･･････････････････････････････ 305

第四节　计算机监控装置的运行监视和检查 ･･････････････････････ 305

第五节　计算机监控系统的运行操作 ･･････････････････････････････ 306

第六节　计算机监控系统事故故障处理 ･･･････････････････････････ 310

【思考与练习】 ･･ 314

第十三章　电气倒闸操作 ･･････････････････････････････････････ 315

第一节　电气倒闸操作的基本要求 ････････････････････････････････ 315

第二节　一次系统的防误操作装置 ････････････････････････････････ 318

第三节　单母线倒闸操作 ･･ 319

第四节　双母线倒闸操作 ･･ 321

第五节　桥型接线的倒闸操作 ････････････････････････････････････ 328

第六节　角形接线的倒闸操作 ････････････････････････････････････ 330

第七节　3/2 形接线出线的倒闸操作 ･･･････････････････････････････ 332

第八节　3/2 形接线母线的倒闸操作 ･･･････････････････････････････ 335

第九节　线路停送电操作 ･･ 336

【思考与练习】 ･･ 338

参考文献 ･･ 339

第一章 水电站油系统的运行

第一节 油系统概述

水电站的动力设备分为主机设备和辅助设备两大部分。两者的工作是相辅相成的，辅助设备运行得好坏，直接影响着主机的安全运行。辅助设备主要由油、水、气系统组成，熟悉掌握这部分内容是做好水电站运行工作的基础之一。

油、水、气均属于流体，运行中必须有盛装的容器、输送的管道、控制阀门以及监视器具等，由这些设备所组成的油、水、气复杂回路称之为油、水、气系统。为了便于区别油、水、气系统中的各种管路，将油、水、气管道上分别涂上不同的颜色以示区别，水电厂管路颜色见表1-1。

表1-1 水电厂管路颜色

管道类别	颜色	管道类别	颜色
供油管	桔黄色	排水管	绿色
排油管	黄色	供水管	蓝色
压缩空气管	白色	消防水管	红色

阀门的编号，采用四位数字：千位数字为机组编号；百位数字为1是油系统，为2是水系统，为3是气系统；十位和个位数字为阀门的编号。如，2134表示2号机组油系统第34号阀门，1233为1号机组水系统第33号阀门，3322为3号机组气系统第22号阀门。

一、水电厂油系统的主要任务及组成

1. 油系统的主要任务

(1) 接受新油。

(2) 储备净油。

(3) 给设备供、排油。

(4) 向运行设备添油。

(5) 油的监督、维护和取样化验。

(6) 油的净化处理。

(7) 废油的收集及处理。

2. 油系统的组成

(1) 油库：放置各种油槽，如运行油槽、添油槽、净油槽及油池。

(2) 油处理室：设有净油及输送设备，如油泵、滤油机、烘箱。

(3) 油再生设备：如吸附器。

(4) 管网：把各部分连接起来组成油务系统。

(5) 测量及控制元件：用以监视和控制用油设备的运行情况，如温度信号器、压力控制器、油位信号器、油混水信号器等。

（6）油化验室：如化验仪器、设备、药物等。

二、油系统的分类和作用

水电站的油系统分为透平油系统和绝缘油系统两部分。对大中型水电站，这两部分分开设置。

（一）透平油系统

透平油系统主要由透平油库、油处理系统及机组部分的供排油系统组成。

透平油系统主要供机组轴承润滑用油以及调速系统、进水阀和液压阀等操作用油。透平油在设备中的主要作用是润滑、散热和液压操作（即传递能量）。

目前国产透平油（汽轮机油）有 HU - 22、HU - 30、HU - 46 和 HU - 57 四种。其牌号意义是相当于 50℃时的运动黏度的平均值。

透平油系统根据功能分为润滑油系统和压力油系统。

1. 润滑油系统的组成和作用

（1）润滑油系统的组成。水轮发电机组有推力轴承、上导轴承、下导轴承和水导轴承。这些轴承（除部分水导轴承用水润滑外）是用油来润滑和散热的，因此这些轴承都装在油槽内。根据机组的形式不同，轴承的结构也有所不同。悬吊式小型机组的推力轴承和上导轴承大多共用一个油槽；大型机组的推力轴承和上导轴承用的油槽是分设的；伞式机组推力轴承和下导轴承大多共用一个油槽；也有推力轴承、上导轴承、下导轴承、水导轴承各设一个油槽的。图 1 - 1 所示为悬式机组轴承各设一个油槽的用油系统图。

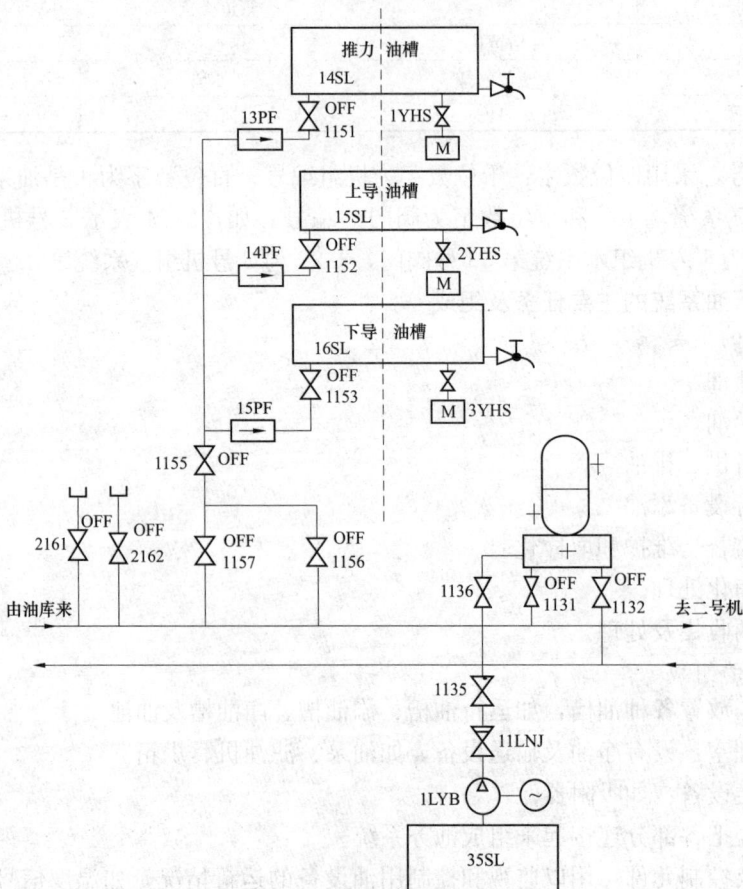

图 1 - 1 悬式机组轴承用油系统

（2）润滑油系统的作用。

1）润滑。机组在运行中，轴颈与轴瓦或推力瓦与镜板接触的两个金属表面间，因摩擦会使轴承发热损坏，甚至不能运行。为了减少因这种固体摩擦所造成的不良情况，使轴与轴瓦间建立一层油膜。因油有相当大的附着力，能够附在固体表面上，使其由固体的摩擦转变为液体的摩擦，从而提高设备运行的可靠性，延长使用寿命，保证机组的安全运行。

2）散热。油在轴承中，不仅减少了金属间的摩擦，而且可以减少由于摩擦而产生热量的聚集。在机组的轴承油槽中设有油的循环系统，通过油的循环把摩擦产生的热量传给冷却器，再由冷却器中的水把热量带走，使轴瓦能保持在允许的温度下运行。

2. 压力油系统的组成和作用

（1）压力油系统的组成。压力油系统主要包括调速器油压装置系统、快速闸门或主阀压力油系统、高压减载装置压力油系统。

（2）调速器油压装置系统（如图1-2所示）组成及部件的作用。

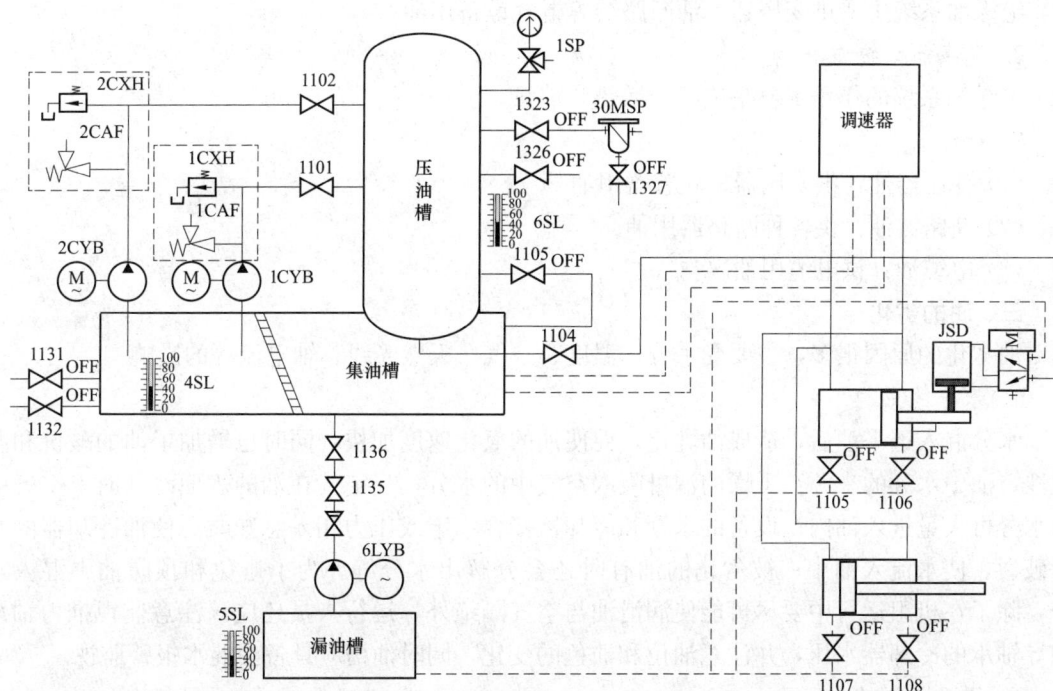

图1-2　调速器油压装置系统

1）集油槽：用以收集调速器的回油和漏油。

2）压油罐：用以储存压力油，并向调速器和某些辅助设备的液压操作阀供给压力油。

3）油泵：用以向压油罐输送压力油。

4）阀组：包括安全阀、减载阀、止回阀。其中，安全阀的作用是保证压油罐内的油压不超过允许的最高压力，防止油泵与压油罐过载；减载阀的作用是使油泵电动机能在低负荷情况下启动，减小启动电流；止回阀的作用是防止压油罐的压力油在油泵停止运行时倒流。

此外，为了自动控制油泵的启停和发出信号，压油罐上装有3～5个压力信号器或电触点压力表。

油压装置的作用是连续产生压力油，以供给调速系统操作导水机构。运行中当压力油突然大量消耗时,为了不使压油罐油压下降很多,油槽内仅装有约 1/3 容积的油,剩余 2/3 容积是压缩空气。由于空气具有很强的可压缩特性,与弹簧一样可储藏能量,使压油罐压力在使用时,仅在很小的范围内变动。油槽压力是靠压油泵维持的,只有在储气量少于规定值时才向压油罐补气。油压装置在正常工作时,一台油泵作为工作泵,另一台作为备用。

(3)压力油系统的作用。压力油系统的主要作用是传递能量。由于油的压缩性极小,操作稳定、可靠,在传递能量过程中压力损失小,所以水电站常用它来作为传力的介质。将油加压以后,用来进行机组的开、停机操作。在调速系统中,油用来控制配压阀、导水机构接力器活塞的位置。

(二)绝缘油系统

国产绝缘油有 10 号、25 号和 45 号三种。其牌号意义是油的凝固点(如 10 号即凝固点不高于 −10℃)。

1. 绝缘油系统用途

绝缘油系统主要供变压器、油断路器等电气设备用油。

2. 绝缘油系统作用

绝缘油系统的作用主要是绝缘、散热和消弧。

3. 绝缘油分类

(1)变压器油:供变压器、互感器用油。

(2)断路器油:供各种断路器用油。

(3)电缆油:供电缆用油。

三、油的劣化

油劣化的原因很多,主要受水分、温度、空气、天然光线、轴电流等的影响。

1. 水分的影响

水分混入透平油后,造成油乳化,促使油的氧化速度加快,同时也增加了油的酸价和腐蚀性。油中水分的来源:干燥的油可吸取空气中的水分,当空气在油的表面冷却时,空气中的水分可大量进入油内;设备的水管和冷却器接合不牢或压力相差悬殊时,使油冷却器的水管破裂、使水流入油中;被劣化的油有时还会分解出水分等。为了避免和预防油中混入水分,除了在机组运行中要尽可能使润滑油与空气隔绝外,运行人员还应该注意监视推力轴承和导轴承的冷却器水压,并注意油位和油色的变化,同时油槽应具备油混水报警监视。

2. 温度的影响

当油的温度很高时,会造成油的蒸发、分解、碳化,并使闪光点降低,同时使油氧化加快。一般油温在 30℃ 以下时不氧化,油温在 50～60℃ 时氧化较快,油温在 60℃ 以上时温度每增加 10℃ 氧化速度就增加 1 倍,透平油油温一般不得超过 45℃(绝缘油不得高于 65℃)。

油温升高的原因主要是设备运行不正常所造成的,如机组过负荷、冷却水中断、设备中的油膜被破坏,均能造成全部油或局部油的温度升高。因此,在运行中应注意监视,防止上述不良现象造成油温升高。

3. 空气的影响

空气能引起油氧化,增加水分和灰质等。当空气增加时,油的氧化速度加快,油和空气直接接触或空气以气泡的形式和油接触,会造成不同的接触面,接触面愈大则氧化速度愈快。油中产生气泡的原因:运行人员充油速度快,因油的冲击而产生泡沫;油泵工作时吸油的速度太快，冲击产生泡沫；空气和油在轴承、齿轮中搅动可能引起泡沫等。油系统中有泡沫，使油和空气中的氧接触面积增大，加快了油的氧化并促使油的劣化，这不仅影响油的润滑作用，而且也使油的体积增加并从油箱中溢出来，所以在运行中要设法防止泡沫产生。

4. 天然光线的影响

含有紫外线的光线对油的氧化起媒介作用。新油经日光照射会更加混浊，所以要防止日光对油的长时间照射。

5. 轴电流的影响

当轴承绝缘损坏时，轴电流通过油膜能很快使油颜色变深甚至发黑，并产生油泥沉淀物，如发现此种现象应及时设法消除。

6. 其他的影响

金属的氧化作用及油系统设备检修后清洗不良等其他原因也会使油劣化。

第二节　油系统的运行操作

一、油系统运行的基本要求

（1）运行中的透平油除应按有关规定检验外，还应定期取油样目测其透明度，判断有无水分和过量杂质。如发现有异常，应进行油质化验；化验不合格时，应进行过滤或更换。

（2）在运行设备的油槽上进行滤油时，应设有专人看守。要注意油槽中的油面，以防止在过滤中因油面变化而影响设备安全运行。

（3）运行值班人员，必须按规定检查机组各处用油的油位、油色、油流和油温是否正常。

（4）对油库的备用油应按规定储备，并应每年至少取样化验一次，保证备用油处于完好状态。备用油注入设备前必须经过化验合格。

（5）机组各轴承检修后，机组启动前必须做充油试验，检查油槽、管路无漏油现象，油面合格，并记录充油后的油槽油面。

二、油压装置系统运行中的检查（如图 1-2 所示）

（1）检查一号压油泵出口阀 1101 全开。

（2）检查二号压油泵出口阀 1102 全开。

（3）检查压油泵电机引线和接地完好，接线牢固。

（4）检查集油槽油面合格。

（5）压油罐液位合格、油压合格。

（6）检查集油槽充油阀 1131 全闭。

（7）检查集油槽排油阀 1132 全闭。

（8）检查压油罐排油阀 1103 全闭。

（9）检查压油罐给风阀 1323 全闭。

（10）检查压油罐气水分离器排污阀 1327 全闭。

（11）检查压油罐排风阀 1326 全闭。

（12）检查接力器排油阀 1105、1106、1107、1108 全闭。

（13）压油泵安全阀 1CAF、2CAF 安装良好，无漏油现象。

（14）压油泵卸荷阀 1CXH、2CXH 安装良好，无漏油现象。

（15）检查各表阀安装良好，无漏油现象。

（16）油压装置系统各压力、液位传感器安装良好。

三、油压装置油面调整

1．压油罐油面过低、油压过低的调整

直接手动启动油泵打油，打油过程中监视油面不能过高，打油至停泵压力，重新检查油压油面，再次进行调整。

2．压油罐油面过低、油压正常

首先打开排气阀排气，使油压降低（但不低于自动泵启泵压力），然后手动启动油泵打油即可。打油至停泵压力，重新检查油压油面再次调整（最好不采用自动泵自动启动打油的方式，防止自动泵有故障时造成油压降低故障）。

3．压油罐油面正常、油压过低

打开给气阀给气，至油压合格即可。

4．压油罐油面过高、油压过低

首先打开给气阀充气至额定压力，再打开排油阀排油（但油压不低于自动泵启泵压力），然后打开给气阀充气至额定压力。检查油面、油压合格即可。

5．压油罐油面过高、油压正常

打开排油阀排油，油压不低于自动泵启泵压力时关闭排油阀，打开给气阀充气至额定压力。检查油面、油压合格即可。

6．集油槽油面过高

正常情况下油槽油面过高时，联系油库工作人员，做好接受油准备；打开排油阀排油至油面合格即可。

7．集油槽油面过低

正常情况下油槽油面过低时，联系油库工作人员，做好供油准备；打开给油阀供油至油面合格即可。

四、油压装置操作的注意事项

（1）主备压油泵定期切换时，将原自动泵切至备用、备用泵切至自动，并做好交接班记录。

（2）油压装置电动机测绝缘时，应将选择开关（ST）切除，并且拉开该压油泵动力电源开关刀闸。

（3）压油罐排压前，应联系检修是否操作导叶，将导叶开到检修要求的位置。

（4）压油罐有压力时，漏油装置不允许退出工作，漏油泵进出口阀不许关闭。

（5）压油罐调油面手动充风时，应注意监视压油罐油压和油位。充风未结束时，操作人员不得擅自离开现场，调油面结束后应将动过的阀门恢复到原状。

五、油压装置检修与恢复措施操作票

（一）油压装置检修措施操作票

（1）关闭主阀（快速闸门）。

（2）打开蜗壳排水阀，检查蜗壳水压为零。

（3）压油泵选择开关 1ST、2ST 切至"切除"位置。

（4）压油泵电源刀闸 1SA、2SA 拉开，检查在开位。

（5）取下压油泵熔断器 1FU、2FU 各三只。

（6）关闭漏油泵出口阀 1135、1136。

（7）关闭压油泵出口阀 1101、1102。

（8）打开排风阀 1326。

（9）检查 100YX 压力为零。

（10）打开排油阀 1103。

（11）检查压油罐液位 YZ 为零（此时应注意集油槽液位 4SL 不得过高）。

（12）打开集油槽排油阀 1132，排油。

（13）检查集油槽液位 1SL 为零。

注意：漏油装置检修措施必须已做完。

（二）油压装置检修恢复措施操作票

1. 油压装置大修恢复应具备的条件

（1）检修工作已结束，相关工作票已收回。

（2）检修安全措施已恢复，检修工作人员撤离现场，现场达到安全文明生产要求。

（3）检修质量符合有关规定要求，验收合格。

（4）检修人员对相关设备的检修、调试、更改情况做好详细的书面交代，并附图纸资料。

（5）各部照明及事故照明电源完好。

（6）关闭尾水管进人孔、蜗壳进人孔和所有吊装孔。

（7）关闭蜗壳排水阀、钢管排水阀、尾水盘型阀，并检查关闭严密。

2. 油压装置检修恢复措施操作票

（1）关闭压油罐排风阀 1326。

（2）关闭压油罐排油阀 1103。

（3）关闭集油槽排油阀 1132。

（4）装上压油泵熔断器 1FU、2FU 各三只。

（5）合上压油泵电源刀闸 1SA、2SA，检查在合位。

（6）打开集油槽给油阀 1131，集油槽充油至合格位。

（7）打开压油泵出口阀 1101、1102。

（8）启动压油泵监视、调整压油罐油压、油面。

（9）检查压油罐液位 6SL 合格。

（10）检查压油罐压力 1SP 合格。

（11）检查集油槽液位 4SL 合格。

（12）关闭集油槽给油阀 1132。

（13）一号压油泵选择开关 1ST 切 "自动" 位置。

（14）二号压油泵选择开关 2ST 切 "备用" 位置。

（15）关闭蜗壳排水阀 1263。

注意：如果要开启主阀，必须检查压力钢管进人孔、蜗壳进人孔、尾水管进人孔全部关闭。按手动开主阀操作票开启。

油压装置恢复措施必须在漏油装置检修恢复措施做完后才可进行。

第三节　油系统运行维护与试验

一、油压装置巡回检查项目

(1) 检查两台压油泵选择开关一台自动、一台备用，符合当前系统。

(2) 检查油泵电动机旋转正常，无剧烈振动、窜动现象，定子绕组外皮及轴承温度不超过规定，电动机外壳接地牢固。

(3) 检查两台压油泵电动机接地线连接良好。

(4) 检查压油罐油压正常。

(5) 检查压油罐油面在合格范围内。

(6) 检查两台压油泵出口阀全开。

(7) 检查"故障""事故"油压继电器及各压力传感器的控制阀均在全开。

(8) 检查各压力传感器安装良好，无漏油现象。

(9) 检查自动充风电磁阀安装良好。

(10) 检查手动充风阀、排风阀、排油阀均在全闭状态。

(11) 检查调速系统总油源阀及液压阀操作油源阀均在全开。

(12) 检查集油槽油面在合格范围内。

(13) 检查集油槽油温不低于 10℃。

(14) 测量及控制元件如温度信号器、压力控制器、油位信号器、油混水信号器等工作正常，无漏油现象。

二、压油罐充油充压试验

1. 试验条件

(1) 主阀未开。

(2) 压力油系统全部检修完毕，管路及各元件均安装好，经检查验收合格。

(3) 调速装置检修完毕，其各部件均可投入使用状态。

(4) 漏油槽的所有设备已检修完毕，油位及油泵的控制系统投入使用。

(5) 集油槽已充好油。

(6) 1104 阀关闭。

(7) 高压气系统工作正常。

2. 试验操作票

(1) 检查油压装置各油阀位置正确。

(2) 检查油压装置各气阀位置正确。

(3) 压油泵选择开关 1ST、2ST 切至"切除"位置。

(4) 装上压油泵熔断器 1FU、2FU 各三只。

(5) 检查动力电源电压表指示正常。

(6) 合上压油泵动力电源 1SA、2SA。

(7) 检查漏油装置系统工作正常。

(8) 压油泵选择开关 1ST（或 2ST）切至"手动"位置。

(9) 检查油泵 1CYB（或 2CYB）启动，向压油罐打油至油面合格。

（10）压油泵选择开关 1ST、2ST 切至"切除"位置。

（11）打开高压气充气阀 1323，向压油罐充气合格。

（12）关闭高压气充气阀 1323。

（13）一号压油泵选择开关 1ST 切至"自动"位置。

（14）二号压油泵选择开关 2ST 切至"备用"位置。

注意：随时检查油、气管路及各部位无渗漏。

三、机组高压油顶起系统充油试验

高压油顶起装置系统如图 1-3 所示。

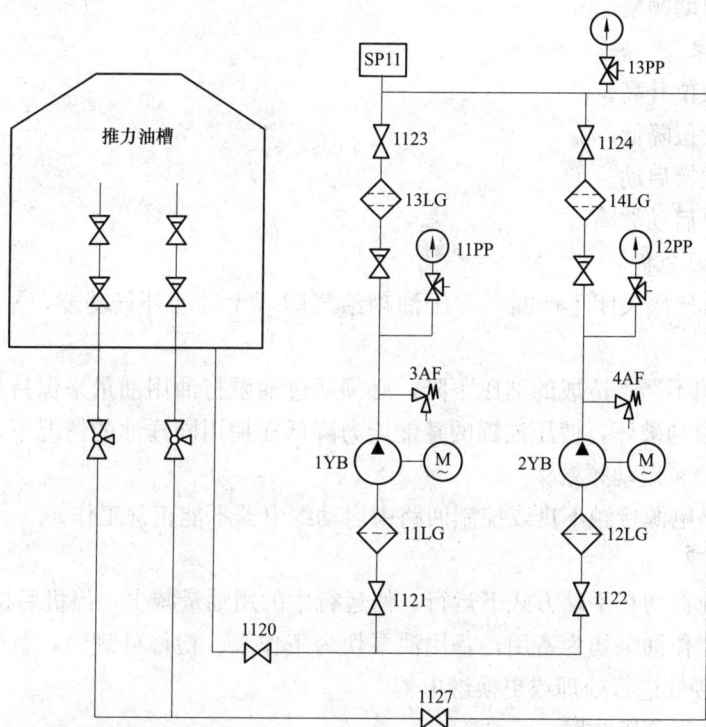

图 1-3　高压油顶起装置系统

1. 试验条件

（1）机组大修措施已恢复。

（2）推力油槽油面合格。

2. 操作票

（1）高压油顶起油泵 1YB 选择开关 1ST 切至"手动"位置。

（2）高压油顶起油泵 2YB 选择开关 2ST 在"自动"位置。

（3）检查油泵 1YB 运行正常。

（4）检查油压表 12YX 指示正常。

（5）检查自动化元件工作正常。

（6）检查各处阀门、管路无漏油现象。

（7）高压油顶起油泵 1YB 选择开关 1ST 切至"自动"位置。

（8）高压油顶起油泵 2YB 选择开关 2ST 切至"手动"位置。

（9）检查油泵 2YB 运行正常。

（10）检查油压表 13PP 指示正常。

（11）检查自动化元件工作正常。

（12）检查各处阀门、管路无漏油现象。

（13）高压油顶起油泵 2YB 选择开关 2ST 切至"备用"位置。

第四节　机组油系统事故故障处理

一、压油泵启动频繁

（一）故障现象

（1）压油罐液位升高。

（2）集油槽液位降低。

（3）工作泵频繁启动。

（4）无备用泵启动故障。

（二）故障原因分析

（1）压油罐排气阀关闭不严漏气，压油罐给气阀（无自动补气功能，平时管路中无气）关闭不严漏气。

由于阀门关闭不严，造成的油压下降，必须通过油泵打油用油量来保持压力。这样压油罐中的油气比例遭到破坏，使压油罐的蓄能能力降低在耗用同样油的情况下，压油罐内压力下降较快，导致油泵启动频繁。

（2）控制回路电源接触不良或控制回路中启动继电器不能正常工作。

（三）故障处理

（1）应将调速器切在手动方式下运行，使运行中的用油量减少，停机后检修处理故障。

（2）首先将工作油泵切为备用，备用油泵切为工作泵。检修处理时，首先检查各触点的接触情况，对虚接处进行处理或更换继电器。

二、压油罐油压下降故障

（一）故障现象

（1）中央控制室电铃响，光字报警台"机械故障"光字牌亮。

（2）LCU 机组故障蓝灯亮，"压油罐压力过低"故障光字牌亮。

（3）压油罐压力在故障压力以下。

（4）压油装置自动泵在空转、备用泵启动，或自动泵在停、备用泵在转，或自动泵、备用泵均在转。

（5）随机报警画面显示：压油罐油压下降故障。

（二）故障原因分析

（1）由于动力盘无电源或电动机电源开关放切除位置。

（2）两台泵误放在备用或切除位置，没有任一台放自动位置。

（3）如果自动泵在空转，就是由于卸荷阀打开卡住未落下，处于卸压状态。

（4）如果自动泵在运行，安全阀打开。因为油泵的出口阀误关造成安全阀打开或安全阀故障打开，不能正常打油。

（5）自动泵在停，备用泵在转。

1）卸荷阀卡涩拒动造成电动机过负荷引起过电流继电器动作或熔断器 FU 烧断。

2）由于电动机与油泵轴不同心，启动时使电动机启动电流过大，造成电动机过负荷引起过电流继电器动作或一次熔断器 FU 烧断。

3）由于熔断器 FU 接触不良烧断，造成电动机二相启动引起过电流保护动作或熔断器又断一相。

4）控制回路无电或二次熔断器烧断。

5）由于电源电压过低，使电动机启动电流过大，继电器动作。

（6）自动泵在转，备用泵也在转。

1）由于电力系统振荡或调整系统失灵，引起调速器不稳，频繁动作开关导叶，使压油罐油压急剧下降，工作泵正常运行也不能维持正常油压而降至备用泵启动压力。

2）由于某种原因，油管跑油造成压力下降至备用泵启动压力。

（三）故障处理

（1）若动力盘无电源引起，请示值长同意进行甲乙侧 380V 电源切换，电动机电源开关放切，合上即可。

（2）如因无自动泵而引起的故障，应迅速将任一台油泵放自动位置。

（3）属于自动泵故障而引起的，应将备用泵放自动，原自动泵切除，并作检修处理。

（4）若工作油泵在正常运转，而油压仍在继续下降，可将调速器切手动运行，若油压下降较快应考虑停机并关主阀。

（5）若压油罐油面很高，应检查排风阀是否闭严，是否有跑油之处，如有应设法处理，并进行油面调整。

（6）由于系统振荡或调速器失灵而引起的油压下降故障，可用开度限制控制导叶开度变化，或调速器切手动运行，待油压正常后，复归备用泵和掉牌。

（7）处理完故障后应将油泵恢复至正常运行状态（且做好切换记录），并复位掉牌。

（8）检查各部无异常，待压油罐压力恢复正常后，将压油泵恢复原系统运行。

三、推力轴承油槽油面下降故障

（一）故障现象

（1）中央控制室电铃响，语音报警。

（2）机旁盘：机组故障蓝灯亮。

（3）光字报警台"机械故障"光字牌亮；"推力油槽油面下降"光字牌亮。

（4）检查推力轴承油槽油面下降至报警线（下下限）以下（红色或闪光）。

（5）随机报警画面显示：推力轴承油槽油面下降故障。

（二）故障原因分析

（1）运行中推力油槽密封盘根老化，长期漏油引起推力油槽油面下降，推力油槽液位信号器动作报警。

（2）推力油槽供、排油阀关闭不严漏油。

（3）推力油槽液位计因某种原因破碎或密封不严漏油。

（4）推力油槽取油阀关闭不严漏油。

（5）高压油顶起装置系统漏油引起推力油槽油面下降。

（6）推力油槽液位信号器本身有故障引起误动作报警。

（三）故障处理

（1）检查推力油槽油面确实下降，应首先监视推力轴承温度的大小和上升速度快慢。若推力轴承温度较高应正常停机。

（2）若推力轴承温度较高且上升速度较快应紧急停机。

（3）若推力轴承温度不是很高、上升速度不快，应检查推力油槽是否有明显漏油之处；若能处理设法处理，联系检修添油，使油面合格。机组正常运行后复归机械故障信号复归。停机后再由检修处理漏油问题。

（4）如果推力油槽油面正常，检查推力油槽液位信号器是否有故障。若因推力油槽液位信号器故障引起，可断开故障点运行并复归机械故障信号复归，停机后再处理。

四、油槽进水

（一）现象

（1）油混水监测装置 YHS 越限随机报警。

（2）监控系统上位机自动弹出故障。

（3）相应油槽油面升高，液位信号器越限报警。

（4）机旁盘：机械故障信号光字牌灯亮。

（二）故障原因

（1）技术供水冷却器破裂。

（2）油槽结露。

（三）故障处理

中央控制室值班人员根据上位机随机报警信号，调出机组水力机械图画面，检查机组轴承供水压力、油位及瓦温是否正常，轴承供水、油位如不正常，应监视轴承瓦温上升情况。

（1）检查机组轴承供水压力是否过高，给、排水阀门位置是否正常。

（2）检查油槽油位、油色是否正常，如油色异常、应联系维护人员进行油质化验。

（3）检查集油槽、漏油槽，如果进水，应进一步检查各部排油管路工作是否正常，查明进水原因，联系维护人员处理。

五、导轴承油位异常

（一）故障现象

（1）监控系统上位机出现导轴承油位异常随机报警信号。

（2）监控系统上位机自动弹出故障机组"光字牌监视图"，油面异常信号、机械故障信号光字牌灯亮。

（3）机旁盘：机械故障信号光字牌灯亮，油面异常信号光字牌灯亮。

（二）故障处理

（1）根据上位机随机报警信号，调出机组水力机械图，检查机组轴承油位、瓦温变化情况，同时检查轴承冷却器供水压力是否超运行规范。

（2）如果轴承油位升高，检查油色是否正常，轴承冷却器供水压力是否超运行规范、阀门位置是否正确。

（3）如果轴承油位降低，检查轴承是否有漏油，轴承排油阀是否关闭良好。

六、漏油槽油面过高故障

（一）故障现象

（1）中央控制室电铃响，光字报警台机械故障光字牌亮。

（2）PLC装置屏机组故障灯亮，漏油槽油面升高故障光字牌亮。

（3）检查漏油槽液位计油面高于报警值。

（4）漏油泵在运转或停。

（5）调速用油系统画面：漏油槽油面上升至报警线以上。

（6）随机报警画面显示：漏油槽油面过高故障。

（二）故障原因分析

（1）漏油泵失去电源。

（2）由于有人误将漏油泵选择开关SA放错位置，使油泵不能正常启动。

（3）由于漏油泵进口止回阀不严，或油泵轴承盘根密封不严漏油，造成油泵启动抽空，不能打油引起故障。

（4）由于电动机与油泵轴不同心启动时整劲，使过流保护动作或电源熔丝烧断，油泵不能正常运行。

（5）由于电动机内部故障着火、断线造成过流保护动作。

（6）由于漏油系统漏油量突然增大，使漏油泵排油量小于漏油量造成油面过高。

（三）故障处理

（1）油泵失去电源，设法查明原因恢复供电，启动油泵排油，油面正常后，复归漏油槽油面升高故障光字牌。

（2）误将漏油泵选择开关SA放错位置时，应立即将漏油泵选择开关SA切自动，启动泵排油，正常后复归信号。

（3）油泵故障、检查漏油量增大故障处理方法：

1）联系值长，使机组带固定负荷。

2）联系检修，准备油桶，防止漏油槽跑油。

3）做停泵检修措施，检修漏油泵、处理漏油，启动油泵打油，油面正常后，复归信号。

（4）如果漏油泵因故障不能运行时，应准备接油工具，防止跑油，同时，立即汇报值长，联系维护人员处理。

（5）如油泵启动频繁且油位过高时，应查明原因尽快通知维护处理。

七、集油槽油面异常故障

（一）故障现象

（1）中控室电铃响，语音报警，机械故障光示牌灯亮。

（2）集油槽油位升高或降低至报警值。

（二）故障原因分析

（1）集油槽油位降低。因为集油槽漏油或因压油罐漏风，油泵启动不停止等引起的压油罐油面过高，而造成集油槽油面过低。

（2）集油槽油位升高。由于压油罐供风阀未关严等引起压油罐油面过低造成集油槽油面过高。

（三）故障处理

（1）油槽漏油引起的故障，应设法堵塞滤油处，处理完毕后，添加新油至规定油面。

（2）压油罐油面过高引起的故障查明原因，处理后调整压油罐油面。

（3）压油罐油面过低引起的集油槽油面过高，查明原因关闭供风源，并调整压油罐油面至规定范围。

（4）如果检查压油罐、漏油槽油位正常，而集油槽油位过低或过高时，应联系维护人员添油或排油。

（5）判断是否误发信号，确定后复归。

（6）故障处理完毕复归集油槽油面过低故障信号。

八、高压油顶起油泵备用泵启动

（一）故障现象

（1）中央控制室：电铃响，水力机械故障光字牌亮。

（2）机旁自动盘：故障蓝灯亮，高压油顶起油泵备用泵启动故障掉牌。

（3）事故故障光字牌：高压油顶起油泵备用泵启动故障光字牌亮。

（4）备用泵启动，自动泵在停或转。

（二）故障原因分析

（1）失去动力电源，熔断器烧断。

（2）有人误将自动泵放错位置，不在自动位。

（3）油泵进出口阀误关，管路破裂，阀门处及管路严重漏油等引起自动泵不能打至额定压力。

（4）电动机的各种故障，使油泵不能正常运转。

（三）故障处理

（1）失去动力电源故障处理。

1）将自动泵放切，备用泵切自动运行。

2）将本机动力电源拉开。

3）投入与本机组相邻机组的联络开关。

4）将原自动泵切自动，运行良好。

5）将原备用泵放备用。

（2）误将自动泵放错位置时，应迅速将自动泵切至自动位。

（3）误关阀或漏油应迅速打开阀门或设法堵漏。如漏油严重，应将自动泵放切，备用泵切自动运行，设法处理。

（4）由于电动机的各种故障引起的时，应作如下处理：

1）备用泵切自动运行。

2）自动泵切除，拉开动力电源开关，检修故障泵。

九、压油罐油压下降事故

（一）事故现象

（1）中央控制室蜂鸣器响，光字报警台机械事故光字牌亮。

（2）机旁盘：机组事故黄灯亮；低油压事故光字牌亮。

（3）机组跳闸、调速器动作导叶全关，紧急停机。

（4）压油罐油压降至事故油压以下。

（5）压油装置自动泵、备用泵均在转或在停。

（6）集油槽油面过低。

（二）事故原因分析

（1）由于电网事故引起振荡或调速系统失灵引起调速器不稳，导致导叶开度大行程的频繁开关，使油压急剧下降。

（2）由于某种原因，供油管跑油或压油罐有严重的漏气之处引起油压下降。

（3）由于集油槽跑油，造成集油槽油面过低或没油，使两台泵均启动也不能正常供油供压，而造成事故油压。

（4）由于压油罐中油位过高，调速器动作时造成压油罐油压急剧下降。

（5）由于两台泵均有故障，或无电源，或开关在切位。

（三）事故处理

（1）系统振荡或调速系统失灵，停机后要详细检查整个调速系统，排除故障。

（2）油路跑油、压油罐漏气引起的事故应查明漏点，检修处理。

（3）油泵电源、开关位置引起的故障，仅处理电源并将开关放至适当的位置即可；油泵故障引起的应检修油泵。

（4）事故停机过程中，应监视各自动器具的动作情况，动作不良时手动帮助。

（5）应检查导叶全关后锁锭是否已自动加锁。

（6）停机过程中导叶确实无法关闭时，应关主阀。

【思考与练习】

1. 水电厂油系统的主要任务及组成是什么？

2. 油系统如何分类？

3. 油劣化的原因是什么？

4. 压油罐油面过低、油压过低该如何调整？

5. 压油罐油压下降故障原因是什么？

6. 推力轴承油槽油面下降故障现象有什么？

7. 高压油顶起油泵备用泵启动故障原因是什么？

8. 压油罐油压下降事故处理方法有哪些？

第二章 水电站技术供排水系统的运行

第一节 技术供水系统概述

技术供水系统是水电站辅助设备中最基本的系统之一。水电站的供水包括技术供水、消防供水和生活供水。

一、技术供水的作用

技术供水的主要作用是冷却、润滑，有时也用作操作能源。

（1）冷却：机组、变压器和辅助设备运行时产生的热量必须及时散发出去，使各设备维持在要求的温度范围内，以保证设备的安全运行。

（2）润滑：当水轮机的导轴承采用橡胶轴承时，就需要用水作为润滑剂，这既经济，维护又方便，同时对设备起到冷却作用。

（3）传递能量：使用压力水用以操作液压阀门和射流泵。

二、技术供水系统组成

技术供水系统主要由水源、水处理设备、供水管道、测量和控制元件等组成。

1. 水源及取水方式

技术供水系统由水源（包括取水和水处理设备）、管道和控制元件等组成。

技术供水的水源可取自上游水库（包括从压力输水钢管或蜗壳取水，以及直接从坝前取水），下游尾水和支流，以及地下水源。技术供水的水源应取水可靠、水量丰富、水温适当、水质较好，且引水管路简单，维护检修方便。供水水源及取水方式一般有下列几种：

（1）上游水库取水。自上游水库取水，其水量丰富，取水设备简易可靠，特别对库大水深的电站，除洪水季节外，水中含沙量和悬浮物都较少，易于满足用水设备对水质的要求，同时在一定水深下，水温低，温度变化也小，取底层水可提高冷却效果。

自上游取水有坝前和蜗壳（或钢管）取水等不同方式。采用坝前取水方式时，取水口的设置要考虑水温和水深的关系，同时还要考虑水中泥沙含量、洪水季节问题以及初期发电的要求，一般宜在不同高程和不同平面位置上布置几个取水口。在洪水季节可取表层水，使水内含沙量少些；当夏季水温较高时可取深层水，使冷却效果大些。自坝前分层取水如图 2-1 所示。

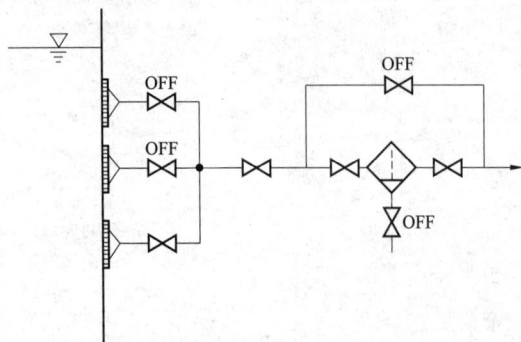

图 2-1 自坝前分层取水

采用机组蜗壳（或钢管）取水方式时，为防止取水管路进气或悬浮物流入，对金属蜗壳（或钢管），应将取水口设在圆形断面的斜上方，对混凝土蜗壳则应开设在侧面。自蜗壳或钢管取水如图 2-2 所示。

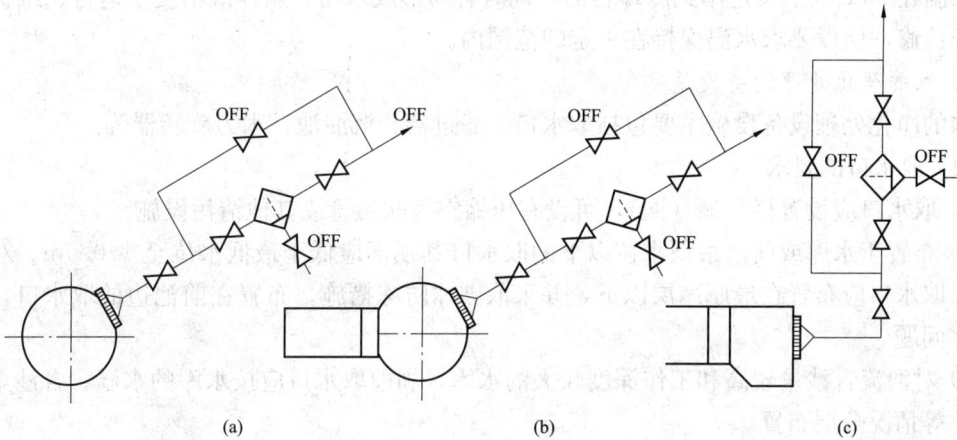

图 2-2　自蜗壳或钢管取水

(a) 金属蜗壳取水；(b) 金属钢管取水；(c) 混凝土蜗壳取水

（2）下游尾水取水。当电站水头过高或过低时，可考虑自下游尾水取水，用水泵送至各用水设备，如图 2-3 所示。从尾水取水时应注意冲起的泥沙、水压脉动及下游水位因机组负荷变化而升降等情况给供水水质和水泵运行带来的影响。因此，应尽可能提高取水口的位置，但在最低尾水位时，取水口的淹没深度不应小于 0.5m。取水管外端应焊有法兰，并设有拦污栅网，必要时可用堵水盖板从外部进行封闭。

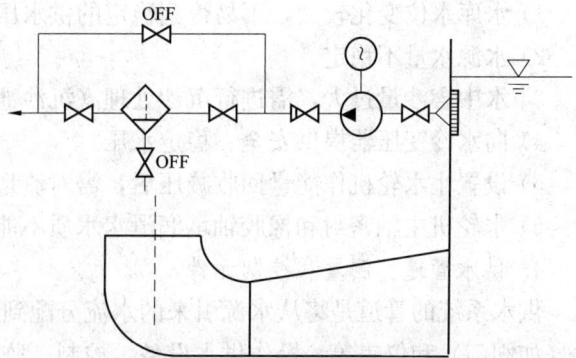

图 2-3　下游尾水取水

（3）支流或地下取水。电站附近有可利用的支流或地下水源时，在满足水量和水质要求的条件下，也可用来作为技术供水水源。自支流或地下取水一般要设有足够大的水池，起集中、储备、稳流和澄清作用。水池上部和下部分别设有溢流和排污通道，水池水位由自动装置加以监视。

2. 技术供水对水质的要求

供水系统根据用水设备的技术要求，要保证一定的水量、水压、水温和水质。

（1）要有足够的供水量。为了保证机组冷却、润滑等的需要，必须要有足够的供水量，否则起不到冷却和润滑的作用。但供水量过多也造成浪费，应根据需要适当掌握。

（2）要有足够的供水水压。既要保证足够的供水量，又要克服管路中的阻力损失，并使水能够通畅地排除，就要有足够的供水水压。其压力的大小与水管管径、长度和管内情况有关。如压力过小，很难达到足够的供水量，起不到机组的冷却、润滑等作用。

（3）要有较好的供水水质。各水源都含有不同程度的杂质，具有不同的物理化学性质。所以对冷却水尤其是润滑水水质的要求，应是清洁且含泥沙少。对于含杂质较多的水源应设有水处理设备。

（4）要有一定的供水水温。冷却水管道进口水温一般为 4～20℃。水温过低水管易被冻结，水温在 30℃以上又达不到冷却目的，同时容易形成水垢。这样既不便于运行、维护，又不便于检修，所以要求水温保持在一定的范围内。

3. 水的净化处理设备设施

水的净化处理设备设施主要包括取水口、滤过器、沉淀池、水力旋转器等。

(1) 取水口的要求。

1) 取水口应设置拦污栅（网），可设有压缩空气吹污管或其他清污设施。

2) 布置于水库或前池最低水位以下的取水口其顶部应低于最低水位至少 0.5m。对冰冻地区，取水口应布置在最厚冰层以下，并采取破冰防冻措施。布置在前池边的取水口，应注意防冰问题。

3) 对河流含沙量较高和工作深度较大的水库，坝前取水口应按水库的水温、含沙量及运行水位等情况分层布置。

4) 设在蜗壳进口处或机组压力钢管上的取水口，不应放在流道断面的底部和顶部。

(2) 拦污栅（网）。拦污栅（网）栅条的间距（或孔目大小），应根据水中漂浮物的大小确定。

(3) 有下列情况之一的，经过技术经济论证应采用中间水池的供水方式。

1) 水库水位变化较大，不易得到稳定的供水压力。

2) 水源水量不稳定。

3) 水中含沙量过大，需进行沉沙处理（沉沙池兼作中间水池）。

4) 向水冷变压器提供安全、稳定水压。

5) 设置小水轮机作能量回收减压后，需对流量进行调节。

6) 水轮机主轴密封和橡胶轴承润滑水水质不能满足要求需要配置水池。

4. 供水管道、测量和控制元件

供水系统的管道是将从水源引来的水流分配到机组的各个用水设备上，需要各种控制元件（如阀门）和仪表等，操作供水设备，控制、监视管道中水流的运行。

水电站的河流有时含有大量的泥沙、杂质等，易使管道堵塞和淤积，因此供水系统对水质也有一定的要求。在技术和结构上应该采用适当的措施保证供水系统的正常工作。对自动化较高的水电站，应该在管道系统上根据运行的要求，设置适当的操作阀门，监视和控制水量、水压和水温的各种自动化元件，如自动减压阀、电磁液压阀、示流信号器、流量计等。

三、技术供水方式

由于水电站的水头不同，技术供水方式一般可分为自流供水系统、水泵供水系统和混合（自流和水泵）供水系统三大类。

1. 供水方式

(1) 自流供水。净水头为 15～70m 时，宜采用自流供水方式，这种供水方式简单可靠，操作方便，易于维修。

净水头为 70～120m 时，宜采用自流减压或其他供水方式，由于减压，过多地增加了水能损耗，这样就需要将浪费的水能和装设水泵供水时的电能及设备费用等进行比较，进而来确定经济合理的供水方式。

(2) 水泵供水。净水头大于 120m，选用供水方式时，应进行技术经济比较。宜采用水泵供水或其他供水方式。

当电站水头低于15m时，自流供水水压已很难满足用水设备的需要，一般都采用水泵供水。

水泵供水有单元供水和集中供水两种。单元供水即每台机组各自有一台（组）工作水泵，每台机组或2~3台机组共用一台备用水泵，这种供水方式虽然水泵可能多些，但运行灵活，可靠性较高，便于自动控制。集中供水是几台机组或全厂共用一组水泵，这种供水方式水泵台数少，便于维护管理，但自动控制复杂，而且当运行机组台数改变时会引起供水水压波动。

（3）自流和水泵混合供水。当水电厂水头变化范围较大，采用单一供水方式不能满足需要或不经济时，可采用混合供水方式。

当电站最高水头大于15m，而最低水头又不能满足自流供水水压要求，或电站最低水头低于70m，而最高水头采用减压装置又不经济时，可考虑采用自流和水泵混合供水方式。

2. 常用供水方案

供水方案有如下几种可供选择，应做技术经济比较后选定：

（1）水泵供水（包括射流泵供水）分单元供水、分组供水和集中供水三种供水方式。

（2）自流供水（包括自流减压方式）分单元自流供水和集中自流供水两种方式。

（3）水泵和自流混合供水方式。

（4）水泵加中间水池的供水方式。

（5）自流加中间水池的供水方式。

（6）顶盖取水供水方式。

3. 中间水池的供水方式

有下列情况之一的，经过技术经济论证应采用中间水池的供水方式。

（1）水库水位变化较大，不易得到稳定的供水压力。

（2）水源水量不稳定。

（3）水中含沙量过大，需进行沉沙处理（沉沙池兼作中间水池）。

（4）向水冷变压器提供安全、稳定水压。

（5）设置小水轮机作能量回收减压后，需对流量进行调节。

（6）水轮机主轴密封和橡胶轴承润滑水水质不能满足要求需要配置水池。

（7）顶盖取水流量不稳定。

（8）设有消防水池可兼作中间水池的。

四、技术供水对象

技术供水对象主要有发电机空气冷却器、发电机推力轴承及导轴承油冷却器、水轮机导轴承及主轴密封、水冷式变压器、水冷式空气压缩机、深井泵的润滑等。

1. 冷却用水

（1）发电机的冷却用水。运行过程中，发电机的电磁损耗和机械损耗都将转化为热量，这些热量如不及时转移出去，必将导致发电机温度升高。不仅会降低发电机的效率和出力，而且还会因局部过热破坏绕组的绝缘，缩短发电机的寿命，甚至引起发电机内部短路，严重损坏发电机。因此必须对运行中的发电机加以冷却。

一般大中型发电机是通过密闭式通风方式，利用转子端部装设的风扇或风斗，强迫发电机里的冷空气通过转子绕组，再经过定子中的通风沟，吸收绕组和铁芯等处的热量成为热空气（热风），热空气再通过设置在发电机四周的空气冷却器进行冷却。

经过空气冷却器后的空气（冷风）温度不超过 40℃，不得低于 10℃，因为如果温度太高，会使发电机的冷却效果变差，太低会使空气中的水分在冷却器处凝结成小水珠（俗称空气冷却器出汗），影响发电机的绝缘；空气吸收热量后（热风）的温度不高于 60℃；冷风温度以不低于 10℃ 为宜。但各空气冷却器的风温要求保持一致，温度要求适当，否则就应调节冷却水量。空气冷却器进口水温不超过 30℃，不低于 4℃，出水温度差在 2~4℃。空气冷却器的进口水压随其型号的不同而略有差异，一般不超过 0.2MPa。通过空气冷却器的流量，一般是根据发电机内的冷、热风温度，在保证排水畅通的条件下，调节进口压力来实现的，在调高空气冷却器的进口压力时，要特别注意不得使进水压力高于其允许值，以防止冷却器过压破裂，导致发电机绝缘降低。

（2）机组轴承冷却用水。发电机的推力轴承及导轴承是浸在透平油里的，油一方面吸收轴承传来的热量，另一方面对轴承起润滑作用。此部分热量如不及时排出，就会影响轴承的寿命甚至危及机组的安全运行，并且加速油的劣化，因此对油槽中的油必须加以冷却。

油槽中油的冷却方式有两种：一种是内部冷却，即将冷却器放在油槽内，冷却水管中通过水流，带走油的热量；另一种是外部冷却，即将润滑油利用油泵排到外部的冷却器中，把油的热量传给水进行冷却。

冷却器大多由铜管组成，并浸没在油中。机组运行时，油把轴承产生的热量传递给油冷却器，通过冷却器中的冷却水把热量带走。为了控制轴承在适当的温度下运行，一般采用调节冷却水量的方法来达到。各部轴承在运行中总希望温度低一些，这就要求增加冷却水量，但冷却水量过大时，轴承温度会太低，反而使油的润滑作用和传热作用不大。所以发电机的推力轴承和导轴承的温度一般以 50~60℃ 为宜，水导轴承的温度以 40~50℃ 为宜。发电机冷却器的进口水压力不得超过 0.2MPa，进口水温不超过 30℃，不低于 4℃，这既保证冷却器黄铜管外不凝结水珠（结露），也避免沿管方向温度变化太大而造成裂缝。

（3）水冷式变压器冷却用水。水冷式变压器分内部水冷式和外部水冷式，一般大中型变压器都采用外部水冷式，即强迫油循环水冷式。根据冷却器形式的不同，对进口水压的要求也有很大的差别，有的要求油压大于水压，有的只要求保证流量，这些都要依据冷却器的技术参数来确定，但进口水压都不能超过其规定的最大值，进口水温不超过 30℃，不低于 4℃。

（4）水冷式空气压缩机的冷却用水。空气压缩机在工作时，活塞和缸体摩擦频繁要产生热量；空气被压缩过程中也要释放出热量。这些热量可使空气压缩机的活塞和缸体的温度迅速升高，为了保障空气压缩机不受损坏，提高其工作效率，空气压缩机在工作时也需要冷却。其冷却方式有风冷、水冷、风与水兼用冷却。

水冷式空气压缩机是将活塞外的缸体做成中间空的水套，在空气压缩机工作时，可将产生的热量通过水套的冷却水带走。如果是两级空气压缩机，要在第一级出气和第二级进气之间设中间冷却器，这样可以提高空气压缩机的工作效率。

空气压缩机在运行中需密切监视温度，其温度也可用改变冷却水量的办法加以控制。温度过高，不仅降低其工作效率，而且也不利于安全运行；温度过低，又容易使空气中的水分凝结在气缸内和阀片上，这种凝结水易与润滑油混合，使油乳化，气缸活塞锈蚀也会使阀片发卡，造成阀片工作时关闭不严或推不开，使空气压缩机发生故障不能正常工作。

水冷式空气压缩机的水压可大于 0.2MPa，但不能超过 0.3MPa。

2. 润滑用水

（1）水轮机橡胶导轴承的润滑用水。水质较好的水电站，水轮机导轴承多数采用橡胶轴承。因为橡胶轴承不仅有结构简单、造价低廉、检修运行维护方便等优点，而且由于橡胶具有弹性，对于吸收机组的摆动能起一定的作用。但橡胶的导热性能较差，又不耐高温，用油润滑容易变形，所以橡胶轴承必须用水润滑。如遇水含泥沙量较大时，橡胶轴承容易磨损，这就要求润滑水质好，供水绝对可靠，因此当机组启动前必须先将润滑水投入。水流到轴承上部的水箱后，再沿橡胶轴承的瓦面和轴颈之间顺流而下，这样既起到润滑作用，又达到冷却效果。润滑后的水沿水轮机转轮的排水孔排出。

（2）水轮机端面密封润滑。为防止尾水和水轮机上冠平面上的压力水溢流至上盖，在水轮机端面处设有工作密封。水轮机在运行中，密封圈和大轴发生摩擦或者密封体本身发生摩擦，都需要润滑水。

密封润滑水用于润滑和散热，因而要求水质清洁、供水可靠。对于橡胶平板密封，还要求水有适当的压力：水压低，密封漏水量增加；水压高，使橡胶摩擦面接触过紧，运行时产生的热量大，容易使密封烧损。因此，一般应使密封水压大于转轮上腔水压为宜。

3. 传递能量的压力水

用压力水操作液压阀的原理与用压力油操作液压阀的原理相同。射流泵的工作原理是利用水有传递能量的特点而工作的。

在反击式水轮机中，顶盖内的积水一般都采用自流排水，但也有装设射流泵作为备用排水。射流泵由喷嘴、吸室、汇集管和扩散管四个部分组成，如图 2-4 所示。

射流泵的工作原理。喷嘴与上游水库相连（一般从压力钢管引入），由于水头 H_P 的存在，将有高速射流喷出，带走吸室中的空气，使其中压力下降为 p_H（小于大气压力），由于顶盖积水腔 b 的压力为一个大气压 p_a，故能将水压入吸室，并源源不断地流入汇集管，与射流汇合在一起排入扩散管中，提高压力到大气压 p_a 后排至集水井 c 中。

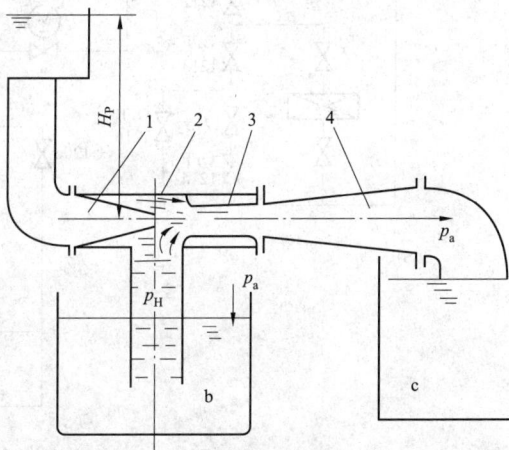

图 2-4　射流泵
1—喷嘴；2—吸室；3—汇集管；4—扩散管

第二节　技术供水系统的运行操作

一、技术供水系统的供水流程

技术供水操作流程如图 2-5 所示，某水电厂冷却系统技术供水系统如图 2-6 所示。该厂主机形式是悬吊式机组，推力轴承、上导轴承装设在不同的油盆内，发电机无下导轴承，水导采用油冷却的巴氏合金瓦。

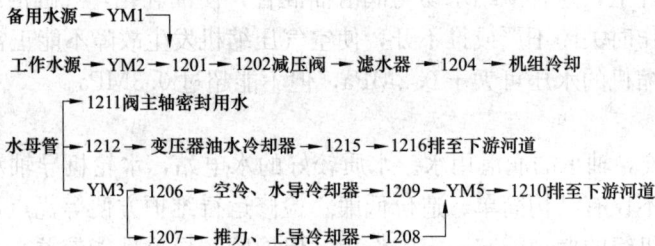

图 2-5　技术供水操作流程

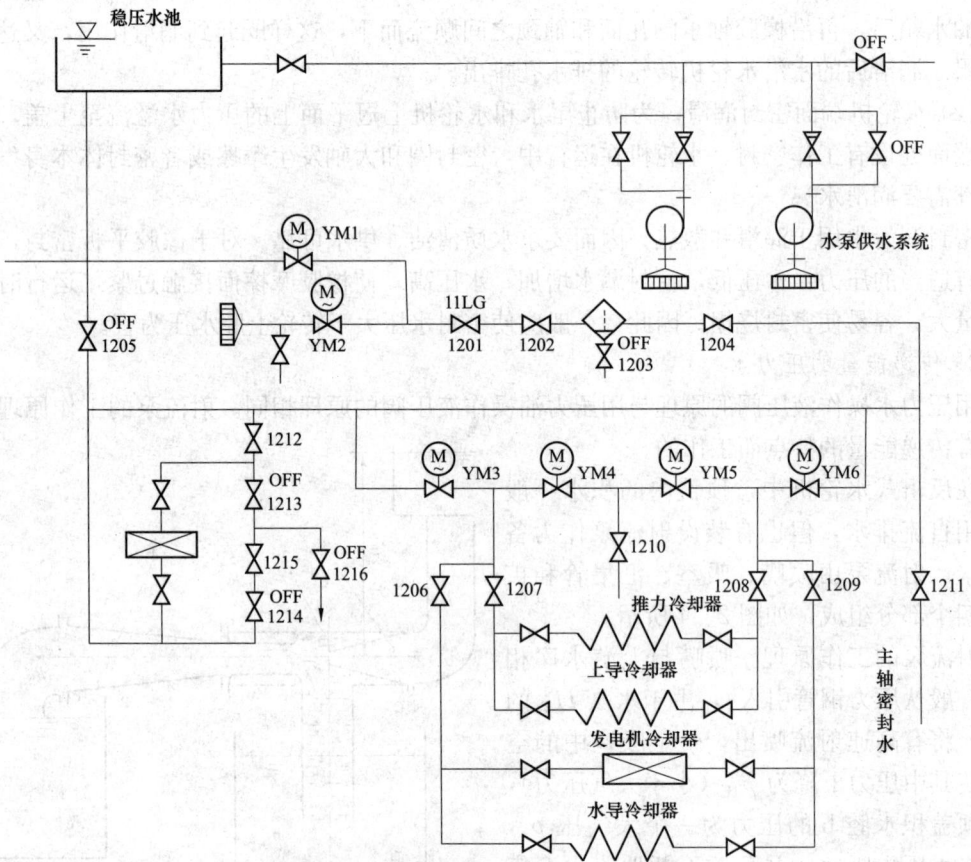

图 2-6　某水电厂冷却系统技术供水系统

　　电动阀门 YM3～YM6 是倒换冷却水向的，正常时一组关闭，一组打开，如 YM3、YM5 全开，YM4、YM6 关闭，或者与此相反。1203 阀是滤水器的排污阀，也兼顾调节水轮发电机组总冷却水压的功能。1205 是公用冷却水母管与 1 号机冷却水母管的联络阀，正常时在关闭位置，当 1204 阀前的滤水器堵塞，减压阀损坏时，开启 1205 阀，关闭 1204 阀及其前面的阀门，改为由公用冷却水母管供水，不影响主机的正常运行。

　　二、技术供水系统的倒水向操作

　　在汛期，河流中的含沙量增多，由于泥沙在冷却器中的淤积，将会影响到冷却效果，除了适当提高冷却水压进行冲洗外，还可以倒换水向从相反的方向冲洗冷却器，以避免冷却器中的管道阻塞而引起事故。汛期含沙量大时，停机后冷却水系统一般不停运，以免水中泥沙沉积下来，将冷却器中的管道阻塞。但是主轴密封用水若不是采用洁净水时，在停机后必须停用，以免水中的泥沙沉积在密封水箱里，开机后加剧密封处的磨损，使密封效果变差。

1. 倒换水向的原则

（1）将断水保护装置改投信号（或停用该保护装置）。

（2）降低冷却水总水压，以防误操作时造成管路憋压的严重后果。

（3）将倒水向操作的两个关闭阀门打开，将两个原先开放的阀门关闭，即先开后关的原则。

这样既能防止冷却水中断，也能防止因排水不畅导致设备憋压，从而造成损坏。

2. 技术供水系统的倒水向操作票

如图 2-6 所示，1 号机水系统由正向倒至反向运行的操作票如下：

（1）停用冷却水中断保护装置（针对有断水保护的机组而言）。

（2）减压阀关小，适当降低冷却水压。

（3）1206、1207、1208、1209 阀调至 50％开度位置。

（4）打开 YM4 阀。

（5）打开 YM6 阀。

（6）关闭 YM3 阀。

（7）关闭 YM5 阀。

（8）打开 1206 阀。

（9）打开 1207 阀。

（10）打开 1214 阀。

（11）打开 1213 阀。

（12）关闭 1212 阀。

（13）关闭 1215 阀。

（14）减压阀调整冷却水压至正常。

（15）1209 阀调整空冷、水导冷却水压正常。

（16）1208 阀调整推力、上导冷却水压正常。

（17）检查各部水压、流量是否正常。

（18）冷却水中断保护装置投运。

三、技术供水系统的自动化

（一）技术供水系统自动化内容

（1）实现技术供水系统自动化。

（2）对技术供水系统的水压、水温、水量、水流和水位进行自动监测。

（3）对排水系统的水位、水压和水流进行自动监控。

（4）为技术供水系统的安全运行提供保护、报警信号。

（二）技术供水系统和机组供水自动化基本要求

（1）技术供水系统机组段的控制，应随同机组的启动同步投入运行，随机组的停机而退出；备用水源自动投入时，应同时发出报警信号。

（2）水泵集中技术供水系统的控制，应随启动机组的台数，对应投入供水泵的台数，并能随机组的停机而退出运行；备用供水泵与主供水泵应能任意互换，备用泵自动投入时，应同时发出报警信号。

（3）当水泵集中供水系统的控制采用压力控制方式时，应随任意一台机组启动而投入任一台供水泵以建立控制水压；以后按供水压力的升降自动投入或退出任意给定顺序的供水泵。全厂机组停机后，技术供水系统应全部退出。

（4）采用顶盖取水方式的供水系统，因取水能随机组启动而投入，已能符合技术供水系统机组段自动化的要求；但其为调相运行设置的备用水源，其自动化应符合本条（1）要求。

（5）当油压装置集油箱有冷却供水要求时，宜随同机组自动控制，人工调节冷却水量。

（三）技术供水系统应设置的表计和信号

（1）总供水管路应设有压力和温度监测仪表。

（2）滤水器前后宜配置差压监视信号。

（3）需要监测冷却耗水量的机组，其流量监测装置宜布置在机组段排水总管上。当测流装置要求水流不能含有气泡时，宜布置在进水总管上。推力轴承冷却器管路上应根据需要装设流量仪表。

（4）供水系统的中间水池应设有水位信号器，进水管路应装设随水位变化而自动调节的阀门和断水保护信号装置。

（5）对水温需要监测的冷却器，其进出口应设置冷却水温度计或温度信号计。

（6）推力轴承、空气冷却器，上、下导轴承，水导轴承各自的排水管路上宜设置水流监视仪表或示流信号器。

（7）水轮机主轴密封润滑主供水，应能随机组启停自动投入和停止。当主供水源发生故障时，密封备用水源应能自动投入，并同时发出故障信号，供水中断时应有报警信号。

（8）橡胶水导轴承的润滑供水应随机组启、停自动投入和停止，并应设示流信号器，当主供水源故障断水时，应能自动投入备用水源，同时发信号；供水中断超过规定时间，应发出紧急事故信号。

（9）自流减压，顶盖取水和射流泵供水系统中，可能过压时，应能自动发出压力过高、过低信号。

（10）水冷变压器冷却水的投入应与变压器运行同步，进水管上应装有监视压力的信号装置，排水管路上应装设示流信号器。

（11）水冷式空气压缩机供水应能随空气压缩机启停自动投入和停止，排水管路上宜设示流器或示流信号器。

（四）供水系统的自动运行

某厂技术供水图如图2-7所示。

1. 自动开机过程供水系统的投入

自动开停机过程涉及的机械、电气各方面的问题较多，监视检查的内容也较多，在此只介绍与供水系统有关的内容，供水系统投入控制回路如图2-8所示。

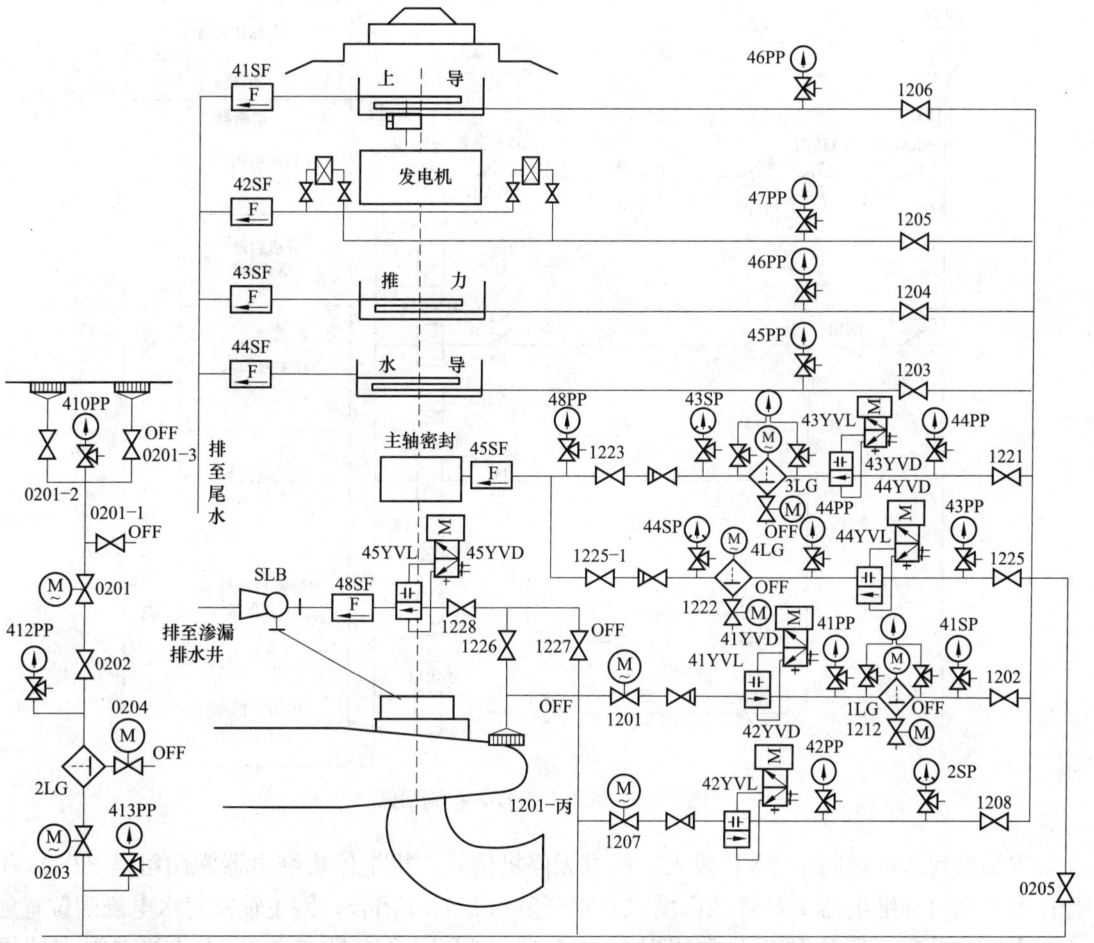

图 2-7　某厂技术供水图

自动开机的方式有计算机监控操作台全自动或半自动开机、LCU 现地开机等。远方或现地开机时，LCU 开停机控制方式把手应放在对应的位置。

操作开机把手 21SA，使 21SA2-4 触点接通，开机继电器 21KM 励磁。

开机启动继电器回路通过 22KM、26KM、35KM1、35KM2、ZWX、QF、27KM、DSY、21SA2-4、21KM 回路接通，21KM 线圈励磁。

主冷却水电磁阀 41YVD 投入。机组无停机信号，机组停机继电器常闭触点 22KM 闭合；因开机启动继电器 21KM 线圈励磁，常开触点 21KM 闭合；因主冷却水电磁阀位置触点 41YVD$_g$ 闭合，且延时断开常闭时间继电器 1KT 闭合，投主冷却水电磁阀主线圈 41YVD$_K$ 励磁，主冷却水电磁阀 1YVD 动作，投入主冷却水，同时时间继电器 1KT 线圈励磁计时；时间继电器 1KT 延时时间到，延时断开常闭时间继电器 1KT 断开；主冷却水电磁阀主线圈 41YVD$_K$ 失磁，主冷却水电磁阀位置触点 1YVD$_g$ 断开，主冷却水电磁阀主线圈 1YVD$_K$ 不带电。

因为电磁阀 41YVD 为双线圈电磁阀，投入是通过主线圈 41YVD$_K$，退出是通过副线圈 41YVD$_g$ 励磁，所以在电磁阀主线圈 41YVD$_K$ 失磁时，电磁阀未动作关闭。

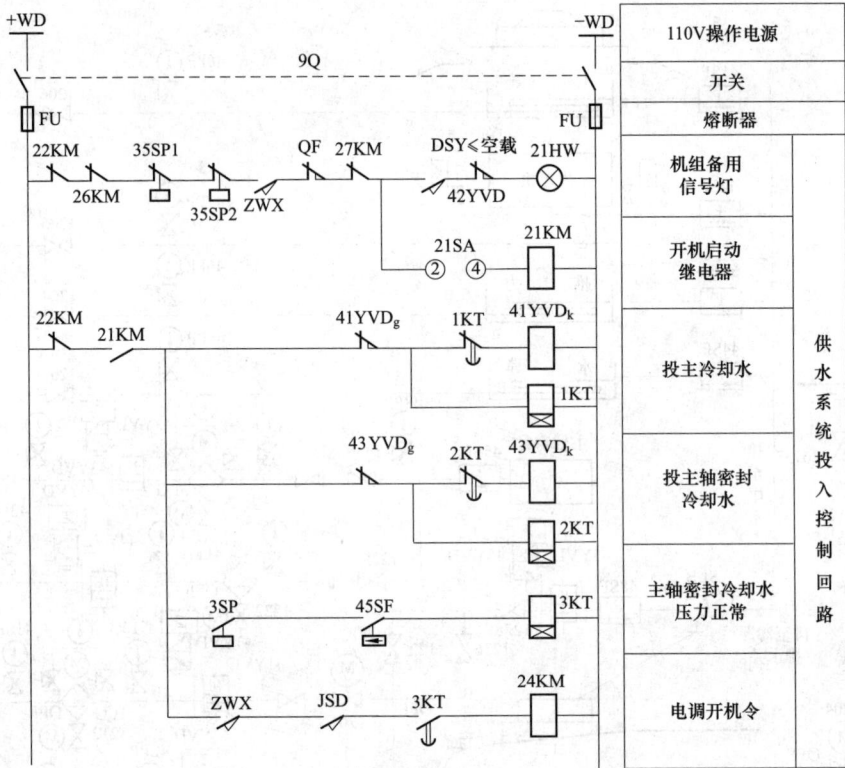

图 2-8　供水系统投入控制回路

主轴密封水电磁阀 43YVD 投入。机组无停机信号，机组停机继电器常闭触点 22KM 闭合；因开机启动继电器 21KM 线圈励磁，常开触点 21KM 闭合；因主轴密封水电磁阀位置触点 43YVDg 闭合，且延时断开常闭时间继电器 2KT 闭合，投主轴密封水电磁阀主线圈 43YVDK 励磁，主轴密封水电磁阀动作，投入主轴密封水。同时时间继电器 2KT 线圈励磁计时；时间继电器 2KT 延时时间到，延时断开常闭时间继电器 2KT 断开；主轴密封水电磁阀主线圈 43YVDK 失磁，主轴密封水电磁阀位置触点 3YVDg 断开，主轴密封水电磁阀主线圈 43YVDK 不带电。

主轴密封水压力正常。因主冷却水电磁阀 41YVD 投入，主轴密封水电磁阀主线圈 43YVD 投入，冷却水系统通过 1201、NJ、41YVD、1LG、1202、1221、3LG、NJ、1223、45SF，给主轴密封供水。在水压无故障时，主轴密封水管路各处压力合格。

这时电触点压力表 43SP 处压力合格，3SP 动合触点闭合，示流继电器 5PFA 处压力合格，示流继电器动合触点闭合；同时闭触点 22KM 闭合，常开触点 21KM 闭合；使得时间继电器 3KT 线圈励磁。

在因时间继电器 3KT 延时时间到时，因主阀全开位置触点闭合，接力器锁锭已拔出，使得中间继电器 24KM 励磁，下达调速器开机令，调速器开导叶开机。

2. 自动停机过程供水系统的退出

自动停机的方式有计算机监控操作台自动停机、紧急停机、LCU 现地停机等。远方或现地停机时，LCU 开停机控制方式把手应在对应的位置。

技术供水退出。下达自动停机指令自动停机，机组转速下降至机械加闸转速时，机械加闸回路动作。风闸投入触点闭合且机组转速为零时，主冷却水电磁阀位置触点 $41YVD_k$ 闭合，如图 2-9 所示，且延时断开常闭时间继电器 4KT 闭合，退出主冷却水电磁阀副线圈 $41YVD_k$ 励磁，主冷却水 41YVD 动作，退出主冷却水，同时时间继电器 4KT 线圈励磁计时；时间继电器 4KT 延时时间到，延时断开常闭时间继电器触点 4KT 断开；主冷却水电磁阀副线圈失磁，主冷却水电磁阀位置触点 $41YVD_k$ 断开，主冷却水电磁阀副线圈不带电。

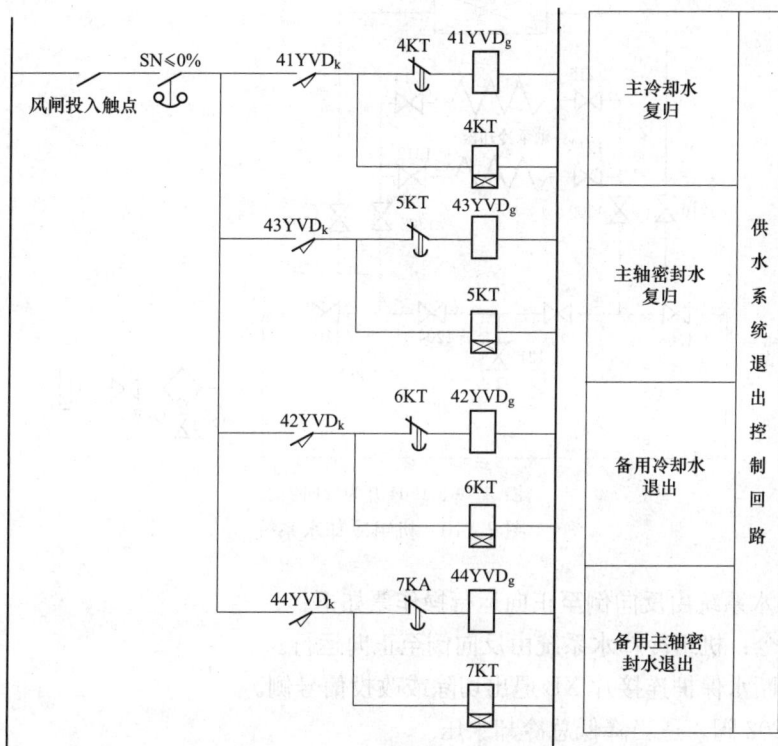

图 2-9　供水系统退出控制回路

主轴密封水、备用主轴密封水、备用冷却水的退出动作过程同主冷却水。

一般情况下 4KT、5KT、6KT、7KT 的设定时间基本相等。

（五）机组供水系统的手动投入退出操作

1. 手动开机供水系统的手动投入操作

（1）检查开机条件具备。

（2）投入冷却水电磁阀 41YVD。

（3）检查冷却水总水压 41SP 压力合格。

（4）检查冷却水各部 44SP、45SP、46SP、47SP、48SP 压力合格。

（5）投入主轴密封水电磁阀 43YVD。

（6）检查主轴密封水水压 43SP 压力合格。

2. 手动停机供水系统的手动退出操作

（1）机组停机转速为零。

（2）退出主轴密封水电磁阀 43YVD。

（3）检查主轴密封水水压 43SP 为零。

（4）退出冷却水电磁阀 41YVD。

（5）检查冷却水总水压 41SP 为零。

（六）机组供水系统的倒向操作

某水电厂机组冷却水系统，如图 2-10 所示。

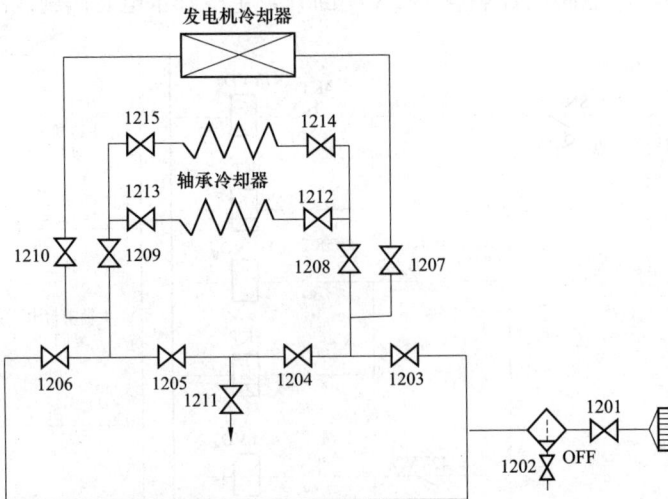

注：1206、1204 开为反向供水。

图 2-10　机组冷却水系统

机组冷却水系统由反向倒至正向运行操作票如下：

（1）值长令：机组冷却水系统由反向倒至正向运行。

（2）机组断水保护连接片 XB 退出切除或改投信号侧。

（3）开 1202 阀，适当降低总冷却水压。

（4）调 1207 阀至中间位置。

（5）调 1208 阀至中间位置。

（6）调 1209 阀至中间位置。

（7）调 1210 阀至中间位置。

（8）打开 1205 阀。

（9）打开 1203 阀。

（10）关闭 1206 阀。

（11）关闭 1204 阀。

（12）全开 1209 阀。

（13）全开 1210 阀。

（14）1207 阀关小。

（15）1208 阀关小。

（16）关闭 1202 阀，调整总冷却水压正常。

（17）用 1208 阀调整轴承冷却器冷却水压正常。

（18）用 1207 阀调空冷器水压正常。

（19）机组断水保护 KP 投入正常位置。

（20）向值长汇报。

（21）盖"已执行"章。

第三节　检修排水系统的运行

一、概述

水轮机检修时，排除蜗壳和尾水管内积水的系统通常称为检修排水系统。水电站检修排水系统的任务是保证机组过水部分和厂房水下部分的检修。排水系统虽比较简单，但却非常重要，有的电站曾发生过水淹厂房及人身伤亡事故，应引起设计、施工和运行人员重视。

在水轮发电机组检修过程中，每当检查、修理机组的水下部分或厂房水工建筑物水下部分时，需要关闭进水阀（或进水闸门）和尾水闸门，并排除其内部积水。检修排水包括：尾水管内的积水；低于尾水位的蜗壳和压力管道内的积水（高于尾水位的大量积水应先自流排走）；上下游闸门的漏水等。

检修排水的特点是排水量大，高程低，不能靠自压排至下游，需用水泵直接排除或先将其排至高程较低的集水井（或集水廊道），再用水泵抽出。

（一）排水系统图

采用立式深井泵作检修（渗漏）排水的系统如图 2-11 所示。

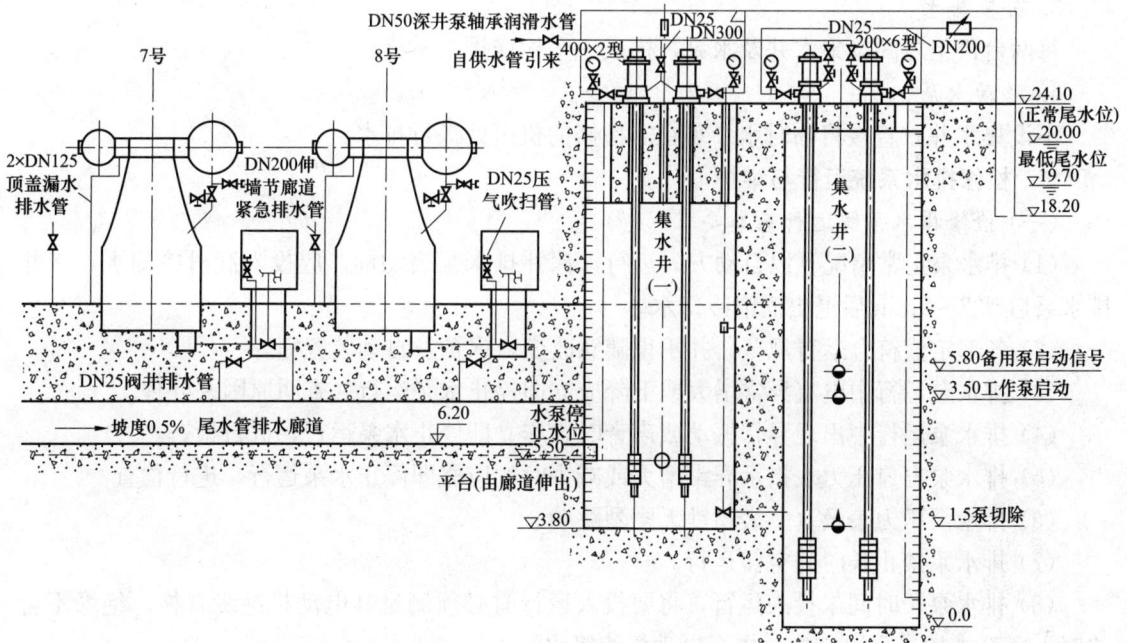

图 2-11　采用立式深井泵作检修（渗漏）排水的系统
（DN 单位：mm；高程单位：m）

（二）检修排水泵选择

检修排水泵由于不经常运转，所以其操作一般不考虑自动化。但当排除闸门漏水时，可按水位进行自动操作，防止因疏忽忘记启动水泵而造成事故。

检修排水泵应不少于两台，均为工作泵，无需备用，若选用两台水泵时，为了保证积存水排除后，由一台泵来承担排除上、下游闸门的漏水，保持检修时尾水管内无积水及积存水位不上升，则每台水泵的生产率必须大于上下游闸门单位时间总漏水量。

检修排水量一般都比较大，对水泵扬程也有一定要求。检修时，在时间上还有限制。因而，要求水泵运行可靠。常用的泵型为卧式离心泵和立式深井泵，也有一些电站采用潜水泵。

（三）检修排水方式

检修排水有直接排水、间接排水、分段排水和移动水泵四种，后两种方式只用于容量不大的水电站。

1. 直接排水

检修排水泵以管道和阀门与各台机组的尾水管相接。当机组检修时，水泵直接从尾水管抽水排出（采用卧式离心泵）。

2. 间接排水（廊道排水）

厂房水下部分设有相当容积的排水廊道。当机组检修时，通过阀门和管道将尾水管积存水排向排水廊道流至集水井，再由检修排水泵从集水井抽水排出（一般采用深井泵）。

检修集水井与各尾水管之间用管道相连，并设阀门控制，尾水管的积水可自流排入集水井；集水廊道在厂房最低处沿纵轴向设一廊道，各尾水管的积水直接排入廊道，常用于河床式厂房。

3. 分段排水

每两台机组之间设集水井及水泵，构成一个检修排水系统。

4. 移动水泵

不设集水井，直接将临时水泵装在需检修的机组处进行排水。

二、检修排水系统运行与维护

（一）检修排水系统运行基本要求

（1）排水泵正常情况下以自动方式运行，深井排水泵启动前，应投入润滑冷却水，深井排水泵启动 2～5min 后退出润滑冷却水。

（2）各部定值符合运行规范，并不得随意改变，保护及自动装置完好。

（3）排水泵运行中电流异常增大或下降应立即停止水泵运行，查明原因并处理。

（4）排水泵运行中出现异常振动或声音时，应立即停止水泵运行，进行检查。

（5）排水泵出口压力表指示异常增大或减少时，应立即停止水泵运行，进行检查。

（6）排水泵压力表及真空表指针无剧烈跳动。

（7）排水泵禁止长时间空转运行。

（8）排水泵长时间未投入运行，将要投入运行时必须测量其电动机绝缘合格。绝缘不合格时，联系维护并采取措施，提高电动机绝缘水平。

（二）检修排水系统巡回检查与维护项目

1. 排水泵室巡回检查项目

（1）动力控制盘巡回检查。

1）检查排水泵电源盘电源刀闸投切正常，熔断器接触良好。

2）检查排水泵控制开关位置正确。

3）检查排水泵自动控制盘各指示灯显示正确，故障指示灯均处于熄灭状态。

4）检查排水泵控制回路各继电器状态正常。

5）检查电压表、电流表指示正常。

6）各电源开关抽屉锁锭把手的位置，应在锁锭中，不允许随意操作改变其位置。

7）二次接线端子无松脱，检查可编程控制器（PLC）各模块工作正常。

（2）排水泵正常运行时的检查。

1）电源开关、操作把手位置正确。

2）排水泵运行电流稳定不超过额定，各部接线端部无过热现象。

3）电动机运行正常，无异音，轴承无过热现象，无剧烈振动。

4）排水泵体不振动，内部无异音，进出口阀门位置正确，排水管水流正常，压力表指示正常。

5）各连接螺钉紧固，无剧烈振动窜动现象。

6）深井排水泵轴承无过热现象，止水盘根漏水不过大。

7）深井排水泵轴承油位合格，润滑水系统工作正常。

8）深井排水泵启动前的给水时间及启动后的低转速时间正常。

（3）水泵长期停用或检修后，启动前应根据水泵结构检查。

1）各部连接螺钉紧固。

2）各电气回路定值整定符合运行规范。

3）电动机接线完好，绝缘合格，接地线完整，保护罩良好，周围无异物。

4）轴承油位、油质合格。

5）深井排水泵润滑水系统能正常工作，润滑水电磁阀、示流继电器良好，接线完整。

6）各继电器、磁力启动器位置正确，触点无烧损现象。

7）各阀门位置正确，进出口阀全开，检修措施全部恢复。

8）各连接螺钉紧固。填料压盖上的螺钉松紧适当，允许有少量漏水。

9）水泵及电动机周围不得有杂物堆放。

（三）检修排水泵运行中的注意事项

1. 排水泵的操作注意事项

（1）水泵启动前，必须确认冷却、润滑水投入良好，并注意排水去向。

（2）投入联络电源刀闸时，应注意各段电源刀闸的位置。

2. 排水泵运行中的注意事项

（1）排水泵应定期进行切换。

（2）排水泵"自动"运行时，必须确定机电设备良好，水位控制系统动作正常，深井水泵润滑水系统正常。

（3）保护与自动装置良好，定值不得随意改变。

（4）运行电流异常增大或降低时，应立即停止运行，并通知维护处理。

（5）正常情况下，水泵启动频繁，应查明原因及时处理。

（6）禁止水泵长时间空转或停止后反转。

（7）电动机绝缘电阻值用 500V 或 1000V 绝缘电阻表测定，接近或低于 0.5MΩ 时，应进行干燥，合格后再投入运行。电动机绝缘低于 0.5MΩ 时，禁止启动。

3. 手动启动深井排水泵时注意事项

（1）深井水泵启动前，应先手动投入润滑水 2～3min。

(2) 深井水泵启动达正常转速不带负荷时，应立即停止运行。

(3) 深井水泵启动经 4min 自耦变压器不能自动切除时，应立即停止运行。

(4) 深井水泵水位在停止水位以上才能启动。

(5) 禁止手按启动按钮直接进行深井水泵启动。

4. 应立刻停排水泵的情况

(1) 电动机通电后不转或转速低，发出不正常鸣叫声。

(2) 电动机转速低，轴承油面看不见或油色发黑。

(3) 电动机运行中有异音，并且发热。

(4) 运行中电流表波动较大或超过额定电流。

(5) 电动机、水泵传动装置有异音，内部有明显的金属摩擦声，水泵剧烈地振动。

(6) 电动机及电气设备有绝缘焦味、冒烟、着火及其他不良现象。

(7) 电动机过热或局部发热，轴承温度过高。

(8) 水泵轴承无润滑油或轴承温度升高。

(9) 排水泵轴承冷却水管无水排出。

(10) 水泵运行中不出水或水流断续、运行效率低。

(11) 水泵密封轴承过热。

5. 正常情况下，水泵禁止投入运行的情况

(1) 深井排水泵润滑冷却水不能投入正常工作。

(2) 深井排水泵不能降压启动或启动不正常。

(3) 水泵运行不吸水或输水管路大量漏水。

(4) 轴承盘根过热或大量漏水。

(5) 电动机故障或绝缘不合格。

(6) 启动时，电动机、水泵有较大异音或异常振动。

(7) 集水井水位过低。

(四) 检修排水系统定期工作

(1) 定期测定备用排水泵电动机绝缘一次，若绝缘小于 0.5MΩ 时，应联系维护处理。

(2) 排水泵定期切换。

(3) 排水泵启动试验。

(4) 装设防洪阀时每年汛期到来之前，动作试验一次。

三、排水泵检修措施

(一) 检修排水泵所做措施

(1) 将检修排水泵选择开关放切位。

(2) 拉开操作电源。

(3) 拉开排水泵动力电源。

(4) 取下动力电源熔断器。

(5) 全闭排水泵出口阀。

(6) 关闭深井排水泵润滑冷却水源阀。

(7) 在所拉开开关操作把手处悬挂"禁止合闸，有人工作"标示牌。

(8) 在所关闭的阀门挂"禁止操作，有人工作"标示牌。

（二）排水泵检修措施恢复

（1）工作票收回，现场检查无异物。

（2）测量电动机绝缘合格。

（3）打开深井排水泵润滑冷却水源阀。

（4）全开检修排水泵出口阀。

（5）合上操作电源。

（6）合上排水泵动力电源。

（7）排水泵选择开关切至"手动位置"，启动试验良好。

（8）排水泵恢复正常运行。

四、检修排水系统事故故障处理

（一）检修排水泵故障检查

1. 集水井水位很高、泵不能运转需检查内容

（1）动力电源是否中断。

（2）自动回路是否不良。

（3）是否缺相启动（有缺相启动声）。

（4）启动电阻是否断线。

（5）电动机是否损坏。

2. 离心泵抽不上水需检查内容

（1）检查集水井水位是否过低。

（2）检查水泵填料箱或吸水管法兰是否进气。

（3）检查水泵底阀是否被杂物堵塞。

3. 深井排水泵抽不上水需检查内容

（1）叶轮磨损大、轴向间隙大。

（2）转动轴断裂，电流明显降低。

（3）吸水管路破裂，大量漏水或接头漏水。

（4）取水口堵塞。

（5）连接导水管螺钉松动而致漏水。

（二）检修排水系统故障处理

1. 检修集水井水位过高

（1）现象。

1）语音报警，出现集水井水位过高（廊道上水）故障信号。

2）现地辅助设备屏集水井水位过高（廊道上水）状态灯、光字牌灯亮。

（2）处理措施。

1）利用计算机监控系统，调出厂房检修排水系统图画面，检查集水井水位情况，应加强监视，并做好事故预想。

2）用工业电视监视系统，对廊道上水情况进行检查核实。

3）现场检查集水井水位是否过高，根据自动泵运行情况做如下处理：

a. 若自动泵启动，排水泵工作正常，应查明来水过多原因。水位有上升趋势，应手动启动备用泵运行。

b. 自动泵未启动时，手动启动备用泵，并查明原因设法恢复，无法处理联系维护。

c. 若集水井水位继续上升，水泵无法抽下时，应使用其他排水方式将水位控制在正常范围内。

2. 排水泵电源中断

（1）现象。

1）语音报警，出现排水泵电源中断故障信号。

2）现地辅助设备屏排水泵电源中断、排水泵故障状态灯、光字牌灯亮。

（2）处理措施。

1）检查排水泵所在机旁动力电源是否断电，如果断电且短时间无法恢复，应拉开此电源的进线刀闸并挂牌，投入机旁联络进行供电，电源恢复后，应恢复原系统运行。

2）检查排水泵的电源开关是否跳开，如跳开、应检查电源熔断器是否熔断，水泵外观有无异常，水泵电动机有无烧损、过热现象，出现异常时应退出运行。

3）检查电源熔断器如果熔断，且水泵及电动机无异常，在更换熔断器后启动水泵试验一次，如水泵运转正常，则恢复其运行，否则退出运行，联系维护人员检查处理。

3. 排水泵软启故障或过流保护动作

（1）现象。

1）语音报警，出现水泵软启故障或过流保护动作报警信号。

2）现地辅助设备屏排水泵软启故障或水泵过流保护动作状态灯、光字牌灯亮。

（2）处理措施。

1）将故障泵控制开关放切，检查水泵软启故障或过流保护动作原因，有无过流或断相。

2）检查电动机有无过热及烧损现象。

3）检查电源刀闸、开关、熔断器是否工作正常。

4）检查无异常时，复归保护、启动试验正常后，恢复运行，否则联系维护人员检查处理。

4. 排水泵润滑水中断

（1）现象。

1）语音报警，出现水泵断水保护动作报警信号。

2）现地辅助设备屏排水泵断水、排水泵故障状态灯、光字牌灯亮。

（2）处理措施。

1）将故障泵控制开关放切，检查水泵断水保护动作原因。

2）检查全厂消防水工作是否正常，水泵给水控制阀位置是否正确。

3）检查水泵给水电磁阀、示流器工作是否正常。

4）查明断水原因，做相应处理。

第四节　渗漏排水系统的运行

一、概述

水电站不能自流排除的用水和渗水要集中到集水井，再用水泵排到下游，这个系统称为渗漏排水系统。渗漏排水系统的任务是及时地、可靠地排除生产弃水和渗漏水，避免厂房内部积水和潮湿。

水电站厂房内各种渗漏水，通常通过排水沟和排水管，引至厂房最低部的集水井中，再用渗漏排水泵排至下游。渗漏排水主要包括：

（1）机械设备的漏水。水轮机顶盖与大轴密封的漏水：混流式水轮机通常用不少于两根具有足够断面的排水管，穿过固定导叶中部孔，把这一部分漏水自流排入集水井；轴流式水轮机则专门用水泵按水位自动控制启停，将这一部分漏水直接排至下游。

（2）厂房设备的生产排水。如：冲洗滤水器的污水；水冷式空气压缩机的冷却水；油水分离器及储气罐的排水；空气冷却器壁外的冷凝水；空调用水的排水等，当无法直接靠自压排至厂外时，纳入渗漏排水系统。

（3）电站下部生活用水的排水。

（4）厂房水工建筑物的渗水。包括蜗壳和尾水管进人坑、蝶阀坑、低洼处、地面排水沟的积水。

渗漏排水的特征是排水量小，不集中，很难用计算方法予以确定，高程较低，不能靠自压排出。因此，一般水电站需设置集水井将上述渗漏水收集起来，然后用水泵抽出。

（一）渗漏水的来源

（1）厂房水工建筑物的渗水。

（2）水轮机顶盖排水。

（3）压力钢管伸缩节漏水。

（4）供排水管道上的阀门漏水。

（5）空气冷却器的冷凝水和检修放水。

（6）水冷式空气压缩机的冷却排水。

（7）水冷式变频器的冷却排水。

（8）气水分离器和储气罐排污水。

（9）厂房及发电机消防排水。

（10）水泵和管路漏水、结露水。

（11）空调器冷却排水。

（12）其他必须排入集水井的水。

（二）渗漏排水集水井的要求

（1）集水井汇集不能自流排出的厂内渗漏水，用泵自动地排至厂外。

（2）集水井应布置在厂房最低处，集水井的报警水位应低于最底层的交通廊道、操作廊道及布置有永久设备场地的地面高程。

（3）应规定集水井工作泵启动水位、停泵水位、备用泵启动水位和报警水位等。

（4）集水井的有效容积，宜按汇集 30～60min 厂内总渗漏水量确定，有条件时，宜选大些。

（5）应设集水井的清污通道与清污措施，对多泥沙水电厂的集水井，其排水泵底阀附近应设冲淤设施。

（三）渗漏排水系统自动化要求

（1）厂内渗漏排水设备应自动操作，集水井应设置水位信号装置和报警装置。集水井排水装置能自动启停工作水泵，工作泵故障时，备用泵能自动投入，在备用泵投入后，应能自动发信号或报警。

（2）集水井水位信号器应远离水泵进口处，防止水泵工作时水位波动影响信号器，并应布置在便于维修检查的集水井进入孔附近。

（3）渗漏排水泵采用深井泵时，深井泵的轴承润滑水管上宜设自动控制供水阀和示流信号器。

（4）渗漏排水工作泵的流量应按集水井的有效容积、渗漏水量和排水时间确定，排水时间宜取 20～30min，工作泵的台数按排水量确定，除工作泵外，至少应设置一台备用泵，其流量应不小于工作泵总排水量的 50%。

（5）渗漏排水泵宜选用深井泵、射流泵或潜水泵，也可选用离心泵。

（6）渗漏排水系统的布置要求：水泵集中在水泵房内，集水井设在水泵房的下层。集水井通常布置在安装间下层、厂房一端、尾水管之间或厂房上游侧，集水井的底部高程要足够低，以便自流集水。

（四）渗漏排水泵的操作方式

渗漏排水泵一般都采取自动操作，由液位信号器控制工作泵和备用泵的启停。集水井排水装置能自动启、停工作水泵，工作泵故障时，备用泵能自动投入，在备用泵投入后，应能自动发信号或报警，并在集水井水位过高时发出告警信号。若采用深井泵，泵在启动前轴承必须先给润滑水，防止烧坏轴承。深井泵启动后 15～90s 开始出水，因此外供的润滑水一般在泵启动 2～5min 后切断。润滑水亦应实现自动投退控制。深井泵一般安装位置较其他排水泵要高，因此，应对其进行定期试验，确保其正常运行。

（五）渗漏排水系统图

（1）采用射流泵作渗漏排水的系统如图 2-12 所示。渗漏排水采用射流泵为工作泵，检修排水泵兼作渗漏排水的备用泵，由电极水位计控制电磁配压阀启停射流泵和备用泵，射流泵的高压水源来自 1 号机蝶阀前的引水钢管。

（2）检修排水和渗漏排水合用一套设备的系统如图 2-13 所示，该系统为一小型水电站的排水系统图。全厂检修排水和渗漏排水合用两台离心泵。机组正常运行时，水泵按集水井水位控制，自动启、停以排除集水井中的积水，一台工作，一台备用，交替切换运行。当机组检修时，可用水泵按集水井水位自动排除渗漏水。

二、渗漏排水系统运行与维护

（一）渗漏排水系统巡回检查与维护项目

（1）动力控制盘巡回检查。

1）检查排水泵电源盘电源刀闸投切正常，熔断器接触良好。

2）检查排水泵控制开关位置正确。

3）检查排水泵自动控制盘各指示灯显示正确，故障指示灯均处于熄灭状态。

4）检查排水泵控制回路各继电器状态正常。

5）检查电压表、电流表指示正常。

6）二次接线端子无松脱，检查 UPS 运行正常。

（2）排水泵正常运行时检查。

1）电源开关、操作把手位置正确。

2）排水泵运行电流稳定不超过额定，各部接线端部无过热现象。

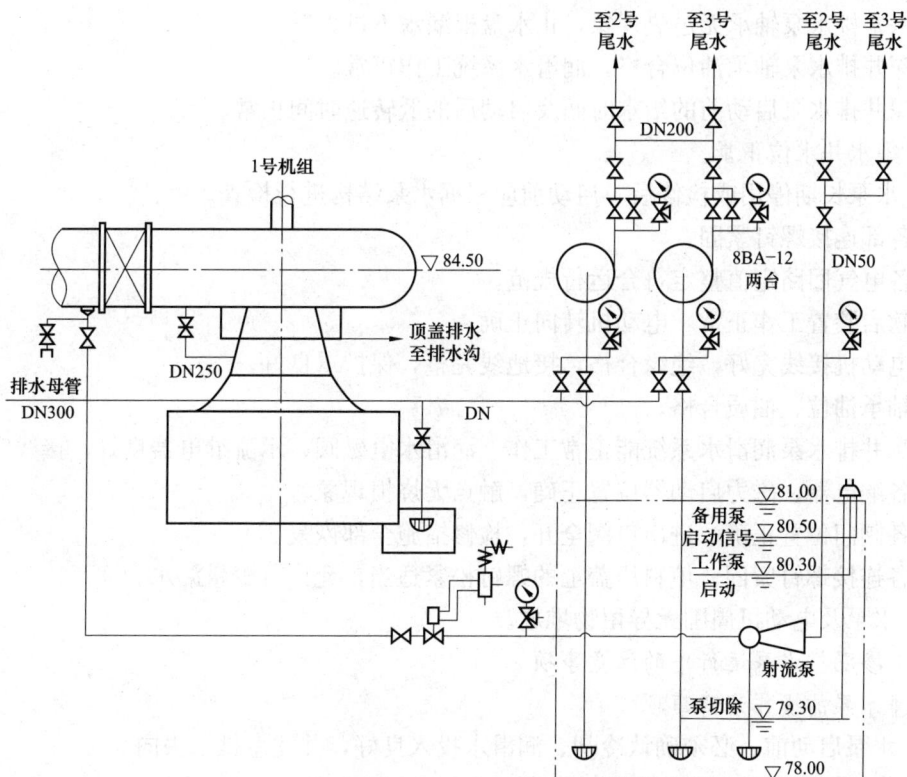

图 2-12　采用射流泵作渗漏排水的系统
（DN 单位：mm；高程单位：m）

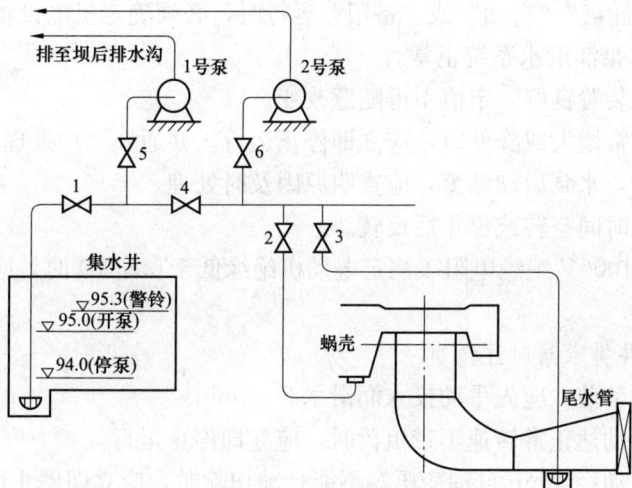

图 2-13　检修排水和渗漏排水合用一套设备的系统（单位：m）

3）电气设备及自动装置良好，软启动器工作正常，冷却风机投入，内部无异味。

4）电动机运行正常，无异音；轴承无过热现象，无剧烈振动。

5）排水泵体不振动，内部无异音，进出口阀门位置正确，排水管水流正常，压力表指示正常。

6）各连接螺丝紧固，无剧烈振动窜动现象。

7）深井排水泵轴承无过热现象，止水盘根漏水不过大。

8）深井排水泵轴承油位合格，润滑水系统工作正常。

9）深井排水泵启动前的给水时间及启动后的低转速时间正常。

10）集水井水位正常。

（3）水泵长期停用或检修后，启动前应根据水泵结构进行检查。

1）各部连接螺钉紧固。

2）各电气回路定值整定符合运行规范。

3）软启装置工作正常，电动机转向正确。

4）电动机接线完好，绝缘合格，接地线完整，保护罩良好。

5）轴承油位、油质合格。

6）深井排水泵润滑水系统能正常工作，润滑水电磁阀、示流继电器良好，接线完整。

7）各继电器、磁力启动器位置正确，触点无烧损现象。

8）各阀门位置正确，进出口阀全开，检修措施全部恢复。

9）各连接螺钉紧固；填料压盖上的螺钉松紧适当，允许有少量漏水。

10）水泵及电动机周围无异留物堆放。

（二）渗漏排水泵运行中的注意事项

1. 排水泵的操作注意事项

（1）水泵启动前，必须确认冷却、润滑水投入良好，并注意排水去向。

（2）投入联络电源刀闸时，应注意各段电源刀闸的位置。

2. 排水泵运行中的注意事项

（1）同类型排水泵应该"轮流"运行或定期进行"自动""备用"切换。

（2）排水泵放"轮流""自动"或"备用"运行时，必须确定机电设备良好，水位控制系统动作正常，深井水泵润滑水系统正常。

（3）保护与自动装置良好，定值不得随意改变。

（4）运行电流异常增大或降低时，应立即停止运行，并通知维护处理。

（5）正常情况下，水泵启动频繁，应查明原因及时处理。

（6）禁止水泵长时间空转或停止后反转。

（7）用500V或1000V绝缘电阻表测定电动机绝缘低于0.5MΩ时，应进行干燥，合格后再投入运行。

3. 手动启动深井排水泵时注意事项

（1）深井水泵启动前，应先手动投入润滑水2～3min。

（2）深井水泵启动达正常转速不带负荷时，应立即停止运行。

（3）深井水泵启动经4min自耦变压器不能自动切除时，应立即停止运行。

（4）深井水泵水位在停止水位以上才能启动。

（5）禁止手按启动按钮直接进行深井水泵启动。

4. 应立刻停排水泵的情况

（1）电动机启动困难，并且有异音。

（2）电动机转速低，轴承油面看不见或油色发黑。

（3）电动机运行中有异音，并且发热。

（4）运行中电流表波动较大或超过额定电流。

（5）电动机、水泵传动装置有异音，内部有明显的金属摩擦声，水泵剧烈地振动。

（6）电动机及电气设备有绝缘焦味、冒烟及其他不良现象。

（7）电动机过热或局部发热，轴承温度过高。

（8）水泵轴承无润滑油或轴承温度升高。

（9）排水泵轴承冷却水管无水排出。

（10）水泵运行中不出水或水流断续、运行效率低。

（11）水泵密封轴承过热。

5. 正常情况下，水泵禁止投入运行的情况

（1）深井排水泵润滑冷却水不能投入正常工作。

（2）深井排水泵不能降压启动或启动不正常。

（3）水泵运行不吸水或输水管路大量漏水。

（4）轴承盘根过热或大量漏水。

（5）电动机故障或绝缘不合格。

（6）启动时，电动机、水泵有较大异音或异常振动。

（7）集水井水位过低。

（三）渗漏排水泵定期工作

（1）定期测定备用排水泵电动机绝缘一次，若绝缘电阻值小于 $0.5M\Omega$ 且大于 $0.2M\Omega$ 时，可将排水泵手动启动运行干燥至绝缘电阻值为 $0.5M\Omega$ 以上为止；若绝缘电阻值小于 $0.2M\Omega$，应联系维护处理。

（2）排水泵定期切换。

（3）备用泵启动试验。

（4）水位故障信号启动试验，可根据实际采用动浮子或短浮子引出线。

三、渗漏排水系统检修措施

1. 渗漏排水泵检修措施

（1）将待检修排水泵选择开关放切位。

（2）拉开操作电源。

（3）拉开排水泵动力电源。

（4）取下动力电源熔断器。

（5）全关排水泵出口阀。

（6）全关深井排水泵润滑水源阀。

（7）在所拉开开关操作把手处悬挂"禁止合闸，有人工作"标示牌。

（8）在所关闭的阀门挂"禁止操作，有人工作"标示牌。

2. 排水泵检修措施恢复

（1）工作票收回，现场检查无异物。

（2）测量电动机绝缘合格。

（3）打开深井排水泵润滑水源阀。

（4）全开检修排水泵出口阀。

（5）装上动力电源熔断器。

（6）合上操作电源。

（7）合上排水泵动力电源。

（8）排水泵选择开关切至"手动"位置，启动试验良好。

（9）排水泵恢复正常运行。

四、渗漏排水系统事故故障处理

1. 渗漏集水井水位过高

（1）现象。

1）语音报警，出现集水井水位过高（廊道上水）故障信号。

2）现地辅助设备屏集水井水位过高（廊道上水）状态灯、光字牌灯亮。

3）备用泵可能在运行中。

（2）处理措施。

1）利用计算机监控系统，调出厂房渗漏排水系统图画面，检查集水井水位情况，应加强监视，并做好事故预想。

2）用工业电视监视系统，对廊道上水情况进行检查核实。

3）现场检查集水井水位是否过高，根据自动泵、备用泵运行情况做如下处理：

a. 自动泵未启动，备用泵在运行，检查自动泵不启动原因。若自动泵无法恢复正常运行时，将一台备用泵选择把手放自动，自动泵选择把手放停用位置，并通知维护处理。

b. 自动泵、备用泵工作正常，水位有上升趋势，应查明来水过多原因。检查是否因排水泵抽空或效率低，根据具体情况进行处理。

c. 自动泵、备用泵均未启动时，应手动启动，并查明原因设法恢复，无法处理则联系维护人员。

d. 若集水井水位继续上升，水泵无法抽下时，应使用其他排水方式将水位控制在正常范围内。

2. 排水泵电源中断

（1）现象。

1）语音报警，出现排水泵电源中断故障信号。

2）现地辅助设备屏排水泵电源中断、排水泵故障状态灯、光字牌灯亮。

（2）处理措施。

1）检查排水泵所在机旁动力电源是否断电，如果断电且短时间无法恢复，应拉开此电源的进线刀闸并挂牌，投入机旁联络进行供电，电源恢复后，应恢复原系统运行。

2）检查排水泵的电源开关是否跳开，如跳开，应检查电源熔断器是否熔断，水泵外观有无异常，水泵电动机有无烧损、过热现象，出现异常时应退出运行。

3）检查电源熔断器如果熔断，且水泵及电动机无异常，在更换熔断器后启动水泵试验一次，如水泵运转正常，则恢复其运行，否则退出运行，联系维护人员检查处理。

3. 水泵备用泵启动

（1）现象。

1）语音报警，出现排水泵备用泵启动信号。

2）现地辅助设备屏排水泵备用启动状态灯点亮。

（2）处理措施。

1）调出厂房渗漏排水系统图画面，检查集水井水位情况。

2）用工业电视监视系统，检查廊道有无上水情况。

3）现场检查集水井水位是否过高，自动泵未启动时，应查明原因设法投入运行。

4）若自动泵、备用泵均启动时，查明原因处理。

4．渗漏集水井水位过低

（1）现象。

1）排水泵运行不停止。

2）排水泵出口水压表指示为零或接近零。

3）集水井水位低。

（2）处理措施。

1）检查集水井水位情况。

2）若排水泵未停止时，应立即停止。

3）排水泵运行不停止，检查控制回路是否正常，电极处是否变位、有异物或过脏，并通知维护处理。

5．排水泵软启故障或过流保护动作

（1）现象。

1）语音报警，出现水泵软启故障或过流保护动作报警信号。

2）现地辅助设备屏排水泵软启故障或水泵过流保护动作状态灯、光字牌灯亮。

（2）处理措施。

1）将故障泵控制开关放切，检查水泵软启故障或过流保护动作原因，有无过流或断相。

2）检查电动机有无过热及烧损现象。

3）检查电源开关、熔断器是否工作正常。

4）检查无异常时，复归保护、启动试验正常后，恢复运行，否则联系维护人员检查处理。

6．排水泵润滑水中断

（1）现象。

1）语音报警，出现水泵断水保护动作报警信号。

2）现地辅助设备屏排水泵断水、排水泵故障状态灯、光字牌灯亮。

（2）处理措施。

1）将故障泵控制开关放切，检查水泵断水保护动作原因。

2）检查全厂消防水工作是否正常，水泵给水控制阀位置是否正确。

3）检查水泵给水电磁阀、示流器工作是否正常。

4）查明断水原因，做相应处理。

第五节　技术供水系统运行维护与试验

一、技术供水系统的通水耐压试验

通水耐压试验的目的是在技术供水系统检修后，对水系统进行通水，来检查检修后的水系统管路各部分的连接、密封是否完好，以及水系统的耐压强度是否合格，并调节好各阀门的位置，以满足各冷却器在水压和水量方面的要求，为以后的自动开机做准备。

（一）通水耐压试验的原则

保证排水流畅，且在通水过程中，采用逐级提高水压和加大水流量的原则，以防止水系统因排水不畅导致管路憋压，使水压过高而损坏设备。水系统通水耐压时间通常为 30min。

（二）试验条件

（1）有关管路、电磁阀、示流信号器及滤过器等均检修安装完毕。

（2）用水设备的检修已完毕。

（3）自动排水装置投入运行。

（4）压力油系统及其元件的充油试验已完成。

（5）水轮机自动控制系统已检修完毕。

（三）试验步骤

（1）压力油系统投入正常运行。

（2）机组技术用水投入正常运行。

（3）投入水源，检查各管路无漏水，水压及水流均正常。

（4）检查备用水源自动投入应良好。

（5）无异常后，恢复到正常运行状态。

（四）通水耐压试验操作票

如图 2-5 所示，1 号发变组冷却水系统的通水耐压试验操作票如下：

（1）打开 1210 阀。

（2）打开 1208 阀。

（3）打开 1209 阀。

（4）1206 阀小开。

（5）1207 阀小。

（6）打开 YM3 阀。

（7）打开 YM5 阀。

（8）关闭 YM4 阀。

（9）关闭 YM6 阀。

（10）打开水导冷却器进、出口阀。

（11）水导油位作标记。

（12）打开空冷进、出口阀。

（13）打开推力冷却器进、出口阀。

（14）推力油位作标记。

（15）打开上导冷却器进、出口阀。

（16）上导油位作标记。

（17）打开 1216 阀。

（18）打开 1215 阀。

（19）检查 1213、1214 阀关闭。

（20）变压器油水冷却器水阀、油阀全开。

（21）1212 阀小开。

（22）变压器冷却器潜油泵手动启动投运（保证变压器油水冷却器中油压大于水压）。

（23）打开 1203 阀（防止憋压）。

（24）打开 1204 阀。

（25）检查减压阀全关。

（26）打开 1201 阀。

（27）检查 YM2 是否全关。

（28）打开 YM1 阀。

（29）减压阀小开。

（30）检查各管网系统有无渗漏。

（31）检查各油盆油位是否正常。

（32）减压阀开大，适当升高机组冷却水压。

（33）检查各部分有无渗漏。

（34）1206 阀适当开大。

（35）1207 阀适当开大。

（36）1211 阀适当开大。

（37）减压阀开大，调整机组冷却总水压至正常。

（38）1206 阀调整空冷、水导冷却水流量（水压）至正常。

（39）1207 阀调整推力、上导冷却水流量（水压）至正常。

（40）1212 阀调变压器冷却水流量（水压）正常。

（41）通水耐压时间到后，全关闭 YM1。

（42）变压器潜油泵停运。

二、一号机组冷却水系统充水试验

（一）一号机组冷却水系统充水试验条件

（1）机组大修措施已恢复。

（2）钢管已充水。

（3）检查蜗壳水压正常。

（二）一号机组冷却水系统（如图 2-6 所示）充水试验操作票

（1）检查备用冷却水电磁阀 42YVD 在关闭状态。

（2）投入冷却水电磁阀 41YVD。

（3）检查总水压为 0.25～0.40MPa。

（4）投入示流继电器试验连接片 XB。

（5）检查上导水压 48PP 为 0.2～0.30MPa。

（6）检查发电机冷却水水压 47PP 为 0.2～0.30MPa。

（7）检查发电机冷却水水压为 0.1～0.20MPa。

（8）检查推力水压 46PP 为 0.2～0.30MPa。

（9）检查水导水压 45PP 为 0.15～0.20MPa。

（10）检查各阀门、滤过器、管路无漏水现象。

（11）检查各冷却器无漏水现象。

（12）通过 1206 逐渐打开和逐渐关闭，检查示流继电器 41SF 工作正常。

（13）通过 1205 逐渐打开和逐渐关闭，检查示流继电器 42SF 工作正常。

（14）通过 1204 逐渐打开和逐渐关闭，检查示流继电器 43SF 工作正常。

（15）通过 1203 逐渐打开和逐渐关闭，检查示流继电器 44SF 工作正常。

（16）退出示流继电器试验连接片 5XB。

（17）复归冷却水电磁阀 41YVD。

（18）检查总水压为零。

（19）检查各部水压（48PP、47PP、46PP、45PP）为零。

三、机组冷却水系统充水试验

某厂机组冷却水系统如图 2-14 所示。

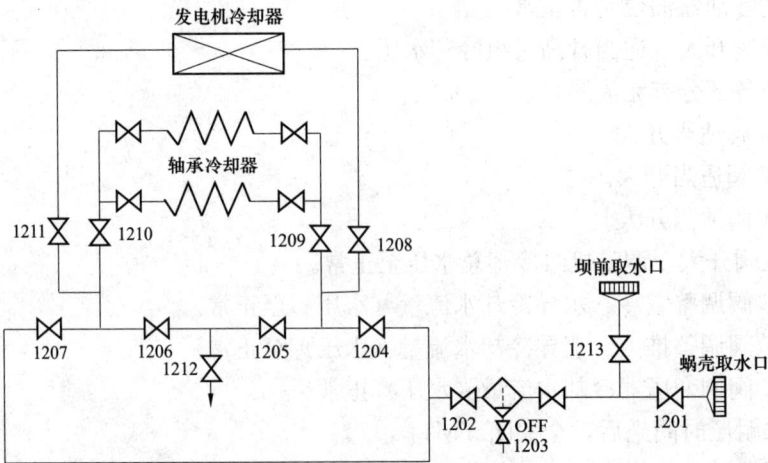

图 2-14　某厂机组冷却水系统

机组冷却水系统充水试验操作票如下：

（1）值长令：机组冷却水系统充水试验。

（2）联系有关检修班组。

（3）检查 1201 阀在关闭。

（4）检查 1213 阀在关闭。

（5）检查减压阀在关闭。

（6）滤水器排水 1203 阀打开。

（7）滤水器排气阀开。

（8）检查 1202 阀在开。

（9）打开 1204 阀。

（10）打开 1206 阀。

（11）关闭 1205 阀。

（12）关闭 1207 阀。

（13）打开 1210 阀；

（14）打开 1211 阀。

（15）1208 阀稍开。

（16）1209 阀稍开。

（17）打开 1212 阀。

（18）打开 1213 阀。

（19）减压阀稍开。

（20）待冷却水管道内空气排完后，滤水器排气阀关闭。

（21）按检修要求开减压阀调整总水压正常。

（22）关闭滤水器排水 1203 阀。

（23）用 1208 阀调空气冷却器水压正常。

（24）用 1209 阀调轴承冷却器冷却水压正常。

（25）全面检查各部位正常。

（26）通水完毕后，1213 阀关闭。

（27）汇报。

（28）盖"已执行"章。

第六节　技术供水系统事故故障处理

一、技术供水系统的事故故障分析

1. 滤过器堵塞故障报警

当机组转速大于 5％后，如果滤过器的压差表 SP 压力大于规定值时，相应的 SP 常闭动断触点断开，相应的信号器即接通报警。技术供水报警信号回路如图 2-15 所示。

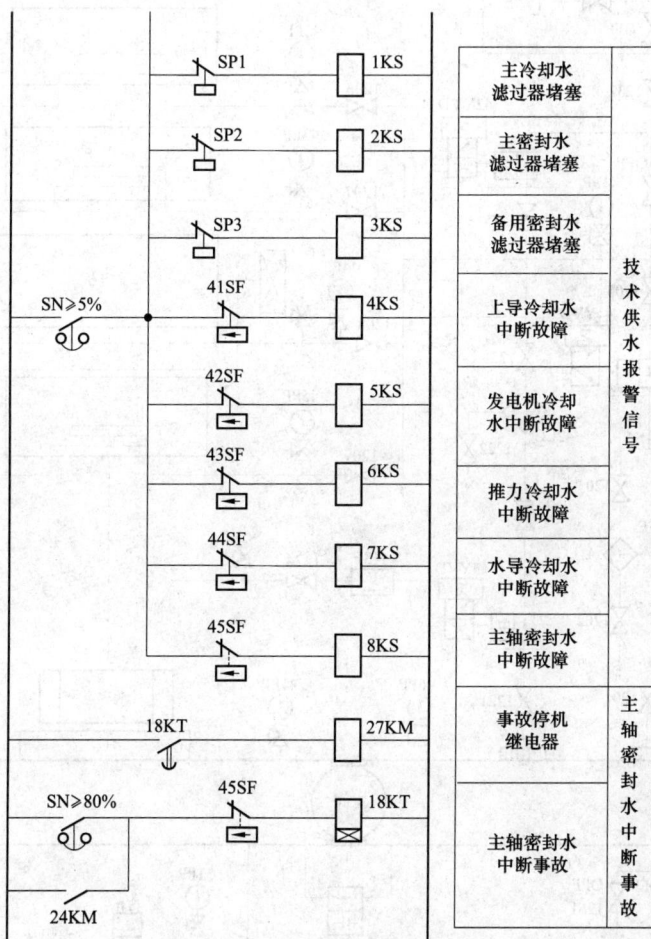

SP1	1KS	主冷却水滤过器堵塞
SP2	2KS	主密封水滤过器堵塞
SP3	3KS	备用密封水滤过器堵塞
41SF	4KS	上导冷却水中断故障
42SF	5KS	发电机冷却水中断故障
43SF	6KS	推力冷却水中断故障
44SF	7KS	水导冷却水中断故障
45SF	8KS	主轴密封水中断故障
18KT	27KM	事故停机继电器
45SF	18KT	主轴密封水中断事故

SN≥5%　　SN≥80%　　24KM

技术供水报警信号　主轴密封水中断事故

图 2-15　技术供水报警信号回路

2. 冷却水中断故障

当机组转速大于 5％后，如果冷却水（润滑水）压力小于规定值时，相应的 PFA 常闭动断触点断开，相应的信号器即接通报警。

3. 润滑水中断事故

在机组下达了调速器开机令（即 24KM 常开触点闭合）或机组转速大于 80％时，如果润滑水压力小于规定值时，相应的 45SF 常闭动断触点断开，使得时间继电器 18KT 励磁，延时时间到时，时间继电器延时闭合触点 18KT 闭合，使得事故停机继电器 27KM 励磁，发出事故停机令，事故停机。

二、推力轴承冷却水中断故障

（一）故障现象

（1）电铃响，语音警报，随机报警窗口有机组机械故障、推力冷却水中断，或伴随主冷却水压力降低等报警信号。

（2）PLC 装置屏：机组机械故障蓝灯亮。推力冷却水中断故障报警。

机组技术供水系统。一号机供水系统如图 2-16 所示，推力水压 42PP 有可能低于 0.2MPa；也可能总水压同时不合格（小于 0.25MPa）；备用冷却水电磁阀 42YVD 投入。

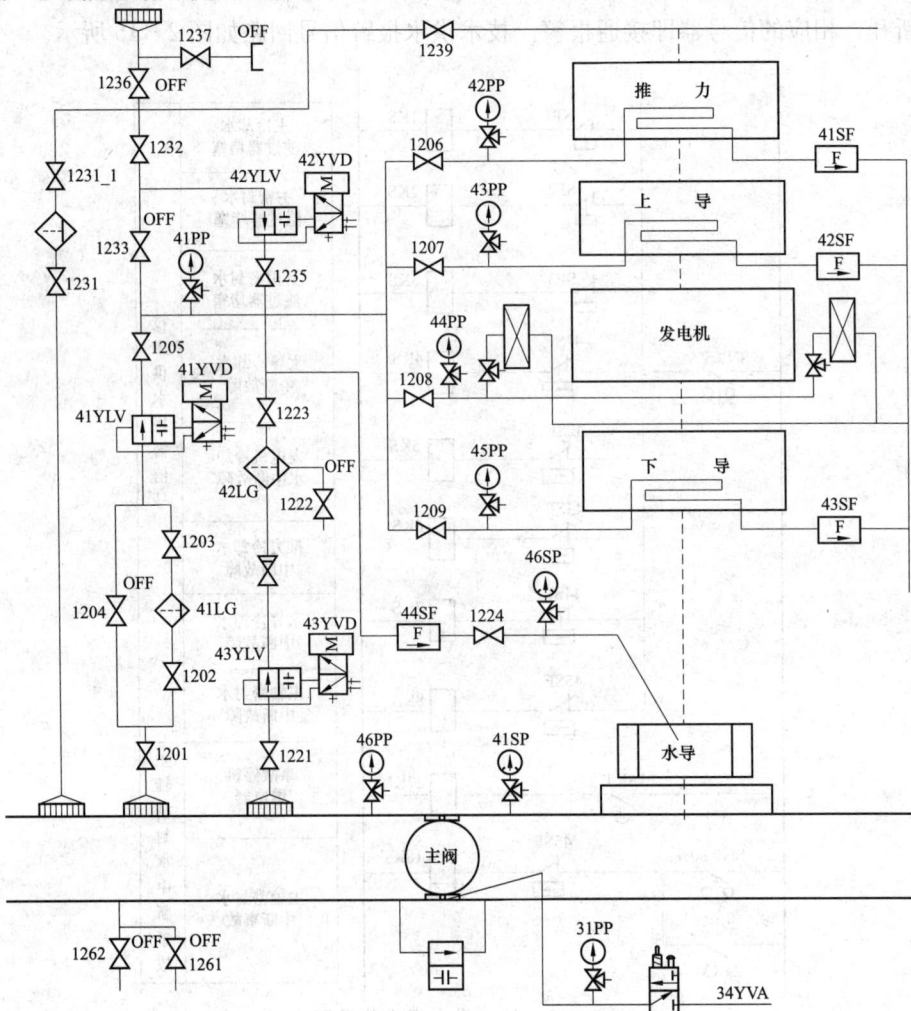

图 2-16　一号机供水系统

（二）故障原因分析

（1）主冷却水滤过器 1LG 前总水压为零时，可能是 201 电控阀和 41YVD 油源阀、液压阀、电磁配压阀误动或故障。

（2）总水压不足，可能是蜗壳取水口堵塞、止回阀故障、调节阀 202 误动、滤过器 1LG 堵塞或冷却水供水总管路有漏水之处。

（3）推力轴承冷却水水压不足，可能是调节阀 206 误动，或分管路有漏水之处。

（4）推力轴承示流继电器 1PFA 高压侧水管堵塞或管路漏水。

（5）由于推力轴承示流继电器 41SF 本身故障引起误报警。

（三）故障处理

（1）检查备用冷却水投入正常，总水压合格，复归信号；检查主冷却水滤过器前总水压为零时，如果电控阀、电磁阀误关则打开即可；若电控阀、电磁配压阀故障（发卡）可用备用水运行，然后根据情况做好措施进行检修。

（2）总水压不足时，检查处理方式如下：

1）由于总调节阀误关或开度过小引起时，调节 202 阀来提高总水压在正常范围内，复归备用水恢复主供水运行，并监视各部轴承和冷风器水压合格。

2）检查滤水器是否在清扫过程；滤水器的排污阀 212 是否关闭，如果没有关闭将其关闭。

3）主冷却水滤过器前后压差过大，说明故障是由于滤过器堵塞引起的，应清扫滤过器。

4）冷却水供水总管路大量跑水时，应停机处理。

5）止回阀阀体损坏时，停机后联系检修处理。

6）若电控阀 201、止回阀、电磁配压阀 1YVD、主供水滤过器 1LG 及管路无异常，确定为蜗壳取水口堵塞引起总水压降低，应做好措施对蜗壳取水口反充风吹扫。

（3）检查总水压正常，推力轴承冷却水水压不合格，应调整 204 来恢复水压。

如果供水管路有漏水之处，应联系检修设法堵塞使水压恢复正常。若无法堵塞和无法保证机组的正常供水应停机处理。

（4）如果各水压合格，管路又无漏水之处，信号复归不了，可判定为推力冷却水示流继电器 3PFA 误动，联系检修处理。

待主冷却水正常后，复归备用水，恢复主供水运行。

（5）若主供水和备用冷却水水压同时降低，应按上述原则检查处理，并注意监视各部轴承及冷风器温度在允许范围内；若短时间不能恢复正常而影响机组安全运行时，应请示调度停机，联系检修处理。

三、水导备用润滑水投入故障（水导润滑水中断故障）

（一）故障现象

（1）中控室：电铃响，语音警报，机械故障光示牌亮。

（2）机组机械故障：水导润滑水中断、备用润滑水投入等光字牌亮。

（3）机组技术供水系统：备用润滑水电磁配压阀 44YVD 投入；润滑水示流继电器 5PFA 可能动作；滑水水压低于故障压力 0.15MPa。

（4）液位棒型图：水导润滑水水压 46PP 不合格（小于 0.05MPa）。

（二）故障原因分析

（1）由于运行中 42LG 滤过器堵塞引起水压不足，导致备用水电磁阀 42YVD 动作。

（2）由于水导润滑水示流继电器 46PP 高压侧水管堵塞；管路中漏水引起；由于管路中阀门误关引起。

（3）运行中由于导叶开度的突然变化，使水轮机顶盖上方产生负压，水导润滑水压力继电器 46SP 瞬间下降波动引起警报。

（三）故障处理

（1）检查备用润滑水投入情况及顶盖上水情况。如漏水量增大应维持顶盖水位正常。

（2）检查总水压为零时，可能是电控阀 201 和电磁配压阀 41YVD 误动或故障。

（3）若电控阀、电磁阀误关则打开即可，复归水导备用润滑水电磁阀及信号；若电控阀、电磁阀故障（发卡），检查备用水源电磁配压阀 42YVD 投入，根据情况做好措施检修 201 电控阀或 41YVD 电磁配压阀。

（4）润滑水 41PP 水压为零（同时总水压也为零），可能是常开阀 223、224 或电控阀 201 和电磁配压阀 41YVD、43YVD 误动或发卡，根据情况做好措施检修，不能检修时尽快停机。

（5）检查滤水器 3LG 是否在清扫过程；滤水器的排污阀 222 是否关闭，如果没有关闭将其关闭。

（6）如果因润滑水滤过器 3LG 堵塞引起的水压不足，可进行滤过器清扫，打开 222 阀排污。

（7）如果因润滑水示流继电器 45SF 高压侧水管堵塞，水压表显示水压正常，机组可强行运行，待停机后处理（如果因管路中漏水引起，危及机组安全运行时应在最短的时间内正常停机或紧急停机）。

（8）由于管路中有阀门误关引起，打开阀门或调整阀门开度使水压恢复正常。复归备用润滑水电磁配压阀 4YVD 和主轴密封备用润滑水故障信号。

（9）因主轴密封润滑水压力继电器 43SP 瞬间下降波动引起。此时复归备用润滑水 44YVD 即可复归。

（10）如果各水压合格，管路又无漏水之处，信号复归不了，可判定为润滑水示流继电器 3PFA 误动，待停机后处理。

（11）检查水压恢复正常后，复归备用润滑水 44YVD 和故障信号。

【思考与练习】

1. 技术供水的主要作用是什么？
2. 润滑用水的主要用途有哪些？
3. 技术供水对水质的要求有哪些？
4. 技术供水系统的取水、供水方式各有几种？
5. 推力轴承冷却水中断故障原因有哪些？
6. 主轴密封润滑水中断故障现象有什么？
7. 检修、渗漏排水的内容及特点是什么？
8. 检修排水方式及其方法是什么？
9. 检修、渗漏排水系统正常巡回检查内容有哪些？
10. 检修排水系统运行维护有哪些规定及注意事项？
11. 渗漏排水系统渗漏水量与哪些因素有关？
12. 渗漏排水系统运行维护的一般规定及注意事项有哪些？

第三章 水电站气系统的运行

第一节 水电站气系统概述

水电厂压缩空气系统由压缩空气站，压缩空气管道，控制系统，以及用气设备四部分组成，但不同的水电站有不同的布置方式。

(1) 压缩空气站是产生和储存压缩空气的地方。

(2) 压缩空气管道是将用气设备和压缩空气站连接起来的管路，其中包括管道、管件、控制元件等，起着输送、分配压缩空气的作用。

(3) 控制系统是控制压缩空气机的启动、停止、分配气及给气时间等。

(4) 用气设备是消耗压缩空气的设备。

一、压缩空气系统压力分级

现压缩空气系统分为高压、中压和低压 3 种压力。10MPa 以上为高压；1.0～10MPa（不含 10MPa）为中压；1.0MPa 以下为低压。

按照以前的分级方式压缩空气系统常分为高压和低压 2 个等级，2.5MPa 及以上为高压；2.5MPa 以下为低压。

二、空气压缩机和储气罐及附属设备应符合的条件

(1) 满足用户对供气量、供气压力、清洁度和相对湿度等要求。

(2) 当采用综合供气系统时，空气压缩机的总生产率、储气罐的总容积应按几个用户可能同时工作时所需的最大耗气量确定。

(3) 在一个压缩空气系统中，至少应设 2 台空气压缩机，其中 1 台备用。但对机组压水调相和检修用压缩空气系统，宜不设备用空气压缩机。

(4) 在选择空气压缩机时，应考虑当地海拔高度对空气压缩机生产率的影响。

(5) 当空气压缩机吸气的空气湿度较大时，应计及因压缩和冷却作用使空气中的水蒸气大部分凝结成水分，从而降低了排气量的影响。

(6) 空气压缩机上应有监视和保护元件，应能自动操作和控制。

(7) 在储气罐上应装设与空气压缩机容量、排气压力相适应的安全阀和压力过高、过低信号装置。

三、压缩空气系统在水电站中的用户

(1) 水轮机调节系统及进水阀操作系统的油压装置充气建立油压用气。

(2) 机组停机过程中制动用气。

(3) 机组调相运行时向转轮室充气压水及补气。

(4) 机组维护检修风动工具及吹污清扫用气。

(5) 水轮机主轴检修密封及进水阀空气围带密封用气。

(6) 机组轴承气封、发电机封闭母线正压用气。

　　（7）水轮机尾水管强迫补气用气。

　　（8）水泵水轮机压水调相和水泵工况压水启动用气。

　　（9）配电装置、发电机空气断路器用气作动力源。

　　（10）在寒冷地区进水口闸门、拦污栅等处防冻吹冰用气。

四、水电厂压缩空气系统的作用

　　（1）机组停机时制动。在停机过程中，防止低速运转中磨坏推力轴承，故正常运行工况下气压不足时不允许停机。

　　（2）机组作调相运行时，调相压水。当机组由发电机变为调相机运行时，把压缩空气充入水轮机转轮室内，将水从转轮室中压出，使转轮在空气中转动，减少有功功率的消耗。

　　（3）调速系统和蝶阀系统的压油槽充气，使操作油压保持在一定范围内。

　　（4）水轮机主轴检修密封及进水阀空气围带密封。

　　（5）高压空气断路器的操作和灭弧。高压断路器触头间的绝缘和灭弧都靠压缩空气，故压力下降到一定程度，就禁止分闸操作和禁止断路器在分闸状态。

　　（6）其他用途。如吹灰、风动工具及隔离开关的气动操作等。

第二节　水电站供气系统的运行

　　水电站供气系统的高压和低压部分均由空气压缩机、储气罐及附属设备（有时统称空气压缩装置）、供气管网、测量及控制元件等几部分组成。有时低压气系统可由高压气系统减压而取得，省去了低压空气压缩机，其余部分与高压气系统一致，运行要求和规定也基本一致，故在此统称水电站供气系统，一并阐述。

一、供气系统基本要求

　　（1）在一个压缩空气系统中，至少应设 2 台空气压缩机，一台置自动，其他置备用或轮流。但对机组压水调相和检修用压缩空气系统，宜不设备用空气压缩机。

　　（2）如有上位机与现地控制位置时，其运行控制方式应为远方控制，只有做各种试验时方可切至现地控制位置。

　　（3）空气压缩机上应有监视和保护元件，应能自动操作和控制。

　　在空气压缩机出口装设温度继电器，监视空气压缩机的排气温度。在空气压缩机出口汽水分离器上装设自动阀，空气压缩机启动时延时关阀，使其无负荷启动。空气压缩机停机时打开，起卸荷作用，汽水分离器自动排污。

　　（4）满足用户对供气量、供气压力、清洁度和相对湿度等要求。

二、供气系统运行与维护

　　1. 动力盘的检查

　　（1）检查动力电源开关位置正确。

　　（2）装有抽屉开关其锁锭把手在投入位置，不允许随意操作改变其位置。

　　（3）检查熔断器完好，指示灯显示正常。

　　（4）检查动力盘内磁力启动器无异音，开关无过热现象。

　　（5）检查电压表、电流表指示正常。

2. 控制盘的检查

（1）检查运行方式选择把手位置正确。

（2）检查操作、控制电源投入工作正常，无异常信号。

（3）检查自动盘内各压力信号表指示正常，无告警，各指示灯指示正常。

（4）触点压力表定值正确。

（5）检查各种指示灯显示正常。

3. 空气压缩机的检查

（1）空气压缩机室应保持干燥清洁，地面无杂物、积水等。

（2）检查各空气压缩机的出口管路、阀门没有漏风的现象。

（3）检查水冷空气压缩机的水压正常，冷却水管路无漏水，风冷空气压缩机风扇工作正常。

（4）油箱油质、油位符合运行规范，检查各级压力表及油压表指示正常。

（5）电动机保护罩完好，吸气网良好，各部螺丝、销钉等部件连接紧固。

（6）电动机电源引线、接地线连接良好。

（7）空气压缩机和储气罐的各级压力表指示稳定，没有异常摆动现象，各级安全阀没有漏风排风现象。

（8）检查各部温度在正常范围之内。

（9）检查各级气缸无异音，转动部分及吸气网良好。

（10）检查空气压缩机、电动机振动及轴向窜动不过大，且无异音。

（11）空气压缩机运行中，无异常振动现象，轴承没有窜动现象，各转动部位没有异音。

（12）空气压缩机的启动、停止压力正常，其打压效率正常。

（13）空气压缩机长时间未投入运行，在投入运行前必须测量其电动机绝缘合格，绝缘不合格时，联系维护采取措施，提高电动机绝缘水平。

（14）空气压缩机电动机轴承温度不得超过规定值。

（15）冬季各空气压缩机室温不低于10℃，否则设法提高室温、确保空气压缩机安全运行。

（16）当空气压缩机在制造厂规定的使用环境和最终排气压力为额定排气压力条件下稳定运行时，各级排气温度应符合下列要求：

1）气缸内有油润滑的空气压缩机，各级排期温度不应超过180℃，当使用合成油润滑时，各级排气温度不应超过200℃。

2）气缸内无油润滑的空气压缩机，各级排气温度不应超过200℃。

3）喷油回转空气压缩机，各级排期温度不应超过110℃。

4）对于有油润滑的空气压缩机，当空气压缩机在制造厂规定的使用环境和最终排气压力条件下稳定运行时，润滑油温度不应超过70℃。

4. 空气压缩机启动前的检查

（1）检查各连接螺丝紧固，吸气网良好。

（2）检查各级压力表及油压表无指示。

（3）检查动力电源开关、刀闸及操作电源熔断器完好。

（4）检查各部测温表计指示正常。

（5）检查油槽油位、油色合格。

（6）检查启停压力表定值正确，触点无烧黑现象。

（7）检查故障压力表定值正确。

（8）检查动力盘电流表、电压表指示正常。

（9）检查自动盘内各连接片投退符合当前系统。

（10）检查自动盘内各继电器触点无烧损现象，无掉牌告警信号。

（11）检查各指示灯指示正确。

（12）检查电动机外壳接地良好，旋转设备周围无杂物。

5. 供气系统运行中的注意事项

（1）空气压缩机如果频繁启动或连续运行时间过长，应查明原因并及时处理。

（2）空气压缩机运行中如果冷却水中断停运，应查明原因，须待空气压缩机自然降温正常后再给上冷却水，经手动盘车正常后才能投入运行。

（3）PLC断电或出现异常情况时，风泵应现地手动控制并加强监视。

（4）空气压缩机油位接近下限时，应及时联系维护人员加油。

（5）空气压缩机禁止在取下皮带和风扇保护罩的情况下投入运行。

（6）高压系统带压时，禁止对空气压缩机和系统进行任何的检修维护工作。

（7）手动启动空气压缩机时，先手动卸载规定时间之后才能启动空气压缩机。

（8）空气压缩机检修后或长时间停运后的第一次启动时，测电动机绝缘。

（9）遇有下列情况下之一，禁止启动空气压缩机，联系维护人员处理：

1）保护装置不完善、失灵或不能投入运行时。

2）润滑油泵泵油不正常，油压超运行规范时；各油箱油面、油色、油温不正常。

3）空气压缩机冷却装置不能投入运行时。

4）排污或卸载部分不能工作正常。

5）有剧烈振动或出现撞击时。

6）电动机有明显故障时。

（10）各控制触点压力表校验时的注意事项：

1）检修断开电源后，关闭压力表阀门。

2）自动启停控制触点压力表校验时，由备用触点改为自动触点启动空气压缩机，受其控制空气压缩机切备用运行或退出运行。

3）备用触点压力表校验时，受其控制空气压缩机退出运行。

4）信号用触点压力表校验时，应加强储气罐压力监视。

5）保护用触点压力表校验时，有关空气压缩机退出运行。

三、供气系统的运行操作

（一）供气系统定期工作

（1）定期对空气压缩机排水一次。

（2）定期对储气罐排污一次。

（3）定期进行空气压缩机自动、备用切换一次，具有自动轮换功能的不执行此项。

（二）空气压缩机检修措施与恢复操作

1. 空气压缩机检修措施

（1）选择把手切至"切除"位置。

（2）退出相关保护连接片。

（3）拉开动力电源开关。

（4）拉开动力电源刀闸。

（5）检查三相动力电源刀闸在开位。

（6）取下控制回路熔断器。

（7）水冷空气压缩机全闭冷却水源阀。

（8）全闭空气压缩机出口阀。

2. 空气压缩机检修措施恢复

（1）工作票已交回，作业交代完毕。

（2）现场检查无异常。

（3）检查各油箱、油面、油色、油温合格。

（4）压机盘车灵活不整劲。

（5）全开空气压缩机出口阀。

（6）检查各部测温元件安装良好。

（7）检查各压力表安装良好。

（8）水冷空气压缩机开冷却水源阀至适当位置，调整水压合格。

（9）合上动力电源刀闸。

（10）检查动力电源刀闸在合位。

（11）合上动力电源开关。

（12）装上控制回路熔断器。

（13）投入相关保护连接片。

（14）选择把手切至"手动"位置，启动试验良好。

（15）选择把手切至"自动"位置。

四、储气罐检修措施与恢复操作

（一）储气罐检修措施

（1）空气压缩机控制开关放"切除"位。

（2）全关储气罐进气阀。

（3）全关储气罐出气阀。

（4）全关储气罐联络阀。

（5）全开储气罐排污阀。

（6）检查储气罐压力指示降为零。

（二）储气罐检修措施恢复

（1）全关储气罐排污阀。

（2）全开储气罐进气阀。

（3）空气压缩机控制开关放"手动"位。

（4）检查空气压缩机运行。

（5）检查储气罐压力指示在规定范围。

（6）空气压缩机控制开关放"切除"位。

（7）全开储气罐出气阀。

（8）全开储气罐联络阀。

第三节　水电站用气系统的运行

一、高压用气系统运行

油压装置压油槽是机组调节系统和机组控制系统的一种能源，也是进水阀、调压阀和电磁液压阀的能源。

压油槽容积中的 $30\%\sim40\%$ 是透平油，$60\%\sim70\%$ 是压缩空气，由于压缩空气具有弹性、可储存压能，所以能保证和维持调节系统及其他设备操作所需的工作压力。压油槽中压缩空气的质量要清洁、干燥，所以需要有汽水分离器对空气进行干燥。为了调节气压的方便，可以实行自动控制，如图 3-1（a）所示。有的油压装置的供排气系统也采用简单的手动供排气操作方式，如图 3-1（b）所示。

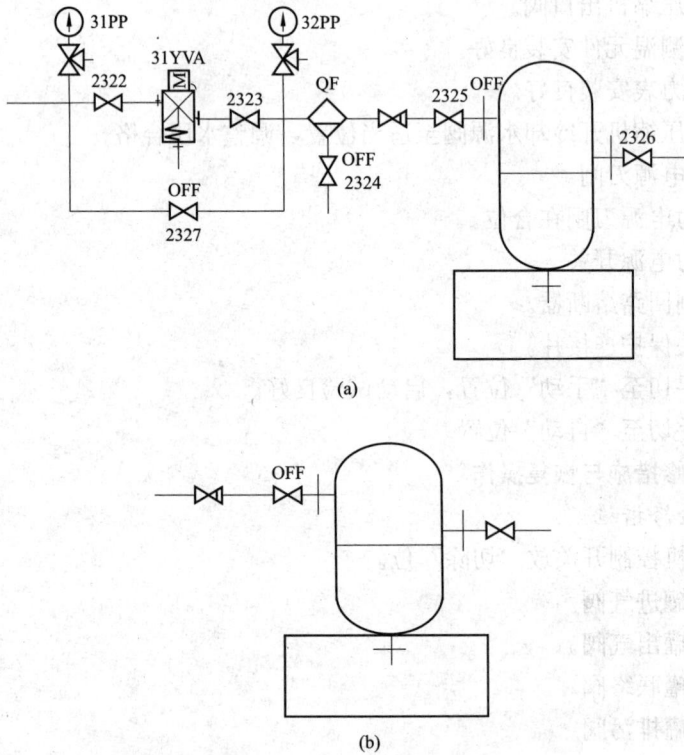

图 3-1　油压装置供气系统
(a) 自动供气形式；(b) 手动供气形式

二、低压用气系统运行

（一）机组制动供气

当发电机与电网解列，水轮机导叶关闭之后，机组的动能仅消耗在克服摩擦力矩上。在自由制动过程中，作用于机组主轴上的制动总力矩等于发电机转子对空气的摩擦力矩，对推力轴承和导轴承上的摩擦力矩，以及水轮机对空气或水的摩擦力矩之和。当机组转速高时，制动力矩大，机组转速下降快；当机组转速低时，制动力矩小，机组转速下降慢，即低速运转时间长。特别是当水轮机导水叶关闭不严密而有漏水时，在机组主轴上将经常作用着在数值上与制动力矩几乎相抵消的转动力矩，这时机组将不能尽快停机，长期在低转速下转动。

由于机组在低转速下运转时，推力轴承的润滑条件恶化，有发生半干摩擦或干摩擦的危险。发电机制造厂对自由制动条件下推力轴承的工作可靠性不予保证，所以发电机都装有强迫制动装置——电制动装置或制动闸。装有电制动的发电机组，一般制动闸作为备用装置，制动闸通常采用压缩空气作为制动能源。

在停机过程中，当电气制动投入不成功时，待机组转速下降到 $35\%n_r$ 以下时，通常用压缩空气通入制动闸，强迫机组停止转动。为此，水电厂需要设置制动装置供气系统，它主要由制动闸、制动闸控制柜及供气管网组成。制动闸一般装设在发电机下机架上或水轮机顶盖的推力轴承油槽支架上。机组较长时间低转速运行，推力轴承油膜可能破坏，对于推力轴承没有设高压油泵的机组，这时可采取把高压油引入制动闸的方法，顶起转子，形成油膜。

机组制动用气，可由厂内低压气系统供给；或设置单独的供气系统。前一种情况，应具有备用气源；后一种情况，应设 2 台空气压缩机，其中 1 台工作，1 台备用。应设置制动专用储气罐及专用供气管道。

机组制动用空气压缩机的容量，应按可能同时制动的机组总耗气量和恢复储气罐工作压力的时间确定。恢复储气罐工作压力时间宜取 10~15min。

机组制动用储气罐的总容积，应按同时制动的机组总耗气量及允许的最低制动压力值确定。即储气罐的总容积应保证在空气压缩机不启动，可能同时制动机组制动总耗气后，罐内气压保持在最低制动气压以上。

当供气管道的输气能力不能满足远离气源的机组制动要求时，为了稳压和减少气压损失，在远离气源的机组段应设置制动用储气罐。

1. 制动装置的作用

(1) 机组进入停机减速过程后期时，为避免机组较长时间处于低转速下运行，引起推力瓦的磨损，一般当机组的转速下降到本机额定转速的 35% 时，自动投入制动器，加闸停机。

(2) 未配备高压油顶起装置的机组，当经历较长时间的停机之后再次启动之前，用油泵将压力油打入制动器顶起转子，使推力瓦重新建立油膜。

(3) 当机组在安装或大修期间，用压力油顶转子，将机组转动部分的重量直接由制动器缸体来承受。

2. 机械制动装置的优缺点

(1) 优点：运行可靠；使用方便；通用性强；用气压、油压操作所耗能量较少，在制动过程中对推力瓦的油膜有保护作用；既用来制动机组又用来顶转子，具有双重功能。

(2) 缺点：制动器的制动板磨损较快，粉尘污染发电机，影响冷却效果，导致定子温度增高，降低绝缘水平。加闸过程中制动环表面温度急剧升高，因而产生热变形，有的出现龟裂现象。

3. 电气和机械停机制动的转速的确定

(1) 对于采用电气和机械停机制动而不采用液压减载装置的混流及轴流式机组，宜设置制动方式选择开关，可选择电气、机械或混合停机制动。

1) 选择电气停机制动时，投入制动的转速为额定值的 50%~60%。

2) 选择机械停机制动时，投入制动的转速为额定值的 25%~35%。

3) 选择混合停机制动时，投入电气停机制动的转速为额定值的 50%~60%，投入机械停机制动的转速为额定值的 5%～10%。

在发生电气事故的情况下，应闭锁电气停机制动，当转速降至额定转速的 25%～35% 时，自动投入机械停机制动。

(2) 采用机械停机制动并具有液压减载装置的混流及轴流式机组，当转速下降至约 90% 额定转速时，应投入液压减载装置，转速下降至 15%～25% 额定转速时，应投入机械停机制动，机组全停后，应将各装置复归。

(3) 采用电气和机械停机制动并具有液压减载装置的混流及轴流式机组，宜设置制动方式选择开关，可选择电气、机械或混合停机制动。

1) 选择电气停机制动，当转速下降至额定转速的 90% 时，应投入液压减载装置，转速下降至额定转速的 50%～60% 时，应投入电气停机制动。

2) 选择机械停机制动，当转速下降至额定转速的 90% 时，应投入液压减载装置；转速下降至额定转速的 15%～25% 时，应投入机械停机制动。

3) 选择混合停机制动，当转速下降至额定转速的 90% 时，应投入液压减载装置；转速下降至额定转速的 50%～60% 时，应投入电气停机制动；转速下降至额定转速的 5%～10% 时，应投入机械停机制动。

在发生电气事故的情况下，闭锁电气停机制动，按上述机械停机制动的程序，进行制动停机。

(4) 对装有弹性金属塑料瓦的混流及轴流式机组，不需装设液压减载装置。停机过程中，当转速下降至额定值的 15%～20% 时，应投入机械停机制动。

(5) 对混流及轴流式机组，无论是否装有电气停机制动装置，都必须配置机械停机制动装置。

(二) 机组调相压水供气

在电力系统中，常选用距离负荷中心较近，年利用小时数不高的水轮发电机组作调相机运行，向系统输送无功功率，以提高电力系统的功率因数和保持电压水平。在调相运行时，为了减少电能消耗，通常采用压缩空气强制压低转轮室水位，使转轮在空气中旋转。

压水调相用储气罐的总容积，应按一台机组首次压水过程的耗气量和压水后储气罐内的剩余压力值确定。此剩余压力值应比压水至规定的下限水位时尾水管内可能最大压力至少高 0.1MPa。

压水调相过程应在短时间内供给足够的气量，使水迅速脱离转轮，压水至规定的下限水位。宜仅由储气罐来满足此要求，压水过程宜取 0.5～2min。

空气压缩机的总容量，应按一台机组首次压水后恢复储气罐工作压力并同时补给已经调相运行机组的漏气量确定。恢复储气罐工作压力的时间宜取 15～45min。对于调相运行机组台数较少或调相运行机会不多的水电厂，恢复储气罐工作压力的时间可适当延长，但不宜超过 60min。

调相用空气压缩机，不应少于 2 台。空气压缩机容量选定后，应核算储气罐压力恢复实际所用时间。调相给气压水后，调相用空气压缩机宜同时工作。

(三) 空气围带用气

水轮机常用空气围带止水，如水导轴承检修密封围带充气、蝶阀止水围带充气等。空气围带用气量较小，一般不需设置专用设备，可从厂内低压空气系统引用。

水轮机主轴检修密封充气，不宜设置专用空气压缩装置，宜从制动供气干管或其他供气干管引来，如图 3-2 所示。

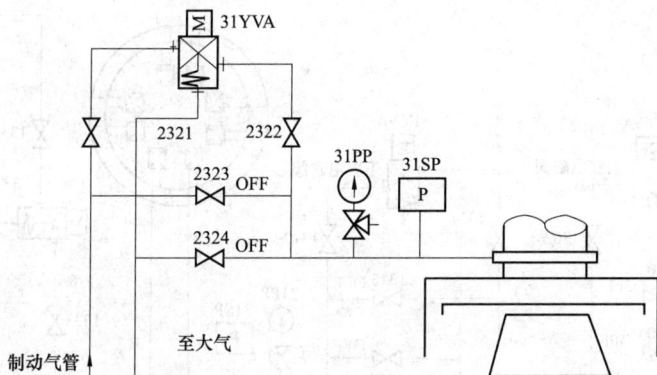

图 3-2　空气围带用气系统

　　进水阀空气围带用气，不宜设置专用空气压缩装置。充气压力应比阀门承受的水压高出 0.2~0.4MPa。压缩空气宜从主厂房的压缩空气系统直接引取，经减压引取；或在阀室设置小型储气罐、小容量的空气压缩机供给。

　　（四）风动工具和防冻吹冰供气

　　水电厂机组及其他设备检修维护时，常使用各种风动工具，并采用压缩空气除尘、吹污、吹扫，因此需要风动工具和其他工业供气。

三、机组用气系统运行维护与试验

　　（一）压缩空气系统的定期维护

　　（1）运行值班人员和设备专责人，应按规定巡回检查压缩空气系统的供气质量和压力，以保证元件（或装置）的正常运行，当发现有异常及漏气现象，应及时处理。

　　（2）压缩空气系统的压力表应定期检验，并保证可靠。

　　（3）机组运行中的制动给气系统和调相给气系统，应经常保持正常。在机组停机或调相过程中，运行值班人员要注意监视系统各元件（或装置）的动作情况；如发现异常，应及时处理。

　　（4）运行值班人员应定期对汽水分离器和储气罐进行排污，当发现其含水和含油量过大时，应及时查明原因并进行处理。

　　（二）机组机械制动系统试验

　　1. 试验条件

　　（1）压缩空气系统检修工作全部完成，压缩机处于正常运行状态，风闸风源风压合格。

　　（2）发电机的制动系统检修完毕，制动器已投入运行。

　　（3）水轮机自动控制系统检修完毕。

　　2. 试验步骤

　　（1）检查管路及各元件接头无漏气。

　　（2）投入控制电源。

　　（3）分别以手动和自动方式进行制动系统试验，全过程的动作应正常。

　　（4）无异常后，恢复正常运行状态。

　　3. 一号机风闸充风试验操作票

　　机组制动用气系统如图 3-3 所示。

　　（1）检查制动风源风压 31PP 正常。

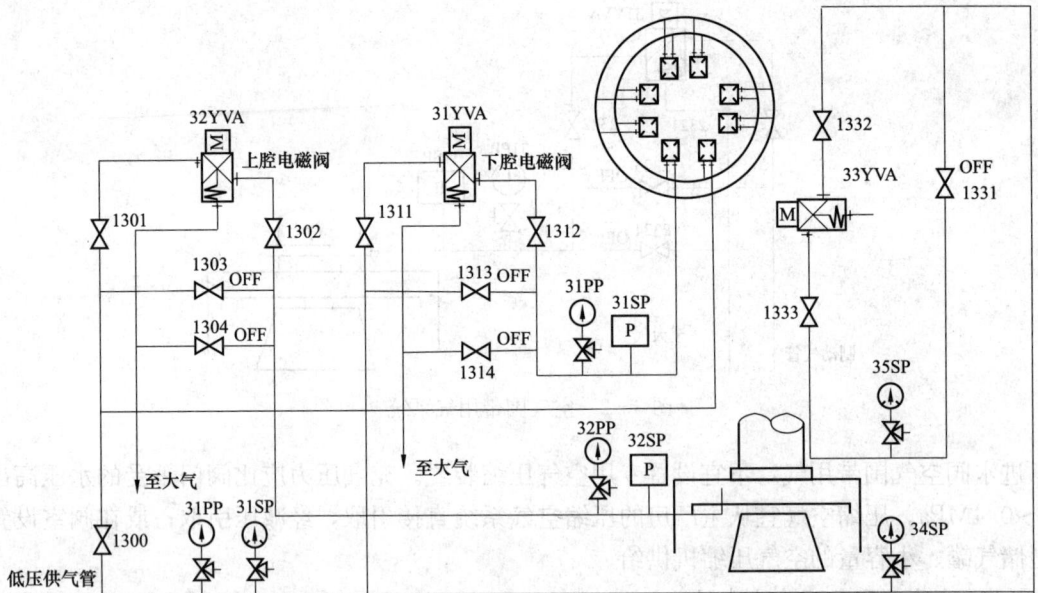

图 3-3　机组制动用气系统

（2）关闭排风阀 1312。

（3）打开给风阀 1313。

（4）检查风闸风压 33PP 为 0.6～0.8MPa。

（5）检查压力继电器 33SP 工作正常。

（6）检查全部风闸均已顶起。

（7）检查各阀门、管路无漏风现象。

（8）关闭给风阀 1313。

（9）打开排风阀 1312（此时 1314 应在开）。

（10）检查风闸风压 33PP 为零。

（11）检查全部风闸 FZ 均已落下。

（12）关闭排风阀 1302。

（13）打开给风阀 1303。

（14）检查风闸风压 32PP 为 0.6～0.8MPa。

（15）检查压力继电器 32SP 工作正常。

（16）检查各阀门、管路无漏风现象。

（17）关闭给风阀 1303。

（18）打开排风阀 1302（此时 1304 应在开）。

（19）检查风闸风压 32PP 为零。

（20）打开下腔电磁空气阀 31YVA。

（21）检查风闸风压 33PP 为 0.6～0.8MPa。

（22）检查全部风闸均已顶起。

（23）检查各阀门、管路无漏风现象。

（24）关闭下腔电磁空气阀 31YVA。

（25）检查风闸风压为零。

（26）检查全部风闸均已落下。

（27）打开上腔电磁空气阀 32YVA。

（28）检查风闸风压 32PP 为 0.6～0.8MPa。

（29）检查各阀门、管路无漏风现象。

（30）关闭下腔电磁空气阀 32YVA。

（31）检查风闸风压为零。

（三）压油罐充压试验

对压油槽在检修后由低压系统预充气问题，有两种看法，一种看法认为可先由厂内低压系统向压油槽充气，然后用油泵打油至规定油面，再继续充以中压压缩空气，以减轻高（中）压空气压缩机的负担，缩短充气时间。

另一种看法，着重考虑供气质量。为避免压力油罐中的湿气凝结，从而锈蚀配压阀和接力器，在油压装置检修后，不宜用低压气系统对压力油罐进行预充气。

四、机组用气系统正常操作

（一）制动系统正常操作

1. 自动加闸操作

（1）自动操作过程。机组在停机过程中，当转速降至规定值（通常为额定转速的 $25\%\sim35\%$）时，由转速信号器控制的电磁空气阀 31YVA 自动打开，如图 3-4 所示，压缩空气进入制动闸，对机组进行制动。制动延续时间由时间继电器整定，经过一定的时限后，使电磁空气阀复归（关闭），制动闸与大气相通，压缩空气排出，制动完毕。排气管最好引到厂外或地下室，以免排气时在主机室内产生噪声、排出油污或吹起灰尘。

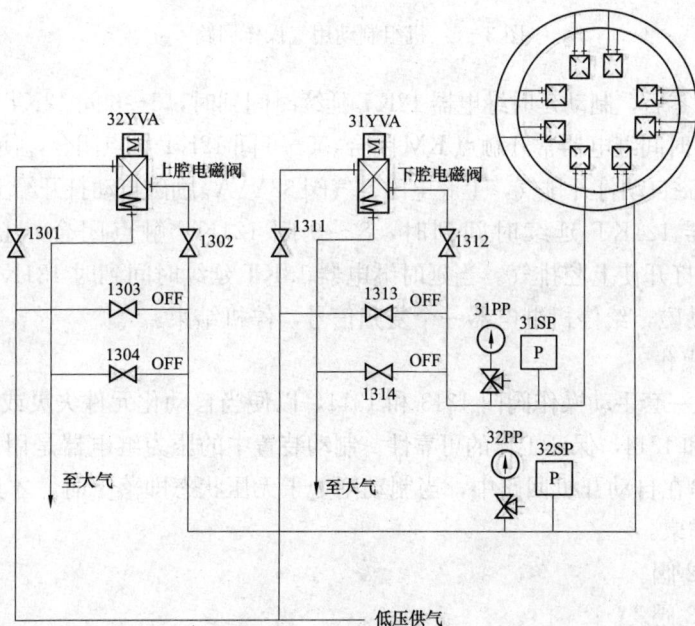

图 3-4 机组制动用气系统

（2）控制回路动作。机组在停机过程中停机继电器 22KM 励磁，机组制动用气操作回路图如图 3－5 所示。当制动方式采用机械制动（或混合制动），当转速降低至规定值的 25％～35％时，转速信号器 SN 闭合，中间继电器线圈 KM 励磁，常开触点闭合，风闸下腔的电磁空气阀 31YVA$_K$ 励磁自动打开供气，压缩空气进入制动闸，对机组进行制动。

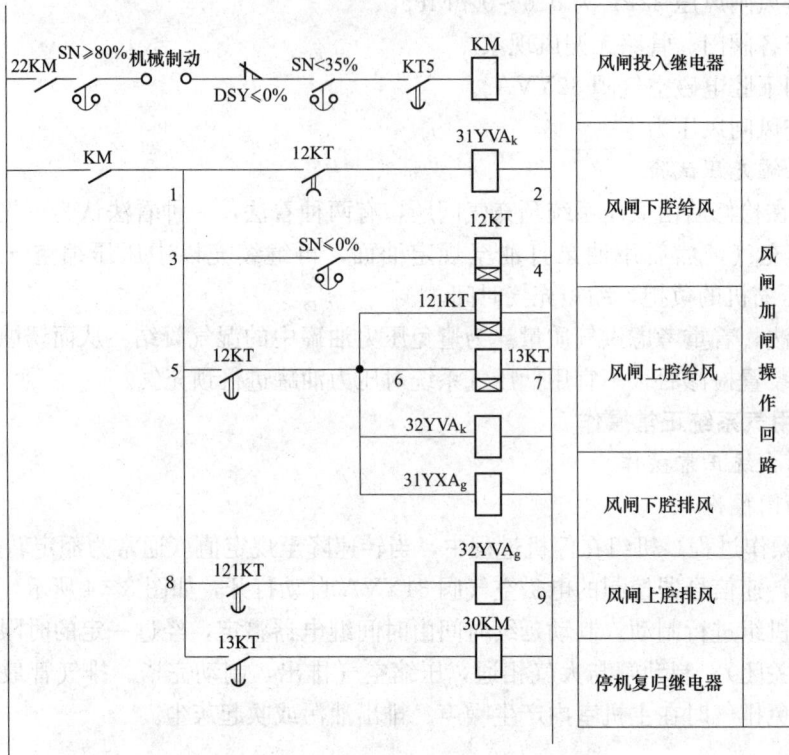

图 3－5　机组制动用气操作回路

当机组转速为零后，制动延时继电器 12KT 延续时间到时，5～6 间 12KT 触点闭合，同时 121KT 励磁。因为时间继电器常开触点 KM 闭合，5～6 间 12KT 触点闭合，使风闸下腔的电磁空气阀 31YVA$_g$ 励磁自动打开排气，上腔电磁空气阀 32YVA$_K$ 励磁自动打开给上腔供气。

当延时继电器 121KT 延续时间到时，8～9 间 121KT 触点闭合，上腔电磁空气阀 32YVA$_g$ 励磁自动打开使上腔排气。当延时继电器 13KT 延续时间到时 131KT 触点闭合，致使继电器 30KM 励磁，给停机继电器一个复归信号，停机结束。

2. 手动加闸操作

制动装置并联一套手动操作阀门 1313 和 1314，以便当自动化元件失灵或检修时，可以手动操作阀门 1313 和 1314，保证工作的可靠性。制动装置中的压力继电器是用来监视制动状态的，其常闭触点串在自动开机回路中，当制动闸处于无压状态即落下时，才具备开机条件。

手动加闸操作票：

（1）关闭 1312 阀。

（2）打开 1313 阀。

（3）检查下腔风压 31PP 压力合格。

（4）检查机组转速为零。

（5）关闭 1313 阀。

（6）打开 1312 阀。

（7）检查下腔风压 31PP 压力为零。

（8）关闭 1302 阀。

（9）打开 1303 阀。

（10）检查下腔风压 32PP 压力合格。

（11）关闭 1302 阀。

（12）打开 1303 阀。

（13）检查上腔风压 32PP 压力为零。

（二）机组调相压水操作

（1）发电机自动发电转调相操作时，应检查调相供风系统工作正常，调相风源风压合格，机组有功功率降至零值。

（2）通过计算机监控操作台或调速器发出调相指令。

（3）值班员现场监视自动器具的动作及压气情况，动作不良时手动帮助，以保证尾水管内的水位在转轮以下，不允许转轮在水中运行。

（4）转调相成功后，监视无功功率调节情况正常。

（5）对导叶漏水过大的机组，可关主阀调相。

1）水轮发电机组发电转调相的原理。调相用气系统如图 3-6 所示，机组调相（断路器合闸、导叶开度为零）后，31YVD 和 31DCF 同时励磁，打开供气压水，直到调相液位 DYW 压至下限时，31YVD 关闭。调相运行中转轮室因为漏气，使得调相液位 DYW 不断的上升，这时可通过由接入转轮室支管上设置的管径较小的旁通管 31DCF 管路供给气源来补充漏气。

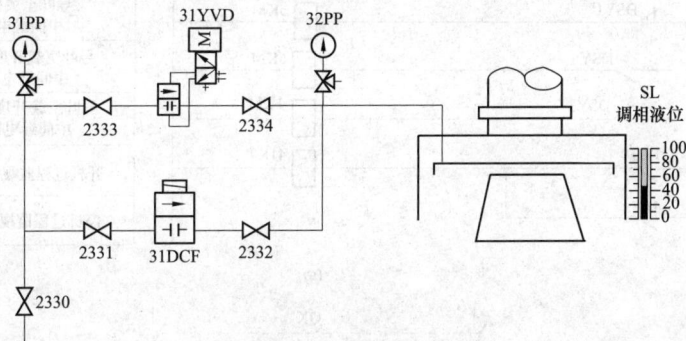

图 3-6　调相用气系统

调相进气管的给气口位置，对压水效果也有很大影响，根据调相压水模型试验资料，图 3-7 中从 1 给气时效果最好，漏气最少；3 给气效果最差，大量空气随竖向回流逸向下游；2 介于两者之间。由于部位 1 处开设进气孔比较困难，一般都在 2 处，即通过顶盖进气孔给气。进气口宜多设几个，大机组可设 4 个或更多，以使进气均匀，便于形成空气室，迅速将水压离转轮。

2）自动发电转调相控制回路。首先卸有功

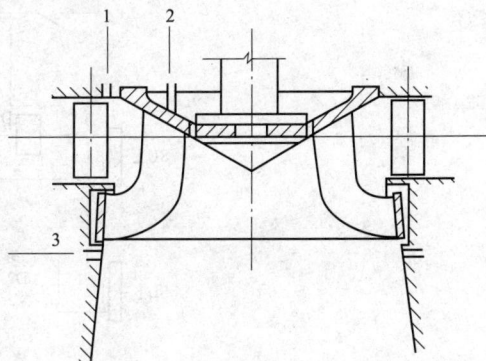

图 3-7　调相给气口位置

负荷至零，然后将发电调相开关 42SA 拨向调相侧，自动发电转调相控制回路如图 3-8 所示，断路器在合闸位置时，发电变调相继电器 1KS 励磁，开度、开限逐渐关至零，调相继电器 2KS 励磁，调相灯亮。

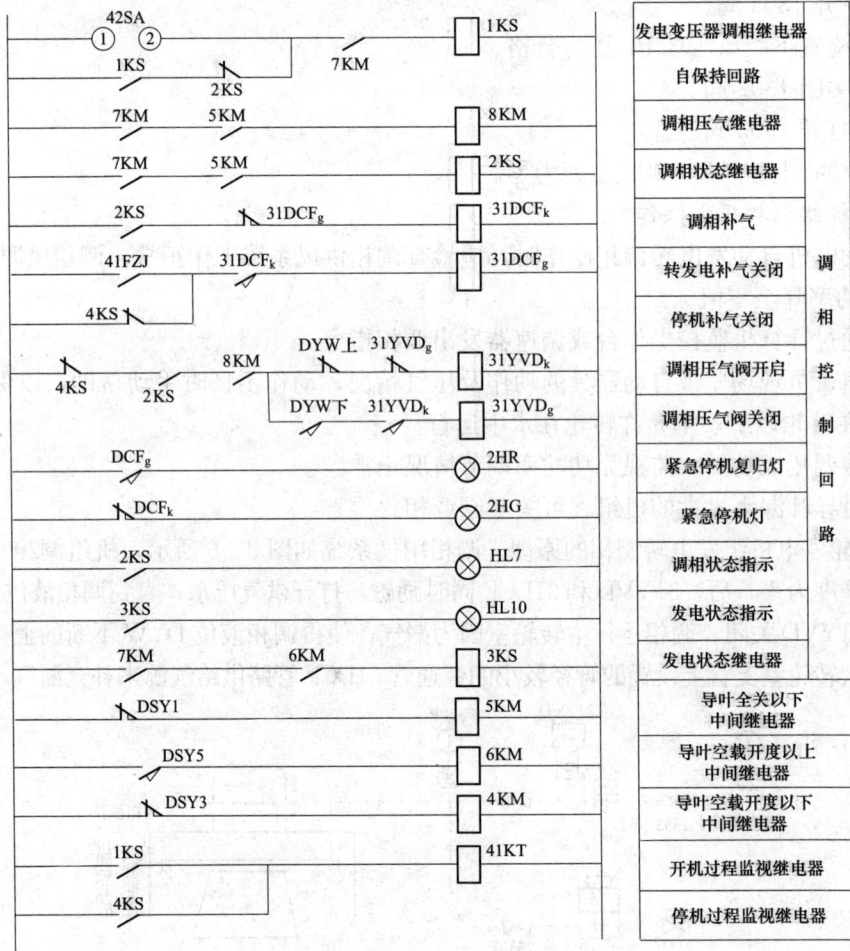

(a)

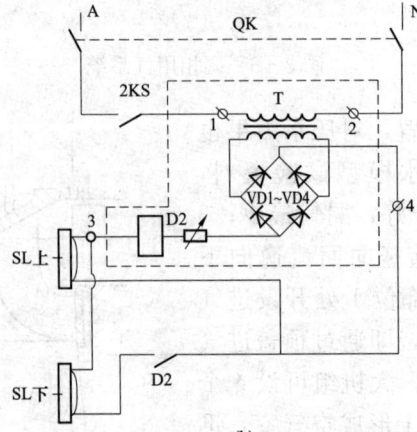

(b)

图 3-8 自动发电转调相控制回路

(a) 调相控制回路图；(b) 电极式液位信号器

此时压水电磁阀 31YVA、31DCF 励磁打开，液位逐渐下降至规定范围内。根据需要带上所需无功负荷。

如图 3-8（b）所示，当液位压至 SL 下限时，31YVA 关闭。依靠 31DCF 补气来补充转轮室各处漏气造成的气量减少。

因为转轮室各处漏气可能造成液位的逐渐上升，当液位升至 DYW 上限时，31YVA 打开进行补气。调相结束（2KS 失磁）后，31DCF 和 31YVA 关闭。

3）自动发电转调相流程如图 3-9 所示。

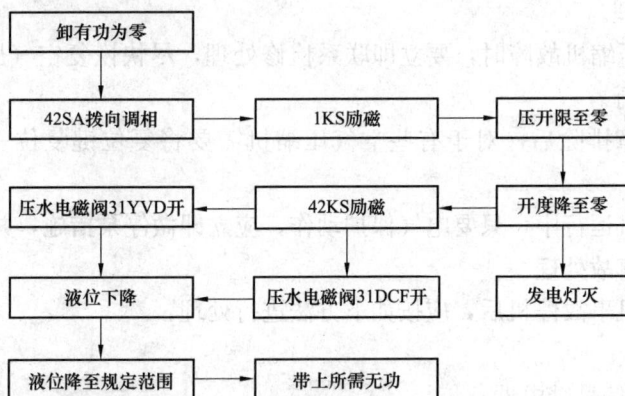

```
┌──────────┐
│ 卸有功为零 │
└──────────┘
      │
      ▼
┌──────────────┐      ┌──────────┐      ┌──────────┐
│ 42SA拨向调相 │─────▶│ 1KS励磁 │─────▶│ 压开限至零 │
└──────────────┘      └──────────┘      └──────────┘
                                              │
                                              ▼
┌──────────────────┐  ┌──────────┐      ┌──────────┐
│ 压水电磁阀31YVD开 │◀─│ 42KS励磁 │◀─────│ 开度降至零 │
└──────────────────┘  └──────────┘      └──────────┘
      │                                       │
      ▼                                       ▼
┌──────────┐      ┌──────────────────┐  ┌──────────┐
│ 液位下降 │◀─────│ 压水电磁阀31DCF开 │  │ 发电灯灭 │
└──────────┘      └──────────────────┘  └──────────┘
      │
      ▼
┌──────────────────┐      ┌──────────┐
│ 液位降至规定范围 │─────▶│ 带上所需无功 │
└──────────────────┘      └──────────┘
```

图 3-9　自动发电转调相流程

4）自动调相转发电流程如图 3-10 所示。

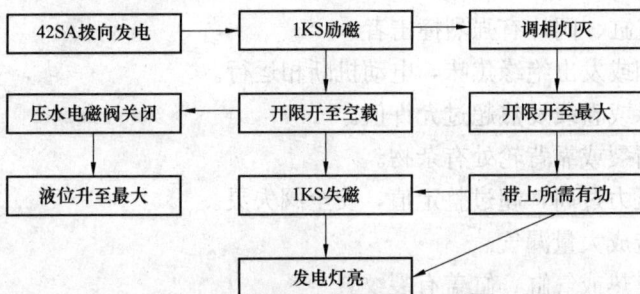

```
┌──────────────┐      ┌──────────┐      ┌──────────┐
│ 42SA拨向发电 │─────▶│ 1KS励磁 │─────▶│ 调相灯灭 │
└──────────────┘      └──────────┘      └──────────┘
                            │                 │
                            ▼                 ▼
┌──────────────────┐  ┌──────────────┐  ┌──────────────┐
│ 压水电磁阀关闭 │   │ 开限开至空载 │  │ 开限开至最大 │
└──────────────────┘  └──────────────┘  └──────────────┘
      │                     │                 │
      ▼                     ▼                 ▼
┌──────────────┐      ┌──────────┐      ┌──────────────┐
│ 液位升至最大 │      │ 1KS失磁 │◀─────│ 带上所需有功 │
└──────────────┘      └──────────┘      └──────────────┘
                            │
                            ▼
                      ┌──────────┐
                      │ 发电灯亮 │
                      └──────────┘
```

图 3-10　自动发电转调相流程

第四节　水电站气系统事故故障处理

一、供气系统故障处理原则

（1）值班人员获知空气压缩机故障时，应立即到现场查明原因及时处理，若工作空气压缩机发生严重性故障时，应将备用空气压缩机投入自动运行。

（2）空气压缩机故障已停止运行，无掉牌时应检查热元件是否动作，若动作应检查电动机外部有无异常，有无卡阻等现象，如没有发现异常现象，复归热元件，然后再启动试验，若启动不良则将空气压缩机停止运行，联系维护处理。

（3）空气压缩机出现气压下降警报或手动启动不良时，检查热元件和保护均没有动作，应检查启动回路二次熔断器是否良好，一次熔断器有无熔断，如熔断进行更换。

（4）当发生欠压故障报警时，应检查风系统管路是否有漏风或跑风现象，否则检查是否是检修人员在进行压力油罐充压中，如果管路有漏风或跑风的，应设法制止，如果因用风过量时，通知暂停用风，待气压正常后再用风。

（5）当风系统下降到事故气压，强制启动所有工作泵，待风压正常后停泵，联系检修人员，找自动泵与备用泵为什么不能自动正常启动原因，进行检修。

（6）当发生风系统压力过高，强制停泵报警时，应将故障空气压缩机退出运行，进行查找原因联系检修处理。

（7）发生空气压缩机故障时，要立即联系检修处理，尽快恢复空气压缩机正常运行，确保风系统的正常运行。

（8）当各种故障排除后，对于有些空气压缩机需要将复位键复位一次，才能恢复自动功能。

（9）空气压缩机运行中，只要电气保护动作，应立即做停泵措施，并联系检修处理。

二、供气系统事故处理

（1）空气压缩机事故停机后，应按如下方法进行处理：

1）操作把手切。

2）复归掉牌或信号继电器。

3）全面检查，未发现异常时，手动启动试验，不良时通知检修处理。

（2）空气压缩机运行中，有下列情况之一者，应立即停止运行，通知维护人员处理：

1）运行中有较大异音，地脚螺栓松动或折断，并剧烈振动。

2）曲轴箱、气缸、阀片有强烈撞击者。

3）电动机冒烟或发出绝缘焦味，电动机断相运行。

4）电动机轴承或卷线发热超过允许值。

5）风扇皮带断裂或靠背轮处有杂物。

6）各级气缸压力过高，超过整定值，安全阀失灵。

7）管路损坏造成大量漏气。

8）气缸急剧发热或气缸、缸盖有裂纹。

9）油箱或气缸盖向外冒烟。

10）轴承润滑油压力过低或过高。

11）曲轴润滑油压小于规定值。

12）排污阀排污不复归。

（3）当空气压缩机发生下列故障时，可将故障压缩机退出运行，将另一台切至自动运行：

1）排气温度过高。

2）过流保护动作。

3）一级、二级、三级压力过高。

4）一级、二级传感器故障。

5）单台泵动力电源故障。

6）发生单台泵的强制停泵。

（4）当空气压缩机发生下列故障时，可将工作、备用空气压缩机同时停止运行：

1) 高压传感器故障。

2) 控制电源故障。

3) 发生强制停泵故障。

4) PLC 故障时。

（5）排气温度高，空气压缩机自动跳闸停泵：

1) 检查润滑油量是否充足。

2) 检查油槽油面是否正常。

3) 检查水冷空气压缩机水压是否合格。

4) 检查风冷空气压缩机风扇是否良好。

5) 检查油过器堵塞是否动作。

6) 检查油色是否正常。

7) 检查热控制阀是否故障。

8) 检查油冷却器是否堵塞。

9) 检查空气滤过器堵塞指示是否动作。

三、供气系统故障处理

（一）空气压缩机辅助设备控制 PLC 故障

1. 现象

语音报警，出现辅助设备控制 PLC 故障信号。

2. 处理

（1）将空气压缩机退出 PLC 监控，人为手动启、停监视其运行。

（2）将故障 PLC 退出运行，做好安全措施，联系维护人员处理。

（二）空气压缩机电源中断

1. 现象

（1）语音报警，出现空气压缩机电源中断报警信号。

（2）现地辅助设备屏空气压缩机电源中断、空气压缩机故障状态灯、光字牌灯亮。

2. 处理

（1）检查断电空气压缩机所在动力电源是否断电，如果断电且短时间无法恢复，应拉开此电源的进线刀闸并挂牌，投入机旁联络进行供电，电源恢复后，应恢复原系统运行。

（2）检查断电空气压缩机的电源开关是否跳开，如跳开，应检查电源快熔是否熔断，空气压缩机有无异常，空气压缩机电动机有无烧损、过热现象，如果有应将此空气压缩机退出运行。

（3）检查电源快熔如果熔断，空气压缩机及电动机无异常，应更换电源快熔，启动空气压缩机试验一次，如空气压缩机运转正常，则恢复其运行，否则退出运行，联系维护人员检查处理。

（三）空气压缩机软启故障

1. 现象

（1）语音报警，出现风泵软启故障报警信号。

（2）现地辅助设备屏空气压缩机软启故障、空气压缩机故障状态灯、光字牌灯亮。

2. 处理

（1）将故障空气压缩机控制开关放切除，将备用空气压缩机放自动。

（2）检查空气压缩机软启故障动作原因，有无过流或断相、过热及烧损现象。

（3）检查电源开关、熔断器是否工作正常。

（4）检查无异常时，复归保护、启动试验正常后，恢复运行，否则联系维护人员检查处理。

（四）空气压缩机过流保护动作

1. 现象

（1）语音报警，出现空气压缩机过流报警信号。

（2）现地辅助设备屏空气压缩机过流、空气压缩机故障状态灯、光字牌灯亮。

2. 处理

（1）将故障空气压缩机控制开关放切除，将备用空气压缩机放自动。

（2）检查空气压缩机过流保护动作原因，有无断相、过热及烧损现象。

（3）检查电源开关、熔断器是否工作正常。

（4）检查无异常时，复归保护、启动试验正常后，恢复运行，否则联系维护人员检查处理。

（五）空气压缩机备用启动

1. 现象

（1）语音报警，出现空气压缩机备用泵启动报警信号。

（2）现地辅助设备屏空气压缩机备用启动状态灯、光字牌灯亮。

（3）备用空气压缩机在运转，自动空气压缩机可能没转。

2. 处理

（1）检查储气罐压力是否正常，检查压力表整定值是否变化。

（2）监视风压上升情况，停止后将选择开关放自动。

（3）自动泵未启动时，应查明原因设法投入运行。

（4）若自动泵、备用泵均启动时，检查有无大量用气、跑气之处，或启动不带负荷现象，若因临时用风过多，应通知有关部门人员减少用风量或停止用风，如有跑气处应设法隔离。

（5）储气罐压力正常后，复归信号，联系维护人员处理。

（六）空气压缩机排气压力过高

1. 现象

（1）语音报警，出现空气压缩机排气压力过高报警信号。

（2）现地辅助设备屏空气压缩机排气压力过高状态灯、光字牌灯亮。

（3）气缸排气压力超过允许值，安全阀可能动作。

（4）空气压缩机停运。

2. 处理

（1）将故障空气压缩机放切，将备用空气压缩机放自动。

（2）检查空气压缩机外观有无异常，故障泵无异常后，复归保护信号，现地启动试验，检查监听汽缸有无异音。

（3）正常后恢复空气压缩机运行，否则联系维护人员处理。

（七）空气压缩机排气压力过低

1. 现象

（1）语音报警，出现空气压缩机排气压力过低报警信号。

（2）现地辅助设备屏故障状态灯、光字牌灯亮。

2. 处理

（1）检查故障空气压缩机排污或卸载装置工作是否正常。

（2）检查空气压缩机有无大量跑气或负荷大量用气之处，如用气量过大，应适当减少供气量。

（3）正常后复归信号，否则联系维护人员处理。

（八）空气压缩机油温过高报警

1. 现象

（1）语音报警，出现空气压缩机油温过高报警信号。

（2）现地辅助设备屏空气压缩机油温过高故障状态灯、光字牌灯亮。

（3）空气压缩机油温超过整定值。

2. 处理

（1）检查空气压缩机油位、油质是否合格。

（2）检查冷却水是否正常。

（3）检查空气压缩机机械部分是否发卡、松动。

（4）检查机体是否漏气。

（5）检查保护信号是否误动，通知维护人员处理。

（九）空气压缩机排气温度过高

1. 现象

（1）语音报警，出现空气压缩机排气温度过高报警信号。

（2）现地辅助设备屏空气压缩机排气温度过高状态灯、光字牌灯亮。

（3）空气压缩机停运。

2. 处理

（1）将故障空气压缩机放切，将备用空气压缩机放自动。

（2）检查冷却装置工作是否正常。

（3）检查油箱油位是否符合运行规范、润滑油泵泵油是否正常。

（4）检查空气压缩机冷却系统工作是否正常，如冷却供水量、冷却器、冷却风扇工作情况。

（5）检查各部正常、待故障空气压缩机自然降温正常后，恢复空气压缩机运行，否则联系维护人员处理。

（十）空气压缩机润滑油压过低

1. 现象

（1）语音报警，出现空气压缩机润滑油压过低报警信号。

（2）现地辅助设备屏空气压缩机润滑油压过低、空气压缩机故障状态灯、光字牌灯亮。

（3）油压表指示低于规定值。

（4）空气压缩机停运。

2. 处理

（1）检查曲轴箱油位是否符合运行规范、曲轴齿轮润滑油泵泵油是否正常。

（2）检查空气压缩机运行的环境温度是否超出运行规范，油加热器是否投入工作。

（3）检查各部正常、恢复空气压缩机运行，否则联系维护人员处理。

（十一）储气罐压力异常

1. 现象

（1）语音报警，出现储气罐压力异常报警信号；

（2）现地辅助设备屏储气罐压力过低或过高故障状态灯、光字牌灯亮。

2. 处理

（1）如储气罐压力过高，空气压缩机在运行，应立即手动停止其运行，检查空气压缩机失控原因，联系维护人员处理。

（2）如储气罐压力过低，空气压缩机在运行，应检查空气压缩机排污或卸载装置工作是否正常，空气压缩机如果未启动，应检查空气压缩机是否故障。

（3）检查有无大量用气、跑气之处，如用气量过大，应适当减少供气量，如有跑气处，应设法隔离。

（4）待储气罐压力正常后，复归信号，联系维护人员处理。

（十二）自动启动不良并有电气故障告警时的检查

（1）检查熔丝是否熔断。

（2）检查保护继电器是否动作。

（3）检查起动继电器是否良好。

（4）测三相电压是否平衡或电压过低。

（5）检查电动机是否有明显故障，过载指示灯是否亮。

（6）检查欠相保护继电器是否动作。

（7）检查空气压缩机转动是否灵活。

（8）查出原因联系检修处理。

（十三）运行中电流降低

（1）检查系统风压是否正常，否则查找原因，如有跑风之处设法制止。

（2）检查空气过滤器堵塞指示是否动作。

（3）检查进气阀动作是否正常，有无卡住现象。

（4）检查气量调节阀调整是否正常。

（5）查明原因进行处理。

（十四）空气中含油分高，油桶油面下降比较快或空载时进气口冒油雾

（1）检查油面是否过高，并查找原因。

（2）检查排气压力是否过低。

（3）停泵检查的项目如下：

1）检查油细分离器是否破损。

2）检查压力维持阀是否失灵。

（十五）空气压缩机效率低

（1）检查压力开关是否故障。

（2）检查三向电磁阀动作是否正常。

（3）检查空载延时继电器动作是否正常。

（4）检查进气阀动作是否正常。

（5）检查压力维持阀动作是否正常。

（6）检查排污阀是否关闭。

（十六）空气压缩机启动频繁

（1）检查管路是否有漏气或跑气现象。

（2）检查压力开关的压差值是否太小。

（3）检查检修用风是否过多。

（十七）空气压缩机冷却水中断

（1）将故障空气压缩机控制开关放切，检查空气压缩机断水保护动作原因。

（2）检查全厂备用水工作是否正常，空气压缩机给水控制阀位置是否正确。

（3）检查空气压缩机给水电磁阀、示流器工作是否正常。

（4）若空气压缩机冷却水确实中断，待故障空气压缩机自然降温正常后，给水恢复空气压缩机运行。

（5）查明断水原因，做相应处理。

（十八）储气罐压力过高

（1）检查系统压力是否真正过高。

（2）空气压缩机不能自动停止，应立即手动停止，并通知维护人员处理。

（3）由于压力过高引起储气罐安全阀动作时，应打开排气阀门调整压力至额定。

（十九）储气槽压力降低

（1）检查空气压缩机未转，应手动启动，并应查找不启动的原因。

（2）检查空气压缩机在转，应查找风系统有无漏、跑风之处。

若是临时用风引起的，应停止用风，待压力恢复后再给风。

四、用气系统事故故障处理

（一）制动闸瓦未落下故障

1. 故障现象

（1）电铃响，语音警报，随机报警窗口有机组机械故障等报警信号。

（2）机械故障中：相应的风闸未落下光字牌亮。

（3）低压用气系统中：闸瓦未落下灯闪亮。

（4）开机过程画面中：机组停机后备用白灯 HW 不亮。

（5）发电机备用状态灯不亮；机组机械故障蓝灯亮。

（6）机组运行中有胶皮烧焦味。

2. 故障原因分析

（1）风闸顶起后，由于闸瓦活塞"O"形密封圈发卡，致使闸瓦不能落下。

（2）由于闸瓦活塞或活塞杆加工精度不够，闸瓦落下时摩擦力过大，致使风闸闸瓦不能落下。

（3）由于复位弹簧弹性不够或反冲扫活塞气压不足。

3. 故障处理

进入制动室，用撬棍将风闸撬下。若急需开机，可开机正常运行，停机后检修。

（二）机组运行中风闸顶起故障

1. 故障现象

（1）机组振动加大。

（2）风洞感烟元件蜂鸣器响。

（3）机组有持续的异音，风洞盖板有烟冒出，有石棉焦味；刹车柜、风闸下腔气压表有压力。

（4）监控台：闸瓦未落下灯闪亮；有随机报警信号。

2．故障原因分析

（1）机组运行中制动风系统自动误加闸。

（2）机组运行中人为误操作风闸加闸供风阀。

（3）机组运行中由于机组的振动等原因使风闸振动误顶起而不能落下。

（4）停机过程时制动风系统已解除而风闸未落下。

3．故障处理

（1）用手动迅速解除机械制动，然后将电磁阀两侧阀门关闭。

（2）紧急停机，注意监视停机过程。

（3）检查制动闸皮，制动环的破坏磨损情况。

（4）分析判断查找原因后，进行处理经试验，无问题后，才能开机。

备注：高压供气系统的故障即压油装置部分见水电厂油系统部分。

【思考与练习】

1．水电厂压缩空气系统由哪几部分组成？

2．压缩空气系统的用户及作用是什么？

3．空气压缩机的检查项目有什么？

4．遇有哪些情况要禁止启动空气压缩机，联系维护人员处理？

5．制动装置的作用及优缺点是什么？

6．压缩空气系统的定期维护项目有哪些？

7．当空气压缩机发生哪些故障时，可将故障空气压缩机退出运行，将另一台切至自动运行？

8．空气压缩机软启故障如何处理？

9．空气压缩机排气压力过高如何处理？

10．空气压缩机排气压力过低如何处理？

11．制动闸瓦未落下故障如何处理？

12．机组运行中风闸顶起故障如何处理？

第四章 主阀系统的运行

第一节 主阀系统概述

水电站为了满足机组运行与检修的需要，常在压力钢管的不同位置装设主阀或阀门对水流加以控制，装在水轮机蜗壳前的阀门称为主阀。

一、主阀的作用

（1）岔管引水的水电站，构成检修机组的安全工作条件。当一根输水总管给几台机组供水时，若停机检查或检修其中某台水轮机时，关闭该机组的主阀即可从事检修工作而不影响其他机组正常运行。

（2）停机时减少机组的漏水量，重新开机时缩短机组所需要的时间。机组停机后，由于水轮机导叶的端面和立面密封大多为接触密封，不可避免地存在一定量的漏水，从而造成导叶密封处的间隙空蚀损坏，使漏水量进一步加大。一般导叶漏水量为水轮机最大流量的2%～3%，严重的可达到5%，一方面造成水能的大量损失，另一方面会引起机组的低转速运行，从而损坏推力瓦。所以当机组长时间停机时，将其主阀关闭就可以大大减少机组的漏水量，也解决了机组长期运行后，因导叶漏水量增大而不能停机的问题。

在引水管较长的引水式电站中，当机组停止运行或者检修时，可以只关主阀，不关上游进口闸门，使引水管道中处于充水等待工作状态，缩短机组重新启动的时间，保证水力机组运行的速动性和灵活性。

（3）防止飞逸事故的扩大。当机组甩负荷又恰逢调速器发生故障不能关闭导叶时，主阀能在动水下迅速关闭，切断水流，防止机组飞逸的时间超过允许值，避免事故扩大。

二、主阀的分类

目前国内普遍使用的主阀按结构的不同可分为蝶阀、球阀和快速闸门三种。另外还有一种新型主阀——筒阀，在国内应用较少。

（1）蝶阀。水头在250m以下的电站广泛采用蝶阀，根据活门主轴的不同装置方式，蝶阀又分为立轴蝶阀（活门轴为垂直布置）和横轴蝶阀（活门轴为水平布置）。它具有尺寸小、结构简单、造价低、操作方便、漏水量较大且有自行关闭的趋势的特点。

（2）球阀。水头在250m及以上的电站采用球阀，它具有全开时水流阻力小，全关时密封性能好，漏水量小及尺寸大，结构复杂，造价高的特点。

（3）快速闸门。对于引水管道较长设有调压井的水电站，快速闸门安装在调压井的上游管道上；对于引水管道较短没有调压井的水电站，快速闸门安装在管道的取水口处。

（4）筒阀。对水头100m以上，机组尺寸大，压力钢管直径较大，长度很长的大中型机组应采用筒阀。它装设于固定导叶与活动导叶之间，具有结构紧凑、操作灵活、水力损失小、密封性好等特点。

三、主阀系统的规定

（一）主阀系统的基本技术要求

（1）应有严密的止水装置，减少漏水量，主阀关闭时止水装置的漏水量不超过规定值。

（2）主阀只有全开和全关两种状态，不允许部分开启来调节流量，以免造成过大的水力损失和影响水流稳定，从而引起过大的振动。

（3）主阀必须在静水中开启和关闭，特殊情况下允许在动水中关闭。

（4）主阀及其操作机构应有足够的强度，主阀操作应有可靠的压力油源。

（5）主阀在动水条件下能迅速关闭，使机组飞逸时间不超过规定值。

（二）主阀操作的规定

在下列情况下需关主阀（快速闸门），必要时关尾水闸门：

（1）水导轴承、导叶轴套、真空破坏阀检修。

（2）油压装置排油、排压、失去压力。

（3）调速器、接力器检修。

（4）受油器检修。

（5）主轴密封检修。

（6）事故配压阀分解检修。

（7）打开压力钢管进人孔、蜗壳进人孔或尾水管进人孔时。

（8）多个导叶剪断销剪断、导致导叶失控时。

（三）主阀（快速闸门）操作的基本要求

（1）操作主阀（快速闸门）前必须将尾水管进人孔、蜗壳进人孔和压力钢管进人孔关闭。

（2）检查尾水管排水阀、蜗壳排水阀关闭。

（3）操作闸门必须先关进水口闸门后再关尾水闸门，或先开尾水闸门后再开进水口闸门。

（4）主阀（快速闸门）能在机组发生事故时快速动水关闭。

（5）主阀（快速闸门）应能正常操作打开或关闭。

（6）主阀（快速闸门）和尾水闸门只有在平压后方可打开（筒形阀除外）。

（7）机组正常运行时，液压控制的快速闸门自动降到规定值位置，闸门控制油泵应能正常自动启动，将快速闸门开启至正常位置。

（8）主阀（快速闸）门应具备中控室、机旁控制盘和现场控制操作的条件。

第二节　主阀的自动控制

一、快速闸门系统的自动控制

快速闸门是水轮机进口蝶阀的一种，现以某电站的液压自动控制的快速闸门为例叙述其自动控制系统的工作原理。

在图 4-1 快速闸门机械液压系统图上，快速闸门的操作有自动和手动两种操作方式，开启快速闸门靠液压力，闭门靠闸门的自重落下。

1. 自动开启快速闸门

按下油泵启动按钮，油泵空载启动，油在下述油路内循环 8s 并使油压升高到 14MPa，油的走向：油泵出口经工作油路→插装阀 CV1→插装阀 CV2→常开阀门 SV2→集油槽→滤油

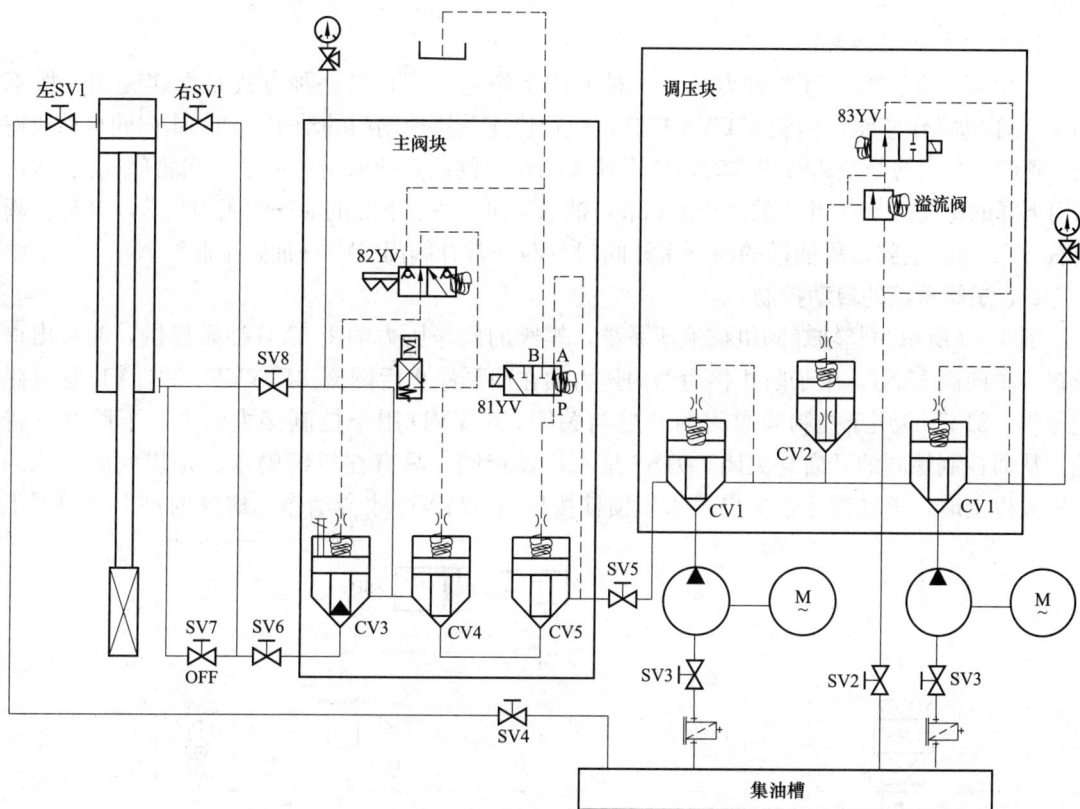

图 4-1 快速闸门机械液压系统

器→常开阀门 SV3→油泵入口。

按下启门按钮 81YV、83YV 励磁，81YV 励磁打开 CV5，83YV 励磁关闭 CV2，靠系统的油的压力来启动闸门，油的走向：压力油由油泵的出口→插装阀 CV1→常开阀门 SV5→插装阀 CV5→插装阀 CV4→常开阀门 SV8→油缸下腔；油缸上腔的油→常开阀门 SV1→常开阀门 SV4→集油槽。

油缸下腔进压力油上腔排油，使活塞上移，由闸门控制器控制活塞移动到充水开度，此时闸门没有开启而将旁通阀开启向机组侧充水，平压后活塞继续向上移动并带动闸门开启至全开位置，到全开位置后由闸门控制器自动将油泵停止。

2. 自动关闭快速闸门

按下关门按钮，82YV 励磁并打开 CV3，闸门靠其自重快速关闭，油的走向：油缸下腔的油→常开阀门 SV8→插装阀 CV3→常开阀门 SV6→常开阀门右 SV1→油缸上腔。

油缸上下腔连通平压，则闸门靠自重快速下移并带动油缸内的活塞下移，油缸上腔会产生局部真空，部分油由集油槽经常开阀门 SV4、左 SV1，被产生的真空吸入油缸上腔，填补活塞快速下移所产生的空间。闸门快速关闭后闸门控制器自动 82YV 断电，油路恢复原态。闸门的关闭速度可通过插装阀 CV3 来调整。

3. 手动开启快速闸门

手动开启快速闸门时油的走向与自动开启快速闸门时的相同，不同的是油泵的启动，81YV、83YV 励磁及到充水开度时油泵的停止，平压后油泵的再次启动及停止均需手动控制。

4. 手动关闭快速闸门

手动关闭快速闸门有两种方式，一种方式是快速关闭，另一种方式是慢速关闭。按下 2YV 上手动操作按钮，插装阀 CV3 打开，执行快速关快速闸门的动作，油的走向同自动快速关闭闸门。闸门检修及调整调试时需要慢速关闭快速闸门，此时可以手动开启常闭阀门 SV7，闸门下降的速度由 SV7 开度的大小来调节，油的走向：油缸下腔的油→常闭阀门 SV7→常开阀门右 SV1 油缸上腔；集油槽的油→常开阀门 SV4→常开阀门 SV1→油缸上腔。

二、蝶阀系统的自动控制

图 4-2 所示为竖轴蝶阀机械液压系统，蝶阀的操作压力油由 5YB 油泵提供，油泵出口设置一单向阀 15NJ，用于防止接力器内压力油在油泵停止后倒流。81YVD、82YVD 是电磁配压阀，81YVD 用于控制旁通阀的开启与关闭。82YVD 用于控制接力器上、下腔的进排油，从而控制蝶阀的开启与关闭。91SS 是水压锁锭阀，只有在机组侧水压是蝶阀前水压的 80% 及以上时，该锁锭才会拨出，水压锁锭拨出后 82YVD 才会动作。蝶阀的每个接力器上

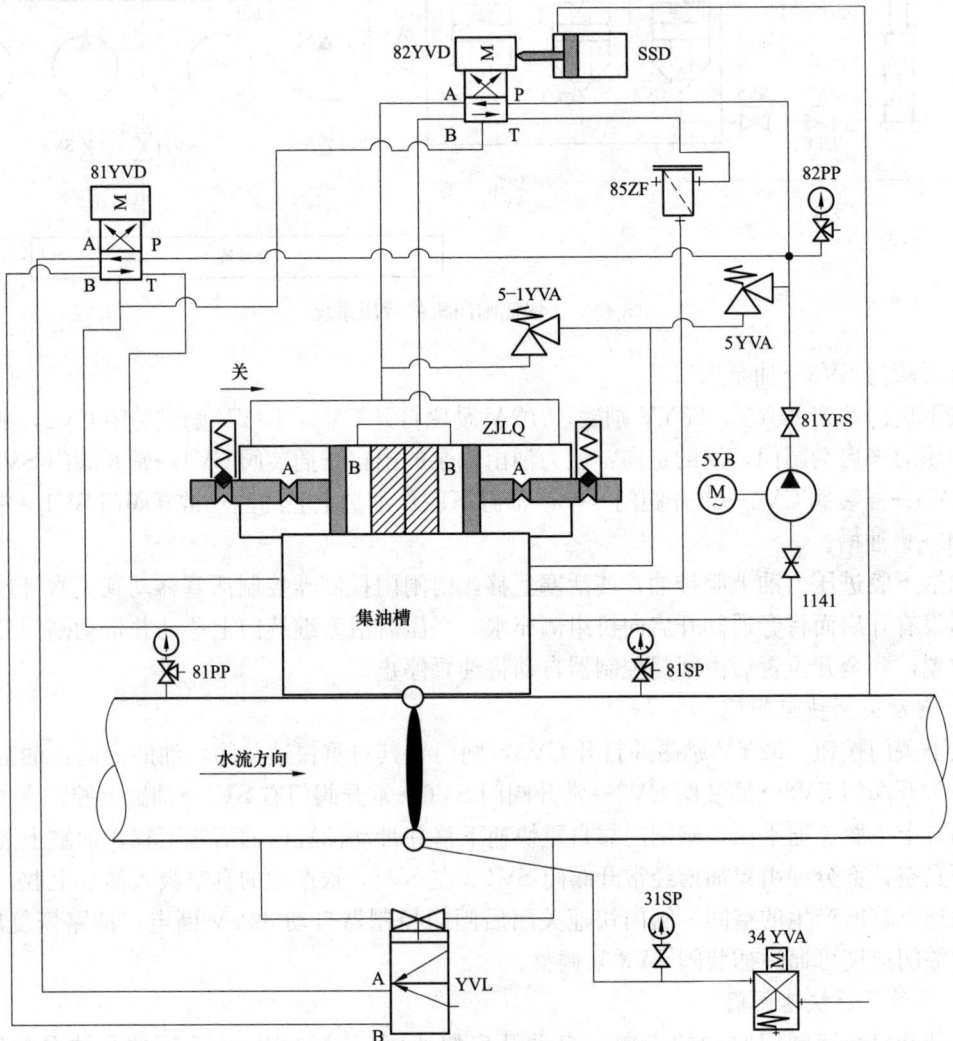

图 4-2 竖轴蝶阀机械液压系统图

都有弹簧球形锁定，在接力器全开与全关位置时会自动投入，当接力器向开启及关闭方向移动时它会自动拨出。84YVA是一个电磁空气阀，用于控制蝶阀空气围带密封的供排气。蝶阀关闭时间为110s。

1. 自动开启蝶阀

开蝶阀条件具备的情况下，操作蝶阀把手发开蝶阀令，首先34YVA脱开线圈励磁，蝶阀密封橡胶围带排风，31SP压力降为0MPa；蝶阀油泵启动，油压正常后，旁通阀开放电磁阀81YVD励磁，油路走向：压力油→5YB出口→81YFS→81YVD的P孔→81YVD的B孔→旁通阀的下腔。旁通阀的上腔的压力油→81YVD的A孔→81YVD的T孔→排回集油槽。结果是旁通阀活塞上移，水由压力钢管旁通管和旁通阀向机组侧充水，充水至平压，水压锁锭91SS拨出，为蝶阀开放电磁阀82YVD励磁做准备。蝶阀开放电磁阀82YVD励磁，油路走向：压力油→5YB出口→81YFS→82YVD的P孔→82YVD的B孔→蝶阀接力器的B腔。蝶阀接力器的A腔的压力油→82YVD的A孔→82YVDV的T孔→15ZF→排回集油槽。结果是蝶阀接力器向开侧移动，弹簧球形锁锭自动拨出，通过传动机构带动活门打开至全开位置，蝶阀全开后，蝶阀油泵停止。

2. 自动关闭蝶阀

操作蝶阀把手发关蝶阀令，首先蝶阀油泵启动，油压正常后，蝶阀关闭电磁阀82YVD励磁，油路走向：压力油→5YB出口→81YFS→82YVD的P孔→82YVDV的A孔→蝶阀接力器的A腔。蝶阀接力器的B腔的压力油→82YVD的B孔→82YVD的T孔→15ZF→排回集油槽。结果是蝶阀接力器向关侧移动，通过传动机构带动活门关至全关位置，蝶阀全关后弹簧球形锁锭自动投入。旁通阀关闭电磁阀81YVD励磁，油路走向：压力油→5YB出口→81YFS→81YVD的P孔→81YVD的A孔→旁通阀的上腔。旁通阀的下腔的压力油→81YVD的B孔→81YVD的T孔→排回集油槽。结果是旁通阀活塞下移，旁通阀全关，机组侧水压降低到一定数值后水压锁锭91SS自动投入，防止没有平压就开蝶阀。旁通阀全关后蝶阀油泵停止。34YVA投入线圈励磁，蝶阀密封橡胶围带给风，31SP压力升为0.7MPa，蝶阀密封投入。

3. 手动开启蝶阀

手动开启蝶阀时油的走向与自动开启蝶阀时的相同，不同的是81YVD$_K$线圈励磁、82YVD$_K$线圈励磁、84YVA$_K$线圈励磁及油泵的启动及停止都需到各设备所在地分别进行手动操作，另外还要按启动蝶阀油泵→围带排气→开旁通阀→机组侧水压合格→开蝶阀→停止油泵的操作顺序进行操作，当然操作的过程中还有一些检查项目，具体的见手动开启蝶阀的操作。

三、球阀系统的自动控制

图4-3为球阀机械液压系统，82YVD是一个电磁配压阀，用于控制接力器的开启与关闭。81YVD是一个电磁配压阀，用于控制旁通阀的开启与关闭。YVL$_1$、YVL$_2$、YVL$_3$都是二位四通阀，机组过速时用YVL$_2$控制接力器的关闭，用YVL$_1$控制工作密封的投入。SD01、SD02是差压控制器，SD01用于开球阀前向机组侧充水时监测球阀前后的压差，SD02用于监测滤水器前后的压差。SQ01～SQ04及SLV01、SLV02是行程开关，SQ01和SQ02用于指示球阀的位置，SLV01和SLV02用于指示接力器手动锁锭的位置，SQ03和SQ04用于指示旁通阀的位置。SF1是一个手动三位四通阀，用于控制检修密封的投入与退出。1PP用于

测量压力钢管水压，2PP 用于测量油压。

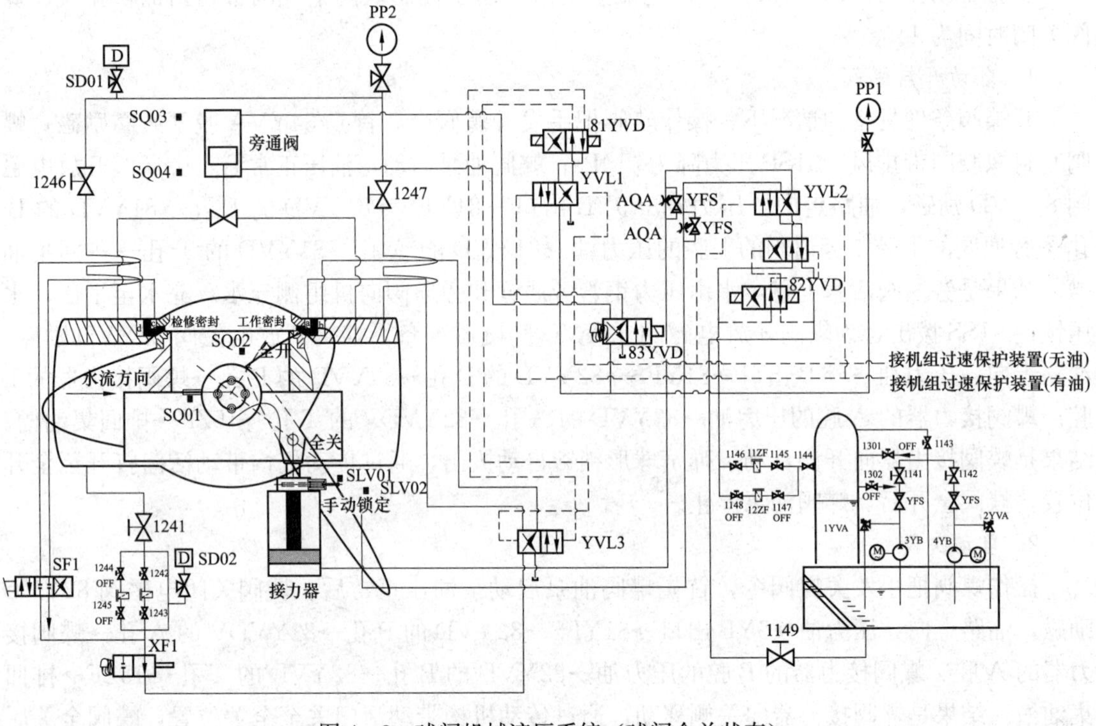

图 4-3　球阀机械液压系统（球阀全关状态）

第三节　主阀的正常操作

一、快速闸门系统的操作

快速闸门的开启方式有远方和现地。远方操作采用自动方式；现地操作有自动和手动两种方式。

下面均以开启快速闸门为例说明快速闸门的操作方法。

（一）计算机监控操作（远方操作）

远方操作是在上位机操作员站进行，可在操作员站上选择开、关快速闸门的操作，则弹出快速闸门系统监视画面。在该画面中可以监视各电磁阀和油泵的动作情况，快速闸门开度的具体数值，油泵出口压力和闸门下腔油压等状态。在快速闸门流程画面有开、关快速闸门的流程，快速闸门开启流程如图 4-4 所示。

（二）现地自动操作

现地的自动操作是在快速闸门室进行的，可通过操作快速闸门的 PLC 盘上的按钮，监视盘上各种指示灯，按如下步骤进行操作：

（1）检查导叶全关，快速闸门全关。

（2）将现地/远方转换开关 3ST 切现地。

（3）检查一号泵转换开关 1ST、二号泵转换开关 2ST 位于自动位置。

（4）按下快速闸门的 PLC 盘上闸门开启红色按钮 1SB。

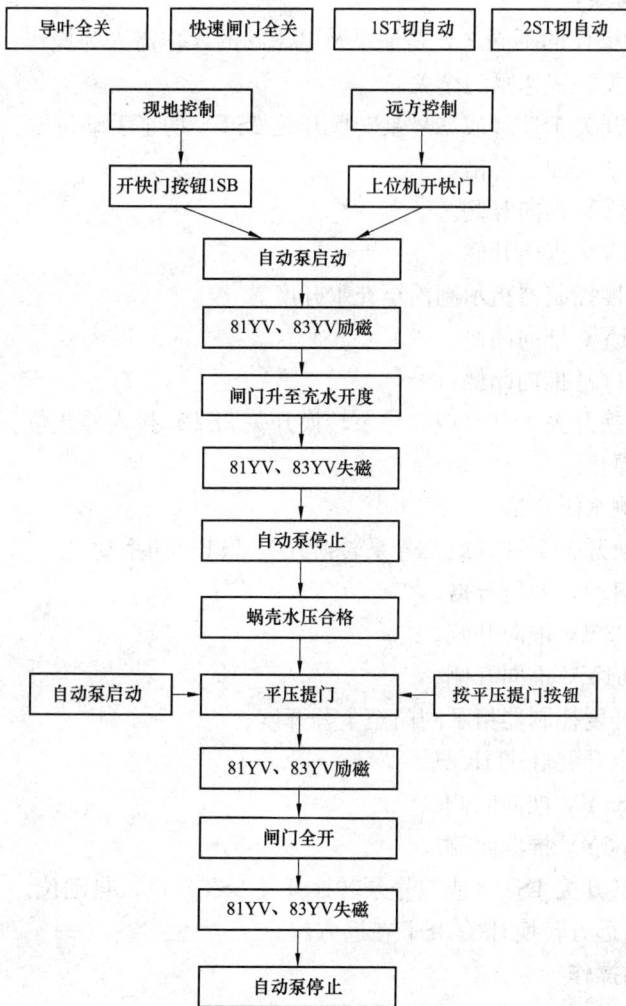

图 4-4　快速闸门开启流程

（5）检查自动泵启动，油压合格。

（6）检查闸门开度控制器指示闸门至充水开度。

（7）检查油泵停止。

（8）检查机组侧蜗壳水压合格。

（9）按下快速闸门的 PLC 盘上现地平压提门绿色按钮 2SB。

（10）检查一号泵（或二号泵）启动，油压合格。

（11）检查闸门开度控制器上指示闸门至全开开度。

（12）检查油泵停止。

（13）检查闸门全开红灯 1HR 亮。

（14）将现地/远方转换开关 3ST 切远方。

由快速闸门的自动控制回路不难看出，现地自动关快速闸门时不需要将现地/远方转换开关 3ST 切现地，直接按下快速闸门的 PLC 盘上闸门关闭绿色按钮 2SB，就可以将快速闸门关闭。

（三）现地的手动操作

手动操作与自动操作的不同之处是油泵及电磁阀的操作需人为操作，操作步骤如下：

（1）检查导叶全关，快速闸门全关。

（2）一号泵转换开关 1ST（或二号泵转换开关 2ST）切至手动位置。

（3）检查油泵启动、油压合格。

（4）将电磁阀 83YV 推向开侧。

（5）将电磁阀 81YV 推向开侧。

（6）监视闸门开度控制器指示闸门至充水开度。

（7）将电磁阀 81YV 推向闭侧。

（8）将电磁阀 83YV 推向闭侧。

（9）将一号泵转换开关 1ST（或二号泵转换开关 2ST）投入停止位。

（10）检查油泵停止。

（11）检查机组侧水压合格。

（12）一号泵转换开关 1ST（或二号泵转换开关 2ST）切手动。

（13）检查油泵启动，油压合格。

（14）将电磁阀 83YV 推向开侧。

（15）将电磁阀 81YV 推向开侧。

（16）检查闸门开度控制器指示闸门至全开开度。

（17）检查闸门全开红灯 1HR 亮。

（18）将电磁阀 81YV 推向闭侧。

（19）将电磁阀 83YV 推向闭侧。

（20）一号泵转换开关 1ST（或二号泵转换开关 2ST）投入自动位。

（21）检查现地/远方转换开关 3ST 在远方位。

二、蝶阀系统的操作

（一）蝶阀的自动操作

蝶阀的自动操作远方操作是在机盘上进行的，上位机操作员站可显示蝶阀系统监视画面。在该画面显示蝶阀的机械液压系统图，可以监视各电磁阀的动作情况和油泵的状态。在蝶阀流程画面有蝶阀开启和关闭的流程，分别如图 4-5 和图 4-6 所示。

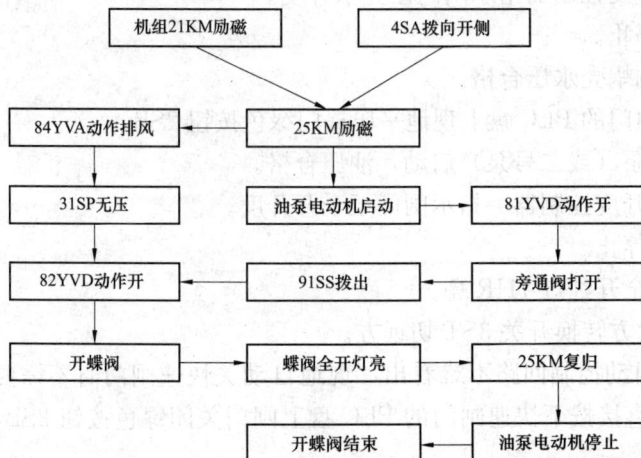

图 4-5 竖轴蝶阀开启流程

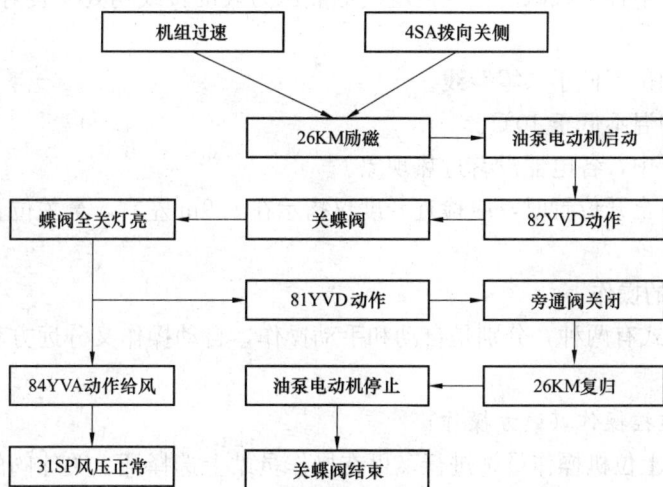

图 4-6 竖轴蝶阀关闭流程

（二）蝶阀的手动操作

蝶阀的手动操作是在蝶阀室进行的，按如下步骤进行手动开启蝶阀的操作。

（1）蝶阀油泵切换把手 35ST 切至"手动"位置。

（2）检查蝶阀油泵启动，油压合格。

（3）旁通阀电磁 81YVD 推向开侧，检查旁通阀全开。

（4）检查机组侧 81SP 水压合格。

（5）检查水压锁锭拨出。

（6）电磁空气阀 84YVA 推向排风侧。

（7）检查围带风压表 31SP 风压为零。

（8）蝶阀开启电磁阀 82YVD 推向开向，开蝶阀。

（9）检查蝶阀全开，蝶阀全开灯亮。

（10）蝶阀油泵切换把手 35ST 切至"自动"位置。

（11）检查蝶阀油泵停止。

按照手动开启蝶阀的方法，读者可以编制手动关闭蝶阀的操作票。

（三）快速闸门系统的巡回检查与常见故障的处理

快速闸门系统每周要进行两次巡回检查，巡回检查项目如下：

（1）油泵正常，两台均在自动。

（2）各动力盘各元件位置正确，指示灯正常。

（3）各开关无过热现象，运行工况良好，无异音。

（4）开度指示仪指示位置正确。

（5）整流器红灯亮，表计指示正确。

（6）盘内 XB 连接片机组正常时在退出位置。

（7）闸门开度仪显示正常，无告警灯亮，油系统压力正常。

（8）快速闸门在开启或关闭过程中，各阀、油管路接头与焊口均无渗漏现象。

（9）在快速闸门开启过程中，各表计指示平衡。

（10）正常运行中各电磁阀的接线、电气触点压力表的接线均处于良好状态，没有松动、脱落现象。

（11）集油槽油位不低于"零"线。

（12）集油槽油温不低于10℃。

（13）正常运行中，各电器没有过热现象。

（14）快速门在全开位置时，应检查开度仪指示在8.9m左右，全关位置时，开度仪指示为负值。

三、球阀系统的操作

球阀的开启方式有两种，分别是自动和手动操作，自动操作又分远方和就地，但两者的动作过程是相同的。

（一）计算机监控操作（远方操作）

远方操作是在上位机操作员站进行，可在操作员站上选择开、关球阀的操作，则弹出开启球阀系统监视画面。在该画面显示球阀的机械液压系统图，可以监视各电磁阀的动作情况，油压装置油压的具体数值和油泵的状态。在球阀流程画面有开、关球阀的流程，球阀开启流程如图4-7所示，球阀关闭流程如图4-8所示。

（二）球阀的手动操作

球阀的手动操作是在球阀室进行的，若是机组正常停机后的开启球阀，则按如下步骤进行手动开启球阀的操作。

（1）检查水轮机导叶在全关位置。

（2）检查球阀在全关位置。

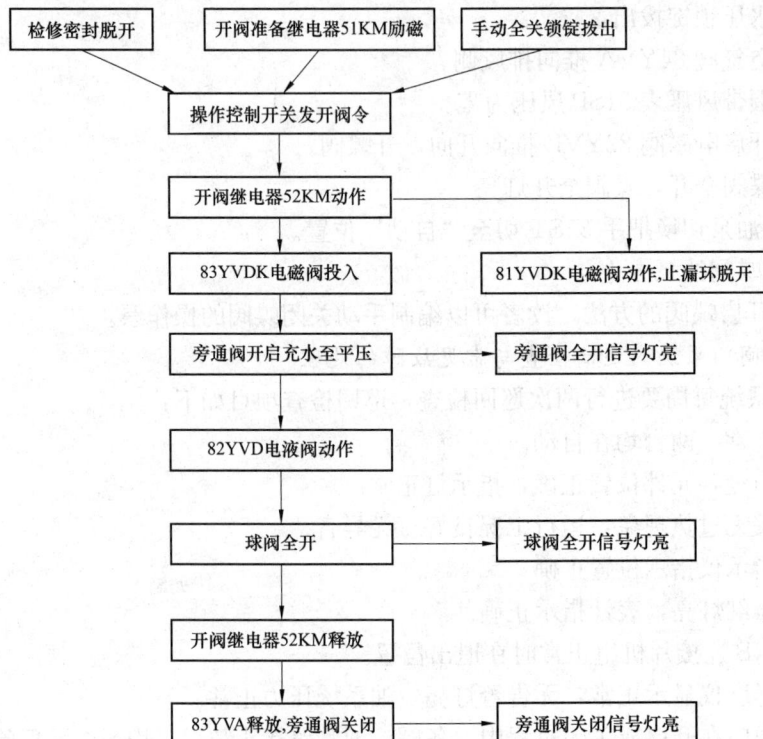

图4-7　球阀开启流程

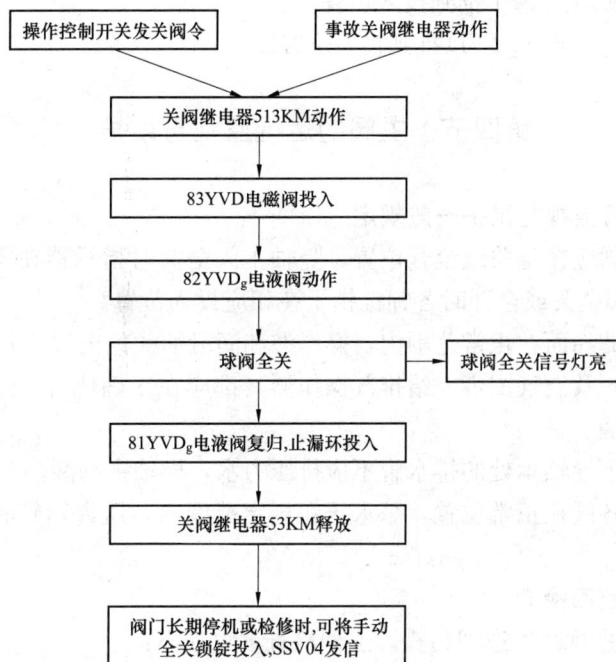

图 4-8　球阀关闭流程

（3）检查机组无事故。
（4）检查球阀油压装置油压合格。
（5）将接力器手动锁锭拨出。
（6）将旁通阀电磁阀 83YVD 投到开启位置。
（7）检查旁通阀在全开位置。
（8）检查旁通阀全开灯亮。
（9）将工作密封电磁阀 81YVD 投到脱开位置。
（10）检查 81PP 压力表，水压合格。
（11）将接力器电磁阀 82YVD 投到开启位置。
（12）检查球阀在全开位置。
（13）检查球阀在全开灯亮。
（14）将旁通阀电磁阀 83YVD 投到关闭位置。
（15）检查旁通阀在全关位置。
（16）检查旁通阀全关灯亮。
若是机组检修后的开启球阀操作，则要加上退出检修密封的操作。
假定机组要长时间停机或停机后要进行检修，则关闭球阀的操作步骤如下：
（1）检查球阀油压装置油压合格。
（2）将接力器电磁阀 82YVD 到关闭位置。
（3）检查球阀在全关位置。
（4）检查球阀在全关灯亮。
（5）将接力器手动锁锭投入。

（6）将检修密封换向阀 SF1 推到投入位置。

（7）将工作密封电磁阀 81YVD 推到投入位置。

第四节　主阀的运行监视与维护

一、主阀系统运行监视与维护一般规定

（1）主阀和旁通阀应在全关或全开位置，竖轴主阀全关时指示器在零位，全开时指示器在 90°位置。横轴主阀全关或全开时各锁锭销子在相应投入位置。

（2）主阀集油箱的油面在正常范围内，操作油和润滑油颜色正常。

（3）主阀、旁通阀及空气围带、给排气操作器具都应在正确位置，油泵的电动机电磁开关把手在正常工作位置。

（4）竖轴主阀上下导轴承处的排水管不应排压力水，横轴主阀两端轴承处不应漏水。

（5）冷却水系统各阀在正常位置，总水压在规定范围内，压力钢管和蜗壳的排水阀全关且无漏水。

二、球阀系统的巡回检查

球阀系统每周要进行两次巡回检查，巡回检查项目如下：

（1）油压装置油压正常。

（2）球阀系统 PP2 油压表指示正常。

（3）集油槽油位正常。

（4）各阀门位置正确。

（5）油泵正常，油泵操作把手位置正确。

（6）各动力盘各元件位置正确，指示灯正常。

（7）各开关、刀闸无过热现象，运行工况良好，无异音。

（8）各阀、油管路接头与焊口均无渗漏现象。

（9）正常运行中各电磁阀的接线，电气触点压力表的接线均处于良好状态，没有松动、脱落现象。

（10）正常运行中，各电器没有过热现象。

第五节　主阀的检修措施

一、快速闸门大修与恢复措施

机组大修时，如果有在转轮室等水下部分进行的大修项目，为保证检修人员的安全，防止水下部分充水，需要对快速闸门做措施。

（一）快速闸门做措施操作票

（1）关闭快速闸门。

（2）关闭检修闸门。

（3）关闭尾水管取水门。

（4）打开蜗壳排水阀、钢管排水阀。

（5）快速闸门油泵切换把手切至"切除"位置。

（6）拉开快速闸门油泵电源刀闸，检查在开位。

（7）取下快速闸门油泵操作回路熔断器。

（二）快速闸门做恢复措施操作票

（1）装上快速闸门油泵操作回路熔断器。

（2）合上快速闸门油泵电源，检查在合位。

（3）快速闸门油泵切换把手切至"自动"位。

（4）关闭钢管排水阀、蜗壳排水阀。

快速闸门做措施时，快速闸门前面的检修闸门是否关闭要根据是否是一台机组从检修闸门处取水而定。检修闸门和尾水管取水门可以在钢管充水试验或尾水管充水试验时再恢复开启。开启检修闸门和尾水管取水门时，必须检查压力钢管时人孔、蜗壳进人孔、尾水管进人孔已经全部关闭，之后方可开启检修闸门和尾水管取水门。

二、蝶阀大修与恢复措施

（一）蝶阀大修措施操作票

（1）关闭主阀。

（2）关闭检修闸门。

（3）关闭尾水管取水门。

（4）打开蜗壳排水阀、钢管排水阀。

（5）主阀油泵切换把手切至"切除"位置。

（6）拉开主阀油泵电源刀闸，检查在开位。

（7）取下主阀操作回路熔断器三只。

（8）电磁阀推向排风侧。

（9）关闭围带风源阀。

注意：主阀根据检修的需要可以不关闭，但检修措施必须做。

（二）蝶阀大修恢复措施操作票

（1）装上主阀操作回路熔断器三只。

（2）合上主阀油泵电源刀闸，检查在合位。

（3）主阀油泵切"自动"位置。

（4）关闭主阀。

（5）打开围带风源阀。

（6）电磁阀推向给风侧。

（7）关闭蜗壳排水阀、钢管排水阀。

注意：检修闸门和尾水管取水门可以在钢管充水试验或尾水管充水试验时再恢复开启。如果要开启检修闸门和尾水管取水门，必须检查压力钢管进人孔、蜗壳进人孔、尾水管进人孔全部关闭。

备注：主阀大修恢复应具备的条件：

（1）检修工作已结束，相关工作票已收回。

（2）检修安全措施已恢复，检修工作人员撤离现场，现场达到安全文明生产要求。

（3）检修质量符合有关规定要求，验收合格。

（4）检修人员对相关设备得检修、调试、更改情况做好详细的书面交代，并附图纸资料。

（5）各部照明及事故照明电源完好。

（6）关闭尾水管进人孔、蜗壳进人孔和所有吊装孔。

第六节　主阀系统事故故障处理

一、快速闸门系统常见故障与处理

（一）快速闸门油管压力过高故障

（1）故障现象：中控室电铃响，语音报警，报警画面的机械故障光字牌亮，快速闸门油管压力过高故障光字牌亮。

（2）故障原因分析：当 CV2 与溢流阀组成的带泄荷功能的系统中的元件故障，使泵在启动过程中不能泄荷，泵出口压力迅速升高至 18MPa 时，电动机出口压力继电器动作，KM18 励磁，发出快速闸门油管压力过高故障信号。油泵继续运行，电动机会过负荷，使其热元件动作，发泵过热保护动作故障信号，同时泵会停止运行。

（3）故障处理：若泵没有停止，则应迅速将运行油泵的转换开关切至"停止"位，并检查油泵停止，联系检修处理 CV2 与溢流阀，检修处理完后，将油泵的转换开切至"自动"位，并按下复位按钮 SB，复归 27KM（或 28KM），为下次油泵的自动启动做准备。

（二）快速闸门下滑故障

（1）故障现象：中控室电铃响，语音报警，报警画面的机械故障光字牌亮，快速闸门下滑 300mm 故障光字牌亮，备用泵启动故障光字牌亮。

（2）故障原因分析：快速闸门长时间在全开位置，由于闸门的自重会将其下腔的油慢慢地挤出一部分，使下腔油压降低，造成闸门下滑。下滑 200mm 自动泵启动，如果继续下滑 300mm 则备用泵启动并发故障信号。如果是由于 SV7 没有完全关闭造成的快速闸门下滑，那么故障信号会频繁出现。

（3）故障处理：快速闸门长时间在全开位置而出现的快速闸门下滑，只需按下复位按钮 SB，复归 27KM（或 28KM），为下次油泵的自动启动做准备；如果故障信号频繁出现，就要检查 SV7 阀的状态，检查与下腔相连接的油管路有没有渗漏油处。

（三）油泵未自动故障

（1）故障现象：中控室电铃响，语音报警，报警画面的机械故障光字牌亮，油泵未自动故障光字牌亮。

（2）故障原因分析：油泵手动启动后，没有切至自动位；油泵的转换开关触点故障。该信号只有在机组转速高于额定转转速的 80% 时才会发出。

（3）故障处理：将油泵的转换开关切自动位，如果转换开关已损坏则加以更换。

（四）油泵拒动故障

（1）故障现象：中控室电铃响，语音报警，报警画面的机械故障光字牌亮，油泵拒动故障光字牌亮。

（2）故障原因分析：由控制回路可知，当油泵切换把手在自动位置，油泵自动启动中间继电器已经励磁，但电动机磁力启动器 1KA（2KA）的常闭触点没有打开，时间超过整定值，便发出泵拒动故障信号。故障原因是油泵控制回路中 1FU 和 1SB 动作，使 1KA 线圈不能励磁。

（3）故障处理：检查油泵的控制回路，若是 1FU 熔断，则查找过电流的原因消除后并更换 FU。若是 1SB 没有复归，则手动复归 1SB。

二、蝶阀被水冲关故障

蝶阀与快速闸门及球阀的主要区别是蝶阀在全开位置要承受一定的动水压力，蝶阀在正常运行时处于全开或全关状态，运行中的蝶阀在机组带负荷的情况下自行关闭的现象被称为冲关。若运行中出现活门缓慢偏离全开状态，旋转 30°~70°，使蝶阀处于部分关的状态，称之为部分冲关。蝶阀部分冲关对水轮发电机组的影响和危害主要是：引起水轮机机械振动；高速水流将在活门后面产生空蚀区，使活门受到空蚀破坏；产生机械憋劲，使接力器缸振动，严重时崩断连接螺杆；减少机组出力。

（一）故障现象

（1）监控系统、保护系统工作正常，其信号和音响报警系统没有动作，没有进行减负荷的操作时发现上位机发电机出口的有功功率表指示缓慢下降。

（2）蝶阀全开灯灭。

（3）部分冲关角度较小时，水轮机调速器工作正常，没有明显变化，导水叶开度没有变化，但在蝶阀室可看到蝶阀开度指针正向关的方向缓慢移动；部分冲关角度较大时，没有进行减负荷的操作，调速器导叶开度增大。

（4）部分冲关现象较严重时，蝶阀室有明显响声，有时在蝶阀室可看到空气阀跑水。

（5）当活门在 30°~70°，蝶阀被水冲关的过程太快时，压力钢管内会产生很大的水锤压力，产生强烈的振动。

（6）蝶阀油槽油面过高，蝶阀已关一定的角度。

（二）故障分析

（1）如果蝶阀全开后锁锭没能投入到位，都会使蝶阀被水冲关。

（2）水力不平衡引起水力振动过大，水流不平衡在活门上产生不平衡力矩，使活门转向关侧。

（3）蝶阀接力器活塞磨损，使活塞腔盘根密封不严，压力油从关闭腔漏失，致使活塞在不平衡压力下向关侧运动，进而带动活门转向关的位置，当关断到一定位置时，剩余的压力油起作用，阻止活门继续转向全关位置。

（4）蝶阀转动轴承未能落到位造成阀轴偏离安装中线，致使活门上产生关闭力矩，或轴承磨损、打滑，造成蝶阀轴承摩擦力矩减小，以致运行中，在某一原因（如接力器压力油漏失）或振动下，活门向关侧偏转。

（5）未能将活门开启到全开位置，留有行程空间，埋下部分冲关的隐患。

（三）故障处理

（1）首先将负荷卸至空载，将调速器开限闭至空载。

（2）蝶阀油泵 1ST 切手动，启动油泵。由于 82YVD 在开启位置，油泵启动后蝶阀活门就会向全开位置转动。

（3）检查蝶阀到全开位置，蝶阀锁锭投入良好。

（4）将蝶阀油泵 1ST 切自动。

（5）慢慢将开限开至正常位置，带上所需负荷。

【思考与练习】

1. 主阀的作用与分类如何？
2. 球阀与蝶阀在开启操作上的主要区别是什么？为什么？
3. 机组运行中蝶阀被水冲关的原因是什么？

第五章 水轮机的运行

第一节 水轮机运行基本技术要求

（1）机组发生下列不正常运行情况时应发出故障报警信号：

1）压油装置集油槽油位超过故障报警信号值；

2）压油装置备用油泵启动或油压超过故障报警信号值；

3）漏油箱油位超过报警规定值；

4）机组各轴承油位超过故障报警信号值；

5）机组各轴承瓦温、油温超过故障报警信号值；

6）机组冷却水水流中断或水压降低至故障报警信号值；

7）水导润滑水中断（备用润滑水投入）或降低至故障报警信号值；

8）机组启动或停机在正常时间内未完成；

9）水轮机顶盖水位超过故障报警信号值；

10）导水机构剪断销剪断；

11）机组主轴密封水压降低至故障报警信号值；

12）技术供水滤过器进出口压差超过故障报警信号值；

13）备用机组自行转动（机组潜动）；

14）机组振动和摆度超过故障报警信号值；

15）集油槽、漏油槽及各轴承油箱内积水超过报警规定值；

16）蜗壳水压与工业用水取水口水压的压差超过报警规定值；

17）拦污栅前后压差超过报警规定值；

18）其他异常情况。

（2）机组运行中在下列情况下应事故停机：

1）压油装置油压降低到事故油压规定值；

2）各部轴承温度超过事故停机规定值；

3）水导润滑水主、备用水都中断或降到规定值，并超过规定时间；

4）有关的电气事故保护动作；

5）机组转速超过过速保护动作规定值；

6）机组发生异常振动和摆度超过事故停机规定值（当设有自动振动、摆度测量装置时）；

7）蜗壳水压或取水口水压压差超过事故停机规定值；

8）拦污栅前后压差超过事故停机规定值；

9）其他危及水轮机安全运行的紧急事故。

（3）机组运行中在下列事故和故障之一时，应人为操作紧急停机按钮：

1）已发生人身事故，危害人身及设备安全时，应立即停止有关设备运行；

2）机组过速超过140％以上，导叶还未关闭；

3）已发生设备损坏，又确认保护拒动；

4）机组有严重振动、撞击，超过测试装置警报值，不能继续运行（或继续恶化）时；

5）机组各轴承温度迅速上升超过事故温度时；

6）各轴承油槽大量跑油或进水时；

7）压油槽油压迅速下降至事故油压以下；

8）确认发电机着火。

（4）机组运行中遇下列情况时，值班人员可以未经允许先行关闭主阀（快速闸门）、解列停机，停机后汇报：

1）机组发生事故，调速器失去控制能力；

2）机组转速超过过速规定值，主阀（快速闸门）没有关闭；

3）事故过程中剪断销剪断，无法停机；

4）事故处理过程中，导叶漏水严重；

5）压力钢管破裂（或进人孔），大量漏水；

6）水轮机顶盖破裂，严重漏水；

7）导叶严重漏水，停机过程转速下降太慢；

8）导叶严重漏水，机组发生潜动，被水冲转。

（5）机组发生电气事故停机时，值班员应马上到现场进行下列处理：

1）监视自动器具动作，若动作不良手动投入；

2）检查发电机有无着火现象；

3）检查发电机轴承有无异常现象；

4）监视风闸投入情况，不良时手动投入。

（6）在发生电气事故停机时，发现从发电机内部冒出浓烟，应及时通知中控室切MK确认着火后进行下列处理：

1）确认发电机无电压后，立即接上消火水源，打开给水阀进行消火；

2）关闭消火水管排水阀；

3）若热风口开放，必须立即设法关闭；

4）检查消火水情况，见下部盖板应有水流出；

5）确认火已熄灭后，关上给水阀，退出活接头，打开排水阀。

（7）发电工况下的水轮机运行：

1）在满足电网要求下，水轮机按效率试验确定的运转特性曲线要求，尽量运行在最优效率区。

2）空载运行时间尽量短，避免在振动区长期运转。

3）应定期进行水轮机相对效率实测试验，积累资料，指导水轮机经济运行。

（8）调相工况下的水轮机运行

1）应具备有效的调相压气装置，以确保尾水管内的水位在转轮以下，不允许转轮在水中运行。

2）调相压水在气压充足情况下未压下水时，应查明原因及时处理。

3）如果导叶漏水较大，使气压保持时间较短，可将主阀或工作闸门关闭。

4）在压水条件下调相运行时，如需停机，应该先由调相运行转为发电运行，把转轮室内压缩空气排除后再停机。

第二节　水轮机正常操作

一、水轮机开停机操作

（一）水轮机启动应具备的条件

（1）机组进水口闸门和下游尾水闸门应全开。

（2）各部动力电源、操作电源、信号电源投入，各表计信号指示正确。

（3）调速系统工作正常，各电磁开关、表计指示位置正确，并在自动工况。

（4）各电磁阀位置正确。

（5）机组油压装置及漏油装置工作正常。

（6）制动系统正常，风闸均在复位位置。

（7）水轮机轴承油位、油质合格，水导轴承保护和供水系统正常。

（8）水轮机油、水、气系统处于备用状态，各阀门处于正常位置，各补气阀、真空破坏阀在复位状态，无漏水现象。

（9）水轮机保护和自动装置应投入。

（10）水轮机各部应处于随时允许启动状态。

（11）备用机组的开机条件监视指示灯应亮。

（二）自动开机

（1）检查开机准备信号灯亮。检查自动操作系统设备完好、工作正常，机组保护投入正常，调速器和油压装置工作正常，开机准备信号灯亮。

开机准备信号灯亮的条件：

1）机组无事故；

2）断路器在跳闸位置；

3）接力器锁锭在拔出位置；

4）制动气源压力正常，但未加制动；

5）快速闸门或蝶阀、球阀在全开位置（与机组联动操作的阀无此要求）。

（2）操作自动开机。自动开机的方式有：计算机监控操作台全自动或半自动开机、LCU现地开机等方式。远方或现地开机时，LCU开停机控制方式把手应放在对应的位置。

自动开机过程中监视自动器具的动作，如有不良时，在保证机组安全运行情况下可以手动帮助，否则经值长同意将机组停止运行，联系检修人员处理。

（3）机组并网后，监视有功功率和无功功率调节情况及运行参数正常。

（4）某混流式机组自动开机流程图。某水电站混流式机组自动开机控制流程如图5-1所示。上面两行为开机条件，开机条件满足时即可下达开机令开机。

（三）自动停机

（1）检查自动操作系统设备完好、工作正常，调速器和油压装置工作正常。

（2）操作自动停机，监视装置动作正确。

机组无事故	导叶全关	快速门全开	断路器跳	制动闸落下	短路开关跳
无开机令	无停机令	事故电磁阀工作正常	上腔无压	下腔无压	备用状态

开机令

投冷却水41YVD

上导水压正常	推力水压正常	水导水压正常	主轴水压正常	空冷水压正常

围带排风29YVA　　投主轴密封水43YVD　　拔锁锭

围带无压　　主轴密封水压正常　　锁锭拔出

导叶空载　←　开限空载　←　启动电调

95%转速　→　灭磁开关合　→　励磁调节器开机令　→　自动准同期方式

启动准同期装置　←　电压>50%　←　电子开关合　←　同期电源正常

QF失压闭锁正常　→　断路器合　→　开限最大　→　发电状态

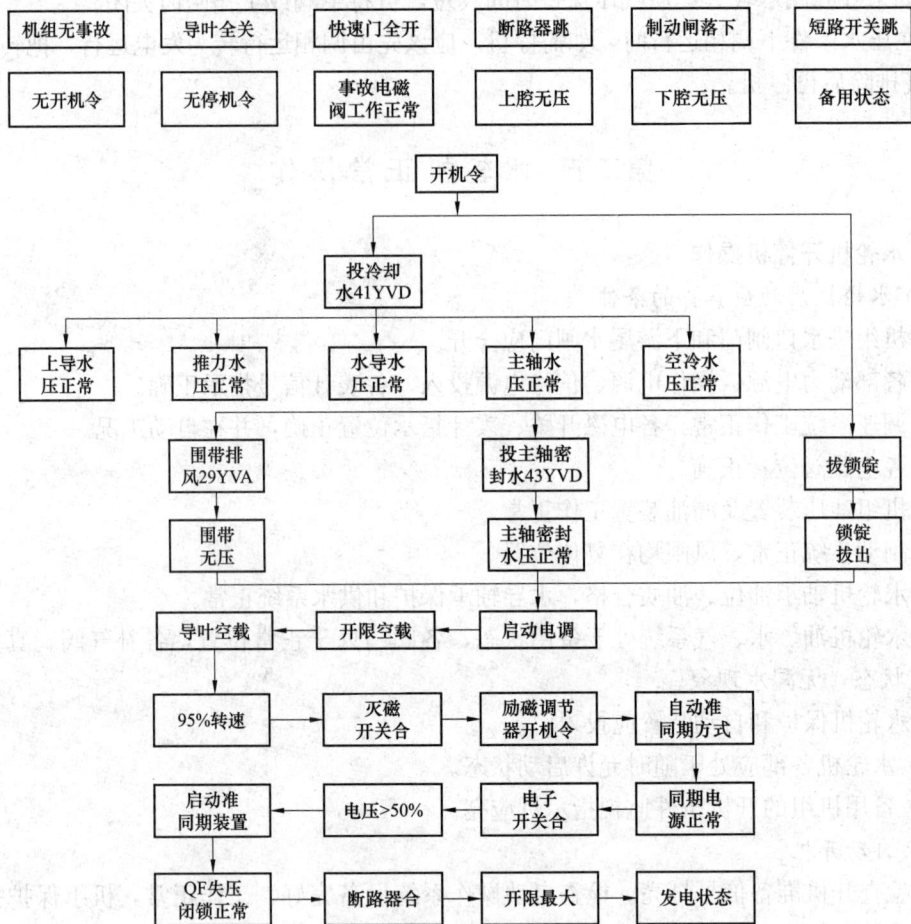

图 5-1　某水电站混流式机组自动开机控制流程

　　自动停机的方式有计算机监控操作台自动停机、紧急停机、LCU 现地停机等。远方或现地停机时，LCU 开停机控制方式把手应在对应的位置。

　　自动停机过程中监视自动器具的动作，如有不良时，在保证机组安全运行情况下可手动帮助。

　　（3）监视转速下降到电气制动转速时投入电制动，下降至加闸转速时加闸回路动作。

　　如果机械加闸达到规定的转速以下不能投入，且机组又无其他故障、事故时，可将机组重新开启至一定的转速，处理后再停机。

　　（4）监视停机回路自动复归、电制动自动复归、风闸自动复归、冷却水自动复归、停机继电器自动复归，机组各部恢复到备用状态，机组备用状态灯亮。

　　（5）某混流式机组停机流程如图 5-2 所示。

　　（四）手动开机

　　（1）开机前机组应处于备用状态，开机准备信号灯亮。

　　（2）投入机组的冷却水，检查各部水压应在规定值范围内。

　　（3）投入水轮机导轴承润滑水（指橡胶轴承），并检查示流继电器指示正常，润滑水水压指示应在规定值范围内。

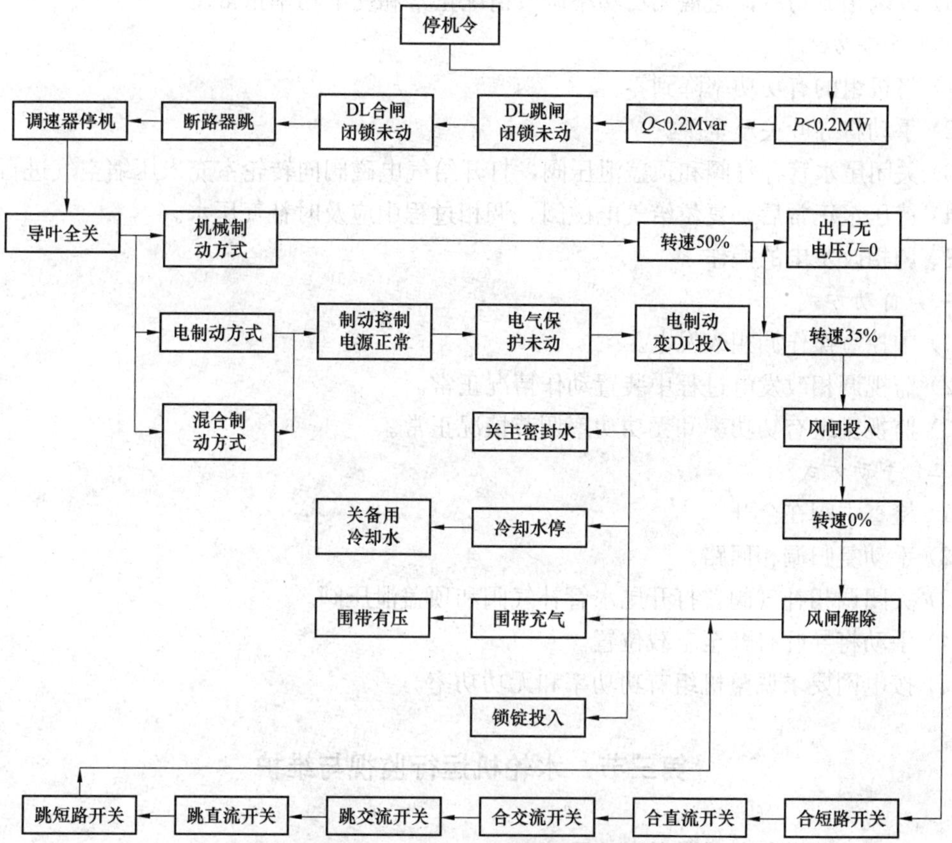

停机令

调速器停机 ← 断路器跳 ← DL合闸闭锁未动 ← DL跳闸闭锁未动 ← $Q<0.2\text{Mvar}$ ← $P<0.2\text{MW}$

导叶全关 → 机械制动方式 → 转速50% → 出口无电压 $U=0$

电制动方式 → 制动控制电源正常 → 电气保护未动 → 电制动变DL投入 → 转速35%

混合制动方式

关主密封水

关备用冷却水 ← 冷却水停 → 转速35%

风闸投入

转速0%

围带有压 ← 围带充气　风闸解除

锁锭投入

跳短路开关 ← 跳直流开关 ← 跳交流开关 ← 合交流开关 ← 合直流开关 ← 合短路开关

图5-2　某混流式机组停机流程

（4）投入水轮机主轴密封用水，检查水压正常。

（5）对外循环式的机组轴承，检查油泵有一台自动启动开始供润滑油或手动启动，并检查油流通畅，冷却系统正常。

（6）接力器锁锭拔出。

（7）调速器置于手动方式，打开导叶至空载开度位置。

（8）机组并网运行正常后，调速器应置于自动方式运行。

（五）手动停机

（1）检查机组有功功率、无功功率减为零后，再操作机组解列。

（2）当机组与电网解列灭磁后，调速器用手动方式将导叶关闭。

（3）监视机组转速，待降到加闸转速时，手动加闸，机组停稳后手动撤销风闸，并检查风闸应全部下落。对设有高压减载装置的机组应手动启动高压油泵，再停机。

（4）切除机组的冷却水和润滑水，对外循环式的发电机轴承，应检查油泵自动停止（或手动停止）。

二、发电改调相的操作

（一）自动方式

（1）检查调相系统正常，中控室操作发电改调相。

（2）监视自动装置动作情况。

（3）改调相成功后，监视无功功率调节情况正常和受电功率正常。

（二）手动方式

（1）将机组的有功功率降到零。

（2）手动将导叶关至全关。

（3）关闭尾水管补气阀和顶盖泄压阀，打开给气电磁阀向转轮室充入压缩空气进行压水。

（4）待压水正常后，复位给气电磁阀，调相过程中应及时补气压水。

三、调相改发电的操作

（一）自动方式

（1）中控室操作调相改发电。

（2）监视调相改发电过程中装置动作情况正常。

（3）监视机组有功功率和无功功率调节情况正常。

（二）手动方式

（1）检查主阀在全开。

（2）手动复归调相回路。

（3）关闭调相补气阀，打开尾水管补气阀和顶盖泄压阀。

（4）手动将导叶打开至空载位置。

（5）按电网要求调整机组有功功率和无功功率。

第三节　水轮机运行监视与维护

一、机组运行监视与维护的基本要求

（1）现场运行规程应对巡回检查作明确的规定，巡回检查必须到位，发现设备异常要及时处理。

（2）设备的检查既要全面又要有重点，一般要注意巡回操作的设备状态、控制方式、参数设置正确，检修过的设备完好，原有设备存在的小缺陷未扩大，机组未发生冲击和事故，还要注意巡视经常转动部分和其他薄弱环节等。

（3）机组遇有下列情况应加强机动性检查：

1）机组检修后第一次投入运行；

2）机组新设备投入运行；

3）机组遇事故处理后投入运行；

4）机组有比较严重的缺陷尚未消除；

5）机组超有功功率或无功功率运行；

6）顶盖漏水较大或顶盖排水不流畅；

7）洪水期或下游水位较高；

8）在振动区运行或做振动试验；

9）试验工作结束后；

10）天气恶劣明显变化（大风、大雨、温差等）；

11）机组大发电和尖峰时；

12）机组监视、检查和维护的基本方式有人工巡检和自动检测系统巡检两种形式。

二、水轮机开机、停机后的监视

（一）水轮机开机后的监视

（1）监视水轮机振动情况正常。

（2）监视机组制动装置处于正常工作状态，可以随时启动。

（3）监视机旁各指示仪表指示正常。

（4）监视机组各部水压正常。

（5）监视机组摆度、水导轴承运行情况正常。

（6）监视水轮机主轴密封和顶盖排水情况正常。

（7）监视调速器机械液压机构各连接部分良好，电气控制回路正常，有功调节动作正常。

（8）监视机组信号和操作电源正常。

（9）监视机械系统和电气系统有关设备操作项目完成。

（二）水轮机停机后的监视

（1）调速器各部件连接无异常。

（2）油压装置和油系统无异常。

（3）机组轴承油面正常。

（4）机组转动部分无异常。

（5）制动系统在复位状态。

（6）与机组停机相关的技术供水系统正常。

（7）水轮机顶盖漏水不大。

（8）导叶全关，剪断销未剪断。

（9）机旁控制盘各指示仪表指示正常。

三、水轮机部分的检查和维护

（1）水导轴承油槽油色、油位合格，油槽无漏油、甩油，外壳无异常过热现象，冷却水压指示正常。定期进行油质化验。

（2）水轮机室的接力器无抽动、无漏油，回复机构传动钢丝绳无松动和发卡现象，机构工作正常。

（3）检查漏油装置油泵和电动机工作正常，漏油泵在自动状态，漏油箱油位在正常范围内，控制浮子及信号器完好。

（4）导叶剪断销无剪断或跳出，信号装置完好，机组运转声音正常，无异常振动、摆动现象。

（5）水轮机主轴密封无大量漏水，导叶轴套、顶盖补气阀无漏水，顶盖各部件无振动松动，排水畅通，排水泵工作正常。

（6）转桨式水轮机的叶片密封正常，受油器无漏油现象。

（7）各管路阀门位置正确，无漏油、漏气、漏水现象，过滤器工作正常，前后压差不应过大，否则应打开排污阀清扫排污。

（8）各电磁阀和电磁配压阀位置正确，各电气引线装置完好，无过热变色氧化现象。

（9）蜗壳、尾水管进入孔门螺栓齐全、紧固，无剧烈振动现象，压力钢管伸缩节正常，地面排水保持畅通。

四、机组启动前的注意事项

（1）水轮机组如有下列情况之一者禁止启动：

　1）快速闸门（主阀）或尾水闸门未全开；

　2）水轮机组保护装置失灵；

　3）各部轴承油面不合格；

　4）机组的冷却水或润滑水不能供水时；

　5）机械制动装失灵或制动压缩空气中断，电制动不能投入时；

　6）压油装置不能维持正常油压，PLC 调速器工作不正常时；

　7）PLC 工作不正常时；

　8）测温装置失灵时；

　9）机组的 AC 电源、DC 电源不能正常供给时；

　10）上位机监控系统不正常。

　（2）若主机停机备用超过 240h，应尽量使机组轮流启动运行。

　1）如因检修推力油槽曾经排油，在启动前必须顶转子一次。

　2）如停机备用超过 240h，在启动前必须顶转子之后再启动机组。

　3）推力瓦为弹性金属塑料瓦的机组，停机备用 20 天内启机，不用顶转子。停机超过 20 天启机，必须顶转子一次方可启机。

　4）推力瓦为弹性金属塑料瓦的机组，运行中允许冷却水中断 15min，在此期间应严格监视瓦温的变化情况。

　（3）冷却水或润滑水系统经过检修，启动前需作充水试验，检查有无漏水和阀门开闭位置是否正常。

　冬季室外温度降至 0～2℃时，各机组的消火系统防冻阀门应开，防止冻坏备用水管路。

　厂内室温应尽量保持 5℃以上，低于 5℃时打开运行机组的热风口，提高厂房室温。冷风口必须装有空气滤过网。

　（4）机组检修压油装置排压或接力器排油，则在启动机组前必须进行接力器充油试验，即以手动方式将导叶全行程开、关一次，但必须注意以下事项：

　1）快速闸门（主阀）关，并做防止误开措施；

　2）检查蜗壳无水压；

　3）机械制动装置能正常投入。

　（5）检修后的机组在启动前，须做下列工作：

　1）检修工作交代完毕，工作票全部收回；

　2）确认发电机与水轮机室内无人工作且无其他东西存在；

　3）对机组进行全面检查并恢复措施，保证机组处于正常备用状态；

　4）记录各轴承油面、瓦温、油温；

　5）启动方式可根据当时的系统及启动前准备程序表或按方案进行。

五、机组备用注意事项

　（1）备用机应具备随时可以启动状态。

　1）蜗壳经常在全压力情况下，导水叶关闭，调速环锁锭之；

　2）水轮机保护正常；

　3）压油装置应保持正常工作油压；

　4）机组的油、水、风系统保持正常工作状态；

5) 各动力交流电源正常，机组的直流电源正常；

6) PLC 调速器工作正常，机械开限在适当位置；

7) 机组各种传感器及其他监测元件一切正常；

8) PLC 控制装置工作正常。

（2）备用机组未经过值长准许，不可进行运行中不允许的作业。

（3）备用机组应视为运行状态进行巡回检查，特别注意各轴承油面及油温应合格，油温不低于 5℃，压油装置油温不低于 10℃。

六、机组的定期维护

为了保证设备正常运行、安全可靠，主辅机设备应按规定进行定期试验、切换维护工作，发现问题及时通知检修人员处理。机组在正常情况下要做如下定期工作：

（1）切换油压装置的油泵；

（2）切换进水口工作闸门的工作油泵；

（3）调速器各连杆关节注油；

（4）调速器过滤器切换；

（5）测量发电机、水轮机主轴的摆度；

（6）应根据备用机组推力瓦油膜要求定期顶转子或手动开机空转一次；

（7）根据水位、水质情况，及时选用工业取水口以保证水质要求；

（8）机组冷却系统过滤器定期清扫排污；

（9）各气水分离器定期放水、排污；

（10）机组技术供水总管定期冲淤；

（11）机组冷却系统定期正、反向运行，空气冷却器冲淤（一般在雨季或水中含沙较高时）。

第四节　水轮机事故故障处理

一、水轮机事故故障处理的基本要求

（一）事故发生时的处理要点

（1）根据仪表显示和设备异常现象判断事故确已发生。

（2）进行必要的前期处理，限制事故发展，解除对人身和设备的危害。

（3）在事故保护动作停机过程中，注意监视停机过程，必要时加以帮助使机组解列停机，防止事故扩大。

（4）分析事故原因，做出相应处理决定。

（二）事故故障处理的一般原则

（1）迅速限制事故故障的发展，消除事故故障的根源，并解除对人身和设备安全的危险，必须时将设备停电。

（2）在事故故障处理过程，要特别注意保持和恢复厂用电。

（3）保持正常设备的运行，可能的情况下在未直接要受到牵连和损害的机组上增加负荷，以保证全厂出力不变，使电网电压、频率不变。

（4）在事故保护动作停机过程中，注意监视停机过程，必要时加以手动帮助使机组解列停机，防止事故扩大。

（5）迅速对已停电的用户恢复供电。

（6）根据光字牌、语音提示、各种表计、继电保护自动装置的动作和信号，作全面的分析，判断事故的性质和范围。

（7）迅速检查和试验，查明事故原因作好安全措施，通知检修人员对故障设备进行处理和检修。

（三）事故处理一般程序

（1）判断故障性质。发生事故时，根据计算机 CRT 图像显示、光字牌报警信号、系统中有无冲击摆动现象、继电保护及自动装置动作情况、仪表及计算机打印记录、设备的外部象征等进行分析、判断。

（2）判明故障范围。根据保护动作情况及仪表、信号反映，值班人员应到故障现场，严格执行安全规程，对一次设备进行全面检查，以确定故障范围。如母线故障时，应检查与母线相连的断路器和隔离开关、母线绝缘子，从而确定故障点。

（3）解除对人身和设备安全的威胁。若故障对人身和设备安全构成威胁，应立即设法消除，必要时可停止设备运行。

（4）保证非故障设备的运行。应特别注意将未直接受到损害的设备进行隔离，必要时启动备用设备。

（5）做好现场安全措施。对于故障设备，在判明故障性质后，值班人员应做好现场安全措施，以便检修人员进行抢修。

（6）及时汇报。值班人员必须迅速、准确地将事故处理的每一阶段情况报告给值长或值班长避免事故处理发生混乱。

二、水轮机故障原因及分类

水轮机故障是指水轮机完全或部分丧失工作能力，也就是丧失了基本工作参数所确定的全部或部分技术能力的工作状态。

（一）故障原因

根据水轮机故障特性，水轮机故障原因一般有如下几种。

（1）由于介质侵蚀作用或相邻零件相互摩擦作用的结果。例如空蚀、泥沙磨损、相邻运动零件间的磨损、橡胶密封件的老化等。

（2）由于突变荷载作用超过材料允许应力而使零件折断或产生不允许的变形，例如剪断销被剪断等。

（3）由于交变荷载长期作用，使零件产生疲劳破坏，例如转轮叶片裂纹等。

（4）由于制造质量隐患的突然发展。

（5）由于水轮机以外的间接原因。

（6）由于安装、检修、运行人员的错误处理。

（二）故障分类

根据水轮机故障出现的性质，故障可分为渐变故障和突发故障。

渐变故障多由零件磨损和疲劳现象的累积结果产生。这种故障使水轮机某些零部件或整机的参数逐渐变化，例如过流部件的泥沙磨损和空蚀将导致水轮机效率逐渐下降。这种故障的发展及后果有规律性，可用一定精度的允许值（如振动、摆度、效率下降）来表示。

突发故障具有随机性，整个运行期间都可能发生。其现象为运行参数或状态突然或阶跃变化。例如零部件突然断裂、振动突然增大等。突发故障的原因多为设计、制造、安装或检修中存在较严重缺陷或设计运行条件与某些随机运行条件不符或设备中突然落入异物等。

通过加强运行中的维护，进行定期的停机检修，使设备保养在最佳运行状态，可以减缓渐变故障的发展过程，预防突发故障及渐变故障在突发因素下转化为突发故障。

三、水轮机常见故障处理

（一）出力下降

并列运行机组在原来开度下出力下降或单独运行机组开度不变时转速下降。这两种情况多由拦污栅被杂物堵塞而引起，尤其是在洪水期容易发生。对于长引水渠的引水式电站，也可能由渠道堵塞或渗漏使水量减小而引起。另外，也可能因导叶或转轮叶片间有杂物堵塞使流量减小而引起。

清除堵塞处的杂物可消除这种故障，在洪水期应注意定时清除拦污栅上的杂物。

如果出力下降逐渐严重，且无流道堵塞现象，则可能是转轮或尾水管有损坏使效率下降，应停机检查，进行相应处理。

（二）水轮机振动

水轮机在运行中发生较强烈的振动，多由于超出正常运行范围而引起，如过负荷、低水头低负荷运行或在空蚀振动严重区域运行。这时，只要调整水轮机运行工况即可。对于空蚀性能不好、容易发生空蚀的水轮机，则应分析空蚀原因，采取相应措施，如抬高下游水位减小吸出高度、加强尾水管补气等来减小振动。

消除水轮机振动的措施。在查明水轮机振动的原因后，对不同情况采取不同措施。

（1）尾水管装十字架补气：十字架本身可以破坏尾水管中旋流，减小压力脉动，另一方面涡带内补气也可消除振动。

（2）轴心补气：从主轴中心孔向转轮下补气，有时也能消除水力原因引起的振动。

（3）阻水栅防振：在尾水管内加装阻水栅，使之改变涡带的旋转频率，破坏共振。

（4）加支撑筋消振：在转轮叶片间加支撑筋，对解决涡列引起的叶片振动有一定效果。

（5）调整止漏环间隙：当高水头水轮机止漏间隙小时，要适当加大；如有偏心，要设法消除，使之均匀，可以得到良好的消振效果。

（6）避开振动区运行：当掌握水轮机振动区后，在没有解决振动问题之前，应尽可能避开此区域运行。

（7）如属机械原因引起的振动，查明原因后，分别通过平衡、调整轴线或调整轴瓦间隙等办法解决。

（三）运行时发生异常响声

运行时发生的异常响声，如为金属撞击声，多为转动部分与固定部分之间发生摩擦，应立即停机检查转轮、主轴密封、轴承等处，如确有摩擦，则应进行调整。

另外，水轮机流道内进入杂物、轴承支座螺栓松动、轴承润滑系统故障、水轮机空蚀等也会引起水轮机发生异常响声，应根据响声的特点、结合其他现象（如振动、轴承温度、压力表指示等）分析原因，采取相应处理措施。

（四）水轮机振动、摆度超过规定值

（1）如系在已确定的振动禁区运行，应避开该振动工况区。

（2）分析机组振动、摆度的测量结果。

（3）检查轴承运行情况。

（4）对转桨式水轮机，检查机组协联关系是否变化。

（5）分析振动原因，进行相应处理。

（6）振动严重超过规定值，应手动紧急停机（无振动保护装置时）。

（五）空载开度变大

开机时，导叶开度超过当时水头下的空载开度时才达到空载额定转速，如果检查拦污栅无堵塞，则是由于进水口工作闸门或水轮机主阀未全开而造成的。检查它们的开启位置，并使其全开。

（六）停机困难

停机时，转速长时间不能降到制动转速。这种故障的原因是导叶间隙密封性变差或多个导叶剪断销剪断，因而不能完全切断水流。

如果是导叶剪断销剪断，应迅速关闭主阀或进水口工作闸门切断水流。对于前一种原因，其故障现象是逐渐发展的，应在加强维护工作中予以消除。

（七）顶盖淹水

这种故障多为顶盖排水系统工作不正常或主轴密封失效漏水量过大引起的。

（1）对顶盖自流排水的水轮机，检查排水通道有无堵塞。

（2）水泵排水的则检查水位信号器，并将水泵切换为手动。

（3）对顶盖射流泵排水则检查射流泵工作水压。如果排水系统无故障，则可能是主轴密封漏水量过大，应对其检查，进行调整或更换密封件。检查射流泵未启动，应将射流泵控制连接片 XB 退出，手动投入射流泵电磁阀。如射流泵仍未运行，检查供水阀是否关闭，如供水阀不能处理，可打开备用供水阀。将水排至正常后复归电磁阀，投入射流泵控制连接片 XB，并联系维护查找原因处理。若射流泵运行正常，水位仍然上升，则检查漏水增大的原因，及时处理。若水位只升不降，危及水导油槽时，应请求减负荷至空载，必要时联系停机处理。

（4）应注意是否因水轮机摆度变大引起主轴密封漏水过大。

（5）如果顶盖淹水严重，不能很快处理，则应停机，以免水进入轴承，使故障扩大。若水导油槽已进水，应尽快联系停机处理。

（八）压力表计指示不正常

这种故障的原因是测量管路中有空气或堵塞，应进行排气或清扫。如测量管路正常，则可能是表计损坏，应予以更换。

所以油和水的表阀要装设三通阀，为了排气；而气阀不装三通阀，防止漏气。

（九）拦污栅堵塞

（1）检查拦污栅前后差压指示，如未超过规定值，机组可降低功率运行，但应立即进行清污。

（2）检查进水口处的漂浮物情况。

（3）拦污栅确实堵塞严重应立即联系停机处理。

（十）轴流转桨式机组的受油器甩油的故障处理

检查操作油压正常、集油箱油位未下降、受油器转动油盆无大量甩油、判明浮动瓦无磨损，如甩油严重应联系停机处理。

如果情况不很严重，电网需要机组发电，则可短期内运行，但必须手动控制转轮叶片角度运行。

四、导叶剪断销剪断

（一）故障现象

（1）导叶剪断销剪断信号灯亮。

（2）机组振动增大，摆度增大。

（3）短时间内产生原因不明的负荷增大。

（二）原因分析

（1）导叶间被杂物卡住。

（2）导叶开关过快，使剪断销受冲击剪切力而剪断。

（3）各导叶连臂尺寸调整不当或锁紧螺母松动。

（4）导叶尼龙套吸水膨胀将导叶轴抱的过紧。

（5）水轮机顶盖和底环抗磨板采用尼龙材料，尼龙抗磨板凸出。

（三）故障处理

（1）先确认剪断销已经剪断，通知检修人员处理。

（2）若机组振动较大，应首先调整导叶开度使水轮机不在振动区运行，再通知检修人员处理。

（3）先检查确定剪断销剪断的数目。如果每个剪断销都有信号，检查信号即可。

1）剪断的剪断销数目较少时，且机组振动、摆度在允许范围内，调速器切手动运行；调整机组负荷使导叶剪断后的拐臂与副拐臂重合；更换拐臂。

2）剪断的剪断销数目较多（2个以上）时，应手动停机；若手动停机不能停下时，应关主阀；做好防止误开机措施，处理剪断销。

五、水导轴承瓦温升高故障

（一）故障现象

（1）电铃响，语音警报，随机报警窗口有"水导瓦温升高""机组机械故障"等报警信号；并伴随"水导冷却水中断""主冷却水压力降低"或"水导油槽油位异常"或"水导油混水"或"机组振动过大""机组摆度过大"等部分报警信号。

（2）水导轴承瓦温实际值达到报警温度。

（二）故障原因分析

（1）由于水导轴承冷却水水压不足或中断造成冷却效果差，引起水导瓦温升高而警报。

此时水导轴承油槽油温较高，水导轴承各瓦间温差较小，并有水导轴承冷却水中断故障光字牌。

（2）由于水导瓦的间隙调整不当（此时机组刚启动不久）或运行中的变化（此时机组振动较大）造成水导瓦之间受力不均，使受力大的水导瓦温升高而警报。

此时水导轴承各瓦间温差较大，轴承内部有异音。

（3）机组振动摆度增大引起水导瓦间受力不均，受力大的水导瓦温升高而警报。

此时水导轴承各瓦间温差较大，相邻瓦间相差不大。

（4）由于水导轴承油槽油质劣化或不清洁造成润滑条件下降，引起瓦温升高而警报。

此时可能有轴电流，或有水导轴承油槽油面升高。

（5）水导油槽油面降低引起润滑条件下降造成瓦温升高。

此时有水导油槽油面下降信号。

（6）由于水导油槽测温元件损坏故障引起误警报。

（三）故障处理

（1）在水导轴承瓦温故障的同时若有水导冷却水中断故障信号，应检查水导轴承冷却水。

若水导轴承冷却水水压不足造成冷却效果差，应检查处理水导调节阀及技术供水总调节阀和滤过器及其管路渗漏或蜗壳取水口堵塞。

若水导轴承冷却水中断造成冷却效果差，应检查处理调节阀和电磁配压阀。

（2）各水导轴承瓦间温差较大，且机组振动摆度较大时，应考虑水导瓦的间隙问题。

由于水导瓦的间隙调整不当或运行中的变化造成水导瓦之间受力不均，应紧急停机。停机后检修处理。

（3）水导轴承瓦温升至故障、振动摆度较大，应尽快停机检查处理。

（4）水导轴承油槽油质劣化或不清洁造成的水导瓦温升高，应化验水导油槽油质和检查水导油槽油面。待停机后处理，并进行换油和清扫油槽；若有水导油槽油面升高应检查冷却器和水导油槽内的供水管。

（5）水导油槽油面下降引起的水导瓦温升高。

应检查水导油槽的给排油阀是否有漏油之处，水导油槽的挡油板是否有油甩出，密封盘根处是否漏油；确系水导油槽漏油引起，应立即监视水导瓦温的高低和上升的速度的大小，正常停机或紧急停机；停机后处理漏油点，并联系检修给油槽添油。

（6）以上各项无任何现象时，应检查水导轴承测量和显示温度的零部件。

六、水导轴承油槽油面下降故障

（一）故障现象

（1）电铃响，语音警报，随机报警窗口有"水导轴承油槽油位下降""机组机械故障"等报警信号。

（2）"水导轴承油槽油位异常"光字牌亮。

（3）水导油槽油面下降至报警线以下。

（4）机组机械故障蓝灯亮。

（二）故障原因分析

（1）运行中水导油槽密封盘根老化，长期漏油引起水导油槽油面下降，水导油槽液位异常动作报警。

（2）水导油槽存在漏油点，造成水导油槽油面下降，水导油槽液位异常动作报警。

（3）水导油槽的挡油板处严重甩油。

（4）水导油槽液位变送器故障引起误动作报警。

（三）故障处理

（1）检查水导油槽油面确实下降，应首先监视水导轴承温度的大小和上升速度快慢；若水导轴承温度较高应正常停机；若水导温度较高且上升速度较快应紧急停机；若水导轴承温度不是很高且上升速度不快，应检查水导油槽是否有明显漏油之处。若能处理设法处理，联系检修添油，使油面合格。机组正常运行后复归信号。停机后再通过检修处理漏油问题。

（2）如果水导油槽油面正常，检查水导油槽液位变送器是否有故障，可断开故障点运行并复归机械故障信号，可停机后再处理。

七、水导轴承冷却水中断故障

（一）故障现象

（1）电铃响，语音警报，随机报警窗口有"水导冷却水中断""备用水投入""机组机械故障"等信号；或伴随"主冷却水压力降低""主供水滤水器堵塞""蜗壳取水口堵塞"等报警信号。

（2）机组机械故障中："水导冷却水中断""备用冷却水投入"光字牌亮。

（3）水导水压有可能低于报警值。

（4）机组机械故障蓝灯亮。

（二）故障原因分析

（1）主冷却水滤过器前总水压为零时，可能是电控阀1201和电磁配压阀41YVD误动或故障。

（2）总水压不足，可能是蜗壳取水口堵塞、调节阀1202误动、滤过器1LG堵塞或冷却水供水总管路有漏水之处。

（3）水导轴承冷却水水压不足，可能是调节1203阀误动，或分管路有漏水之处。

（4）水导轴承示流继电器44SF高压侧水管堵塞或管路漏水。

（5）由于水导轴承示流继电器44SF本身故障引起误报警。

（三）故障处理

（1）检查备用冷却水投入正常，复归信号。

（2）检查主冷却水滤过器前总水压为零时，如果电控阀、电磁阀误关则打开即可；若电控阀、电磁配压阀故障（发卡）可用备用水运行，然后根据情况做好措施进行检修。

（3）总水压不足时，检查处理方式如下：

1）由于总调节阀误关或开度过小引起时，调节调节阀来提高总水压在正常范围内，复归备用水恢复主供水运行，并监视各部轴承和冷风器水压合格。

2）检查滤水器是否在清扫过程；滤水器的排污阀是否关闭，如果没有关闭将其关闭。

3）主冷却水滤过器前后压差过大，说明故障是由于滤过器堵塞引起的，应清扫滤过器。

4）冷却水供水总管路大量跑水时，应停机处理。

5）止回阀阀体损坏时，停机后联系检修处理。

6）若电控阀、电磁配压阀、主供水滤过器及管路无异常，确定为蜗壳取水口堵塞引起总水压降低，应做好措施对蜗壳取水口反充风吹扫。

（4）检查总水压正常，水导轴承冷却水水压不合格，应调整调节阀来恢复水压。

如果供水管路有漏水之处，应设法堵塞使水压恢复正常。若无法堵塞或无法保证机组的正常供水应停机处理。

（5）如果各水压合格，管路又无漏水之处，信号不能复归，可判定为水导冷却水示流继电器误动，联系检修处理。

（6）待主冷却水正常后，复归备用水，恢复主供水运行。

八、主轴密封水中断故障（主轴密封备用水投入故障）

（一）故障现象

（1）电铃响，语音警报，随机报警窗口有"机组主轴密封水中断""机组主轴密封水压力降低""机组备用密封水投入""机组机械故障"等信号；并伴随有"主冷却水压力降低""主供水滤水器堵塞""蜗壳取水口堵塞"等部分报警信号。

（2）机组机械故障中："主轴密封水中断""备用密封水投入""主轴密封滤水器堵塞"等光字牌亮。

（3）主轴密封备用水电磁配压阀 44YVD 投入。

（4）主轴密封水示流继电器 45SF 可能动作。

（5）机组机械故障蓝灯亮。

（二）故障原因分析

参见图 2-7 某厂技术供水图。

（1）主轴密封水 48PP 水压为零（同时总水压也为零），可能是常开阀 1223 或电控阀 1201 和电磁配压阀 41YVD、43YVD 误动或发卡，导致备用水电磁配压阀 44YVD 动作。

（2）主轴密封水水压不足，可能是调节阀 1221 误动，止回阀故障，3LG 滤过器堵塞或分管路有漏水之处。

（3）主轴密封冷却水水压不足，同时总水压也不足，可能是蜗壳取水口堵塞、止回阀故障、调节阀 202 误动、滤过器堵塞或冷却水供水总管路有漏水之处。

（4）由于主轴密封水示流继电器 45SF 高压侧水管堵塞或管路中漏水引起。

（5）运行中由于导叶开度的突然变化，使水轮机顶盖上方产生负压，密封水压力继电器 3YLJ 瞬间下降波动引起警报。

（6）由于主轴密封示流继电器 45SF 本身故障引起误报警。

（三）故障处理

（1）检查备用密封水投入情况及顶盖上水情况。如漏水量增大应维持顶盖水位正常。

（2）检查总水压为零时，可能是电控阀 1201 和电磁配压阀 41YVD 误动或故障。

若电控阀、电磁阀误关则打开即可，复归主轴备用密封水电磁阀及信号；若电控阀、电磁阀故障（发卡），检查备用水源电磁配压阀 42YVD 投入，根据情况做好措施检修 1201 电控阀或 41YVD 电磁配压阀。

（3）检查滤水器 3LG 是否在清扫过程；滤水器的排污阀 1222 是否关闭，如果没有关闭则将其关闭。

（4）如果因主轴密封水滤过器 3LG 堵塞引起的水压不足，可进行滤过器清扫，打开 1222 阀排污。

（5）如果因主轴密封水示流继电器 45SF 高压侧水管堵塞，水压表显示水压正常，机组可强行运行，待停机后处理；如果因管路中漏水引起，危及机组安全运行时应在最短的时间内正常停机或紧急停机。

（6）由于管路中有阀门误关引起，打开阀门或调整阀门开度使水压恢复正常。复归主轴密封备用水电磁配压阀 44YVD 和主轴密封备用水故障信号。

（7）因主轴密封水压力继电器 43SP 瞬间下降波动引起。此时复归主轴密封备用水 44YVD 即可复归。

（8）如果各水压合格，管路又无漏水之处，信号复归不了，可判定为主轴密封水示流继电器 43SP 误动，待停机后处理。

（9）检查水压恢复正常后，复归主轴密封备用水 44YVD 和主轴密封备用水故障信号。

【思考与练习】

1. 机组运行中遇有哪些情况时，值班人员可以未经允许解列停机？
2. 水轮机启动应具备哪些条件？
3. 水轮机开机后的检查项目有哪些？
4. 根据水轮机故障出现的性质，故障可分为哪几类？
5. 根据水轮机故障特性，水轮机故障原因一般有哪些？
6. 导轴承瓦温升高故障的原因有哪些？

第六章 调速器的运行

第一节 调速器运行基本技术要求

一、调速器运行的基本要求

调速器是水电站的重要控制设备。为保证水轮机安全运行，也为达到供电质量标准，要求调速器运行能实现以下几个基本要求：

（1）动作及时。负载变化后，调速器能很快反应，及时动作，在尽可能短的时间内使机组重新稳定。

（2）动作准确。调速器对导叶开度的控制应当准确，要与负载变化一致。

（3）过渡平衡。调速器在调节过程中转速等工作参数发生波动是必然的，但波动的次数要少，幅度要小。

为确保调速器运行能达到上述要求，调速器在现场安装及检修后即将投入运行之前，都要进行静态、动态试验，以检验调速器的各项性能指标是否符合国标和有关技术规程。

二、运行监视与维护的基本要求

正确良好的监视、检查和维护，对于机组的安全经济运行、减少事故和隐患、延长调节设备的无故障间隔时间和使用寿命都是极其重要的。为此，对运行监视与维护的基本要求是：

（1）运行值班人员必须认真学习和充分掌握运行规程中有关调速系统设备监视检查与维护的具体要求、规定等内容。

（2）现场运行值班人员必须按规定进行调速系统设备的运行状态监视、巡回检查及定期维护工作，并做好相应的记录。

（3）对现场设备进行现地操作时，除操作人员外，必须另有专人监视设备状况，操作未完，操作人员不得离开现场。

（4）运行交接班时，必须对设备状态的变动情况和需提醒的事项认真做好交代。

三、调速器运行基本技术条件

（1）接力器关闭与开启时间的整定和关闭规律符合调节保证计算要求。

（2）调节参数整定正确。

（3）轮叶启动角度整定正确。

（4）工作电源、备用电源及自动回路工作正常，信号正确。

（5）远方及现地开（停）机、负荷调整、事故停机等动作正确。

（6）机组频率信号回路和电网频率信号回路熔断器完好并已投入。

（7）反馈机构的钢丝绳（钢带、杠杆）连接完好，传动灵活。

（8）调速器与监控系统通信工作正常。

（9）事故紧急停机电磁阀动作正常。

（10）锁锭装置动作正常、指示正确。

四、监视检查与维护的项目

1. 监控界面中的调速器监视项目

当前，随着水电厂设备运行自动化水平的不断提高，计算机监控系统在各水电厂得到了全面推广和应用。利用监控系统，可以实现在中控室对各种设备进行状态监视和控制操作，从而极大地提高了设备运行的安全性、可靠性以及操控的便捷性。针对调速系统的设备，在监控系统界面需监视的项目主要包括：

（1）机组转速、导叶开度（桨叶角度）指示，机组工况显示；

（2）电网频率、机组频率、有功功率；

（3）运行水头（人工、自动）；

（4）调速器手动、自动运行方式，平衡表指示，双微机主从状态；

（5）调速器运行参数，调速器故障指示；

（6）接力器锁锭状态、紧急停机电磁阀状态。

2. 调速器的巡回检查项目

（1）调速柜的各表计、指示灯的检查；

（2）电气柜内元件、接线的检查；

（3）机械柜内元件的检查；

（4）主接力器的检查；

（5）调速器油管路、阀门的检查。

3. 调速器的维护项目

（1）调速器手动、自动切换阀操作；

（2）调速器滤油器切换、清扫；

（3）调速器有关部位定期加油；

（4）调速器紧急停机电磁阀试验。

第二节 调速器正常操作

目前，微机调速器按控制核心基本上可分为两类，即可编程控制器型和 32 位微处理器型，常见的有 WT/WST - PLC 型可编程微机调速器，SAFR - 2000 型双微机调速器。类型不同其调速柜盘面采用的操作界面不同，操作方法也不同，这里仅就共性的部分做出说明（其余不同的部分参见具体调速器使用说明书）。

机组的开机、停机操作是根据电网调度员命令有计划地进行。正常时现地手动操作必须填写操作票，经审定后由两人进行操作，其中技术高的一人作监护人。现场操作时实行唱票复诵制。

一、调速器现地操作

（一）调速器运行方式切换操作

1. 自动切手动

通过手/自动切换阀或切换把手直接进行切换，切换后可操作机械开限机构（手操机构）实现手动开关导叶，控制调节机组。切换过程可实现无扰动。

2. 手动切自动

通过手/自动切换阀或切换把手直接进行切换，切换过程可实现无扰动。切换后应将机械开限机构开至全开位置，以免影响自动调节。

对双调机组，在轮叶切换到自动位置前，应先手动调整轮叶实际开度与协联输出信号基本一致，并检查轮叶平衡表（指示灯）处于平衡状态，然后进行切换。

（二）调速器手动操作

1. 手动开机

开机前应确认调速器已具备手动开机条件，调速器在"手动"位置，通过手动操作机构开启导叶。将开度缓慢打开空载开度以上，待转速升到50%以上时，慢慢压回开度限制至空载，以减少低转速运行时间。同时观察转速表，防止机组过速。待机组转速额定后，将调速器切至自动运行，同时停止高压油顶起装置。对双调机组轮叶宜在"自动"位置，如果轮叶在"手动"位置，应同时调整轮叶开度，使其符合协联关系。

2. 手动调整负荷

机组并网后，调速器在"手动"位置，通过手动操作机构调整导叶开度，实现增、减负荷，同时监视有功功率表的变化。调整过程中应使机组避开振动区运行，并注意避免机组进相或超负荷运行。

3. 手动停机

调速器在"手动"位置，通过手动操作机构关小导叶开度，机组减负荷至空载，待发电机出口断路器跳开后，完全关闭导叶。监视机组转速，当下降到相应的规定转速时，自动或手动启动高压油顶起油泵、手动投入制动风闸及接力器锁锭。待机组静止后，解除风闸，检查制动闸瓦是否全部落下。

4. 紧急停机

当机组出现事故需紧急停机时，在机旁调速柜上也可直接操作紧急停机按钮或紧急停机电磁阀，实现事故停机。

二、调速器的监控系统操作

（一）自动开、停机操作

调速器的自动操作是和机组运行操作融合在一起的，属于运行操作步骤的一部分，此处不再重复提出，可参照机组运行操作的内容学习掌握。但应注意，自动开、停机操作时必须做好相应的检查。

1. 自动开机后的检查

（1）注意机组运转声音有无异常，运行是否稳定。

（2）调速器无异常抽动和跳动，调节稳定灵活。

（3）压油装置及机组各部分油色、油面正常。

（4）检查调速柜各指示仪表、指示灯显示状态是否正常。

2. 自动停机后的检查

（1）调速器各部件连接有无异常。

（2）压油装置有无异常。

（3）发电机风洞无异常，制动闸瓦全部落下。

（4）导水机构剪断销有无剪断。

（5）水车上盖漏水是否增大。

（二）工况转换操作

1. 发电机变调相机运行操作

（1）用计算机或有功功率调节把手降有功功率为零。

（2）自动或手动压导叶开度为零，使导叶关闭。

（3）若机组有调相压水设备，这时可投入压水。

2. 调相机变发电机运行操作

（1）若投入调相机调相压水运行可撤除压水。

（2）自动或手动打开开度限制至空载位置。

（3）若机组需带负荷运行，可打开开度限制至全开。

第三节 调速器运行监视与维护

一、监控界面中的运行监视

目前各厂的水轮机调速器都采用微机型调速器，这为方便计算机监控提供了条件。虽然各水电厂的计算机监控系统界面因设计者及现场设备的不同而不同，但运行人员都可以通过相关参数显示界面，对调速器进行监视检查。通常监视检查时应做到：

（1）通过查看机组转速、导叶开度（桨叶角度）指示等，判断机组是否正常运行或处于停机、启动等状态，并对比其与机组工况显示的一致性。

（2）对比电网频率、机组频率是否一致，并参照有功功率变化，分析判断其是否符合当前机组工况，如有异常及时查找原因。

（3）对比当前运行水头与显示值是否一致，若是人工设定水头，与实际值相差不应太大，机组在空载时应同时检查空载开度与水头是否匹配，以免因水头设定值不合适而造成调节不稳定或并网困难。

（4）在调速器动态过程中，监视机组转速、导叶开度（桨叶角度）、平衡表指示、机组负荷等相互之间是否对应，及时发现异常情况，正确处理。

（5）要根据需要随时查看调速器手、自动运行方式，发现调速器有故障指示时，要结合当前双微机工作的主从状态，做出正确的分析。

（6）掌握调速器的运行参数值及其调整修改情况，观察调速器的稳定性，判断参数匹配是否合理，是否适应当前工况。

（7）进行开、停机操作时或在机组发生事故、调速器出现故障时，应查看接力器锁锭的状态、紧急停机电磁阀的状态，以便正确操作或处理问题。

二、巡回检查

巡回检查主要是到设备现场查看，及时发现和处理在中控室无法监视和处理的问题。为确保及时性，巡回必须定期进行。调速器巡回检查主要是到调速器柜、主接力器、油管路查看。巡查时应做到：

（1）检查调速柜盘面各表计有无损坏、失灵，指示值是否正常，机组转速表和频率表的指示值应相对应，导叶开度与接力器实际行程、机组负荷应相对应，正常稳定状态时，平衡表指示应为零。观察开关位置是否正确，指示灯显示是否正确。

（2）检查调速器电气柜内电气元件是否正常、接线有无断点。

（3）检查观察调速器机械柜内元件（手/自动切换阀、紧急停机电磁阀、滤油器切换阀、位移传感器、电液转换器或伺服阀、反馈钢丝绳）的外观情况和所处状态，油压表指示情况，特别是要注意电液转换器或伺服阀工作是否正常，漏油量是否偏多，各液压元件、接头等处应无漏油，引导阀、辅接、相应连杆等应有明显微调动作，位移传感器接线是否完好等。

（4）检查主接力器缸体有无渗漏现象，锁锭位置是否合适，动作是否灵活。

（5）检查调速器油管路、阀门有无渗漏现象，各阀门所处状态是否正确等。

三、调速器的维护

调速器运行中应定期进行维护，这是预防故障产生的重要措施，可以有效地保障调速器的正常工作。

（1）调速器手、自动切换阀要定期进行切换操作，以检查电磁阀的动作是否灵活、可靠，有关指示信号是否正确，从而保证在调速器自动状态出现故障时能及时、平稳地转为手动控制状态，避免故障扩大甚至造成事故。

（2）调速器滤油器也应定期进行切换操作（一般每周一次，各厂规程规定可能不同）、并经常清扫滤网，特别是在滤油器压差异常（超过 0.25MP）时必须进行切换，并清扫滤网。

（3）调速器机械柜内有关部位应定期加油，以防锈蚀或发卡。

（4）调速器紧急停机电磁阀每隔半年应进行一次动作试验，防止因长期不用而动作失灵。

第四节　调速器试验

水轮发电机组在试验的前、后期，必须由运行人员采取一系列操作措施以保证人身、设备的安全，同时也为进行设备试验提供必备的条件。

一、调速系统的主要试验项目

新安装或经检修后的机组在正式投入运行前，必须按（GB/T 9652.2《水轮机控制系统试验》或 DL/T 496《水轮机电液调节系统及装置调整试验导则》）和企业标准进行一系列调整试验，试验结果应达到 GB/T 9652.1《水轮机控制系统技术条件》及 DL/T 563《水轮机电液调节系统及装置技术规程》所规定的指标，并且直至机组带负荷稳定运行 72h 无故障为止。试验的目的是检验安装或检修的质量，核定消除机组缺陷的质量情况。对调速系统设备的要求是必须达到良好的静、动态特性，从而保证水轮发电机组安全、可靠的运行。现场设备运行人员要配合试验人员进行试验工作。

试验一般按机组空载和负载分为两个阶段进行。

（1）在空载阶段，主要进行以下项目试验。

1）接力器开关时间的调整和紧急停机试验。

2）调速器静特性试验及转速死区测定。

3）手动开、停机试验。

4）自动开、停机试验。

5）空载扰动试验及自动空载转速摆动值测定。

（2）在负载阶段，主要进行以下项目试验。

1）负荷扰动试验。

2）甩负荷试验。

3）事故低油压关闭导叶试验。

4）带负荷 72h 连续运行试验。

二、空载阶段试验的相关措施

（一）接力器开关时间的调整和紧急停机试验

接力器开关时间也称为开关机时间，它是通过调整机械柜内主配顶部的调整螺母而实现调整的（有些类型的调速器，其开关机时间调整机构装在主配出油口上，一般在调整合适后则不再调整）。开关机时间直接影响到调速器的动态调节特性及紧急停机速度，所以在调整以后要通过紧急停机试验检验。此试验在无水状态下进行，做此试验时运行人员只需操作紧急事故停机按钮即可，并应分别在现地、机旁、中控室等部位，检查紧急事故停机按钮动作的可靠性。

（二）调速器静特性试验及转速死区测定

此试验在无水状态下进行，主要是检验调速器的整体工作性能，试验时需实测频率和接力器行程数据，通过绘制曲线计算求取非线性度和转速死区指标。

（三）启动前的准备检查

机组启动是在三充试验合格之后进行，启动前对调速器进行准备检查，其工作状态应符合下列要求：

（1）油压装置处于自动运行状态，油压装置油泵在工作压力下运行正常，无异常振动和发热，集油槽油位正常，漏油装置处于自动位置。

（2）由手动操作将油压装置的压力油通向调速系统，调速器液压操作柜油压指示正常；检查各油压管路、阀门、接头及部件等均无渗油现象。

（3）调速器的滤油器位于工作状态；电气-机械/液压转换器工作正常。

（4）调速器处于机械"手动"或电气"手动"位置。

（5）调速器的导叶开度限制位于全关位置。

（6）调速器频给整定为 50Hz。

（7）永态转差系数 bp 暂调整到 $2\%\sim4\%$。

（8）接力器锁锭装置信号指示正确，处于锁锭状态。

（四）手动开、停机试验

运行人员负责机组启动试运行的操作及机电设备的安全运行。

1. 手动开机

（1）拔出接力器锁锭，对装有高压油顶起装置的机组，手动投入高压油顶起装置，转子顶起高度应按厂家规定，不使转动部分与固定部分相撞。油压维持一段时间后撤去，制动闸应都落下。

（2）手动打开调速器的导叶开度限制机构，待机组开始转动后，将导叶关回，由各部观察人员检查和确认机组转动与静止部件之间无摩擦或碰撞情况。

（3）确认各部正常后，手动打开导叶启动机组，当机组转速接近 50% 额定值时，暂停升速，观察各部运行情况。检查无异常后继续增大导叶开度，当机组升速至 90% 额定转速（或规定值）后，可手动切除高压油顶起装置，并校验电气转速继电器相应的触点。

（4）当达到额定转速，机组进入空载运行后，校验电气转速表应指示正确，记录当时水头下机组的空载开度。

（5）在机组升速过程中，应加强对各部位轴承温度的监视，按规定时间间隔量测记录轴承温度，待温度稳定后记录稳定的油位值，此值应符合设计规定值，并标好各部油槽的运行油位线，监视水轮机主轴密封、各部位水温、水压及顶盖排水情况，记录排水泵工作周期，记录各部水力量测系统表计读数和机组监测装置的表计读数（如发电机气隙、蜗壳差压、机组流量、运行摆度、振动值等）。

（6）机组启动过程中，应密切监视各部位运转情况。如发现金属碰撞或摩擦、水车室窜水、推力瓦温度突然升高、推力油槽或其他油槽甩油、机组摆度过大等不正常现象，应立即停机检查。

2. 手动停机

（1）机组稳定运行至各部瓦温稳定后，关闭开度限制机构，进行手动停机，当机组转速降至90％的额定转速时，如有高压油顶起装置，手动将其投入。

（2）当机组转速降至35％～40％额定转速（或规定值）时，手动投入机械制动装置直至机组停止转动，解除制动装置，使制动器复归。手动切除高压油顶起装置，监视机组不应有蠕动。

（3）停机过程中应检查下列各项：监视各部位轴承温度、油槽油面的变化情况，检查转速继电器的动作情况，录制停机转速和时间关系曲线。

（4）停机后投入接力器锁锭和检修密封，关闭主轴密封润滑水。根据具体情况确定是否需要关闭蝶阀（球阀）或筒阀。

（五）自动开、停机试验

无励磁自动开停机试验，应分别在机旁和中控室进行。试验时应按要求做好记录和检查。

1. 自动开机准备

（1）调速器处于"自动"位置，功率给定处于"空载"位置，频率给定置于额定频率，调速器参数在空载最佳位置，机组各附属设备均处于自动状态。

（2）对于无高压油顶起装置的巴氏合金推力轴瓦机组，则应通过油泵顶起发电机转子，使推力轴瓦充油。

（3）确认所有水力机械保护回路均已投入，且自动开机条件已具备。

（4）首次自动启动前应确认接力器锁锭及制动器实际位置与自动回路信号相符。

2. 自动开机

（1）检查机组自动开机顺序是否正确，检查技术供水等辅助设备的投入情况。

（2）检查推力轴承高压油顶起装置的工作情况。

（3）检查电气液压调速器动作情况。

（4）记录自发出开机脉冲至机组开始转动所需的时间。

（5）记录自发出开机脉冲至机组达到额定转速的时间。

（6）检查测速装置的转速触点动作是否正确。

3. 自动停机

（1）检查自动停机程序是否正确，各自动化元件动作是否正确可靠。

（2）记录自发出停机脉冲至机组转速降至制动转速所需时间。

（3）检查机械制动装置自动投入是否正确，记录自制动器加闸至机组全停的时间。

（4）检查测速装置转速触点动作是否正确，调速器及自动化元件动作是否正确。

（5）当机组转速降至设计规定转速时，推力轴承高压油顶起装置应能自动投入。当机组停机后应能自动停止高压油顶起装置，并解除制动器。

（六）空载扰动试验及自动空载转速摆动值测定

调速器空载扰动试验应符合下列要求：

（1）扰动量一般为±8%。

（2）转速最大超调量，不应超过转速扰动量的30%。

（3）超调次数不超过两次。

（4）从扰动开始到不超过机组转速摆动规定值为止的调节时间应符合设计规定。

（5）选取最优一组调节参数，机组在该组参数下空载运行，转速相对摆动值，对于大型调速器不应超过额定转速的±0.15%；对于中小型调速器，不超过±0.25%。

空载扰动试验时应注意：

（1）电液转换器或电液伺服活塞阀的振动应正常。

（2）检查调速器测频信号，应波形正确，幅值符合要求。

（3）进行手动和自动切换试验，接力器应无明显摆动。

（4）频率给定的调整范围应符合设计要求。

（5）记录油压装置油泵向油槽送油的时间及工作周期。在调速器自动运行时记录导叶接力器活塞摆动值及摆动周期。

三、负载阶段试验的相关措施

（一）负荷扰动试验

（1）水轮发电机组带、甩负荷试验应相互穿插进行。

（2）进行机组快速增减负荷试验。根据现场情况使机组突变负荷，其变化量不应大于额定负荷的25%，并应自动记录机组转速、蜗壳水压、尾水管压力脉动、接力器行程和功率变化等的过渡过程。负荷增加过程中，应注意观察监视机组振动情况，记录相应负荷与机组水头等参数，如在当时水头下机组有明显振动，应快速越过。

（3）进行机组带负荷下调速系统试验。检查在速度和功率控制方式下，机组调节的稳定性及相互切换过程的稳定性。对于转桨式水轮机，应检查调速系统的协联关系是否正确。

（4）调整机组有功负荷时，应先分别在现地调速器上进行，再通过计算机监控系统控制调节。

（5）水轮发电机组带负荷试验，有功负荷应逐步增加，观察并记录机组各部位运转情况和各仪表指示。观察和测量机组在各种负荷工况下的振动范围及其量值，测量尾水管压力脉动值，观察水轮机补气装置工作情况，必要时进行补气试验。

（二）甩负荷试验

甩负荷试验主要是为了检查调节系统在甩负荷时的过渡过程品质，以进一步确定调速器参数组合，同时校核转速上升率、水压上升率。机组初带负荷后，应检查机组及相关机电设备各部运行情况，无异常后可根据系统情况进行甩负荷试验。

（1）机组甩负荷试验应在额定负荷的25%、50%、75%和100%下分别进行，同时应录制过渡过程的各种参数变化曲线及过程曲线，记录有关数值，记录各部瓦温的变化情况。机组甩 25%额定负荷时，记录接力器不动时间。检查并记录真空破坏阀的动作情况与大轴补气情况。机组甩负荷后调速器的动态品质应达到如下要求：

1）甩 100%额定负荷后，在转速变化过程中超过稳态转速 3%以上的波峰不应超过 2 次。

2）机组甩 100%额定负荷后，从接力器第一次向关闭方向移动起到机组转速相对摆动值不超过±0.5%为止所经历的总时间不应大于 40s。

3）机组甩 25%负荷后，接力器不动时间不大于 0.4~0.5s。

4）水轮发电机甩负荷时，蜗壳水压上升率、机组转速上升率等，均应符合调节保证计算规定。

（2）若受电站运行水头或电力系统条件限制，机组不能按上述要求带、甩额定负荷时，可根据当时条件对甩负荷试验次数与数值进行适当调整，最后一次甩负荷试验应在所允许的最大负荷下进行。

（3）对于转桨式水轮机组甩负荷后，应检查调速系统的协联关系和分段关闭的正确性，以及突然甩负荷引起的抬机情况。

（4）以下试验可结合机组甩负荷试验同时进行：

1）调节系统静态特性试验：在机组甩 25%、50%、75% 和 100% 的额定负荷时（不停机），记录响应的稳定后的频率值，据此可绘制调节系统静态特性曲线。

2）调速器低油压关闭导叶试验。

3）事故配压阀动作关闭导叶试验。

4）动水关闭工作闸门或关闭主阀（筒阀）的试验（根据设计要求和电站具体情况选择进行）。

（三）带负荷 72h 连续运行试验

调节系统和装置的全部试验及机组所有其他试验项目完成后，应拆除全部试验接线，使机组所有设备恢复到正常运行状态，全面清理现场，然后进行带负荷 72h 连续运行试验。试验中应对各有关部位进行巡回监视并做好运行情况的详细记录。

第五节　调速器事故故障处理

一、整机运行故障

机组在运行时发生的故障现象有些是由调速器整机工作引起的，这类故障常见的如下。

（一）自动开机时开限没有打开

1. 原因

多数是由于二次接线、开关量板卡、D/A 转换器等存在问题，但也可能是 CPU 的问题。

2. 处理

应检查二次接线及微机调节器内板卡，有损坏时必须更换新板卡。

（二）自动开机时机组转速达不到额定值

1. 原因

（1）机组频率测量或电网频率测量有问题。

（2）水头较低时，原整定的空载开度不能保证机组达到额定转速。

2. 处理

(1) 检查频率测量环节，必要时更换板卡。

(2) 增大空载开度并打开开限。

（三）机组空载运行中过速，甚至出现过速保护动作，紧急停机

1. 原因

(1) 导叶反馈断线。

(2) 导叶反馈传感器有偏差。

(3) 微机输出故障。

2. 处理

(1) 若导叶反馈无指示或者一直指在某一值，但接力器一直开到全开，造成过速时，可判断是导叶反馈断线，应检查反馈接线并恢复正常。

(2) 若导叶反馈指示小于实际开度，造成空载转速总是高出额定转速，可判断是导叶反馈传感器有偏差，只要调整导叶反馈传感器，使实际开度与反馈指示值一致即可。

(3) 若微机数字显示正常，而输出模拟指示为最大，可断定是微机输出 D/A 转换器故障，应更换板卡处理。

（四）增、减负荷缓慢

1. 原因

调节参数整定不当，缓冲时间常数 T_d、暂态转差系数 b_t 太大或比例增益 K_p 太小。

2. 处理

这三个参数既影响系统的响应速度又影响系统的稳定性，应在保证调节系统有稳定余量的前提下，适当减小 T_d 和 b_t 或加大 K_p。

（五）功率给定调负荷时接力器拒动，负荷不变

1. 原因

电液转换器卡紧或接线断开、功率给定单元故障，致使功给变化的信号传输中断。

2. 处理

应检查电液转换器或功给单元并作处理。

（六）溜负荷或自行增负荷

1. 原因

(1) 电液转换器发卡或工作线圈断线、接地。

(2) 微机 D/A 转换器故障。

(3) 调相令节点有干扰信号或与外壳短路。

(4) 微机 CPU 故障。

(5) 调速器电源有接地现象。

(6) 机组运行点特殊。

2. 处理

(1) 电液转换器发卡是调速器溜负荷或自增负荷的主要原因之一。若卡在关机侧，则造成全溜负荷，导叶关到零；若卡于开机侧，则使接力器开启，导致自增负荷，直到限制开度为止。应检查电液伺服阀，排除故障。

(2) 电液转换器工作线圈断线时，调节信号为零，若电液伺服阀的平衡位置偏关，则接

力器要减小某一开度，造成溜负荷；若其平衡位置偏开，则接力器开启，造成自行增负荷。处理方法也是检查电液转换器线圈，排除故障。

（3）D/A 转换器输出减少或为零，应更换 D/A 转换器板卡。

（4）检查调相令节点，排除干扰或短路故障。

（5）检查微机 CPU，必要时更换 CPU。

（6）用万用表（不能用绝缘电阻表）逐个检查微机调速器电源、电液转换器线圈，排除接地现象（对地电阻一般均在 5MΩ 以上）。

（7）通过调整工况参数等避免机组运行于以下的特殊点：即接近发电机最大出力点处，且功角 δ 接近 $90°$（此点运行时若频率下降，水轮机将要增大出力，主动力矩增加，而发电机功角不能突变，再加励磁系统强励特性不好的情况下，反而导致发电机功率下降，而溜掉部分负荷，若机组主动力矩增加过多，超过发电机极限功率，将使发电机失步而产生连锁反应，负荷可能全部溜光）。

（七）机组并网运行（承担调频任务或在孤立电网中）时，转速和出力周期性摆动

1. 原因

（1）电网频率波动。

（2）转子电磁振荡与调速器共振。

（3）机组引水管道水压波动与调速器发生共振。

2. 处理

（1）用示波器录制导叶接力器位移和电网频率波动的波形，比较两者波动的频率，如果一致，则为电网频率波动所引起，此时应从整个电网来分析解决频率波动问题，其中对调频机组的水轮机调速器性能及其参数整定，应重点分析。

（2）用示波器录制发电机转子电流、电压、调速器自振荡频率和接力器行程摆动的波形，将之进行比较即可判定是否为共振。可用改变缓冲时间常数 T_d 以改变调速器自振频率的办法来解决。

（3）机组引水管道水压波动与调速器发生共振时，通过改变缓冲时间常数 T_d 或积分增益 K_1 来消除水压波动与调速器间的共振。

（八）机组并网运行（承担调频任务或在孤立电网中）转速和出力非周期摆动

1. 原因

（1）并列的多台机组调速器的永态转差系数 b_p 整定得太小，而且各台机组的转速死区和缓冲时间常数 T_d 不相同甚至相差很大。

（2）水轮机空蚀、转桨式水轮机协联破坏引起效率突然下降。

（3）电液转换器油压漂移。

2. 处理

（1）多台并列运行机组同时产生接力器及负荷摆动时。应将大部分机组，尤其是死区较大的机组的 b_p 值增大，并尽可能使各台机组的 T_d 值相等或接近相等，一般即可稳定。

（2）效率突然下降引起摆动时应密切监视调节系统的调节趋稳过程，一般可自行趋于稳定，暂不处理，待停机时再处理。信号干扰引起偶然摆动时也不需处理。

（3）更换合格的电液转换器，要求达到油压在正常变化范围内变化时所引起的主接力器位移不大于全行程的 5%。

二、电气部分故障

微机调速器出现故障后，首先必须判别是电气故障还是机械故障，才能做到有的放矢，尽快地处理故障。电气故障和机械故障的判别主要是通过平衡表的指示来实现的，操作功给进行负荷的增减调整，若平衡表偏向开（关）侧的方向正确，但指针回零过程很缓慢或不回零，则可认定是机械液压系统故障，否则可判定是电气部分发生故障。

（一）微机故障灯亮

（1）原因：微机运行异常。

（2）处理：有备用机的应切至备用机运行，公用部分故障或无备用机的可切换至手动运行，同时脱开电液转换器连接的杆座，一般对微机故障采取更换板卡法进行排除。

（二）机频消失（中控室发调速器故障信号，现场有机频故障信号）

（1）原因：微机测频单元损坏造成。

（2）处理：若发生在开机过程中应立即停机或改手动方式开机；若发生在并网运行中时，对具有容错功能的调速器可继续自动运行，否则应切至手动运行，并尽快作更换板卡处理。

（三）电调柜电源指示灯灭

（1）原因：电源回路断开。

（2）处理：如果是电调工作电源消失，则应检查备用电源是否投入，若同时失去工作电源与备用电源，应将调速器切手动运行，查明失电原因，并恢复供电。

三、机械柜元件故障

（一）主配压阀开机时振动

1. 原因

（1）油管路或液压阀中存在空气。

（2）主配压阀放大系数过大。

2. 处理

（1）通过观察油管路或液压有关部位有无油气泡鉴别是否存在空气，可多次移动配压阀和接力器活塞排除内部空气。

（2）核算放大系数，改善杆件的传递比。

（二）主配压阀卡死

1. 原因

（1）油路内有水锈住、油内有脏东西卡住。

（2）辅助接力器装配不良或上下不同心。

2. 处理

（1）进行油的净化和过滤。

（2）重新装配，使主配压阀和辅助接力器相互同心。

（三）电液转换器线圈架不动或行程不足

（1）原因：可能是工作线圈断线、接地等造成不能工作或线圈架恢复弹簧刚度不足。

（2）处理：必须用绝缘电阻表来检查线圈情况，检查恢复弹簧刚度等，如有问题则必须更换线圈、弹簧。

（四）喷油过大或过小

1. 原因

节流孔堵塞或选择不当。

2. 处 理

(1) 检查清理节流孔。

(2) 选择合适的节流孔。一般南方电站节流孔选 $\phi 0.9$，北方电站节流孔选 $\phi 1.0 \sim \phi 1.1$，北方冬季可选 $\phi 1.2$。

(五) 导叶反馈电位器 (传感器) 故障

1. 原 因

(1) 钢带断开。

(2) 电位器与钢带之间活动脱节。

(3) 电位器接线断线。

2. 处 理

(1) 重新更换钢带。

(2) 检查固定精密电位器轴的螺钉，将其锁紧。

(3) 检查接线，重新连接。

【思考与练习】

1. 如何通过调速器进行手动控制机组？机组自动开机前后应做哪些检查？

2. 调速器的检查和维护项目有哪些？调速器运行监控应监视哪些参数、指标？

3. 开、停机试验及甩负荷试验时运行人员应做好哪些工作？

4. 调速器的常见故障有哪几类？

5. 调速器电气部分故障处理的一般方法是什么？

6. 机组负荷波动的可能原因有哪些？接力器摆动的原因有哪些？如何处理？

7. 电液转换器常见故障主要有哪些？

第七章　水电厂厂用交直流系统运行

第一节　水电厂厂用交流系统运行

厂用电系统的安全可靠性对发电机组的安全、经济运行至关重要。所以厂用电系统的电源、接线、和设备必须可靠。

一、厂用电系统的特点及要求

（一）厂用电系统的特点

在水电站的厂用电系统中，为了保证厂用电源不致中断，厂用电一般常有两个以上的电源供电，也可以自备柴油发电机以保证厂用电的可靠性。重要负荷应设置有备用电源自动投入装置（备自投装置），简称为 BZT（APD）装置。在厂用电源中断的情况下，要求备用电源能迅速可靠投入运行。

（二）厂用电电压的确定

发电厂的厂用电负荷主要是电动机和照明，给厂用负荷供电的电压主要决定于厂用负荷的电压、供电网络、发电机组的容量和额定电压等级。

水电厂厂用电供电电压一般选用高压和低压两级。我国有关规程规定，发电机单机容量为 60MW 及以下、发电机电压为 10.5kV 时，可采用 3kV；容量为 100～300MW 的机组，宜采用 6kV；容量为 300MW 以上的机组，当技术经济合理时，也可采用两种高压厂用电电压。

低压厂用电系统中性点宜采用高电阻接地方式，以三相三线制供电；也可采用动力和照明网络共用的直接接地方式。

当厂用电压为 6kV 时，200kW 以上的电动机宜采用 6kV，200kW 以下宜采用 380V。当厂用电压为 3kV 时，100kW 以上的电动机宜采用 3kV，100kW 以下者宜采用 380V。

对于水电厂，由于水轮发电机组辅助设备使用的电动机功率不大，一般只用 380/220V 一级电压，采用动力和照明共用的三相四线制系统供电。但坝区和水利枢纽，距厂区较远，且有些大型机械需要另设专用变压器，可用 6～10kV 供电。

（三）对备自投装置的基本要求

（1）必须确认工作电源确实已断开，备用电源电压正常，BZT 装置方可动作。

（2）BZT 装置动作时间应尽可能缩短，以保证电动机的自起动。

（3）BZT 装置只允许动作一次，以避免备用电源投入到永久性故障母线上，保护装置动作跳闸后，若再次合闸，会造成更大的事故。

（4）当电压互感器的一相熔断器熔断时，BZT 装置起动元件电压继电器不应动作。

（5）两路电源电压同时降低时，BZT 装置不应动作。

（四）厂用电系统负荷的分类及其特点

厂用电系统负荷分为一类、二类、三类和事故保安负荷。

（1）一类负荷。短时停电就会造成设备损坏，危及人身安全、主机停运及大量影响出力的负荷。如压油泵，循环油泵等。

（2）二类负荷。允许短时停电，恢复供电后，不会造成生产紊乱的负荷。如水电厂的大部分电机负荷。

（3）三类负荷。较长时间停电都不会直接影响生产。如照明及普通动力负荷。

（4）事故保安负荷。在事故或紧急停机过程中仍必须保证供电的负荷。如负责机组开停的监控系统负荷。

二、厂用变压器保护

（1）电流速断：保护范围为厂用变压器高压侧引出线及线圈的相间短路保护。

（2）过电流：保护范围为厂用变压器低压侧及动力母线相间故障的主保护，厂用变压器高压侧相间故障的后备保护。

（3）零序电流：保护范围为厂用变压器低压侧和厂用负荷单相接地短路的保护。

（4）温度保护：保护范围为厂用变压器本体温度升高的保护。

三、厂用电系统正常操作和维护

1. 厂用系统正常操作一般规定

（1）厂用电系统所属一次、二次设备均属厂内管辖，当班值长有权决定厂用电的运行方式，并为此负责，厂用电设备停送电操作由值长统一指挥。

（2）厂用母线电压正常时，应保持在额定值的±5％范围内（380～420V），如长时间超过此范围，则应考虑切换厂用变分接头，电压调整至允许范围内运行。

（3）正常运行时厂用电分段运行，400V倒闸操作前应做好全厂厂用电消失的事故预想。

（4）BZT装置正常运行时必须投入，以保证在厂用变压器发生故障时能及时投入备用电源，保证主辅设备的连续安全运行。

（5）在操作隔离开关前应检查断路器在断开位置，防止带负荷拉合隔离开关。

（6）对于双电源供电的动力柜，当一段电源失电时，应及时切换至另一段供电，操作时应遵循先断后合的原则，防止非同期并列。

（7）现地手动拉合400V厂用电母联断路器时应尽量缩短操作时间。

2. 400V厂用电源和负荷停、送电操作中应注意的事项

（1）应进行动力电源和重要负荷电源的切换。

（2）备用电源自动投入装置的切换。

（3）注意厂用变压器过负荷和切、合启动中的负荷。

（4）在切换时严禁非同期并列。

（5）操作结束时，应检查主变压器风机运转情况，机组油泵电源，厂房通风机以及高、低压气机等。

3. 厂用电系统巡回检查项目

（1）厂用变压器有无异常声音、声响是否变大。

（2）套管应清洁、无破裂、无放电痕迹及其他现象。

（3）母线引线及负荷侧引线接触是否良好，无发热变色，支持瓶无裂缝或歪斜。

（4）厂用变压器中性点及外壳接地是否良好。

（5）厂用变压器三相电压、负荷电流是否正常和平衡。

（6）备用电源自动投入装置应投入正常。

（7）保护盘继电器完好，连接片位置、表计指示、指示灯指示正确。

（8）各配电屏动力柜熔断器完好，无熔断。

（9）断路器、隔离开关投入位置正确，接触是否良好。

（10）各动力柜电缆头引线有无过热、烧焦现象。

四、UPS 运行

（一）UPS 的作用和功能

UPS 是交流不停电电源的简称。它主要功能是：在正常、异常和供电中断事故情况下，均能向重要用电设备及系统提供安全、可靠、稳定、不间断、不受倒闸操作影响的交流电源。

（二）UPS 的组成及原理图

UPS 由整流器、逆变器、隔离变压器、静态开关、手动旁路开关等设备组成，其系统原理接线见 UPS 系统原理接线图（如图 7-1 所示）。

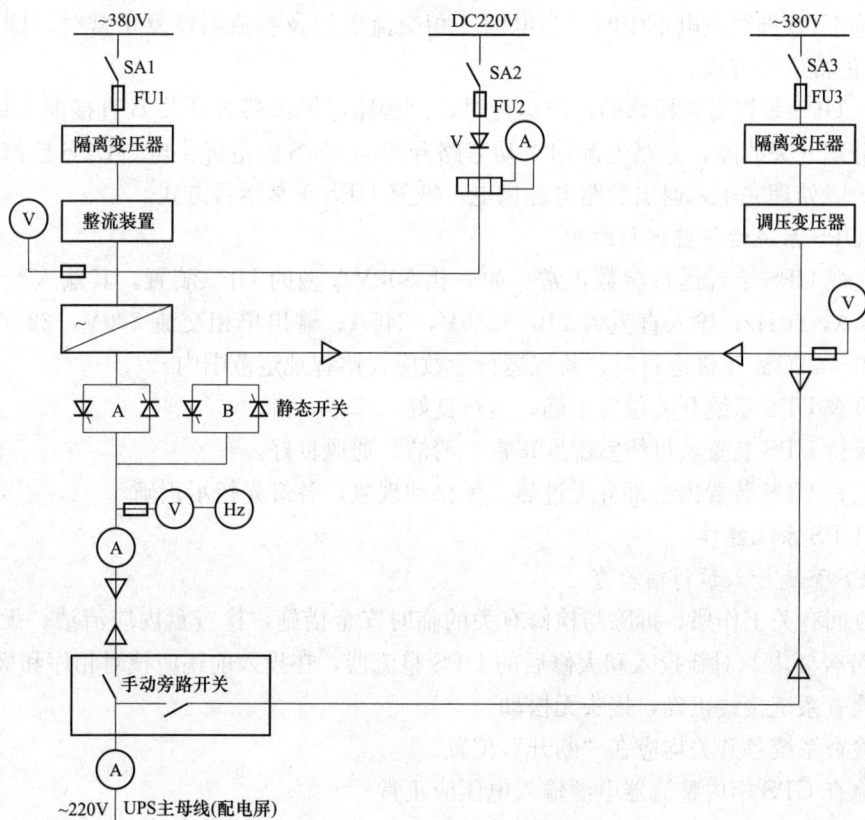

图 7-1　UPS 系统原理接线图

UPS 系统原理接线图中，供电电源为三路，其中 2 路交流电源来自厂用保安段（或其中 1 路来自一独立的市电电源），这两路交流电源可经静态开关自动切换或经手动旁路开关手动切换。第三路电源来自 220V 直流屏，由蓄电池组供电，经隔离二极管 V 引导逆变器前。3 路电源配合使用，保证 UPS 系统在设备故障、电源故障乃至全厂停电时，均能不间断地向 UPS 配电屏负荷供电。

（三）UPS系统运行方式

UPS系统为单相两线制直接接地系统，输入电源为三相交流或直流，输出电压为单相交流。

1. 正常运行方式

正常运行时，熔断器FU1装上，开关SA1合上，电网三相交流电源（即电厂380V保安段）通过整流器整流后送给逆变器，经逆变器转换，输出50Hz、220V的单相交流电压，再经静态开关A向UPS配电屏供电。直流电源开关SA2合上，熔断器FU2装上，直流电源处于备用状态；旁路电源开关SA3合上，熔断器FU3装上，旁路电源、静态开关B、手动旁路开关处于备用状态。

2. 非正常运行方式

（1）电网三相交流电源消失或整流器故障时，由直流电源供电。由于直流电源回路采用二极管切换，或逆变器输入回路采用逻辑二极管，由二极管控制直流电源的投入或停用。当整流器自动退出运行后，二极管能自动将UPS电源切换至220V直流电源供电。经逆变器转换后，保持UPS母线供电不中断。当电网三相交流电源及整流器恢复正常时，则又自动恢复到UPS正常运行方式。

（2）当UPS装置需要检修而退出运行时，由旁路电源经静态开关B直接向UPS配电屏供电，或静态开关故障，旁路电源用手动旁路开关向UPS配电屏供电。UPS检修完毕，或静态开关故障处理完毕，退出旁路电源供电，恢复UPS正常运行方式。

（四）UPS系统运行监视与维护

（1）监视UPS装置运行参数正常。如一相50kVA型的UPS装置，其输入交流电压为380V，126A，50Hz；输入直流为210～280V，245A；输出单相交流220V，227A，50Hz，运行温度0～40℃。正常运行时，监视运行参数应在铭牌规定范围内。

（2）检查UPS系统开关位置正确，运行良好。

（3）保持UPS装置及母线室温度正常，清洁，通风良好。

（4）检查UPS装置内各部分无过热，无松动现象，各灯光指示正确。

（五）UPS系统操作

1. UPS系统投入运行前检查

（1）收回有关工作票，拆除与检修有关的临时安全措施，检查盘内应清洁、无杂物，检测绝缘应符合要求。对新投入和大修后的UPS整流器，在投入前还应核对相序和极性。

（2）检查系统接线正确，接头无松动。

（3）检查系统各开关均应在"断开"位置。

（4）检查UPS柜内整流器电源输入电压应正常。

（5）检查UPS各元件完好，符合投运条件。

（6）检查旁路调压器升、降压调节应灵活、完好。

2. UPS系统投入运行操作

经过投入运行之前检查且一切正常之后，UPS系统投入运行操作按下列顺序进行：

（1）合上UPS系统控制、保护及信号电源小开关（或熔断器）。

（2）合上UPS正常输入工作电源开关SA1，装上电源熔断器FU1。

（3）按下"充电器运行"按钮（即整流器充电按钮），充电器投入，对应状态指示灯亮。

（4）合上直流电源（蓄电池组）至 UPS 系统开关 SA2，装上直流电源熔断器 FU2，对应指示灯亮。

（5）按下"逆变器运行按钮"，逆变器运行灯亮，大约 10s 后向负荷供电。

（6）合上 UPS 系统备用电源开关 SA3，装上备用电源熔断器 FU3，调整输出电压为规定值。

（7）检查同步灯亮（表示旁路电源与逆变器输出频率和相位相等，满足静态开关切换所必需的同步条件）。

（8）全面检查 UPS 运行符合所需方式，各信号灯光指示正确。

3. UPS 系统退出运行操作

（1）断开备用电源开关 SA3，取下备用电源熔断器 FU3。

（2）同时按下"逆变器停止"与"复归"按钮。使逆变器停止，全部报警器复位。

（3）断开直流电源开关 SA2，取下直流电源熔断器 FU2。

（4）按下"充电器停止"按钮，使充电器关机。

（5）拉开正常交流工作电源进线开关 SA1，取下电源熔断器 FU1。

（6）将手动旁路开关（手动备用开关）切换至"旁路位置"。

（7）全面检查，灯光熄灭，电源均断开。

4. UPS 系统切至旁路操作

（1）检查 UPS 系统旁路回路正常，处于备用状态。

（2）按下"手动备用开关"，使 UPS 转入备用电源供电。

（3）8s 后，UPS 系统切至旁路运行。

（4）检查灯光指示正确，输出电压正常。

（5）拉开正常交流工作电源进线开关 SA1。

（6）全面检查。

五、厂用电故障处理

（一）厂用电系统的故障和事故处理原则

（1）根据仪表（上位机）的显示、设备异常现象和外部征象判断故障或事故确已发生。

（2）在值长的统一指挥下，采取有效措施遏制故障或事故的发展，恢复设备的安全稳定运行，并按照设备的管理权限，及时将处理情况向相应的管理部门汇报。

（3）当系统发生电压和（或）频率降低时，应及时切除一些不重要的三类负荷（如全厂通排风等）；当电压和（或）频率的继续降低并严重威胁到厂用电的安全时，应与调度联系与系统解列，由发电机带厂用电运行。

（4）当厂用电全部中断时，运行人员应采取一切有效措施，恢复厂用电的运行，防止事故扩大。厂用电中断的时间不宜超过 10min，否则应有序退出运行中的机组。

（二）厂用电系统的故障和事故处理

1. 厂用电负荷开关跳闸

（1）现象。

1）警铃响、语音报警。

2）受其影响的设备告警。

（2）处理。

1）未发现异常情况可以强送一次，一般允许强送二次。

2）强送不良，可以用联络开关转移负荷。

3）如果负荷侧发生故障，应立即查找故障点予以排除，否则受其影响的设备应停止。

2. 厂用电失去处理

(1) 事故原因。

1）系统事故造成全厂（所）停电或者带厂用电机组事故停机。

2）厂用变或线路故障，备用电源投不上。

3）保护误动或电气误操作。

(2) 事故现象。

1）工作照明灯熄灭，事故照明投入。

2）语音报警或事故喇叭响；操作员站报警栏中出现各种"故障"报警。

3）厂用电母线电压为零，部分或全部动力设备电流到"零"。

(3) 事故处理。

1）若是部分失去厂用电，备用电源自动投入成功，则检查各用电设备运行正常，调整各运行参数至正常。

2）若是部分失去厂用电，备用设备未自动投入，手动强送也不成功时，应把故障设备隔离，然后强送一次，如不成功，待恢复厂用电后，再次启动，调整有关参数，强送不超过二次，高压动力设备只准强送一次。

3）若是系统事故，全厂失去厂用电时，拉开失去厂用电的动力设备断路器，待恢复供电后，根据需要逐次投入运行。

4）在进行上述处理过程中要密切注意机组运行状况，若某参数达到故障停机条件时，应立即停机。

(三) 厂用电高压系统接地处理

1. 接地现象

(1) 语音报警或警铃响，"接地"光字牌亮。

(2) 绝缘监视电压三相指示值不同，接地相电压降低或等于零，其他两相电压升高或为线电压，此时为稳定接地。

(3) 若绝缘监视电压不停地摆动，则为间歇性接地。

2. 故障性质分析与判断

(1) 完全接地。如果发生单相完全接地，则故障相的电压降到零，非故障相的电压升高到线电压，此时电压互感器开口三角处出现 100V 电压，电压继电器动作，发出接地信号。

(2) 不完全接地。当发生单相（如 A 相）不完全接地时，即通过高电阻或电弧接地，中性点电位偏移，这时故障相的电压降低，但不为零。非故障相的电压升高，它们大于相电压，但达不到线电压。电压互感器开口三角处的电压达到整定值，电压继电器动作，发出接地信号。

(3) 电弧接地。如果发生单相完全接地，则故障相的电压降低，但不为零，非故障相的电压升高到线电压。此时电压互感器开口三角处出现 100V 电压，电压继电器动作，发出接地信号。

(4) 母线电压互感器一相二次熔断器熔断。此现象为中央信号警铃响，出现"电压互感器断线"光字牌，一相电压为零，另外两相电压正常。处理对策是退出低压等与该互感器有关的保护，更换二次熔断器。

（5）电压互感器高压侧出现一相（A 相）断线或一次熔断器熔断。此时故障相电压降低，但指示不为零，非故障相的电压并不高。这是由于此相电压表在二次回路中经互感器线圈和其他两相电压表形成串联回路，出现比较小的电压指示，但不是该相实际电压，非故障相仍为相电压。互感器开口三角处会出现 35V 左右电压值，并启动继电器，发出接地信号。对策是处理电压互感器高压侧断线故障或更换一次熔断器。

（6）串联谐振。由于系统中存在容性和感性参数的元件，特别是带有铁芯的铁磁电感元件，在参数组合不匹配时会引起铁磁谐振，并且继电器动作，发出接地信号。可通过改变网络参数，如断开、合上母联断路器或临时增加或减少线路予以消除。

（7）空载母线虚假接地。在母线空载运行时，也可能会出现三相电压不平衡，并且发出接地信号。但当送上一条线路后接地现象会自行消失。

（8）绝缘监测仪表的中性点断线时电网发生单相接地。三相电压正常，接地信号已发出。这是由于系统确已接地，但因电压表的中性点断线，故绝缘监测仪表无法正确地表示三相电压情况。此时电压互感器开口三角处的电压达到整定值，电压继电器动作，发出接地信号。

（9）绝缘监测继电器触点粘接，电网实际无接地。接地信号持续发出，三相电压正常，而查找系统无接地，因为绝缘监测继电器触点粘接，未真实反映电网有无单相接地。处理对策是检查绝缘监测继电器有无触点粘接，若出现触点粘接更换绝缘监测继电器。

3．接地处理

（1）发生单相接地故障后，值班人员应迅速报告当班值长和有关负责人员，并按值长命令寻找接地点。

（2）切换绝缘监视电压表，判别该段单相接地的性质和相别。

（3）先详细检查电气设备有无明显的故障迹象，如果不能找出故障点，再进行线路接地的寻找。

（4）试切线路查找接地时应按着先次要负荷后重要负荷的顺序选择线路接地点。

（5）分割电网，即把电网分割成电气上不直接连接的几个部分，以判断单相接地区域；如将母线分段运行，并列运行的变压器分列运行，利用备用厂用高压变压器倒换厂用电等，分网时，应注意分网后各部分的功率平衡、保护配合、电能质量和消弧线圈的补偿等情况。

（6）对多电源线路，应采取转移负荷，改变供电方式来寻找接地故障点。

（7）所有负荷及电源均未接地时，则认为是母线或电压互感器接地，在做好必要的安全措施后，按电压互感器停电操作程序将 TV 停电测绝缘。

（8）将接地母线停电检查测绝缘。

（9）以上寻找接地点的时间不得超过 2h。

（10）选择某条线路接地后，通知有关单位查寻故障点。如永久性接地达 2h，应将该线路停电。

4．寻找接地点的注意事项

（1）在进行寻找接地点的倒闸操作中或巡视配电装置时，必须严格执行电业安全工作规程中的规定，值班人员应穿绝缘靴，戴绝缘手套，不得触及设备外壳和接地金属物。

（2）在进行寻找接地点的每一操作项目后，必须注意绝缘监视信号及表计的变化和转移情况。

(3) 在进行寻找接地点的倒闸操作时，应严格遵守倒闸操作的原则，严防非同期并列事故的发生。

(4) 接地段上的设备跳闸后，禁止强送，尽可能避免接地段设备启动。

(5) 为了减少停电的范围和负面影响，在寻找单相接地故障时，应先操作双回路或有其他电源的线路，再试拉线路长、分支多、历次故障多和负荷轻以及用电性质次要的线路，然后试拉线路短、负荷重、分支少、用电性质重要的线路。双电源用户可先倒换电源再试拉。专用线路应先行通知或转移负荷后再试拉。若有关人员汇报某条线路上有故障迹象时，可先试拉这条线路。

(6) 若电压互感器高压侧熔断器熔断，不得用普通熔断器代替，必须用额定电流为 0.5A 装填有石英砂的瓷管熔断器，这种熔断器有良好的灭弧性能和较大的断流容量，具有限制短路电流的作用。

(7) 处理接地故障时，禁止停用消弧线圈。若消弧线圈温升超过规定时，可在接地相上先做人工接地，消除接地点后，再停用消弧线圈。

(四) 400V 母线事故处理

(1) 如备用电源自动投入装置在停用状态，可对该故障母线强送一次。

(2) 如备用电源自动投入装置动作不成功时，确认母线故障，应倒负荷，恢复重要负荷的供电。

(3) 若备用电源自动投入装置或断路器不良时，应查明原因或联系检修处理。

(4) 厂用电瞬时失去电源时，恢复后应检查主变压器风机是否良好。

(五) UPS 系统故障处理

1. 充电器故障

(1) 故障现象："充电器故障"红灯闪亮；自动切换至 220V 直流电源向逆变器供电，"蓄电池运行"红灯闪亮。

(2) 故障原因：充电器短路、断相、晶闸管温度过高。

(3) 故障处理。

1) 按下"复归"按钮，先复位信号灯。

2) 按下"手动备用开关"与"逆变器停止"控制按钮。

3) 检查 UPS 应已转换至备用电源供电，逆变器已关机。

4) 按下"充电器停止"按钮。

5) 检查充电器关机。

6) 拉开 UPS 正常交流工作电源进线开关 SA1，取下电源熔断器 FU1。

7) 通知检修部门处理故障。

2. 逆变器故障

(1) 故障现象："逆变器故障"红灯闪亮；静态开关动作，系统切换至旁路电源供电，"备用电源供电"红灯闪亮。

(2) 故障原因：逆变器输入电压超限；逆变器输出电压超限；逆变器晶闸管温度过高。

(3) 故障处理。

1) 按下"复归"按钮，复位各信号灯。

2) 按下"手动备用开关"，UPS 切向备用电源供电。

3）检查 UPS 应已转换至备用电源供电，逆变器已关机。

4）按下"充电器停止"按钮。

5）检查充电器关机。

6）拉开 UPS 正常交流工作电源进线开关 SA1，取下电源熔断器 FU1。

7）通知检修部门处理故障。

第二节　直流系统的运行

直流系统的用电负荷极为重要，供给继电保护、自动控制、信号、计算机监控、事故照明、交流不间断电源等，对供电的可靠性要求很高。直流系统的可靠性是保障发电厂安全运行的决定条件之一。

由蓄电池组和硅整流充电器组成的直流供电系统，称为蓄电池组直流系统。

蓄电池组直流系统运行时，要求有足够的可靠性和稳定性，即使在全厂停电，交流电源全部消失的情况下，也要求直流系统能持续地向直流负载供电，特别是大容量机组对其运行的安全性和可靠性提出了更高的要求。我国中、小容量机组的发电厂，一般设置一套独立的全厂公用的蓄电池直流系统，根据需要，该直流系统装设 2～3 套蓄电池。设置一组蓄电池时，机组的控制（断路器控制、信号回路、继电保护回路）和动力（断路器合闸回路）直流负荷合在一起供电，设置两组蓄电池时，控制和动力直流负荷分开供电。

一、直流系统运行的规定

（1）蓄电池和充电器装置必须并列运行，充电器供直流母线上的正常负荷电流和蓄电池组的浮充电流，蓄电池组作为冲击负荷和事故负荷的供给电源。

（2）正常情况下，直流母线不允许脱离蓄电池组运行。

（3）充电器故障时，可短时由蓄电池组单独供给负荷，若短时不能恢复，必须退出故障充电器，投入备用充电器与蓄电池组并列运行。

（4）当两组直流系统均有接地信号时，严禁将其并列运行，也不宜将两组蓄电池长期并列运行，只有在特殊情况下，如直流接地选择、处理事故等，才允许短时并列运行。

（5）双回路供电且负荷侧有联络开关时，不论电源是否在同一母线上，均应在负荷侧"解列点"断开，各自供电，不得并列；若置于两组直流母线之间的负荷环网回路必须切换时，应合上母线联络开关后，方可进行不停电切换，切换完毕，还必须在断开点挂"解列点"标志牌。

（6）直流系统的任何并列操作，必须先在并列点处核对极性及电压差正常（电压差为2～3V）后，方可进行并列。

（7）充电器有"手动""自动""浮充""均充"四种切换方式，正常运行时应采用"自动""浮充"方式，若自动方式因故障不能运行时，则切换至备用充电器运行，"均充"运行方式只在对蓄电池组进行充放电时采用，"手动""浮充"方式一般不宜作为长期带负荷运行方式，只有在"自动""浮充"方式及备用充电器均不能正常投入工作时，才允许按此方式短时间带负荷运行。

（8）在对一组蓄电池进行定期充放电期间，为保证直流系统的可靠运行，公用的备用充电器仍只能作备用，不允许将它用于对检修保养的蓄电池进行充、放电。

二、蓄电池直流系统的运行方式

(一) 蓄电池直流系统接线

直流系统接线图如图 7-2 所示，220V 直流母线有两段，两段母线之间联络隔离开关 SAs，每段母线上分别装有一组蓄电池组和一台充电器，老式电厂直流母线上装有定期充电用的冲电机（直流发电机）和用于浮充电的硅整流装置。目前采用的新式充电器既可用于浮充电，也可用于定期充电和均衡充电。

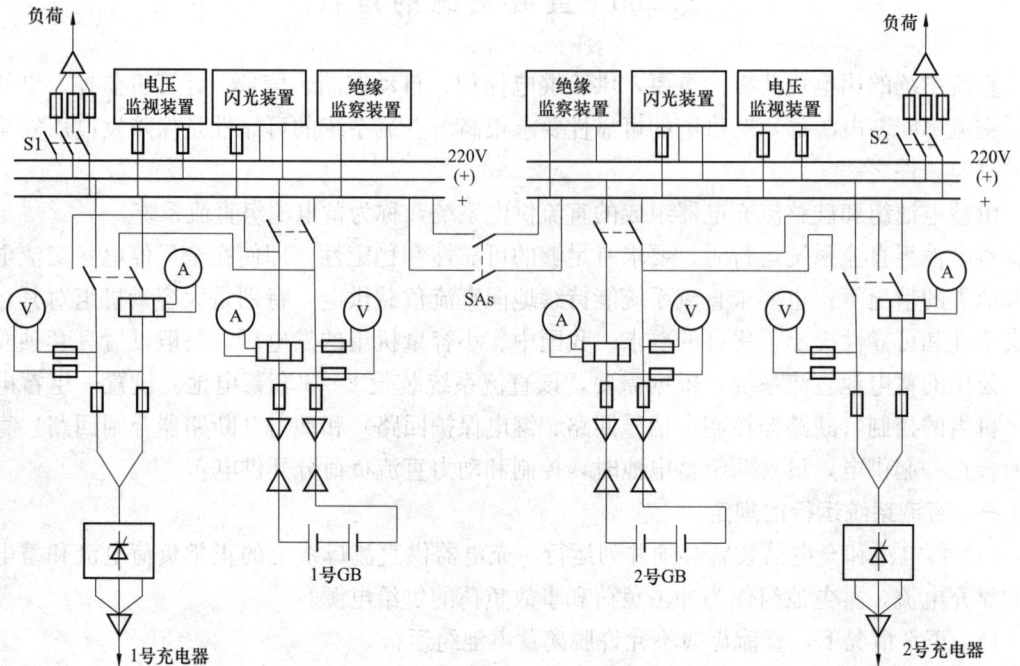

图 7-2　直流系统接线图

(二) 蓄电池直流系统正常运行方式

正常运行时，直流母线分段运行，分段隔离开关 SAs 断开，每一母线上的充电器与蓄电池组并列运行，采用浮充电运行方式。直流系统按浮充电方式运行时，充电器一方面向直流母线供给经常性直流负荷（如信号灯），同时还以很小的电流向蓄电池组浮充电，以补偿蓄电池的自放电损耗。当直流系统中出现较大的冲击性直流负荷时（如断路器合闸时的合闸电流），由蓄电池组供电，冲击负荷消失后，母线负荷仍由充电器供电，蓄电池组转入浮充电状态。根据反措要求，增加一组充电器，同时为 1、2 号充电器做热备用。

正常运行时，必须保证直流系统有足够的浮充电流。任何情况下，不得用充电器单独向各个直流工作母线供电。

直流系统每段母线均设有绝缘监察装置、电压监察装置、闪光装置，正常运行时均投入。

三、直流系统的运行维护

1. 直流系统的运行监视

(1) 直流母线电压监视。正常运行方式时，应监视并维持直流母线电压在规定范围。通常直流母线的运行电压比额定电压高 3%～5%，即 220V 直流系统，母线运行电压为 227～231V；110V 直流系统，母线运行电压为 113～116V。当母线电压过高或过低时，电压监察装置报警，此时应将母线电压调整在规定范围。

（2）浮充电流的监视。正常运行时，应监视浮充电流在规定值。浮充电流的大小决定蓄电池的使用寿命。浮充电流过大，使蓄电池过充电，造成正极板脱落物增加；浮充电流过小，使蓄电池欠充电，造成负极板脱落物增加及硫化，故浮充电流过大或过小都影响蓄电池的寿命。根据运行经验，浮充电流的大小以使单个电池的电压保持在 2.1～2.2V 为宜，当单个电池的电压在 2.1V 以下时，应增加浮充电流，超过 2.2V 时，应减少浮充电流。

（3）直流系统的绝缘监视。利用直流绝缘监察装置检测直流系统的绝缘。值班人员接班前，都要通过直流绝缘监察装置测量正极和负极对地电压，根据测得电压值大小，判断直流系统对地的绝缘状况。当绝缘监察装置报警时，则说明直流系统对地绝缘严重降低或接地，应及时查找接地故障点并处理。

（4）蓄电池容量的监视。蓄电池组装有"蓄电池容量监视装置"。蓄电池运行时，该装置监视其容量变化，当该装置显示其容量低于额定值时，应及时加以补充。

2. 直流系统的维护与检查

（1）直流盘的检查。直流盘的检查内容有：检查盘上闪光装置动作应正常；各表记及指示灯指示应正常；盘内无异常响声及气味；盘面、盘内清洁无杂物；盘上各开关、刀闸、熔断器完好。

（2）蓄电池的维护与检查。蓄电池的维护工作主要有：电解液的配制；向蓄电池加注蒸馏水或电解液，使电解液液面和密度保持在正常范围；蓄电池进行定期充、放电；蓄电池端电压、密度、液温的监视与测量，并做好记录；处理蓄电池内部缺陷（如极板短路、生盐、脱落）；保持蓄电池及室内清洁等。

蓄电池的检查项目有：检查蓄电池室应清洁、干燥、阴凉、通风良好、无阳光直射、室温为 5～40℃、相对湿度不大于 80％；检查电解液应透明、无沉淀、液面正常且无渗漏；电解液密度、温度、单电池电压正常；各连接头及连接线无松脱、短路、接地现象；极板颜色正常、无腐蚀变形现象；室内无火种隐患。

3. 充电器的维护检查

起动前的检查项目有：检查装置有无异常，如紧固件有无松动，导线连接处有无松动，焊接处有无脱焊等；检查绝缘电阻应满足要求，主电路各部分用 500V～1000V 绝缘电阻表测量，其绝缘电阻应不小于 0.5MΩ；装置上的各表计、信号、指示灯、短路器、选择开关、开关等均应正常。

运行中的检查项目有：充电器各元件、接头无过热现象；运行中无异常响声、强振和放电现象；浮充电流在正常范围，充电母线电压在规定范围；表计指示及信号正确，各熔断器无熔断现象。

四、阀控式蓄电池运行

（一）阀控式蓄电池原理

阀控式蓄电池在充电过程中和充电终止时会出现水被电解的现象，通常情况下，正极出现氧气，负极出现氢气。由于电池采用免维护极板，使氢气析出时电位提高，加上反应区域和反应速度的不同，使正极出现氧气先于负极出现氢气。

由于阀控式蓄电池结构，使电池内部保留一定压力和气体，保证上述反应循环进行，与此同时也抑制负极氢气的析出，控制了电池内水分的消耗，因此电池可以密封运行。

（二）影响阀控式蓄电池使用寿命的主要因素

阀控式蓄电池全浮充正常使用寿命在 10 年以上，理论上可到 20 年，但在实际使用中，影响阀控式蓄电池使用寿命的因素很多，主要如下。

1. 环境温度

环境温度过高对蓄电池使用寿命的影响很大。温度升高时，蓄电池的极板腐蚀将加剧，同时将消耗更多的水，从而使电池寿命缩短。蓄电池在 25℃ 的环境下可获得较长的寿命，长期运行温度若升高 10℃，使用寿命约降低一半。

2. 过度充电

长期过充电状态下，正极因析氧反应，水被消耗，H^+ 增加，从而导致正极附近酸度增加，板栅腐蚀加速，使板栅变薄加速电池的腐蚀，使电池容量降低；同时因水损耗加剧，将使蓄电池有干涸的危险，从而影响蓄电池寿命。

3. 过度放电

蓄电池过度放电主要发生在交流电源停电后，蓄电池长时间为负载供电。当蓄电池被过度放电到其电压过低甚至为零时，会导致电池内部有大量的硫酸铅被吸附到蓄电池的阴极表面，在电池的阴极造成"硫酸盐化"。硫酸铅是一种绝缘体，它的形成必将对蓄电池的充、放电性能产生很大的负面影响，因此在阴极上形成的硫酸盐越多，蓄电池的内阻越大，电池的充、放电性能就越差，蓄电池的使用寿命就越短。

4. 长期浮充电

蓄电池在长期浮充电状态下，只充电而不放电，势必会造成蓄电池的阳极极板钝化，使蓄电池内阻增大，容量大幅下降，从而造成蓄电池使用寿命缩短。

（三）阀控式蓄电池的运行维护

（1）蓄电池应放置在通风、干燥、远离热源处和不易产生火花的地方，安全距离为 0.5m 以上。在环境温度为 25～0℃ 内，每下降 1℃，其放电容量约下降 1%，所以电池宜在 15～20℃ 环境中工作。

（2）要使蓄电池有较长的使用寿命，请使用性能良好的自动稳压限流充电设备，当负载在正常范围内变化时，充电设备应达到 ±2% 的稳压精度，才能满足电池说明书中所规定的要求，浮充使用的蓄电池非工作期间请不要停止浮充。

（3）必须严格遵守蓄电池放电后，再充电时的恒流限压充电→恒压充电→浮充电的充电规律，条件允许的最好使用高频开关电源型充电装置，以便随时对蓄电池进行智能管理。

（4）新安装或大修后的阀控式蓄电池组，应进行全核对性放电实验，以后每隔 2～3 年进行一次核对性放电实验，运行了 6 年的阀控式蓄电池，每年作一次核对性放电实验，若经过 3 次核对性放、充电，蓄电池组容量均达不到额定容量的 80% 以上，可认为此组阀控式蓄电池寿命终止，应予以更换。

（5）维护测量蓄电池时，操作者面部不得正对蓄电池顶部，应保持一定角度或距离。

（6）蓄电池运行期间，每半年应检查一次连接导线，螺栓是否松动或腐蚀污染，松动的螺栓必须及时拧紧，腐蚀污染的接头应及时清洁处理，电池组在充放电过程中，若连接条发热或压降大于 10mV 以上，应及时用砂纸等对连接条接触部位进行打磨处理。

（7）不能把不同厂家、不同型号、不同种类、不同容量、不同性能以及新旧不同的电池串、并在一起使用。

五、直流系统绝缘监察装置

直流系统是自动控制、信号系统、继电保护和自动装置的工作电源，它的可靠性直接影响到电力系统的安全运行。因此，当直流系统发生一点接地故障时，应尽快排除，防止发生另一点接地故障失去直流电源，影响一次系统的正常运行。

（一）装置分类

（1）利用电桥原理的电磁式绝缘监察装置。

（2）利用"信号寻迹"原理的绝缘监察装置。

（3）直流回路漏电流在线巡回监测仪。

（4）相位差磁调制式直流系统绝缘监察装置。

（二）直流系统绝缘监察装置原理

（1）早期的直流系统接地故障报警装置是利用电桥平衡原理时实现的，电桥平衡原理监察装置的原理图如图 7-3 所示。

当发生任意一极接地时，电桥平衡被破坏，继电器 $R1$ 励磁发出报警信号。这种装置原理简单，但不能判断故障点。

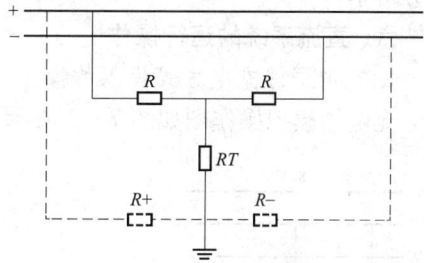

图 7-3 电桥平衡原理图

（2）利用"信号寻迹"的工作原理，如"直流系统接地低频探测仪""直流系统接地故障探测装置"。这些装置有如下特点：

1）需在直流系统上施加低频交流激励。

2）根据直流母线分段数，配置相应检测主机台数，制约直流母线的运行方式。

3）随着直流系统对地电容的增大，装置叠加在被测系统的交流分量也随之增大。

4）直流系统对地电容对这类装置的正常工作有较大的影响。

（三）直流回路漏电流在线巡回监测仪

这类装置是直接用倍频磁调制器作直流电流传感器，巡回检测每个传感器的输出，并送给计算机进行处理。在实际应用过程中，这种方法涉及严重的干扰问题，主要有环境电磁干扰及被测直流电流中的纹波干扰。为了抑制干扰，采取的处理措施很复杂。另外，传感器的输入（被测直流电流）与输出 2 次谐波电压之间的关系为非线性，且每个传感器的特性参数离散性较大，使用前必须逐个进行预测标定，每一传感器的标定参数必须记录在控制程序中，若增加或更换 1 个传感器则需对控制软件作修改，使用、维护很不方便，系统适应性差。要对多路直流回路进行检测，相应的检测、处理方法就很复杂。最后，从整个绝缘监测系统来看，该类装置需要增加 1 套母线电压测量电路来监视直流系统的绝缘水平，若直流系统出现正、负母线绝缘电阻等值下降情况时，这类装置不能起到监测作用。原理框图如图 7-4 所示。

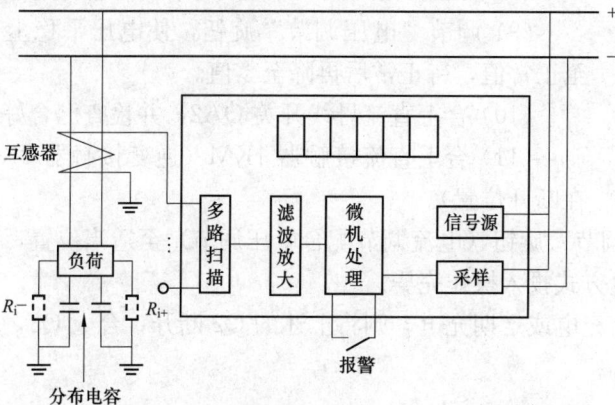

图 7-4 直流回路漏电流在线巡回监测仪原理框图

（四）新型直流系统绝缘监察装置

装置的基本工作原理：用直流漏电电流传感器套穿在各路直流回路的正负出线上，当回路绝缘水平正常时，穿过传感器的直流电流大小相等，方向相反，即 $I+(-I)=0$，此时传感器中的合成直流磁场为零，其输出也就为零；当回路绝缘水平下降到一定范围或出现接地故障时，此时 $I+(-I)\neq0$，该回路中出现合成直流电流，对应于该回路的传感器中合成直流磁场就不为零，其输出也就不为零。因此，可以通过巡回检测各路传感器的输出是否为零，来判定整个直流系统是否出现接地故障，并确定故障回路。上述检测方法是根据直流电桥的原理来实现的，该方法能否实现的关键是要求直流电流传感器测量精度高，并且有足够的分辨率。

六、直流系统的运行操作

1. 充电器浮充电方式投入的操作

充电器模拟操作图如图7-5所示。启动操作之前，对充电器装置进行全面检查应无异常，装置的开关及隔离开关均在断开位置，主回路电源熔断器、控制、测量及直流输出熔断器均完好，将表盘上的"电压调节""电流调节"旋钮反时针方向调至最小位置。充电器装置按"自动""浮充"方式与直流母线并列的操作步骤如下：

（1）装上充电器直流输出熔断器FU2。

（2）装上充电器交流输入熔断器FU1。

（3）合上交流电源侧开关QA1，并检查已合好。

（4）装上电源开关Q1的控制熔断器，按下启动按钮，将Q1合上。

（5）将充电器的"手动—自动"切换开关切至"自动"位置（自动稳压）。

（6）检查充电器表计盘上的"电压调节""电流调节"旋钮在最小位值。

（7）合上充电器（晶闸管整流器）的控制电源开关。

（8）装上浮充开关Q2的控制熔断器后合上Q2。

（9）调节"电压调节"旋钮，使电压平稳上升至正常值，待正常后再降至零值。

（10）合上直流母线开关QA2，并检查已合好。

（11）合上直流接触器1KM（逆变接触器2KM在断开位置）。

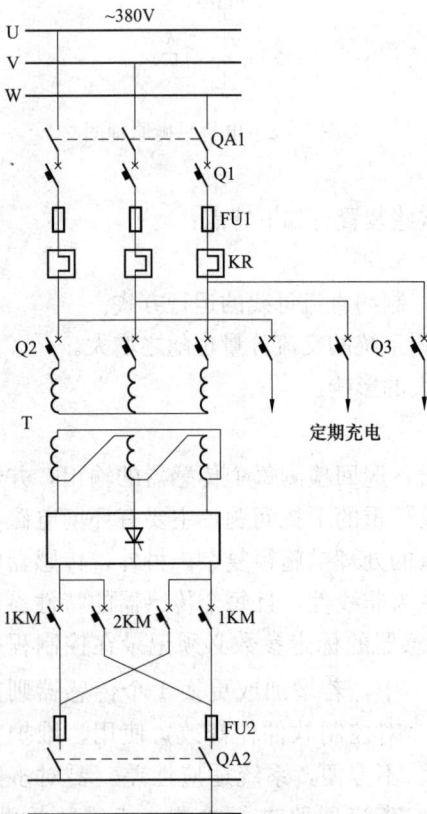

图7-5 充电器模拟操作图

（12）调节"电压调节"和"电流调节"旋钮（电流调节配合电压调节）至适当位置，使电压升至规定值。至此，充电器浮充电方式投入操作完毕。

如果该充电器用于对蓄电池组均衡充电或定期充电，则将上述的Q2断开，合上Q3，便转为均衡充电或定期充电运行方式。

2．充电器的停用操作

（1）将充电器的"电压调节"和"电流调节"旋钮反时针方向调至最小位置，检查电压、电流应回零。

（2）断开浮充开关 Q2，并取下其控制熔断器。

（3）断开充电器的控制电源开关。

（4）将充电器运行方式切换开关切至"停用"位置。

（5）断开直流接触器 1KM。

（6）拉开直流母线开关 QA2。

（7）断开交流电源熔断器 Q1，并取下其控制熔断器。

（8）拉开交流电源开关 QA1。

（9）取下熔断其 FU1、FU2。

3．一组母线代替另一组母线运行操作

（1）拉开被带母线蓄电池出口开关。

（2）合上两组母线联络开关。

（3）停用被带母线充电器。

（4）检查被带母线电压正常。

4．一组母线代替另一组母线运行恢复操作

（1）投入被带母线充电器。

（2）拉开两组母线联络开关。

（3）合上被带母线蓄电池出口开关。

（4）检查被带母线运行正常。

七、直流系统接地故障处理

（一）直流系统接地故障的原因分析

直流系统分布范围广、外露部分多、电缆多且较长。所以，很容易受尘土、潮气的腐蚀，使某些绝缘薄弱元件绝缘降低，甚至绝缘破坏造成直流接地。分析直流接地的原因有如下几个方面：

（1）二次回路绝缘材料不合格、绝缘性能低，或年久失修、严重老化，或存在某些损伤缺陷、如磨伤、砸伤、压伤、扭伤或过流引起的烧伤等。

（2）二次回路及设备严重污秽和受潮、接地盒进水，使直流对地绝缘严重下降。

（3）小动物爬入或小金属零件掉落在元件上造成直流接地故障，如老鼠、蜈蚣等小动物爬入带电回路；某些元件有线头、未使用的螺丝、垫圈等零件，掉落在带电回路上。

（二）直流系统接地故障的危害

直流系统接地故障中，危害较大的是两点接地，可能造成严重后果。直流系统发生两点接地故障，便可能构成接地短路，造成继电保护、信号、自动装置误动或拒动，或造成直流熔断器熔断，使保护及自动装置、控制回路失去电源。在复杂的保护回路中同极两点接地，还可能将某些继电器短接，不能动作于跳闸，致使越级跳闸。

直流系统接地故障，不仅对设备不利，而且对整个电力系统的安全构成威胁。因此，规程规定直流接地达到下述情况时，应停止直流网络上的一切工作，并进行选择查找接地点，防止造成两点接地。直流系统接地时，接地动作电压数值如下：

(1) 直流电源为 220V 者,接地在 50V 以上。

(2) 直流电源为 24V 者,接地在 6V 以上。

(三) 直流系统故障处理

1. 直流母线电压过高或过低

(1) 故障现象:中央音响信号"警铃"响;"直流母线故障"光字牌亮;直流母线电压指示偏高允许值。

(2) 故障处理。

1) 检查电压监察装置电压继电器动作是否正确。

2) 观察充电器装置输出电压和直流母线绝缘监视仪表显示,或用万用表测量母线电压,综合判断直流母线电压是否异常。

3) 调整充电器输出,使直流母线电压和浮充电流恢复正常。

4) 若直流母线电压异常,系充电器装置故障引起,则应停用该充电器,倒换为备用充电器运行。

2. 直流系统接地查找

(1) 故障现象:中央音响信号"警铃"响;"直流母线故障"光字牌亮;直流系统绝缘监视装置"绝缘降低"指示灯亮;测量直流母线正、负极对地电压,极不平衡。

(2) 故障处理。为防止一点接地后又出现另一点接地,引起保护误动或拒动,或造成两极接地短路,烧坏蓄电池,故必须迅速消除直流系统一点接地故障。寻找接地点的方法、原则和顺序如下:

1) 寻找接地点的方法。采用瞬时停电法寻找接地点,即瞬时拉开某直流馈线开关,又迅速合上 (切断时间不超过 3s)。拉开时,若接地信号消失,且各极对地电压指示正常,则接地点在该回路中。

2) 寻找接地点的原则。

a. 对于双母线的直流系统,应先判明哪一母线发生接地。

b. 按先次要负荷后重要负荷、先室外后室内顺序检查各直流馈线,然后检查蓄电池、充电设备、直流母线。

c. 对次要的直流馈线 (如事故照明、信号装置、合闸电源) 采用瞬停法寻找,对不允许短时间停电的重要馈线 (如跳闸电源),应先将其负荷转移,然后再用瞬停法寻找接地点。

3) 寻找接地点按一下顺序进行。

a. 判明接地极性和接地程序;利用直流绝缘监察装置测量正、负极对地电压。绝缘良好时,正、负极对地电压相等或均为零;若正极对地电压升高或等于母线电压,负极电压降低或等于零,则为负极绝缘降低或接地;反之,为正极绝缘降低或接地。

b. 检查检修设备或刚送电设备的直流馈线回路是否接地。

c. 检查直流照明和动力回路是否接地。

d. 检查闪光装置、直流绝缘监察装置回路是否接地。

e. 检查控制、信号回路是否接地 (先停用有关保护)。

f. 检查充电装置和蓄电池是否接地。

g. 经上述检查未找出接地点,则为母线接地。

3. 充电器装置故障

充电器的常见故障如下。

（1）装置输出发生过电压与过电流。当装置输出发生过电压与过电流时，装置能够自动保护并发出声光报警信号。此时，应将电压、电流调节旋钮转到零位，按动两次报警、保护复归按钮，再重新调解电、电流调节旋钮，使电压或电流达到实际使用值。

（2）交流输入故障。当输入交流出现故障时，装置能够自动保护并发出声光报警信号。此时，应拉开装置输入的电源开关，解除装置的警铃声响，待输入交流故障排除后，再合上电源开关，按正常操作程序重新起动装置。

（3）熔断器熔断。当装置整流变压器 T 的一次保护熔断器（或二次保护熔断器）熔断时，装置能够自动保护，并发出声光报警信号。此时，应拉开交流输入电源开关，查找熔断器熔断原因。排除故障后，更换与原熔断器容量相同的熔体，按正常操作程序重新起动装置。

（4）装置达不到额定标称电压。当装置达不到标称额定电压时，第一步检查装置三相交流输入相序是否与装置要求相符；第二步检查整流变压器二次电压是否满足要求（即 $U=1.35U2$。其中 U 为直流输出电压，$U2$ 为整流变压器输出电压，1.35 为三相整流系数）；第三步检查 6 路脉冲波形是否正常；第四部检查整流主电路 6 只晶闸管有无损坏。

4. 充电器装置跳闸

（1）故障现象：充电器装置盘上的事故喇叭响；"整流装置交流失电"光字牌亮；充电器装置输出电流为零；蓄电池组处于放电状态，直流母线电压下降。

（2）故障处理。

1）复归音响信号。

2）检查信号及保护动作情况，判明跳闸原因。

3）将充电器装置停电，并进行外部检查。

4）外部检查无异常，若系交流电源熔断器熔断引起，则更换熔断器后，按正常操作程序将充电器恢复运行。

5）若系直流电压高或低引起跳闸（伴随有"电压高"或"电压低"光字牌），则将信号复归后，再将装置起动，调整输出电压至正常值。

6）若起动后又跳闸，则应倒换至备用充电器运行。

5. 蓄电池出口熔断器熔断

（1）故障现象："蓄电池熔断器熔断"光字牌亮（或"蓄电池熔断器监视灯"灭）；直流母线电压波动；蓄电池浮充电流为零。

（2）故障处理。

1）复归中央音响信号。

2）检查蓄电池出口熔断器已熔断，调整充电器装置输出，保持直流母线正常供电，测量蓄电池出口电压和熔断器两端电压差，判明熔断器熔断原因并更换熔体，恢复正常运行。

3）一时不能查明原因或故障一时不能消除，则将该直流工作母线退出运行，倒换为另一直流母线供电。

6. 直流系统母线失压

（1）故障现象：失压母线电压至零；"直流母线故障"光字牌亮；充电器装置跳闸，输出电流到零；直流盘配电各路负荷、电源监视灯均熄灭，该直流系统控制盘信号灯全部熄灭。

（2）故障处理。

1）拉开母线上所有负荷，检查母线是否正常。

2）检查蓄电池出口熔断器是否熔断。

3）检查充电器装置跳闸原因。

4）如系蓄电池故障引起，则应将该直流系统母线与另一台机组直流系统联络运行，该故障蓄电池和对应的充电器装置退出运行。

7. 蓄电池室着火

蓄电池室着火时，将该蓄电池及其充电装置停止运行，并将该直流母线倒换由另一台机组直流系统供电，用二氧化碳或四氯化碳灭火器灭火。

【思考与练习】

1. 厂用电电压等级是如何确定的？

2. 厂用变压器有哪些保护？

3. 厂用电系统巡回检查项目有哪些？

4. 厂用电的切换方式有哪些？

5. 厂用电的切换应注意哪些事项？

6. 厂用高压系统接地故障如何分析判断？

7. 直流系统的作用是什么？

8. 什么是直流系统浮充电方式？

9. 蓄电池直流系统的正常运行方式如何？

10. 直流系统运行有哪些规定？

11. 直流系统运行时应监视什么？

12. UPS 的作用是什么？

13. UPS 的正常运行方式是什么？运行监视与维护应注意哪些事项？

14. UPS 系统投入与退出运行如何操作？

15. 直流系统接地故障的原因是什么？

16. 直流系统接地故障有哪些危害？

17. 直流系统接地故障如何处理？

第八章 水轮发电机的运行

第一节 水轮发电机运行技术要求

一、水轮发电机基本要求

（1）水轮发电机（以下简称发电机）应能在下列使用环境条件下连续额定运行。

1）海拔高程不超过 1000m。

2）厂房内相对湿度不超过 85%。

3）冷却空气温度不超过 40℃。

4）水直接冷却的发电机直接冷却部分进水温度不超过 40℃，进水温度下限在机组合同中规定。

5）空气冷却器、油冷却器、水直接冷却的发电机热交换器进水温度不超过 28℃，不低于 5℃。

（2）每台发电机均应有额定铭牌。运行中的发电机本体、冷却系统等主要附属设备应保持完好，整个机组应能在规定参数下带额定负荷，在允许运行方式下长期运行。

（3）水电站应根据规定与实际运行经验，确定发电机各部轴瓦报警和停机的温度值，报警时应迅速查明原因并消除。发电机各轴承油槽的运行油面和静止油面位置应按规定分别标出。

（4）推力轴承瓦可采用巴氏合金瓦或弹性金属塑料瓦，采用巴氏合金瓦时，一般应设置高压油顶起装置，采用弹性金属塑料瓦时，不应再设高压油顶起装置。

（5）发电机的推力轴承、导轴承的结构应有密封，以防止油雾污染绕组、滑环。装有高压油顶起装置的发电机推力轴承，应安装两台高压油泵，其装置配有两套可靠的工作电源。

（6）发电机灭火系统应设有自动控制、手动控制和应急操作三种控制方式。灭火介质可采用水、二氧化碳或对绝缘无损害的无公害的介质。

（7）水轮发电机应采用自动准同期方式与电力系统并列。在水轮发电机与电力系统并列时，当冲击电流引起的应力不大于机端三相突然短路所引起的应力的 1/2 时，水轮发电机可在相应的电压偏差、频率偏差和相位偏差下以准同期方式与电力系统并列。

二、发电机运行维护要求

（1）所有安装在发电机仪表盘上的电气指示仪表，发电机定子绕组、定子铁芯、进出风，发电机各部轴承的温度及润滑系统、冷却系统的油位、油压、水压等的检查、记录间隔时间应根据设备运行状况、机组运行年限、记录仪表和计算机配置等具体情况在现场运行规程中明确。

（2）发电机及其附属设备，应按现场运行规程的规定，进行定期巡视和检查。

（3）润滑油和轴承的允许温度及油压、进出风温度和冷却水水压均应在现场运行规程中规定。

（4）发电机润滑、轴承、冷却水系统的定期试验、切换、清扫、排污等维护工作应在现场运行规程中明确工作项目和周期。

（5）发电机的运行管理与监督，应根据发电厂管理体制、值班方式的具体情况，指定专门单位的专人担任，其职责分工应在现场运行规程中明确规定。

（6）"无人值班"（少人值守）电厂的发电机及其电气机械仪表的巡视检查和表计记录应在现场运行规程中明确规定。

第二节　水轮发电机正常运行

一、机组正常开机操作

水轮发电机启动、停机操作应根据值长的命令进行。操作时要严格遵守现场规程中相关规定，保证起停机组可靠运行。一般情况下采用计算机监控系统或常规控制方式实现自动开、停机操作。

采用微机监控的水电站开机程序可由运行人员在上位机或者现地监控单元上以一个开机命令完成，即"一键开机"。

发电机起动前可能处于检修、冷备用、热备用三种状态。检修状态指发电机处于检修过程中，有关电源（如发电机出线、励磁系统、互感器）及所有操作电源均已断开，并布置了与检修有关的其他安全措施；冷备用状态指检修工作已全部完毕，有关检修的临时安全措施已全部拆除，恢复固定遮栏及常设警告牌，发电机具备开机条件；热备用状态指发电机除出口断路器未合闸外，其余设备（如隔离开关、互感器一次侧和二次侧、励磁系统）均已处于运行状态，出口断路器一经合闸即可向外送电。

发电机开始转动后，即认为发电机及其所属全部电气设备均已带电。当发电机转速升至额定转速时，应检查发电机运行声音、机旁盘各种仪表指示、励磁系统、调速系统、配电装置、发变组保护及其他自动装置等机组辅助设备运行正常，同期装置投入后自动调整发电机电压和频率完成并网操作，向用户或系统供电。

备用机组的手动开机操作：

（1）接到开机命令后，进行开机前的检查和准备。检查开机条件具备：

1）导水叶处于全关状态。

2）制动闸落下。

3）断路器在断开位置。

4）机组无事故。

（2）当满足开机条件时，投入辅助设备：

1）退出调速器锁锭。

2）投入冷却水，若出现冷却水中断信号，经过延时，投入备用冷却水，若仍无冷却水信号，发出冷却水中断信号。

3）投入密封水，若延时后无密封水信号，发出密封水故障信号。

4）投入水导润滑水，检查水导水压示流正常。

（3）调速器切手动。

（4）起动调速器。打开导水叶至"空载"开度，转速升至额定值，调速器切自动。

二、发电机升压操作

当机组转速升到额定转速后，励磁系统自动或手动起励并调整励磁升压。升压时应注意如下事项：

（1）三相定子电流应等于零。

（2）升压过程中，应防止空载电压过高。发电机在额定转速、额定电压时，应检查励磁电流的调节手柄是否在空载位置，同时比较此时的励磁电流和电压值是否与正常空载值相近。

（3）三相定子电压值应平衡。

三、并列运行

水轮发电机并联运行，就是两台或多台发电机将其三相出线分别接在共同的母线上，或通过变压器、输电线连接在电力系统的相应母线上，共同向负载供电。

水轮发电机与电网并列的方式有准同期和自同期两种。准同期并列方式有手动、半自动和自动操作，自同期并列方式可以手动和自动操作，目前广泛采用自动准同期并列法。

为了防止非同期并列，有下列情况之一者禁止合闸：

（1）同期表指针旋转过快时不准合闸。因为此时待并发电机的频率与系统频率或两者的相位相差较大，不易掌握适当的合闸时间，往往会造成非同期合闸。

（2）同期表跳动而不是平稳地摆动经过红线，禁止合闸，因为这可能是同步表内部机构卡阻或触点松动引起表示不正确，也往往造成非同期合闸。

（3）同期表经过红线不动时禁止合闸。

（4）同期闭锁继电器常开触点断开，合闸无效。

四、手动并网操作

（1）检查开机条件具备。

（2）手动或自动开机转速升至额定值、电压至额定值。

（3）投入手动准同期装置（当发电机端电压为90％额定电压时，投入准同期装置）。

（4）合发电机出口断路器（机组并列条件满足后，准同期装置发出合闸命令，合上发电机出口断路器）。

（5）检查机组各部分的运行情况，带负荷，做好记录并向值长汇报。

五、水轮发电机的增（减）负荷操作

当水轮发电机组并入电网后，运行值班人员可根据电网调度指令要求进行功率调整，监视定子电流和励磁电流不越限。调整有功功率和无功功率的操作方法如下：

（1）增（减）有功功率。利用计算机监控系统在上位机或操作把手上进行有功功率给定设定，也可以在现地操作增（减）有功功率按钮调节，调整机组有功功率到额定值。装设AGC控制功能机组可以根据调令要求投入自动方式，按照工作水头、上下限值、等微增率等控制原则实现自动调频。

（2）增（减）无功功率。利用计算机监控系统在上位机或操作把手上进行无功功率给定设定，也可以在现地操作增（减）无功功率按钮（把手）或手动方式下通过给定设置进行调节，调整机组无功功率到规定值。装设AVC控制功能机组，按照机端电压、励磁电流、系统电压、无功曲线允许范围等控制原则实现自动调压。

六、发电机组的正常停机操作

发电机组的手动停机操作步骤如下：

（1）接到停机命令后，进行卸负荷（即关导水叶开度至"空载"位置，减有功负荷至零），减小励磁电流，减无功负荷至零。

（2）当有功负荷、无功负荷卸完后，跳开发电机出口断路器。

（3）降低发电机电压至零，跳开灭磁开关。

（4）关开度限制，关闭导水叶至"全关"位置。

（5）待转速降至额定转速的 35％时（不同机组不同），投入机组机械制动。

（6）关闭冷却水；关密封水；开围带；投导叶锁锭。

（7）向值长汇报。

采用微机监控的水电站上述开机程序可由运行人员在上位机或者现地监控单元上以一个停机命令完成，即"一键停机"。

七、发电机的事故停机

（一）事故停机

（1）当发电机在运行中发生下列故障时，机组应能够自动进行事故停机。

1）发电机电气事故，发电机保护动作。

2）轴承温度过高超过报警值。

3）调速器事故油压。

4）机组过速。

5）在事故停机过程中剪断销剪断。

（2）发电机发生电气或机械事故时，应迅速根据继电保护、自动装置、监控系统等装置监视发电机发生事故的各种现象，判断事故性质，监视事故发生后发电机停机动作执行流程，如果自动停机执行流程不良应迅速手动辅助，防止事故进一步扩大。

（3）当发电机发生事故而保护未动作时，应通过现地或远方进行事故停机。

（4）发电机事故停机流程正常动作后，确认发电机出口断路器、励磁灭磁开关是否正常跳闸，水轮机导叶或进水口主阀是否在规定的动作时间范围内正常关闭。

（5）事故停机时，如影响到电制动，应提前退出电制动，采用机械制动方式停机。

（6）当发电机的断路器自动跳闸时，应立即检查以下项目：

1）检查自动灭磁开关是否拉开，如果未在断开位置，应立即将其拉开；如果在发电机与断路器之间有分支线，则只有分支线开关也同时自动切断时，才可将自动灭磁开关拉开。

2）检查发电机是否停机，监视停机过程。

3）检查保护动作情况。

4）如果确定断路器跳闸是因人员过失或保护误动作引起，可立即将发电机并网或恢复备用。

（二）手动紧急停机

当发生下列情况时，运行人员应立即关闭导叶，降低励磁，将发电机与系统解列并进行手动紧急停机。

（1）机组发生强烈的振动和严重的异响。

（2）发电机引出线电缆爆炸或接头发热冒烟。

（3）水轮机严重漏水，压力水管破裂，危及机组安全。

（4）发电机定子、转子冒烟着火。

(5) 发生人身事故或自然火灾。

应特别注意，事故停机、手动紧急停机时运行人员应根据仪表、断路器位置指示、断路器分闸弹簧张紧程度等综合判断断路器确已分闸，机组转速确已降至 $35\%n_e$ 以下方能刹车制动。若发电机出口断路器未分开而贸然刹车制动，强大的气隙旋转磁场将在转子轮毂、铁芯、阻尼绕组上感生涡流并严重发热，可能引起发电机燃烧的严重后果。

事故停机或紧急事故停机后，运行人员不应立即将保护复归，而应及时报告上级领导或调度等待处理，并做好记录。事故停机后应进行全面检查分析，找出原因，进行处理。

第三节　水轮发电机运行监视与维护

水轮发电机组有发电成本低、机组起动快、负荷易于调整、能快速担负事故负荷、机组结构类型多、运行方式灵活等特点，这就要求运行人员了解各种运行方式的原理，掌握对它们的操作技能、明白对它们的监视和维护。水轮发电机设备的运行监视和巡回检查是运行值班人员确保机组安全运行、日常维护重要的工作之一。

一、发电机运行规定

（一）发电机额定参数运行

（1）发电机按照制造厂铭牌规定数据运行的方式称为额定运行方式，发电机可在这种方式下长期连续运行。

（2）转子电流的额定值，应采用在额定功率因数和电压波动在额定值的 $\pm5\%$、频率变化在 $\pm1\%$ 范围，能保证发电机额定出力时的电流值。

（3）发电机投入运行后，未做温升试验前，如无异常现象按照发电机的铭牌数据带负荷。在未进行温升试验以前，发电机不允许超过铭牌的额定数值运行，同时也不允许无根据地限制容量。如果经过温升试验，证明发电机在温升方面确有较大裕度，经上级主管部门批准后可以超过额定数值按新的数据运行。

（4）经过改进后提高出力的发电机需通过温升试验和其他必要的试验，按提高出力数据运行的方式经上级主管部门批准后，可以作为发电机正常运行方式。

（5）转子绕组、定子绕组及定子铁芯的最大温度，为发电机在额定进风温度及额定功率因数下，带额定负荷连续运行时所发生的温度，这些温度根据温升试验的结果来确定，其值应在绝缘等级和制造厂所允许的限度以内。

（6）当水轮发电机组铭牌设置最大容量时，发电机应允许在最大负荷下连续安全运行。最大负荷时的功率因数、定子和转子最大工作电流以及发电机各部温度，应按制造厂的规定在现场运行规程中写明。

（二）发电机变参数（电压、频率、功率因数变化时）运行

（1）在下列情况下，发电机可按额定容量运行：

1）在额定转速及额定功率因数时，电压与其额定值的偏差不超过 $\pm5\%$。

2）在额定电压时，频率与其额定值的偏差不超过 $\pm1\%$。

3）在电压和频率同时偏差（两者偏差分别不超过 $\pm5\%$ 和 $\pm1\%$）且均为正偏差时，两者偏差之和不超过 6%；若电压和频率不同时为正偏差时，两者偏差的百分数绝对值之和不超过 5%。

当电压与频率偏差超过上述规定值时应能连续运行，此时输出功率以励磁电流不超过额定值，定子电流不超过额定值的 105％ 为限。

（2）发电机连续运行的最高允许电压应遵守制造厂规定，但最高不得大于额定值的 110％，发电机的最低运行电压应根据稳定运行的要求来确定，一般不应低于额定值的 90％，如果发电机电压母线有直接配电的线路，则运行电压尚应满足用户电压的要求。此时定子电流的大小，以转子电流不超过额定值为限。

（3）发电机在运行中功率因数变动时，应使其定子和转子电流不超过当时进风温度下所允许的数值。

（4）允许用提高功率因数的方法把发电机的有功功率提高到额定视在功率运行，但应满足电网稳定要求。

（5）发电机是否能进相运行应遵守制造厂的规定，制造厂无规定的应通过特殊的温升试验和稳定验算来确定，进相运行的深度决定于发电机端部结构件的发热和在电网中运行的稳定性。

（6）允许作调相机运行的发电机，在调相运行时，其励磁电流不得超过额定值。

（三）发电机进风温度变化时运行

（1）由于环境温度影响，进风温度超过额定值时，如果转子绕组、定子绕组及定子铁芯温度经过试验未超过其绝缘等级和制造厂允许的温度时，可以不降低发电机的容量。但当这些温度超过允许值时，则应减少定子和转子电流直到上述允许温度为止。

（2）当进风温度低于额定值时，定子和转子电流可以增加到其绕组温度现场规定的范围内。

（3）如果发电机尚未进行温升试验，则当进风温度高于或低于额定值时，定子电流的允许值应按制造厂家给定的定子绕组及定子铁芯允许温度掌握。

（4）当进风温度低于额定值时，允许定子和转子电流增加至进风温度较额定值低 10℃ 为止。

（5）对密闭式冷却的空冷发电机，其最低进风温度，应以空气冷却器不凝结水珠为标准。

（6）空冷发电机的各空气冷却器上必须装有测温元件，便于值班人员对冷风温度进行调整。

（四）轴承与冷却器运行

（1）推力、导轴承瓦温正常运行中不得高于规范值，当发电机轴承瓦温比正常运行瓦温升高 2～3℃ 时，应查明原因及时处理，各轴承正常运行瓦温应符合现场运行的要求。发电机在正常运行工况下，其轴承的最高温度应采用埋置检温计法测量，且不应超过下列数值：

1）推力轴承巴氏合金瓦不得高于 80℃。

2）推力轴承塑料瓦体不得高于 55℃。

3）导轴承巴氏合金瓦不得高于 75℃。

4）导轴承塑料瓦体不得高于 55℃。

5）座式滑动轴承巴氏合金瓦不得高于 80℃。

（2）推力轴承和导轴承为浸油式的油槽油温允许最低值，采用巴氏合金瓦时油温不低于 10℃，或采用弹性金属塑料瓦时油温不低于 5℃，应允许机组启动。在紧急情况下，水轮发电机可不施加制动惰性停机。强迫外循环润滑油油温不能低于 15℃，否则应设法加温。

（3）采用弹性金属塑料推力轴承的机组应遵守以下规定：

1）轴瓦报警和停机温度按发电机额定运行工况时瓦体温度增加 10～15℃。

2）定期清扫推力油槽及槽内各部件，经常保持油的清洁程度，油槽热油温度控制不超过 50℃。

3）正常停机后，可以连续启动，其间隔时间和启动次数不作限制，瓦温在 5℃ 以上时，允许冷态启动。

4）停机时间在 30d 以内时，可以不顶起转子开机；停机时，允许转速降低至 10% 额定转速，投入制动；在制动系统故障，需要立即停机时，方允许惰性停机，但一年内不超过 3 次。

5）运行中如出现冷却水中断，应立即排除；当瓦体温度不超过 55℃，油槽内热油温度不超过 50℃ 时，可以暂时运行，继续运行时间根据断水试验结果确定；在此期间应时刻监视油温、瓦温上升情况，恢复冷却水时，要缓慢调整至正常压力。

（4）进水温度在规定的温度下，冷却器出口的空气温度不高于 40℃。

（五）发电机解列与制动

（1）在正常情况下，发电机解列前必须将有功功率和无功功率降至空载，然后再断开发电机的断路器。完成以上步骤时，方可进行停机操作。对 220kV 系统中容量 200MW 以下的水轮发电机组，解列前必须将未接地的变压器中性点投入。发电机仅于检修或停机时间较长时才将母线隔离开关拉开和关闭水轮机前的阀门。

（2）当发电机设有电气制动装置并和机械制动装置配合使用时，机组转速下降到不低于 50% 额定转速，可投入电气制动装置；转速继续下降到 5%～10% 额定转速，可投入机械制动装置直至停机。电气制动时定子绕组电流为 1.0～1.1 倍额定电流，其温升应满足规定要求。

（3）发电机采用机械制动时，其压缩空气压力一般为 0.5～0.8MPa。制动器应能在规定的时间内，使水轮发电机组的旋转部分从 20%～30% 额定转速（当推力轴承采用巴氏合金瓦时）和 10%～20% 额定转速（当推力轴承采用弹性金属塑料瓦时）到完全停止旋转（水轮机导叶漏水量产生的转矩不大于水轮机额定转矩的 1% 时），且转子的制动环表面没有热损伤。

（4）发电机消防。在电站的消防水压范围内，沿定子绕组端部的线喷雾强度设计应考虑水量损失系数，保证灭火时不小于 15L/min，水喷雾持续时间 24min。水灭火系统的喷头前供水压力应不小于 0.35MPa。

二、发电机运行巡视检查项目

（1）上位机、下位机监控盘运行正常，机组状态显示正常，机组运行参数显示正常。

（2）发电机保护装置运行正常，信号指示正确，机组各保护投入正确，无报警信号。

（3）机组故障录波装置运行正常，无故障和告警信号。

（4）发电机运转声音正常，无异音、异味和异常振动。

（5）机组制动柜制动气压正常，各电磁阀位置正确，测速装置运行正常，转速信号正确。

（6）机组轴电流监测装置运行正常，发电机轴电流小于规定值。

（7）机组振动摆度测量装置运行正常，各部振动摆度正常。

（8）发电机引出线连接处及中性点连接处无过热现象。

　（9）集电环、刷架、电刷、引线等清洁、完整，接线紧固，运行中电刷无火花、跳动，电刷磨损量在正常范围内，电刷与刷握无卡住现象，电刷引线无发黑、断线。

　（10）定子绕组、定子铁芯、转子回路、励磁系统各设备运行正常，各表计指示正确，各元件及接头无发热。

　（11）励磁变压器各部温度正常，各接头接触良好无发热。

　（12）出口断路器、隔离开关运行正常，闭锁关系位置正确，各压力值在正常范围，各连接部分无过热现象，外壳接地线接地良好。

　（13）各电压互感器完好，一、二次接线及电压互感器二次空气开关或熔断器完好，电压指示正常。

　（14）出口母线各部温度正常，外壳接地良好。

　（15）风洞内无异音、异味、火花、异物和异常振动。

　（16）推力、上导、下导油槽油位、油色、油温正常，排油雾装置正常，各部无甩油、漏油及积油、积水现象。

　（17）发电机各空气冷却器温度均匀、进出风温度、冷却水压力正常、阀门位置正确，管路阀门无渗漏，无过热或结露现象。

　（18）发电机端子箱内各连接端子连接稳固，无发热、变色现象。

　（19）发电机及其附近无异物，外壳接地良好，二次端子箱门关闭。

　（20）发电机的消防设施齐全、可靠，消防水压正常。

三、发电机运行维护

　机组运行中的维护，就是对检查和监视中发现的缺陷和不安全因素，通过分析后加以及时处理。维护工作的一般内容，是维护机组清洁，保持各油槽油量，调整某些有关运行参数，使其在允许范围内。保证各连接部分牢固，各转动部分灵活，防止各电气元件受潮，使自动元件完好。

　（1）备用中的发电机应进行必要的监视和维护，使其经常处于完好状态，随时能立即启动。当发电机长期处于备用状态时，应采取适当的措施防止绕组受潮，并保持绕组温度在5℃以上。

　（2）具有多台机组的水电厂，现场应制定机组轮换运行的制度。

　（3）立式机组在停机期间，可隔一定时间（新机不超过 24h，运转 3 个月以后性能良好的机组不超过 72h，运转一年以后性能良好的机组不超过 240h，采用塑料瓦推力发电机可延长至 30d）空载转动一次，或用油泵将机组转子顶起一次，即采用制动器顶起转子5～10mm。

　1）当停机超过上述规定时间或油槽排油检修，在机组启动前，必须用油泵将转子顶起，使推力轴瓦与镜板间进油。

　2）立式水轮发电机的推力轴承采用高压油顶起或电磁吸力减载方式时，应按规定的启动程序启动。

　（4）推力轴承为巴氏合金轴瓦的机组运行中冷却水不得中断。

　（5）推力、上导轴承油质合格，油位比正常运行油位变化 2～3mm，或其油混水装置自动报警时，应全面检查是否有轴承漏油或冷却器漏水情况，查明原因及时处理，各轴承正常运行油位应符合运行规范的要求。

（6）发电机进、出风温差显著增大，应分析原因，采取措施，予以解决。

（7）发电机每次停机后，应检查绕组、轴承冷却供水是否已停止，全部制动装置均已复归，为下次开机做好准备。

（8）机组在调相工况运行停机时，应先将转轮室内空气排掉再停机。

（9）冬季室外温度降至 $0\sim2℃$ 时，各机组的消火系统防冻阀门应开，防止冻坏备用水管路。

（10）主机间室温应尽量保持5℃以上，低于5℃时可以打开运行机组的热风口，来提高厂房室温。冷风口必须装有空气滤过网。

四、发电机巡视与维护注意事项

设备巡视检查既要全面又要有重点。一般要注意上一班和本班操作过的设备位置是否有异常现象；检修过的设备和原有设备存在的小缺陷是否扩大；机组有无发生过冲击或事故。以及经常转动部分和其他薄弱环节等。

（一）发电机运行中注意事项

（1）设备在正常运行中应定期巡视，新设备的投入、大发电或设备存在缺陷及处理后，应增加机动巡回次数，发现异常及时汇报。

（2）当发电机受系统冲击、跳闸、甩负荷或电力系统发生振荡后，应全面检查发电机各部有无异常。发生外部短路后，也应对发电机进行外部检查。

（3）发电机正常运行中应保持冷却系统的严密性，盖板应保持密闭，防止外部灰尘、潮气进入发电机内部。热风口按现场规定开关，当发电机检修或着火时，应关闭热风口。

（4）发电机停机时，无论采取何种制动方式应能连续制动，直到停止转动为止。采用电制动停机时，应对停机过程中定子电流进行监视。当电制动和制动器发生故障时发电机不能起动。

（5）发电机发生过速或飞逸转速后，应检查发电机转动部件是否松动或被损坏。

（二）发电机在运行中如有下列现象出现，应立即停机检查

（1）发生异常声响，产生突发性的撞击、剧烈振动和摆度增大。

（2）发电机转速超过额定转速 $140\%n_e$，导叶还未关闭。

（3）发电机飞逸，电压急剧上升。

（4）推力轴承或导轴承瓦温迅速上升超过上限温度，发生烧瓦事故。

（5）轴承油槽大量跑油或进水时。

（6）发电机定、转子或其他电气设备冒烟起火。

（三）定期检查整流子和滑环时，应检查下列各点

（1）整流子和滑环上电刷的冒火情况。

（2）电刷在刷框内应能自由上下活动（一般间隙 0.1～0.2mm），并检查电刷有无摇动、跳动或卡住的情形，电刷是否过热；同一电刷应与相应整流子片对正。

（3）电刷连接软线是否完整、接触是否紧密良好、弹簧压力是否正常、有无发热、有无碰机壳的情况。

（4）电刷与整流子接触面不应小于电刷截面的75％。

（5）电刷的磨损程度（允许程度订入现场运行规程中）。

（6）刷框和刷架上有无灰尘积垢。

（7）整流子或滑环表面应无变色、过热现象，其温度应不大于 120℃。

第四节　水轮发电机组事故故障处理

发电机在运行中出现危及设备和人身安全的异常与事故情况下，值班人员应根据语音提示、表计、信号、继电保护及自动装置的动作情况作综合分析，判断事故故障的性质和范围，迅速采取措施，做出处理方案，谨防发生系统事故扩大，保证运行设备及电力系统的安全。

一、发电机常见故障

运行中的发电机常见的故障主要包括：

（1）定子绕组相间短路。

（2）定子绕组单相接地。

（3）定子绕组一相匝间短路。

（4）发电机励磁回路可能发生一点或两点接地故障。

（5）转子失去励磁电流故障。

（6）发电机过电压。

（7）发电机冷热风温度升高。

（8）机组轴承瓦温升高故障。

（9）机组过速。

（10）发电机着火。

发电机在运行中，除故障外，还会出现一些不正常工作状况，如过负荷及由外部短路引起的过电流等。

二、发电机故障判断

水轮发电机组在运行过程中因外界或自身原因，会出现异常现象与故障。这些异常会通过仪表或保护装置反映出来，此时值班人员要根据运行规程规定，根据语音和光字牌提示的故障及事故性质认真思考，在值长统一指挥下，迅速而有条不紊地处理，并避免故障扩大，从而造成严重后果。

水轮发电机组在运行中，在中央控制室除有自动的光字牌事故和故障信号外，还有一些故障是不可能自动发信号的。如：机组空蚀、发电机磁极键松动、励磁滑环火花等。这些故障就要运行值班人员加强巡视检查才可能发现。

机组发生事故时，通过机组自身的保护装置自动停机，但是运行人员不能因此而放松警惕，要防备保护装置失灵。如发现事故苗头，危及机组安全，应按运行规程规定及时停机。对于不能装设保护装置的故障或事故，如：突发金属撞击声、发电机振荡等，应报告值长酌情紧急果断人工处理。

三、发电机故障现象分析与处理

（一）发电机的非同期并列

1. 故障现象

（1）发电机及系统电压降低。

（2）发电机冲击大、强烈振动、表计剧烈摆动不衰减。

（3）故障录波器启动。

2．原因分析

（1）人为操作不当。

（2）同步回路接线错误。

（3）发电机断路器不同期合闸。

3．故障处理

（1）拉开发电机出口断路器、灭磁开关、解列停机。

（2）发电机全面检查，定子绕组端部情况，测量定子绕组绝缘电阻，认为无问题后方可再次启动机组，必要时发电机并网前需做假并试验。

（二）发电机定子绕组故障（发电机主保护动作）

1．故障现象

（1）机组断路器及灭磁开关跳闸，并解列停机，语音、信号告警，故障录波器启动。

（2）系统有冲击。

（3）发电机主保护动作，如发电机变压器组差动、发电机纵差、发电机横差等。

2．原因分析

（1）发电机内部故障（如定子绕组相间、层间、匝间短路）。

（2）定子绕组接头开焊。

3．故障处理

（1）根据发变组保护动作情况，分析原因，判断故障性质。

（2）详细检查发电机内部一次设备，主要包括：

1）检查发电机内部是否有焦味、烟雾、着火情况。

2）利用测温系统检测定子绕组和铁芯发热情况。

3）详细检查定子绕组端部。

4）发现着火，应立即灭火。

（3）停机后拉开发电机的出口隔离开关，用绝缘电阻表测量与动力电缆连在一起的定子绕组的绝缘电阻。

（4）根据上述判断，发现明显故障点或测量发电机绝缘电阻不合格，则发电机做停电措施。

（5）若检查未见异常，应对发电机进行递升加压试验。

1）加压时发电机未发现故障迹象，请示总工发电机投入运行。

2）升压时发现异常情况，确认发电机内故障，应立即停机处理。

（三）发电机定子回路单相接地故障

1．故障现象

（1）发电机定子接地保护动作，语音、信号告警，故障录波器启动。

（2）发电机定子电压表三相指示值不同，接地相电压降低或等于零，其他两相电压升高或升高为相电压的 $\sqrt{3}$ 倍左右。

（3）中性点零序电压表有指示。

（4）消弧线圈电流表有指示。

2．原因分析

（1）定子出口母线接地。

（2）定子绕组刮、卡、绝缘不良（如绝缘老化、受潮、机械损伤）。

（3）接头受热膨胀碰壳、爬电。

（4）中性点附近定子绕组发生匝间短路，发展成绕组对铁芯击穿。

（5）大气过电压波及发电机中性点，造成中性点对地绝缘击穿。

（6）动物及鸟类引起接地。

（7）电压互感器二次或本体故障。

3. 故障处理

（1）根据发变组保护动作情况，分析原因，判断接地点位置，检测三相定子电压值，判断故障点所在相别及具体位置占绕组总长的百分值。

1）某相电压低于相电压额定值，另两相电压升高，数值介于相电压和线电压之间，则可判断为该相接地。

2）若接地相电压数值介于相电压额定值和 0 之间，则可判断出接地点位于发电机内部。

3）若接地相电压数值为 0，则可判断出接地点位于发电机端附近。

（2）根据上述判断，采取不同的处理方法：

1）若判断接地点在发电机内部，即机内故障，则应立即转移负荷停机。

2）若判断接地点在发电机机端附近，则进行发变组电压母线一次设备外部检查，主要包括发电机内部、发电机出口至主变压器低压套管之间部分设备的隔离开关、导线以及电压互感器等配电装置、发电机出口至厂用高压工作变压器高压套管之间进行查找，检查有无明显故障点，发电机内部有无绝缘焦煳味。

3）在接地期间应监视发电机接地电压、中性点对地电压以及消弧线圈上层油温，发现消弧线圈有故障（包括温度过高、油色变黑、喷油等异常情况）时，应立即转移负荷停机。

（3）试停电压互感器，检查接地是否消除。

（4）带厂用电及系统中性点的机组，应尽快转移负荷停机。

备注：

（1）定子接地保护作用停机时，按定子绕组故障处理。

（2）发变组单元定子接地时间不能超过 0.5h，发电机单元不超过 2h。

（四）转子一点接地

1. 故障现象

（1）发电机转子一点接地保护动作，语音、信号告警。

（2）测量转子正负极对地电压，如测得正负对地电压之和等于转子电压时为金属性接地，如小于转子电压为非金属性接地。

2. 原因分析

（1）滑环（集电环）、引线、槽绝缘破坏。

（2）励磁线圈因离心力作用内套绝缘擦伤。

（3）转子磁极软接手断裂接地或端部严重积灰。

（4）磁极绕组及绝缘垫板老化、受潮。

（5）励磁系统裸线部分接地。

（6）灭磁系统保护回路绝缘破坏。

3. 故障处理

（1）根据测量转子正负极对地电压结果作为判断接地类型的依据，判断接地点位置及故障性质，检查励磁回路有无明显接地。

（2）转子一点金属性接地（即算出励磁回路对地绝缘电阻接近于 0，计算公式为 $R=R_v[U/(U_++U_-)-1]$，其中，R_v 为测量电压表内阻，U_+、U_- 为测得转子正负对地电压，U 为测得转子电压），应联系调度停机处理。

1）属于非金属性接地，切换至备励系统工作，以检查接地点是在转子回路还是在励磁回路内。

2）带有励磁机系统非金属性接地，若接地点在转子回路内，是转子滑环至绕组的引接线与转轴相碰而发生的一点接地（绕组两端正极或负极接地）时，则转子两点接地保护装置不需投入，其他情况则不受影响；若接地点在励磁回路，则两点接地保护应视接地情况决定是否投入。

a. 接地点发生在励磁机的励磁绕组回路，则两点接地保护不能投入。

b. 接地点发生在励磁机电枢回路，不在正、负极处，则可投入两点接地保护装置。

（3）转子滑环有无明显接地点，吹扫滑环、励磁机及励磁系统。

（4）加强监视，有条件时联系调度停机处理。

（五）转子两点接地

1. 故障现象

（1）转子电流急剧增加、定子电压降低，强励动作。

（2）发电机剧烈振动，进相运行。

（3）转子一点接地保护动作、告警。

2. 原因分析

转子回路绝缘损坏，转子一点接地后又发生另一点接地。

3. 故障处理

（1）保护未动时，拉开发电机出口断路器、灭磁开关、解列停机。

（2）发现着火时，进行发电机灭火。

（六）转子磁极线圈故障

1. 故障现象

（1）励磁电流下降接近于零，励磁电压上升至最大。

（2）有功出力下降，定子三相电流平衡上升很多。

（3）磁极断线时发电机风洞内有焦味和烟雾，并有哧哧声。

（4）失磁保护可能动作、告警。

2. 原因分析

（1）转子磁极断线（因接头焊接质量不佳，在离心力作用下断路）。

（2）转子匝间短路（被严重油污及电刷炭灰堆积；安装或日常检修时，由于操作不慎造成转子的机械损伤；开停机或负荷变化时，转子导线和绝缘受热的胀缩引起匝间绝缘错位磨损）。

3. 故障处理

（1）转子磁极断线处理方法：

1）保护未动时，拉开发电机出口断路器、灭磁开关、解列停机。

2）发现着火时，进行发电机灭火。

（2）转子匝间短路处理方法：

1）开机时注意空载励磁电流和额定励磁电流与厂家的规定是否一致，如果发现电流有明显增加或引起明显振动时，应判断发电机有转子短路的可能，可适当减少负荷，使发电机的电流与振动减少到允许范围之内，待停机后进行检查处理。

2）运行中加强监视。

（七）定子过电压

1．故障现象

（1）定子过电压保护可能动作、告警。

（2）发电机定子电压表指示升高。

2．原因分析

（1）发电机甩负荷。

（2）调节器故障误强励。

（3）发电机带空载长线路自励磁。

（4）机组并网前操作误加大励磁。

3．故障处理

（1）保护未动作时，立即解列停机。

（2）检查励磁调节器通道是否故障，如能切至另一通道可继续运行。

（3）因甩负荷造成的，联系调度并网运行。

（4）因自励磁引起时，降低机组转速或拉开断路器，改变运行方式恢复运行。

（八）发电机失去励磁

1．故障现象

（1）失磁保护动作、告警。

（2）定子电压降低、定子电流指示升高、有功降低、无功反指。

（3）若励磁机的励磁回路断线时，转子电压、电流指示为零。

（4）转子回路断线时，转子电压、电流增大。

（5）当转子回路短路或两点接地，转子电压降低，电流增大。

（6）上述相关表计周期性摆动。

2．原因分析

（1）励磁回路或转子回路断线造成开路。

（2）励磁绕组长期发热、绝缘老化或损坏引起转子回路短路。

（3）灭磁开关受振动或误碰掉闸。

（4）励磁调节器故障。

（5）励磁整流系统故障。

（6）励磁机故障。

（7）手动方式下操作调整不当。

3．故障处理

（1）根据发变组保护动作情况，分析原因。

（2）失磁保护动作跳闸，按发电机故障跳闸处理。

（3）失磁保护作用于信号或未投时，机组未跳闸，立即降低机组有功出力，励磁在自动运行应切换至手动。

1）允许无励磁运行的机组，在3～5min将负荷降至40％额定负荷以下，进行故障处理，失磁运行不许超过规定时间10min。

2）对励磁系统如下设备进行检查：

a. 转子滑环有无环火短路痕迹。

b. 转子有无两点接地短路或断路现象。

c. 灭磁开关是否误关闭、误掉闸。

d. 励磁调节器是否故障。

e. 励磁功率柜是否故障。

f. 励磁机是否故障。

（4）发现发电机着火时，立即进行消火。

（5）由于励磁调节器或功率柜故障引起时，可切换备励系统工作，恢复机组运行。

（6）由于转子回路或励磁机回路故障停机后，做好安全措施检修。

（7）由于灭磁开关自动跳闸时，需对灭磁开关入、切试验。

（九）发电机振荡和失步

1. 故障现象

（1）定子电压表剧烈摆动。

（2）定子电流表的指针剧烈摆动，电流表有时超过正常值。

（3）有功功率、无功功率表摆动。

（4）转子电流表、电压表的指针在正常值附近摆动。

（5）系统频率升高或降低。

（6）照明灯一明一暗变化。

（7）水轮机导叶随有功功率的变化作相应的变化，平衡表指针在正负之间变化。

（8）机组发生与表计摆动合拍的轰鸣声。

（9）数字电压表、频率表失灵，出现乱码。

2. 原因分析

（1）静态稳定破坏，主要是由于运行方式变化或故障点切除时间过长而引起。

（2）发电机与系统联结的阻抗突增。

（3）电力系统中功率突变，供需严重失去平衡。

（4）电力系统中无功功率严重不足，电压降低。

（5）发电机调速器失灵。

（6）发电机失去励磁，吸收大量的无功功率。

（7）发电机电势过低。

（8）互联系统联系薄弱和负阻尼特性引发低频振荡。

3. 故障处理

（1）判别系统振荡前、振荡后的电网频率是升高还是降低。

（2）观察是同步振荡还是异步振荡，系统是否有冲击，是否由于系统故障引起，是一台机组还是多台机组同时振荡，记录振荡时有关电气量的振幅、方向，同步振荡和异步振荡的判断依据：

1）根据转速表（以机械转速表为准）判断：与振前有显著升高为异步，机组发出高速轰鸣音。

2）根据功率判断：同步时在正值上变化，异步时在正负之间变化，失步机组的有功功率表指针摆动方向正好和其他机组的相反。

3）根据转子电流判断：同步时在较小范围内变化，异步时在较大范围变化。

（3）退出机组的自动发电控制 AGC 和低频自启动装置。

（4）机组失磁运行保护未动时，应立即解列并查明原因。

（5）异步振荡时迅速增加失步机组无功出力、减有功出力，经 1～2min 仍未进入同步状态时，则可按现场规程将失步机组与系统解列。

（6）同步振荡时采取措施：

1）迅速增加机组无功出力，最大限度地提高励磁电流。

2）根据机组转速表判明，此时频率较振前是升高还是降低。

3）如频率升高则降低有功出力，直到振荡消失或降到不低于规程允许值为止。

4）如频率降低则应增加发电机有功出力，充分利用备用容量和事故过载能力提高频率，直至消除振荡或恢复到正常频率为止。

5）对发电机励磁调节器的行为不要干预，应允许其最大限度地提高励磁电流，如无功出力太低可手动增无功出力，但不得超过规定值。

6）在系统振荡时，除现场事故规定者外，值班人员不得解列任何机组。

（7）对有功功率采取限制负荷运行，可以防止导水叶大幅度地开关，以免发生剪断销剪断及调速系统低油压事故。

（十）发电机着火

1. 故障现象

（1）机组断路器及灭磁开关跳闸，并解列停机，发电机主保护（如发电机纵差、横差、发变组差动）可能动作，语音、信号告警，故障录波器启动。

（2）发电机上部盖板的瓦斯放出或密封不严处有浓烟冒出。

（3）发电机风洞有烟或火星，并可闻到绝缘烧焦味。

2. 原因分析

（1）发电机年久失修长期过载，线圈绝缘因长期处于高温运行而老化，机组振动使其剥落或线圈绝缘受污油腐蚀使其破坏，造成发电机线圈短路引起。

（2）定子绕组有匝间短路，线圈未能定期做预防性耐压试验，绝缘受损部位未能及时察觉，线圈脏污和处于低温运行，凝结水造成线圈短路。

（3）定子绕组相间或机外长时短路。

（4）发电机过电压使绝缘击穿短路。

（5）转子和定子相摩擦，机组过速时使个别转动部件损坏，在离心力的作用下将损坏部件甩出，击伤发电机线圈，造成发电机扫膛。

（6）空气冷却器冷却水管破裂或发电机消火用水误投入，引发定子绕组短路。

（7）并列误操作。

3. 故障处理

（1）从发电机风洞缝隙处闻到烧焦气味，看到冒出烟雾、火星，判定发电机确实着火。

（2）确认发电机出口断路器和灭磁开关跳开，若未跳开时应手动跳开，将发电机与系统停电隔离。

（3）若热风口在开放，必须立即关闭。

（4）迅速组织人员灭火，立即接上消火水源，打开给水阀进行消火，并检查消火水源水压，不得过高过低。

（5）检查消火情况，见下部盖板有水流出。

（6）确认灭火后，关闭给水阀，退出消火水源，使消火装置恢复正常状态。

（7）消火过程中应注意下列各项：

1）不准破坏密封。

2）运行人员不准进入风洞内。

3）不准用砂或泡沫消火。

4）灭火后进入风洞时，必须戴防毒面具。

5）灭火期间，发电机冷却水不应中断。

6）灭火时最好维持机组在 10％（额定转速）左右转速低速运行，有助于机组冷却和防止局部过热。

7）当火熄灭后，有条件时应维持发电机转速较长时间盘车，以防转子变形。

（十一）发电机定子温度升高异常

1. 故障现象

（1）发电机定子温度超过限值，语音、信号告警。

（2）温度巡检仪、百抄表显示定子、转子或冷热风温度超标。

2. 原因分析

（1）发电机满负荷或超负荷长时间运行，定子或转子电流越限。

（2）由于发电机冷、热风温度过高。

（3）冷却水压、水流量不足或夏季水温超标。

（4）发电机不平衡电流过大、带故障点或局部过热。

（5）测温元件故障。

3. 故障处理

（1）夏季机组长时间满负荷或超负荷运行而引起时，按下面方法处理：

1）可提高冷却水压，但不允许超过规定值。

2）降低发电机有功或无功出力。

（2）如果由于发电机冷却水压、水流量不足或夏季水温超标而引起的冷热风温度升高报警时，调整发电机冷却器水压，提高流量使发电机各部温度降低。

（3）由于空气冷却器冷却水管路堵塞、破裂时，监视发电机冷热风、定子卷线、铁芯温度在允许值，根据系统电压适时降低无功负荷，无效时再降有功负荷，待停机处理。

（4）检查发电机不平衡电流是否偏大，设法消除。

（5）发电机定子单相接地故障引起时绕组或铁芯温度过高，立即停机检查处理。

（6）只有发电机温度巡检仪、百抄表某个测点温度过高警报，核对其他温度计显示正常范围时，证明测温仪表或元件失灵，可以断开该回路测点报警，待停机后处理。

（十二）推力轴承瓦温升高故障

1. 故障现象

（1）中央控制室电铃响，语音报警，水力机械故障灯亮。

（2）机旁自动盘故障蓝灯亮，推力轴承瓦温升高故障光字牌掉牌。

（3）测温盘推力瓦膨胀型温度计升至故障温度以上。

（4）巡检仪指示故障点及故障温度以上。

（5）监控台推力轴承瓦温升高至故障温度以上。

2. 故障原因分析

（1）由于推力冷却水水压不足或中断造成冷却效果差，引起推力瓦温升高而警报。

此时推力油槽油温较高，推力各瓦间温差较小，并有推力冷却水中断故障光字牌。

（2）由于推力瓦的标高调整不当（此时机组刚启动不久）或运行中的变化（此时机组振动较大）造成推力瓦之间受力不均，使受力大的推力瓦瓦温升高而警报。

此时推力各瓦间温差较大。

（3）由于推力轴承绝缘不良，产生轴电流，破坏油膜，造成推力瓦与镜板间摩擦力增大，使推力瓦温升高而警报。

此时推力各瓦间温差较小，油色变深变黑，其他轴承也同样受影响。

（4）机组振动摆度增大引起推力瓦间受力不均，受力大的推力瓦瓦温升高而警报。

此时推力各瓦间温差较大，相邻推力瓦间温度相差不大。

（5）由于推力油槽油质劣化或不清洁造成润滑条件下降，引起推力瓦温升高而警报。

此时可能有轴电流，或有推力油槽油面升高。

（6）推力油槽油面降低引起润滑条件下降造成推力瓦温升高。

此时有推力油槽油面下降掉牌。

（7）开停机时油压减载系统工作不正常引起润滑条件下降造成推力瓦温升高。

（8）由于推力轴承测温元件损坏、温度计或巡检仪故障引起误警报。

3. 故障处理

（1）在推力瓦温故障的同时若有推力冷却水中断故障掉牌，应检查推力冷却水。

1）若推力冷却水水压不足造成冷却效果差，应检查和处理调节阀和滤过器以及管路渗漏。

2）若推力冷却水中断造成冷却效果差，应检查和处理常开阀和电磁阀。

（2）各推力瓦间温差较大，且机组振动摆度较大时，应考虑推力瓦的标高问题。

由于推力瓦的标高调整不当或运行中的变化造成推力瓦之间受力不均，应紧急停机。停机后检修处理。

（3）在推力瓦温故障的同时若有轴电流故障掉牌，油色变深变黑。

应测量轴电流和化验油质，监视推力轴承瓦温和油温温度运行或停机处理。同时要监视其他各油轴承的温度。确系轴电流引起应检修更换绝缘垫。

（4）推力瓦温升至故障、振动摆度较大，应尽快停机检查处理。

（5）推力油槽油质劣化或不清洁造成的推力瓦温升高，应化验推力油槽油质和检查推力油槽油面。

待停机后处理，并进行换油和清扫油槽。若有推力油槽油面升高应检查冷却器和推力油槽内的供水管。

（6）推力油槽油面下降引起的推力瓦温升高。

应检查油压减载系统，推力油槽的给排油阀是否有漏油之处，推力油槽的挡油板是否有油甩出，密封盘根处是否漏油，推力油槽液位计是否破碎漏油。

确系推力油槽漏油引起，应立即监视推力瓦温的高低和上升的速度的大小，正常停机或紧急停机。停机后处理漏油点，并联系检修给油槽添油。

（7）开停机该启动油压减载系统时未启动或压力继电器失灵引起。

（8）以上各项无任何现象时，应检查测量和显示温度的零部件。

（十三）推力轴承油槽油面下降故障

1. 故障现象

（1）中央控制室电铃响，语音报警，水力机械故障灯亮。

（2）机旁自动盘故障蓝灯亮，推力轴承油槽油面下降故障掉牌。

（3）检查推力轴承油槽油面下降至报警线以下。

（4）事故故障光字牌：推力轴承油槽油面下降故障光字牌亮。

（5）液位棒型图：推力轴承油槽油面下降至报警线以下。

2. 故障原因分析

（1）运行中推力油槽密封盘根老化，长期漏油引起推力油槽油面下降，推力油槽液位信号器动作报警。

（2）推力油槽供、排油阀关闭不严漏油，造成推力油槽油面下降，推力油槽液位信号器4SL动作报警。

（3）推力油槽液位计因某种原因破碎或密封不严漏油，造成推力油槽油面下降，推力油槽液位信号器动作报警。

（4）推力油槽取油阀关闭不严漏油，造成推力油槽油面下降，推力油槽液位信号计动作报警。

（5）油压减载装置系统漏油引起推力油槽油面下降。

（6）推力油槽液位信号器本身故障引起误动作报警。

3. 故障处理

（1）检查推力油槽油面确实下降，应首先监视推力轴承温度的大小和上升速度快慢，若推力轴承温度较高应正常停机。

（2）若推力轴承温度较高且上升速度较快应紧急停机。

（3）若推力轴承温度不是很高和上升速度不快，应检查推力油槽是否有明显漏油之处，若能处理设法处理，联系检修添油，使油面合格。机组正常运行后复归27XJ掉牌，停机后再由检修处理漏油问题。

（4）如果推力油槽油面正常，检查推力油槽液位信号器是否有故障。若因推力油槽液位信号器故障引起，可断开故障点运行并复归掉牌，停机后再处理。

（十四）发电机冷风温度升高故障

1. 故障现象

（1）中央控制室电铃响，水力机械故障灯亮。

（2）机旁自动盘故障蓝灯亮，发电机冷风温度升高故障掉牌。

（3）测温盘冷风温度计升至故障温度。

（4）巡检仪指示故障点及故障温度。

2. 故障原因分析

（1）检查发电机冷风温度计、冷风温度均升高，上部风洞内冷却器温度也升高，证明冷却水不足引起冷风温度升高警报。

（2）如果只有发电机冷风温度计或巡检仪某个测点冷风温度升高警报，但风洞内冷却温度不高，此时证明测温仪表或测温元件失灵。

（3）在夏季室外温度、水温都较高，机组长时间处于满负荷运行，机组卷线温度也升高，导致冷风温度升高而报警。

3. 故障处理

（1）如果由于发电机冷却水不足而引起的冷风温度升高报警时，调整发电机冷却器水压，使发电机水压提高但不能超过规程规定的运行参数（发电机冷却器总水压小于 0.25MPa，每个发电机冷却器总水压小于 0.15MPa）。

（2）待冷却温度降至正常后，发电机冷风温度升高故障掉牌。

（3）如果是发电机测温元件或仪表失灵而报警，可断开误警报回路，复归发电机冷风温度升高故障掉牌 26XJ。

（4）夏季机组长时间满负荷运行而引起的，可提高冷却水压，但不允许超过规定值（发电机冷却器总水压小于 0.25MPa，每个发电机冷却器总水压小于 0.15MPa）。

（5）若仍不见效，可将发电机冷风温度警报值提高至不警报为止（一般不超过 40℃）。复归发电机冷风温度升高故障掉牌。

（十五）轴电流故障

1. 故障现象

（1）中央控制室电铃响，语音警报，随机报警窗口有轴电流、机组机械故障等报警信号。

（2）机旁自动盘，故障灯亮，轴电流故障掉牌，且不能复归。

（3）在下部轴承测轴电流，表计有电流指示。

2. 故障原因分析

（1）由于推力轴承或上导轴承（发电机转子上部轴承）绝缘损坏，使转动部件与固定部件接触形成轴电流回路；（发电机转子下方轴承绝缘破坏，上方轴承绝缘未破坏时，不产生轴电流）。

（2）由于推力油槽内有微量的水或灰尘造成瞬间轴电流。

（3）由于运行或检修人员在上导测摆度时，误用摆度表，将主轴与上导油槽短接瞬间产生轴电流报警。

3. 故障处理

（1）复归信号，如果能够复归信号，即为瞬间轴电流，监视温度运行即可。

（2）监视各部轴承瓦温和油温上升情况。

（3）属于绝缘或油质问题引起的轴电流故障，应联系调度转移负荷停机，化验机组各油槽油质，更换新油，待检修查找原因分解处理。

（4）属于检修人员测摆度时引起的，可将测摆度工具用绝缘材料包上。

（十六）机组过速度事故

1. 故障现象

（1）中央控制室，蜂鸣器响，事故黄灯亮，机组有功表计为零，机组出口断路器红灯灭，主阀红灯灭。

（2）机旁有机组升速声。

（3）事故故障光字牌：机组过速度光字牌亮。

（4）机旁自动盘，事故黄灯亮，机组过速度事故掉牌。

（5）主阀油泵启动，主阀全开位置等灭（正在关主阀）。

（6）发电机负荷表为零，电压表指示升高（过电压保护可能动作）。

（7）导叶全关，开限全闭，转速升高大于140%。

（8）平衡表有关机信号，紧急停机灯亮。

2. 故障原因分析

（1）上游水位在高水位状态，自动开机过程中由于电液转换器卡在开侧，空载开度增大。

（2）在停机时，机组解列，调速器故障，使导叶开度不关，造成机组过速。

（3）在停机时，电液转换器有开机信号。

（4）由于甩负荷时电液转换器卡住，导叶开度较大，使机组产生过速。

（5）在开机过程中，导叶反馈信号中断而造成导叶开度增大到开限位置。

（6）调速器在手动，机组未并网，开限大于空载开度而造成机组过速。

（7）转速继电器误动作造成误警报。

3. 故障处理

（1）确认机组已过速时应监视过速保护装置能否正常动作，若拒动应操作紧急停机按钮，并关闭主阀。

（2）检查导叶全关，开限全闭，调速器是否失常（若导叶未全关，用事故配压阀关导叶停机）。

（3）如在事故停机过程中，剪断销剪断或主配压阀发卡引起机组过速也应手动操作使导叶和主阀或工作闸门关闭。

（4）监视风闸投入良好，不良时手动帮助。

（5）检查主阀自动关闭良好，动作不良时手动操作关主阀。

（6）检查压油罐油压是否下降，如下降应检查原因进行处理。

（7）在停机过程中监视各转动部件是否有异常声音和气味。

（8）机组全停，主阀全关后，拉开主阀动力电源开关。

（9）巡检仪停用，拉开控制回路直流电源。

（10）检查事故原因，联系检修处理。

（11）机组过速停机后，对机组进行全面检查完毕，才可以启动机组，机组启动后测量摆度，正常后方可并入系统运行。

第五节　发电机黑启动操作

大面积停电后的系统自恢复通俗地称为黑启动。所谓黑启动，是指整个系统因故障停运后，不依赖别的网络帮助，通过系统中具有自启动能力的发电机组启动，带动无自启动能力的发电机组，逐渐扩大系统恢复范围，最终实现整个系统的恢复。

黑启动的最终目的是要完成目标系统的恢复。不同的电网恢复方式不同，但总的目标都是要在最短的恢复时间内使电网恢复带负荷的能力。具体要求是：最小化实现，即用最小的启动功率尽可能多地启动机组；制定严格的操作票，实现操作步骤最少。

电力系统恢复阶段可分为三个阶段：

（1）准备阶段。即估测故障后的系统状态、明确目标系统、选择输电线路、决定自启动发电机的步骤。

（2）恢复阶段。即决定启动发电机的步骤、输电线充电、同步子系统、完成网络重建，在完成网络重建的过程中，必须监测电网重要节点的电压、无功平衡及电压和频率的动态响应，电网故障清除等情况。

（3）负荷恢复阶段。即负荷尽快恢复。前两阶段中，负荷恢复是作为保证电网频率和电压稳定的手段，并建立相应的子系统，实现电力调度设备的正常运行；后一阶段负荷恢复是目标，是以快速大面积恢复电网供电、减少由大面积停电带来的损失为目的。

一、黑启动的基本要求

（1）如需要配合电网进行黑启动应听从电力调度机构指挥。

（2）在黑启动过程中应尽量缩短开机带厂用电时间，降低机组无冷却水运行时间，开机前应将系统运行方式准备充分完善。

（3）励磁系统应考虑在黑启动时递升加压自励磁，如果带线路递升加压，则线路重合闸保护应退出。

（4）如果厂用电恢复成功，应尽快恢复启动机组调速器压油泵、技术供水泵、渗漏排水泵等重要厂用电负荷。

（5）做好事故应急电源（如柴油发电机）的维护，在机组不满足黑启动条件或黑启动试验失败后，应能立即启用应急电源恢复厂用电，避免引发事故。

二、黑启动开机条件

（1）机组黑启动时，进水口主阀及油压装置的油压、油位应满足机组至少启停一次的要求。

（2）调速系统油压装置油压、油位应满足要求，机组启动、建压正常到恢复厂用电的过程中应不引发事故低油压。

（3）空气压缩系统在失去电源后，低压气罐压力应能保证机组制动和空气围带正常退出。

（4）进水口主阀及调速器控制系统在失去交流电源的情况下能够正常运行。

（5）机组轴承在开机过程中，无水泵供应冷却水的情况下应满足时间和轴承温度的需求。

（6）渗漏集水井水位上升速率应能保证机组黑启动在集水井水位达到报警值前恢复厂用电，以免造成水淹厂房的事故。

（7）直流系统应满足励磁、继电保护、监控系统、自动化系统、调速器、通信、事故照明、操作等对供电容量的要求，供电时间应满足机组黑启动成功到恢复厂用电的全过程。

（8）励磁系统应满足在冷却风机无法运行时启动过程中功率柜的温升要求。

（9）黑启动机组的水机保护、发变组保护、厂用变压器保护等投入正常，自动化元件、自动装置工作正常，必要时可以闭锁一些保护并降低机组启动的要求，使机组能够快速安全启动。

三、发电机无外来交流备用电源的黑启动操作

（1）切除全厂调速系统压油泵、技术供水泵、渗漏排水泵、气系统、照明、电热等厂用电负荷的动力电源，防止厂用电恢复过程中自启动。

（2）按正常开机程序对具备黑启动条件的发电机进行自动开机，待机组黑启动成功后尽快恢复厂用电和所切除的厂用电负荷。

（3）在黑启动中应监视检查以下项目：

1）调速器系统和进水阀系统油压装置油压和油位。

2）气系统压力。

3）机组各轴承温度。

4）励磁系统功率柜温升。

5）机组水机保护、电气保护等闭锁执行是否正确。

6）发电机机端电压变化不应超过±10％，频率变化不应超过±0.5Hz。

四、发电机通过外来交流备用电源的黑启动操作

（1）检查确认厂用电交流电源全部消失，检查并拉开厂用电主、备用电源进线断路器或空气开关。

（2）切除全厂调速系统压油泵、技术供水泵、渗漏排水泵、气系统、照明、电热等厂用电负荷的动力电源，防止厂用电恢复过程中自启动。

（3）合上外来交流备用电源进线断路器或空气开关，检查厂用电恢复正常。

（4）恢复全厂调速系统压油泵、技术供水泵、渗漏排水泵等重要厂用负荷的动力电源。

（5）检查事故过后机组各部情况，选择具备开机条件的机组，按发电机正常开机程序进行操作。

（6）待机组启动完成后恢复厂用电正常运行方式。

五、发电机通过柴油发电机的黑启动操作

（1）检查确认厂用电交流电源全部消失。

（2）切除全厂调速系统压油泵、技术供水泵、渗漏排水泵、气系统、照明、电热等厂用电负荷的动力电源，防止柴油发电机启动恢复厂用电过程中自启动。

（3）检查并拉开厂用电主、备用电源进线断路器或空气开关。

（4）启动柴油发电机运行正常，合上柴油发电机电源进线开关。

（5）根据柴油发电机容量大小确定并恢复厂用电重要负荷，按照调速系统压油泵→气系统→技术供水泵→渗漏排水泵的顺序依次恢复，若柴油发电机容量较小，可先行恢复调速器压油泵、气系统，待黑启动完成且厂用电恢复正常后再恢复其他厂用电负荷，在黑启动过程中应防止水淹厂房事故的发生。

（6）检查事故后机组各部情况，选择具备开机条件的机组，按发电机正常开机程序进行操作。

（7）待机组黑启动成功后尽快切换恢复厂用电正常运行方式。

【思考与练习】

1. 发电机额定参数下运行时有什么规定？

2. 发电机变参数（电压、频率、功率因数变化时）运行时有什么规定？

3. 发电机运行中一般巡回检查事项和主要监视内容有哪些？

4. 发电机运行维护有哪些规定及注意事项？

5. 发电机电压、频率及功率因数越限时运行对机组有什么影响？

6. 发电机转子一点接地是由哪些原因引起的？

7. 发电机振荡的现象及其原因有哪些？如何处理？

8. 发电机消火过程中应注意哪些事项？

9. 推力轴承瓦温升高的故障原因有哪些？

10. 黑启动开机条件有哪些？

第九章 变压器的运行

第一节 变压器运行方式和要求

一、变压器基本结构

变压器中最主要的部件是铁芯和绕组，其次是油箱及变压器油，以及储油柜（油枕）、安全气道（防爆管）、气体继电器、绝缘套管、调压装置等。

二、变压器的运行方式和要求

变压器应根据制造厂规定的铭牌额定数据运行。在额定条件下，变压器按额定容量运行，在非额定条件下运行时，应遵守变压器运行的有关规定。

（一）变压器的允许温度和温升

1. 变压器的允许温度

变压器的允许温度是指运行中的变压器，运行温度不允许超过绝缘材料所允许的最高温度。

变压器运行时会产生铜损和铁损，这些损耗全部转化为热量，使变压器的铁芯和绕组发热，温度升高。温度对变压器的主要影响是使变压器的绝缘材料的绝缘性能降低。变压器中所使用的绝缘材料，长期在温度的作用下，会逐渐降低原有的绝缘性能，这种在温度作用下使绝缘材料绝缘性能逐渐降低的变化现象，叫绝缘的老化。温度越高，绝缘的老化越快，以致变脆而破裂，使得绕组失去绝缘层的保护。根据运行经验和专门研究，当变压器绝缘材料超过允许值长期运行时，每升高 6℃，其使用寿命减少一半，这就是变压器的 6℃规则。另外，即使变压器绝缘没有损坏，但温度越高，绝缘材料的绝缘强度就越低，很容易被高电压击穿造成故障。因此，运行中的变压器，运行温度不能超过绝缘材料所允许的最高温度。

电力变压器大都是油浸变压器。运行中的变压器，通常是监视变压器上层油温来控制变压器绕组最热点的工作温度，使绕组运行温度不超过其绝缘的允许温度值，以保证变压器的绝缘使用寿命。因为油浸变压器在运行中各部分的温度是不同的。绕组的温度最高，铁芯的温度次之，绝缘油的温度最低；且上层油温高于下层油温。

变压器的绝缘材料的耐热温度与绝缘材料的等级有关，如 A 级绝缘材料的耐热温度为 105℃；B 级绝缘材料的耐热温度为 130℃，一般油浸变压器为 A 级绝缘。为使变压器绕组的最高运行温度不超过绝缘材料的耐热温度，规程规定，当最高环境温度为 40℃时，A 级绝缘材料的变压器上层油温允许值见表 9-1。

表 9-1   **油浸变压器上层油温允许值**

冷却方式	冷却介质最高温度（℃）	长期运行上层油温度（℃）	最高上层油温度（℃）
自然循环冷却、风冷	40	85	95
强迫油循环风冷	40	75	85
强迫油循环水冷	30		70

由于 A 级绝缘变压器绕组的最高允许温度为 105℃，绕组的平均温度约比油温高 10℃，故油浸变压器自冷或风冷变压器上层油温最高允许温度为 95℃。考虑油温对油的劣化影响（油温每增加 10℃，油的氧化速度增加 1 倍），故上层油温的允许值一般不超过 85℃。对于强迫油循环风冷或水冷变压器，由于油的冷却效果好，使上层油温和绕组的最热点温度降低，但绕组平均温度与上层油温的温差较大（一般绕组的平均温度比上层油温高 20～30℃），故强迫油循环风冷变压器运行上层油温一般为 75℃，最高上层油温不超过 85℃。强迫油循环水冷变压器运行上层油温一般为 70℃。

为了监视和保证变压器不超温运行，变压器装有温度继电器和就地温度计。温度计用于就地监视变压器的上层油温。温度继电器的作用是：当变压器上层油温超出油温允许值时，发出报警信号；根据上层油温的变化范围，自动地起、停辅助冷却器；当变压器冷却器全停，上层油温超过允许值时，延时将变压器从系统中切除。

2. 允许温升

变压器上层油温与环境温度的差值称为温升。温升的极限值称允许温升。运行中的变压器，不仅要监视上层油温，而且还要监视上层油的温升。

对 A 级绝缘的油浸变压器，周围环境温度为 +40℃ 时，上层油的允许温升值规定如下：

（1）油浸自冷或风冷变压器。在额定负荷下，上层油温升不超过 55℃。

（2）强迫油循环风冷变压器。在额定负荷下，上层油温升不超过 45℃。

（3）强迫油循环水冷变压器。在额定负荷下，水冷却介质最高温度为 +30℃ 时，上层油温升不超过 40℃。

干式自冷变压器的温升允许值按绝缘等级确定，见表 9-2。

表 9-2　　　　　　　　　　　　干式变压器允许温升

变压器部位		允许温升（℃）	测量方法
绕组	A 级绝缘	60	电阻法
	E 级绝缘	75	
	B 级绝缘	80	
	F 级绝缘	100	
	H 级绝缘	125	
铁芯及结构零件表面		最大不超过所接触的绝缘材料的允许温度	温度计法

（二）变压器外加电源电压允许值

变压器运行规程对变压器电压作了如下规定：

（1）变压器外加电源电压可略高于变压器的额定值，但一般不超过所用分接头电压的 5%，不论变压器分接头在何位置，如果所加电压不超过相应额定值的 5%，则变压器二次绕组可带额定电流运行。

（2）个别情况根据变压器的结构特点，经试验可在 1.1 倍额定电压下长期运行。

（三）变压器的负荷能力

变压器的负荷能力是指变压器运行时，传输的功率超过变压器的额定容量。运行中的变压器有时可能过负荷运行。过负荷有两种情况：正常过负荷和事故过负荷。正常过负荷可经常使用，而事故过负荷只允许在事故情况下使用。

1. 正常过负荷

正常过负荷是指系统在正常的情况下，以不损害变压器绕组绝缘和使用寿命为前提的过负荷。

变压器正常过负荷运行的依据是：变压器绝缘等值老化原则。即变压器在一段时间内正常过负荷运行，其寿命损失大，在另一段时间内低负荷运行，其绝缘寿命损失小，两者绝缘寿命损失互补，保持变压器正常使用寿命不变。

正常过负荷的允许值及对应的过负荷允许运行时间，应根据变压器的负荷曲线、冷却介质的温度及过负荷前变压器所带的负荷来确定（可参照表9-3确定）。干式变压器的正常过负荷应遵照制造厂的规定。

表9-3　　　　　　油浸自冷或风冷变压器正常过负荷倍数及允许时间

过负荷倍数	过负荷前上层油温升（℃）						
	18	24	30	36	42	48	50
	允许连续运行时间（h：min）						
1.05	5：50	5：25	4：50	4：00	3：00	1：00	
1.10	3：50	3：25	2：50	2：10	1：25	0：10	
1.15	2：50	2：25	1：50	1：20	0：35		
1.20	2：05	1：40	1：10	0：45			
1.25	1：35	1：15	0：50	0：25			
1.30	1：10	0：50	0：30				
1.35	0：55	0：35	0：15				
1.40	0：40	0：25					
1.45	0：25	0：10					
1.50	0：15						

变压器正常过负荷运行事注意事项：

（1）存在较大缺陷的变压器，如冷却系统不正常、严重漏油，色谱分析异常等，不准过负荷运行。

（2）全天满负荷运行的变压器不宜过负荷运行。

（3）变压器过负荷前，应投入全部冷却器。

（4）密切监视变压器上层油温。

（5）对有载调压变压器，在过负荷程度较大时，应尽量避免用有载调压装置分接头。

2. 事故过负荷

事故过负荷是指在系统发生故障时，为保证用户的供电和不限制发电厂的出力，允许变压器短时间的过负荷。

事故过负荷时，变压器负荷和绝缘温度均会超过允许值，绝缘老化速度将比正常加快，使用寿命会减少。所以，事故过负荷是以牺牲变压器使用寿命为代价的过负荷运行。但由于事故过负荷的几率少，平常又多在欠负荷下运行，故短时间内事故过负荷运行对绕组绝缘寿命无显著影响，因此，在电力系统发生事故的情况下，允许变压器短时间内事故过负荷运行。

（四）冷却装置的运行方式

1. 变压器的冷却方式

变压器运行时，绕组和铁芯产生的热量先传给油，通过油再传给冷却介质。为了提高变压器的出力，保证变压器正常运行和使用寿命，必须加强对变压器的冷却。变压器的冷却方式，按其容量大小，有如下几种类型。

（1）油浸自冷。油浸自冷是以变压器油在油箱内自然循环，将变压器绕组和铁芯的热量传给油箱壁及散热管，然后，依靠空气自然流动将油箱壁及散热管的热量散发到大气中。变压器运行时，绕组和铁芯由于电能损耗产生的热量使油的温度升高，体积膨胀，密度减小，油自然向上流动，上层热油流经油箱壁、散热管冷却后，因密度增大而下降，于是形成了油在油箱和散热管间的自然循环流动，热油通过油箱壁和散热管得到冷却。容量在 7500kVA 及以下的变压器一般采用油浸自冷冷却方式。

（2）油浸风冷。在油浸自冷的基础上，在散热器上加装了风扇，风扇将周围的空气吹向散热器，加强散热器表面的冷却，从而加速散热器中油的冷却，是变压器油的温度迅速降低，提高了变压器绕组及铁芯的冷却效果。容量在 10 000kVA 以上的较大型变压器一般采用油浸风冷的冷却方式。

（3）强迫油循环冷却。为了增加冷却效果，大容量的变压器采用强迫油循环冷却，利用潜油泵加快油的循环流动。根据变压器的冷却方式不同，强迫油循环的冷却又分为强迫油循环的风冷却和强迫油循环的水冷却两种方式。

1）强迫油循环的风冷。在油浸风冷的基础上，加装了潜油泵，利用潜油泵加强油在油箱和散热器之间的循环速度，使油的冷却效果更好。

2）强迫油循环的水冷。变压器的油箱上加装散热器，油箱外加装了一套由潜油泵、滤油器、冷油器、油管道等组成的油系统。在冷油器中把油的热量带走，使热油得到冷却。

（4）强迫油循环导向冷却。所谓"导向"是指将经过冷却器冷却的油，在油箱的内部按给定的路径流动的。

2. 变压器冷却装置一般要求

变压器冷却装置应符合以下要求：

（1）强迫油循环冷却系统必须有两个独立的工作电源并能自动切换，当工作电源发生故障时，能自动投入备用电源并发出备用电源工作音响及灯光信号。

（2）强迫油循环冷却的变压器，当切除故障冷却器时应发出该冷却器音响及灯光信号。

（3）风扇、水泵及油泵的附属电动机应有过负荷、短路及断相保护。

（4）水冷却器的油泵应装在冷却器的进油侧，并保证在任何情况下冷却器中的油大于水压约 0.05MPa，冷却器出水应设放水旋塞。

（5）强迫油循环水冷的变压器，各冷却器的潜油泵出口应装止回阀。

（6）强迫油循环冷却的变压器，应能按温度和负载控制冷却器的投切。

三、变压器运行一般规定

（1）各变压器在正常时，应保持电压、电流在额定范围内运行。

（2）变压器电压变动范围在分接头额定电压的±5%以内，其额定容量不变，最高容量应受限制，最高运行电压不得大于分接头额定电压的105%。

（3）变压器为强油导向风冷油循环，变压器正常运行时不许停用油泵。

1) 当变压器风冷电源全停，油泵被迫停运，油泵或风扇电机停用时，允许变压器在额定负荷下运行 20min，主变压器没有满负荷运行，上层油温尚未达到 75℃ 时，允许上升到 75℃，但这种状态的最长运行时间不得超过 1h，同时考虑冷却器全停保护的使用。

2) 如果风扇停止运行，只有潜油泵运行时，变压器运行允许时间按变压器上层油温超过 75℃ 控制。

3) 当变压器由于某种原因，长时间空载运行时，必须投入强油风冷却系统。

4) 当运行中的变压器上层油温或变压器负荷达到规定值时，辅助冷却器自动投入运行。

5) 主变压器运行时，变压器温度不低于 10℃，低于 10℃ 可减少风扇台数。

(4) 非总工程师批准，变压器风冷全停跳闸保护不得停用。

(5) 变压器正常不允许正常或事故过负荷，若出现过负荷可增加冷却器台数，自动或手动降低负荷。

(6) 变压器绝缘电阻测定值，必须大于表 9 - 4 极限值，且较以前同一油温下绝缘电阻降低不超过 30%，否则非经总工程师同意，不准运行，绝缘电阻应读取 1min 值（380V 卷线用 500V 绝缘电阻表，其他用 1000V 或 2500V 绝缘电阻表）。

表 9 - 4　　　　　　　　　　　变压器绝缘电阻极限值

380V 级卷线	1MΩ
6.3kV 级卷线	10MΩ
13.8kV 级卷线	30MΩ
220kV 级卷线	100MΩ

(7) 变压器各线圈如不与地相连接或连接大电容设备（如长电缆），测绝缘前、后，应将设备对地放电。

四、变压器一般可能发生的故障

(1) 变压器内部绕组的多相短路、单相匝间短路、单相接地短路等。

(2) 变压器外部绝缘导管及引出线上的多相短路、单相接地短路等。

(3) 变压器内部绝缘油受潮等引起绝缘油不合格。

变压器内部故障不仅会损坏变压器，而且由于绝缘物和变压器油在电弧的作用下急剧气化，可能导致油箱爆炸；导管及引出线上发生相间或一相碰壳短路，将产生大的短路电流，损坏变压器，破坏电力系统正常运行。

五、变压器的不正常工作状况

(1) 各部有异音。

(2) 由于电动机自启动或并联工作的变压器被断开及高峰负荷等原因所引起的过负荷。

(3) 油箱油面异常降低。

(4) 绝缘油的温度异常升高。

变压器在不减少正常使用寿命条件下，允许过负荷。

第二节　变压器正常操作

一、变压器送电前的准备工作

(1) 检查变压器及其相关回路的检修工作已经结束，检修工作票终结，并收回。

（2）与检修有关的临时安全措施（短接线、接地线、标示牌等）已拆除，接地开关已拉开，恢复常设遮栏和标示牌。

（3）测量绝缘电阻。新安装的变压器或经检修后的变压器投入运行前，必须先测量绝缘电阻，合格后方可送电。测量时，应先拉开变压器各侧的隔离开关、中性点的隔离开关；将变压器高压侧接地，避免高压侧感应电压的影响；验明无电后才能进行测量。对发变组单元接线的主变压器，其间无隔离开关，可与发电机绝缘一并测量，测量结果不符合要求时，可将主变压器与发电机分开，分别测量。

油浸电力变压器绕组绝缘电阻允许值见表 9-5。同一变压器绕组的绝缘电阻，换算至同一温度下，与上次测量结果相比，降低不得超过 40%；在 10～30℃ 的条件下，所测得的吸收比（$R60/R15$）应不小于 1.3。$R60$、$R15$ 分别为 60s 和 15s 电阻值。绝缘电阻可按以下公式进行温度换算：

测量时温度比前次高 $\qquad R_{t1}=R_{t2}\cdot K$ （9-1）

测量时温度比前次低 $\qquad R_{t1}=R_{t2}/K$ （9-2）

式中　R_{t1}——换算至前次温度下的此次绝缘电阻值；

　　　R_{t2}——此次测量温度下的实测绝缘电阻值；

　　　t_1——前次测量时的温度，℃；

　　　t_2——此次测量时的温度，℃；

　　　K——油浸变压器绝缘电阻的温度换算系数，按两次测量温度差绝对值查表 9-6 取。

表 9-5　　　　　　油浸电力变压器绕组绝缘电阻允许值（MΩ）

绕组温度（℃） ＼ 高压绕组电压等级（kV）	10	20	30	40	50	60	70	80
3～10	450	300	200	130	90	60	40	25
20～35	600	400	270	180	120	80	50	35
60～220	1200	800	540	360	240	160	100	70

表 9-6　　　　　　油浸电力变压器绕组绝缘电阻温度换算系数

温度绝对值（℃）	5	10	15	20	25	30	35	40	45	50	55	60
换算系数 K	1.2	1.5	1.8	2.3	2.8	3.4	4.1	5.1	6.2	7.5	9.2	11.2

干式变压器绝缘电阻的测量，可参照上述规定执行。强迫油循环风冷和油浸风冷变压器大、小修后投入运行前，应测量潜油泵和风扇电机的绝缘电阻，使用 500V 绝缘电阻表测得的绝缘电阻应不低于 0.5MΩ。

（4）检查变压器一次回路。检查范围从母线到变压器出线，包括各电压等级一次回路中的设备。检查项目包括变压器本体、冷却器、有载调压回路、无载分接开关的位置、各电压等级的断路器、隔离开关、电流互感器及其他部件。所有一次设备均应处于良好备用状态（各项目检查要求按现场规程执行）。

（5）检查冷却器装置并投入运行。变压器投入运行前，应对变压器的冷却装置进行检查，检查试验正常，再将冷却装置投入运行。

1）检查项目。检查项目包括：测量冷却装置电机的绝缘电阻合格；检查每组冷却进出油蝶阀在开启位置；潜油泵和风扇电动机转向正确，运行中无异常声音和明显振动，电机温升正常；油流继电器动作正常；自动启动冷却器的控制系统动作正常，启动整定值正确；冷却系统总控制箱内开关状态和信号正确。在变压器投入运行前，将全部冷却器投入运行，以排除残余空气。运行 1h 后，再按规定将辅助和备用冷却器停运。

变压器开启部分冷却器时，应监视上层油温和温升不超过规定值。

2) 冷却器投入注意事项。冷却器投入时应注意下列事项：

a. 在投入强油风冷装置时，严禁先起动潜油泵，后开启该组散热器上下联管的阀门。停止强油风冷装置时，严禁在未停潜油泵的情况下，关闭其阀门。这是为了防止将大量空气抽入变压器体内或损坏潜油泵轴承及叶轮。

b. 在投入强水冷却装置时，必须先起动潜油泵，待油压上升后可开启冷却水门，且保持油压高于水压，以免冷却器泄漏时水渗入油中，影响油的绝缘性能，进而造成变压器的故障。冷却装置停用时的操作顺序相反。

c. 若变压器运行中投入强油风冷装置时，为防止气体保护误动作，应将其退出运行（重瓦斯保护由跳闸改投信号）。

(6) 变压器投入运行前的冲击试验。变压器正式运行前要做空载全电压合闸冲击试验。做空载合闸冲击试验的目的是：

1) 检查变压器及其回路的绝缘是否存在弱点或缺陷。拉开空载变压器时，可能产生操作过电压。在电力系统中性点直接接地时，过电压幅值可达 3 倍相电压。为了检验变压器绝缘强度是否能承受全电压或操作过电压的作用，故在变压器投入运行前，需做空载全电压冲击试验。若变压器及其回路有绝缘弱点，就会被操作过电压击穿而加以暴露。

2) 检查变压器差动保护是否误动。带电投入空载变压器时，会产生励磁涌流，其值可达 6~8 倍额定电流。励磁涌流开始衰减很快，一般经 0.5~1s 即可减到 0.25~0.5 倍额定电流，但全部衰减完毕时间较长，中小型变压器约几秒，大型变压器可达 10~20s，故励磁涌流衰减初期，往往差动保护误动，造成变压器不能投入。因此，空载冲击试验合闸时，在励磁涌流的作用下，可对差动保护的接线、特性、定值进行实际检查，并做出该保护可否投入的评价和结论。

3) 考核变压器的机械强度。由于励磁涌流产生很大的电动力，为了考核变压器的机械强度，故需做冲击试验。

全电压空载冲击试验次数，新产品投入运行前连续做 5 次，大修后的变压器应连续做 3 次。每次冲击试验间隔时间不少于 5min，操作前应派人到现场对变压器进行监视，检查变压器有无异音异状，如有异常应立即停止操作。

(7) 变压器的充电就在有保护装置电源侧用断路器操作；送电时，先合电源侧断路器，停电时先断开负荷侧断路器。

(8) 在无断路器时，可用隔离开关投切 110kV 及以下且电流不超过 2A 的空载变压器；用于切断 220kV 及以上变压器隔离开关，必须三相联动且装有灭弧角；装在室内的隔离开关必须在各项之间安装耐弧的绝缘隔板。

(9) 在 110kV 及以上中性点有效接地系统中，投运或停运变压器的操作，中性点必须先接地，防止单相接地产生过电压和避免产生某些操作过电压。投入后可按系统需要决定中性点是否断开。

（10）新修、大修、事故检修或换油后的变压器，在施加电压前静止时间 110kV 及以下不应少于 24h，220kV 及以上不应少于 48h，500kV 及以上不应少于 72h。

二、变压器的运行操作

变压器的运行操作包括冷却装置的投入与停用，变压器分接头的切换，变压器停、送电等。下面介绍冷却装置的投入与停用和变压器停、送电操作。

（一）冷却装置的投入与停用操作

1. 油浸风冷变压器冷却装置的投入与停用

（1）检查冷却器工作电源已送电。

（2）装上冷却装置的电源熔断器。

（3）将转换开关 ST 的手柄置于"手动"位置，冷却风扇投入运行。将 ST 置于"停止"位置，将冷却风扇停止运行。

（4）将 ST 手柄置于"自动"位置，冷却风扇按变压器上层油温或按变压器负荷电流起动运行或停止。

2. 强迫油循环风冷变压器冷却装置的投入和停用

（1）冷却装置的投入。操作步骤如下：

1）检查冷却器继电器定值正确。

2）检查风扇电动机、潜油泵运行正常。

3）打开油回路系统内的阀门（滤油室和潜油泵进出阀门，打开上集油室的排气塞）。

4）打开下蝶阀门，使油缓慢注入散热器，散热器注满油后，关闭排气塞（排气塞有油溢处时关闭）。

5）打开上蝶阀门，开足下蝶阀门。

6）检查冷却器的两路工作电源已送电。

7）将冷却装置电源切换开关 ST 切至 I 路电源工作位置，II 路电源联动备用。

8）装上所有控制和信号熔断器。

9）将转换开关 ST1、ST2、ST3 的手柄置于"工作"位置（接通控制和信号电源）。

10）合上各组冷却器的电源自动开关。

11）将冷却器的转换控制开关（1ST～NST）手柄置于"工作"位置，全部冷却器的风扇及潜油泵运转。

12）全部风扇运行 1h 后将辅助、备用冷却器的控制开关分别置于"辅助""备用"位置，工作冷却器继续运行。

（2）冷却装置的停用。操作步骤如下：

1）将冷却器的控制开关（ST1～NST 相关的控制开关）手柄置于"停止"位置。

2）将该冷却器的电源自动开关（1Q～NQ 相关的自动开关）断开。

3）关闭冷却器的上、下蝶阀门。

3. 强迫油循环水冷变压器冷却装置的投入和停用。操作基本顺序如下：

（1）打开各冷却器油管道的上、下蝶阀。

（2）启动潜油泵，打开潜油泵的出口阀。

（3）检查潜油泵出口压力正常，流量表正常。

（4）打开冷却器出水总阀。

（5）依次打开各冷却器出水阀和进水阀。

（6）缓慢打开冷却器总进水阀，维持油压大于水压。

水冷却装置停用与起动操作顺序相反。

4. 冷却装置起动和停用注意事项

（1）变压器投入运行时，应先逐台投入冷却装置运行，并按负载情况控制冷却器的台数；变压器停运后，冷却器按规定运行一段时间后停止运行。

（2）投入强迫油循环冷却装置时，应先打开冷却器的上、下蝶阀门，后起动冷却器潜油泵；停用强迫油循环冷却装置时，应先停止潜油泵运行，再关闭上、下蝶阀门。防止将大量空气抽入变压器本体内或损坏潜油泵轴承及叶轮。

（3）对于强迫油循环的水冷却器，在投入运行时，应先起动潜油泵建立油压后，才可开启冷却水门，操作时应缓慢进行，且油压大于水压，以避免冷却器有泄漏时，水渗到油中，影响变压器油的绝缘性能。

（4）水冷却装置使用的水质不应含有腐蚀物质，防止因腐蚀造成冷却器泄漏。

（5）水冷却器在冬季停止运行时，应将冷却器水室和进、出水管剩水放尽，以免冻坏设备。

（二）变压器停送电操作

1. 变压器的操作原则

变压器在正常运行情况下，它的投入和退出操作原则如下：

（1）变压器一般装有断路器，变压器投入和退出须用断路器，对空载变压器也如此。

（2）对小容量变压器如水电站中厂用变压器，若未装设断路器时，亦可用隔离开关投入或退出空载变压器（空载电流不超过 2A 为限）；但须注意切断电压为 20kV 及以上变压器的空载电流，必须用带有消弧角和机械传动装置并装在户外的三联刀闸。若因条件限制三联刀闸必须装在户内时，则应在各相间装不易燃的绝缘物，使其三相互相隔离，以防止三相弧光短路。

（3）变压器投入、退出时的操作顺序：退出时，先依次断开负荷侧和电源侧的断路器，再依次拉开负荷侧和电源侧的隔离开关；投入时，先依次合上电源侧和负荷侧的断路器，再依次合上电源侧和负荷侧的隔离开关。

（4）在电源侧装隔离开关，负荷侧装断路器的电路投入变压器时，应先合电源侧隔离开关，再合负荷侧隔离开关，最后合负荷侧断路器。退出变压器时应先拉负荷侧断路器，再拉负荷侧隔离开关，最后拉电源侧隔离开关。

（5）停运时间较长的变压器投运前须测量绝缘电阻并作油样简化试验，测量绝缘电阻时必须将高低压侧电源和连接的互感器断开，并同时断开接地的中性点。若变压器的绝缘电阻小于规定值时应报告技术领导人，以便决定是否投入运行。

（6）新投或大修后变压器送电，重瓦斯先改投信号位置，应选择大电网电源进行全压充电试验；送电后，经 24h 运行放气正常后改投跳闸位置。

2. 发电厂高压备用变压器的停送电操作

下面以大容量变压器操作为例，介绍变压器的操作。如图 9-1 所示为某发电机组电气一次系统图，发电机起动前，先由高压备用变压器 T3 向机组 6kV 厂用电供电，然后起动机组。

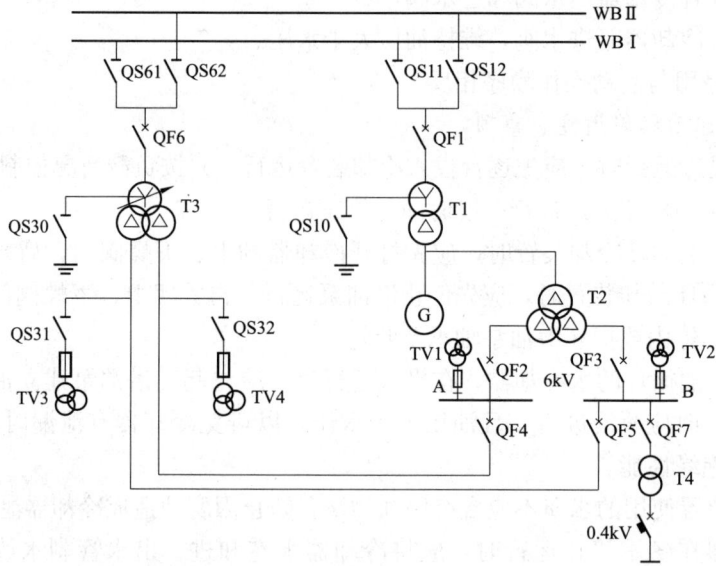

图 9-1　某发电机组电气一次系统

（1）发电厂高压备用变压器的送电操作。现就起备变 T3 运行于 WBⅡ母线及带负荷的操作步骤简述如下。

1）投入冷却装置运行（起动潜油泵和冷却风扇）。

2）检查 QS61、QS62、QF6、QF5、QF4、QF3、QF2 在开位（监控系统显示和现场机械位置指示在开位）。

3）投入变压器 T3 的全部继电保护连接片，并检查其接触良好和位置正确。

4）合上中性点隔离开关 QS30。

5）检查 QS30 三相合闸良好。

6）投入隔离开关 QS62 的操作电源，就地电动合上隔离开关 QS62。

7）检查隔离开关 QS62 三相合闸良好。

8）装上断路器 QF6 的动力及控制熔断器，检查信号指示正确，无报警信号出现。

9）合上断路器 QF6，向变压器 T3 充电。

10）检查信号及仪表指示（电流表、功率表、电能表）等显示正常，无保护掉牌，检查断路器 QF6 三相合闸良好（监控系统显示在合位、现场机械位置指示在合位）。

11）合上 TV3、TV4 上的隔离开关 QS31、QS32（同期合闸用）。

12）检查 TV3、TV4 上的隔离开关 QS31、QS32。

13）装上断路器 QF4、QF5 的动力及控制熔断器。

14）合上断路器 QF4 的同期控制开关 ST1、同期切换开关 ST2、同期闭锁开关 ST3。

15）合上断路器 QF4。

16）检查断路器 QF4 三相合闸良好（监控系统显示在合位、现场机械位置指示在合位）。

17）合上断路器 QF5 的 ST1、ST2、ST3。

18）合上断路器 QF5。

19）检查断路器 QF5 三相合闸良好（监控系统显示在合位、现场机械位置指示在合位）。

20）拉开隔离开关 QS30（QS30 是否接地运行由调度决定）。

至此,起备变 T3 的送电及带负荷的操作完毕。

(2)发电厂变压器的停电操作。T3 变压器停电的操作步骤简述如下。

1)合上隔离开关 QS30,并检查三相合闸良好。

2)拉开断路器 QF4。

3)检查断路器 QF4 三相在开位,6kV A 段电压为零。

4)拉开断路器 QF5。

5)检查断路器 QF5 三相在开位,6kV B 段电压为零。

6)拉开断路器 QF6。

7)检查断路器 QF6 三相在开位监控系统显示在开位、现场机械位置指示在开位。

8)停用 TV3、TV4。

9)取下断路器 QF6 的动力及控制熔断器。

10)将 Q 断路器 F4、QF5 小车断路器拉出开关间隔(或拉至试验位置)。

11)取下断路器 QF4、QF5 的动力及控制熔断器。

12)拉开变压器各保护连接片。

13)拉开隔离开关 QS62。

14)检查隔离开关 QS62 三相在开位。

15)将 T3 的冷却装置运行一段时间后,停运。

3. 发电机变压器组单元接线主变压器的停送电操作

(1)发电机变压器组全停主变压器的操作。

图 9-2 为某水力发电厂部分电气主接线图,采用发电机变压器组单元接线。正常情况下,采用自动流程开停机。图中一号发电机已停机,断路器 QF1 在开位。同期转换开关切至"切除"位置,灭磁开关在开位。现在简述主变压器的操作步骤:

1)一号发电机同期转换开关切至"切除"位置。

2)拉开一号发电机的灭磁开关。

3)拉开一号主变压器中性点隔离开关QS210。

4)检查一号机分支线断路器 QF15 在开位。

5)拉开一号主变压器低压侧隔离开关QS113。

6)检查一号主变压器高压侧断路器 QF1 在开位。

7)拉开一号主变压器高压侧隔离开关 QS11。

8)检查一号主变压器高压侧隔离开关 QS12 在开位。

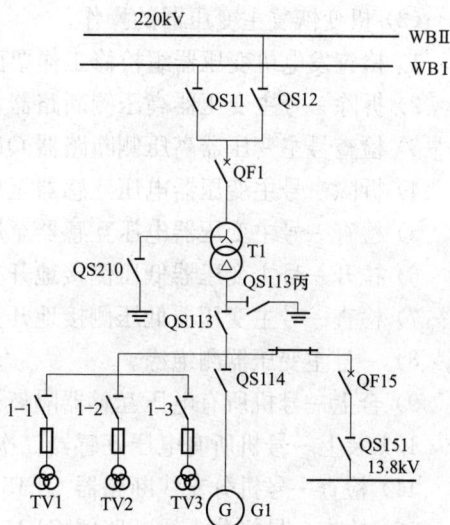

图 9-2 某水力发电厂部分电气主接线图

9)检查一号主变压器中性点 QS210 在开位。

10)在一号主变压器高压侧至断路器 QF1 间三相验电确无电压。

11)在一号主变压器低压侧至隔离开关 QS113 间三相验电确无电压。

12)一号主变压器测绝缘:

高压—地_____ MΩ

低压—地_____ MΩ　　　$T=$_____℃。

13）在一号主变压器高压侧断路器 QF1 至隔离开关 QS11、QS12 间三相验电确无电压。

14）在一号主变压器高压侧断路器 QF1 至隔离开关 QS11、QS12 间装设 1 号接地线一组。

15）在一号主变压器高压侧断路器 QF1 储能方式选择开关切至"手动"位置。

16）合上一号主变压器高压侧断路器 QF1。

17）拉开一号主变压器高压侧断路器 QF1。

18）检查一号主变压器高压侧断路器 QF1 储能指示器指示"未储能"。

19）一号主变压器风冷电源 SA 开关切至"停用"位置。

20）拉开一号机引出线隔离开关 QS114。

21）拉开一号机分支线隔离开关 QS151。

22）取下一号机电压互感器 TV1、TV2、TV3 二次熔断器。

23）分别拉开一号机电压互感器 TV1、TV2、TV3 上的隔离开关 1-1、1-2、1-3。

24）拉开主变压器风冷工作电源和备用电源。

25）合上一号发电机分支线断路器 QF1。

26）拉开一号发电机分支线断路器 QF15。

27）检查一号发电机分支线断路器 QF15 储能指示器指示"未储能"。

28）拉开一号发电机中性点隔离开关。

29）合上一号主变压器低压侧隔离开关 QS113 丙。

（2）机变恢复主变压器的操作。

1）检查发电机变压器组检修工作票已收回。

2）拆除一号主变压器高压侧断路器 QF1 至 QS11、QS12 接地线一组。

3）检查号主变压器高压侧断路器 QF1 至 QS11、QS12 接地线已拆除。

4）拆除一号主变压器电压互感器至熔断器所有接地线。

5）检查一号主变压器电压互感器至熔断器所有接地线确已拆除。

6）拉开一号主变压器低压侧接地开关 QS113 丙。

7）检查一号主变压器低压侧接地开关 QS113 丙确已拉开。

8）一号主变压器测绝缘。

9）合上一号机所有电压互感器隔离开关。

10）装上一号机所有电压互感器二次熔断器。

11）检查一号机分支线断路器 QF15 储能指示器指示"已储能"。

12）检查一号机分支线断路器 QF15 在开位。

13）合上一号机分支线隔离开关 QS151。

14）合上一号机引出线隔离开关 QS114。

15）合上一号主变压器低压侧隔离开关 QS113。

16）合上一号主变压器风冷工作电源开关和备用电源开关。

17）投入发电机变压器组全部继电保护连接片，并检查其接触良好和位置正确。

18）一号主变压器高压侧断路器 QF1 储能切换把手切至"自动"位置。

19）检查一号主变压器高压侧断路器 QF1 储能指示器指示"已储能"。

20）检查一号主变压器高压侧断路器 QF1 在开位。

21）检查一号主变压器高压侧隔离开关 QS12 在开位。

22）合上一号主变压器高压侧隔离开关 QS11。

23）合上一号主变压器中性点隔离开关。

24）合上一号机灭磁开关 SD。

25）一号机同期转换开关切至自动位置。

26）合上一号机音响、信号支流开关。

27）合上一号机事故、故障报警直流开关。

28）机组自动开机（变压器投入运行）。

第三节　变压器运行监视与维护

一、变压器正常运行的监视

变压器运行时，运行人员应根据控制盘上的仪表（有功表、无功表、电流表、电压表、温度表等）来监视变压器的运行状况，使负荷电流、电压和温度在允许范围内变化，并做好记录。仪表指示值抄录的次数由现场规程规定。在巡视检查时抄录变压器上层油温，环境温度变化时要注意温升。若变压器过负荷运行，应积极采取措施（如改变变压器运行方式或降低负荷），同时应加强监视，并做好过负荷情况记录。

二、变压器正常巡视检查项目

（1）变压器的运行声音正常。

（2）变压器油位、油色应正常，各部位无渗漏油现象。

（3）变压器油温、温升应正常。

（4）呼吸器应完好、畅通，硅胶无变色，油封呼吸器的油位正常。

（5）冷却器运行正常。

（6）防爆门隔膜应完好无裂纹。

（7）变压器套管油位正常，套管清洁、无破损、无裂纹和放电痕迹。

（8）引线接头接触应良好，各引线接头应无变色、无过热、发红现象，接头接触处的示温蜡片应无融化现象。

（9）变压器铁芯接地线和外壳接地线接触良好，用钳形电流表测量铁芯接地电流值应不大于 0.5A。

（10）气体继电器应充满油、无气体。

（11）调压分接头位置指示应正确，各调压分接头位置应一致。

（12）各控制箱和二次端子箱内各种电器装置应完好，位置和状态正确，箱壳密封良好，无受潮。

三、变压器定期工作

（1）取油样化验并作耐压试验，必要时，取油样作色谱分析。

（2）冬季取下避雷器做预防性试验。

（3）停电时，用绝缘电阻表测量线圈之间和线圈对地之间的绝缘电阻值，并与上次测量值比较（中性点接地时应先拉开接地刀闸）。

（4）停电时，测各侧线圈直流电阻值（包括分接开关部分），并与上次测量值比较。

（5）外壳和铁芯接地情况检测。

（6）按规程规定，定期进行交流耐压等预防性试验。

（7）冷却泵主用和备用的定期切换。

（8）对停用时间比较长的备用变压器要按规程规定，定期充电，防止受潮，并测绝缘电阻值。

四、变压器定期、机动性的巡回检查

（1）各变压器每天至少检查一次。

（2）变压器经检修后，第一次带负荷前，应进行机动性检查。

（3）每次短路故障后，应进行变压器外部检查。

（4）每周五进行一次室外熄灯检查各处有无火花放电，电晕及过热烧红现象。

（5）天气恶劣时，进行室外变压器机动性检查。

（6）变压器新投入运行后，集气盒会产生很多气体，应经常放气。

五、变压器特殊巡视（机动）检查

当系统发生短路故障或天气突然发生变化（如大风、大雨、大雪及气温骤变等）时，运行值班人员应对变压器及其附属设备进行重点检查。

（1）变压器在系统发生短路故障后的检查。检查变压器有无爆裂、移位、变形、焦味、烧伤、闪络及喷油，油色是否正常，电气连接部分有无发热、熔断、瓷质外绝缘有无破裂，接地引下线有无烧断。

（2）大风、雷雨、冰雹后的检查。检查引线摆动情况及有无断股，引线和变压器上有无搭挂落物，瓷套管有无放电闪络痕迹及破裂现象。

（3）浓雾、毛毛雨、下雪时的检查。检查瓷套管有无沿面放电，各引线接头发热部位在小雨中或落雪后应无水蒸气上升或落雪融化现象，导电部分应无冰柱，如有应及时清理。

（4）气温骤变时的检查。气温骤冷或骤热时，应检查油枕油位和瓷套管油位是否正常，油温和温升是否正常，各侧连接引线有无变形、断股或接头发热发红等现象。

（5）过负荷运行时的检查。检查并记录负荷电流，检查油温和油位的变化，检查变压器的声音是否正常，检查接头发热是否正常，示温蜡片无融化现象，检查冷却器投入的数量应足够，且运行正常，检查防爆膜、压力释放器应为动作。

（6）新投入或经大修的变压器投入运行后的检查。在4h内，应每小时巡视检查一次，对以下项目要重点检查：①变压器声音是否正常，如发现响声特大、不均匀或有放电声，则可判断内部有故障；②油位变化应正常，随温度的提高应略有上升；③用手触及每一组冷却器，温度应正常，以证实冷却器的阀门已打开；④油温变化应正常，变压器带负荷后，油温应缓慢上升。

六、干式变压器巡视检查项目

（1）变压器的声音正常，无异味。

（2）接头无过热，电缆头无漏油、渗油现象。

（3）绕组的温升，根据变压器的绝缘等级，其温升不超过允许值。

（4）绝缘子无裂纹、无放电痕迹。

（5）变压器室内通风良好，室温正常，室内屋顶无渗、漏现象。

七、变压器分接开关的维护

分接开关分为无载分接开关和有载分接开关。

（1）有载调压时应遵守下列规定。

1）有载分接开关切换调节时，应注意分接开关位置指示，变压器电流和母线电压的变化情况，并做好记录。

2）有载调压时应逐级调压，有载分接开关原则上每次只操作一挡，隔1min后在进行下一挡的调节，严禁分接开关在变压器严重过负荷（超过1.5倍额定电流）的情况下进行切换。

3）变压器的有载分接开关应三相同步操作。

4）两台有载调压变压器并联运行时，调压操作应轮流逐级进行。

5）有载调压变压器与无载调压变压器并联运行时，有载调压变压器的分接位置应尽量接近无载调压变压器的分接位置。

（2）电动操作机构应经常保持良好状态。电源和行程指示灯完好；分接开关的电动控制应正确无误，电源可靠；接线端子接触良好，驱动电动机运转正常，转向正确；控制盘上的操作按钮、分接开关和控制箱上的按钮应完好；大修或小修后的有载分接开关，应在变压器空载下，用电动操作按钮至少操作一个循环，观察各项指示正确，极限位置闭锁应可靠，之后再调至调度要求的分接头挡位带负荷运行，并加强监视。

（3）有载分接开关的切换箱应严格密封，不得渗漏。如发现其油位变化，可能是变压器与有载分接开关的切换箱审油引起。应保持变压器油位高于分接开关的切换箱的油位，防止分接开关的切换箱的油渗入到变压器本体内，影响其绝缘油质，如有此情况，应及时停电处理。

（4）有载分接开关的切换箱内绝缘油的试验与更换。每运行6个月取样进行工频耐压试验一次，其油耐压值不低于30kV/2.5min；当油耐压值为25～35kV/2.5min时，应停止使用自动调压装置；若油耐压值低于25/2.5min时，应禁止调压操作，并及时安排换油；当运行1～2年或切换操作达5000次后，应换油，且切换的触头部分应吊出检查。

（5）有载分接开关装有气体保护及防爆装置，重瓦斯气体动作于跳闸，轻瓦斯气体动作于信号，当保护装置动作时，应查明原因。

八、强迫油循环风扇冷却装置的运行维护

冷却装置运行时，应检查冷却器进、出油管的蝶阀在开启位置；散热器进风通畅，入口干净无杂物；检查潜油泵转向正确，运行中无杂音和明显振动；风扇电动机转向正确，风扇叶片无擦壳；冷却器控制箱内分路电源自动开关闭合良好，无振动及异常响声；检查冷却系统总控制箱正常；冷却器无渗、漏油现象。

九、油枕的维护

为了减缓变压器油的氧化，在油枕的油面上放置一个隔膜或胶囊，胶囊的上口与大气相通，使油枕的油面与大气隔离，胶囊的体积随温度的变化增大或减小。该油枕的维护工作主要有以下两个方面：

（1）油枕加油时，应尽量将胶囊外面与油枕内壁间的空气排尽。否则，会造成假油位及

气体继电器动作，故应全密封加油。

(2) 油枕加油时，应注意进油速度及油量要适当，防止进油速度太快，油量过多时，可能造成压力释放器发信号或防爆管喷油。

十、净油器的运行维护

变压器运行时，检查净油器的上、下阀门在开启位置，保持油在其间通畅流动。净油器的填充物质是硅胶或活性氧化物，检查时要注意其颜色的变化，质量不合格时要及时更换。净油器投入运行时，先打开下部阀门，使油充满净油器，并打开上部排气小阀，使其内空气排出，当小阀门溢油时，关闭小阀门，再打开净油器的上阀门。

第四节　变压器事故故障处理

一、变压器异常运行及处理

变压器异常运行主要表现在：声音不正常，温度显著升高，油色变黑，油位升高或降低，变压器过负荷，冷却系统故障及三相负荷不对称。当出现以上异常现象时，应按运行规程规定，采取措施将其消除，并将处理经过记录在异常记录簿上。

1. 变压器声音不正常

变压器运行时，应为均匀的"嗡嗡声"。这是因为交流电流通过变压器绕组时，在铁芯中产生周期变化的交变磁通，随着磁通的变化，引起铁芯的振动而发出均匀的"嗡嗡声"。如果变压器变化产生不均匀声音或其他异音，都属于变压器不正常。引起不正常声音的原因有以下几点：

(1) 变压器过负荷。过负荷使变压器发出沉重的"嗡嗡声"。

(2) 变压器负荷急剧变化。如系统中大动力设备（如电弧炉、汞弧整流器等）起动，使变压器的负荷急剧变化，变压器发出较重的"哇哇声"，或随负荷的急剧变化，变压器发出"割割割、割割割"的突发间歇声。

(3) 系统短路。系统发生短路时，变压器流过短路电流使变压器发出很大的噪声。出现上述情况，运行值班人员应对变压器加强监视。

(4) 电网发生过电压。如中性点不接地系统发生单相接地或系统产生铁磁谐振，致使电网发生过电压，使变压器发出时粗时细的噪声。这时可结合电压表的指示做综合判断。

(5) 变压器铁芯夹紧件松动。铁芯夹紧件松动使螺栓、螺丝、线夹、铁芯松动，使变压器发出"叮叮当当"和"呼……呼……"等类似锤击和刮大风的声音。此时，变压器油位、油色、油温均正常，运行值班人员应加强监视，待大修时处理。

(6) 内部故障放电打火。内部接头焊接或接触不良，分接开关接触不良，铁芯接地线断开故障，使变压器发出"咝咝"或"噼啪"放电声。此时，变压器应停电处理。

(7) 绕组绝缘击穿或匝间短路。如绕组绝缘发生击穿，变压器声音中夹杂不均匀的爆裂声；绕组匝间短路，短路处严重局部过热，变压器油局部沸腾，使变压器声音中夹杂有"咕噜咕噜"的沸腾声。此时，变压器应停电处理。

(8) 外界气候引起的放电。如大雾、阴雨天气或夜间，变压器套管处有蓝色的电晕或火花，发出"嘶嘶"或"嗤嗤"的声音，这说明瓷件污秽严重或设备线卡接触不良，此时，应加强监视，待停电时处理。

2. 变压器油温异常

在正常负荷和正常冷却条件下，变压器上层油温较平时高出 10℃ 以上，或变压器负荷不变而油温不断上升，则应认为变压器温度异常。变压器温度异常可能是下列原因造成的。

（1）变压器内部故障。如绕组匝间短路或层间短路，绕组对围屏放电，内部引线接头发热。铁芯多点接地使涡流增大而过热等。这时变压器应停电检修。

（2）冷却装置运行不正常。如潜油泵停运，风扇损坏停转，散热器管道积垢使冷却效果不良，散热器阀门未打开。此时，在变压器不停电状态下，可对冷却装置的部分缺陷进行处理或按规程规定调整变压器负荷至相应值。

3. 变压器油色不正常

变压器油有新油和运行油两种。新油呈亮黄色，运行值班人员巡视时，发现变压器油位计中油的颜色发生变化，应取样分析化验。当化验发现油内含有碳粒和水分、酸价增高、闪光点降低、绝缘强度降低时，说明油质已急剧下降，容易发生内部绕组对变压器外壳的击穿事故。此时，该变压器应停止运行。若运行中变压器油色骤然变化，油内出现碳质并有其他不正常现象时，应立即停用该变压器。

4. 变压器油位不正常

为了监视变压器的油位，变压器的油枕上装有玻璃油位计或磁针式油位计。油枕采用玻璃管油位计时，油枕上标有油位监视线，分别表示环境温度为 -20℃、+20℃、+40℃ 时变压器正常的油位；如果采用磁针式油位计，在不同环境温度下，指针应停留的位置由制造厂提供的油位——温度曲线确定。变压器运行时，正常情况下，变压器的油位随温度变化而变化，而油温取决于变压器所带的负荷多少、周围环境温度和冷却系统运行情况。变压器油位异常有如下三种表现形式：

（1）油位过高。油位因油温升高而高出最高油位线，有时油位到顶而看不到油位。油位过高的原因是：变压器冷却器运行不正常，使变压器油温升高，油受热膨胀，造成油位上升；变压器加油时，油位偏高较多，一旦环境温度明显上升，引起油位过高。如果油位过高是因冷却器运行不正常引起，则应检查冷却器表面有无积灰堵塞，油管上、下阀门是否打开，管道是否堵塞，风扇、潜油泵运转是否正常合理，冷却介质温度是否合适，流量是否足够。如果油位是因加油过多引起，应放油至适当高度；若看不到油位，应判断为油位确实高出油位线，再放油至适当高度。

（2）油位过低。当变压器油位较当时油温对应的油位显著下降，油位在最低油位线以下或看不见时，应判断为油位过低。造成油位过低的原因是：变压器漏油；变压器原来油位不高，遇有变压器负荷突然下降或外界环境温度明显降低时，使油位过低；强迫油循环水冷变压器油漏入冷油器时间较长，也会造成重瓦斯保护跳闸。严重缺油时，变压器铁芯和绕组会暴露在空气中，这不但容易受潮降低绝缘能力，而且可能造成绝缘击穿。因此，变压器油位过低或油位明显降低，应尽快补油至正常油位。如因漏油严重使油位明显降低，应禁止将气体保护由跳闸改为信号，应立即停用该变压器。

运行中的变压器补油时，应注意下列事项：

1）补入的新油应与变压器原有的油同型号，防止混油，且新补入的油应经试验合格。

2）补油前，应将重瓦斯保护改接信号位置，防止跳闸。

3）补油后要注意检查气体继电器，及时放出气体，24h 后无问题再将重瓦斯投入跳闸位置。

4）补油要适量，油温与变压器当时的油温相适应。

5）禁止从变压器下部截门补油，以防止将变压器底部沉淀物冲起进入线圈内，影响变压器绝缘的散热。

（3）假油位。如果变压器油温的变化是正常的，而油标管内油位不变化或变化异常，则该油位是假油位。造成假油位的原因可能有：当胶囊密封式油枕油标管堵塞、呼吸器堵塞或防爆管气孔堵塞时，均会出现假油位。当胶囊密封式油枕存有一定数量的空气、胶囊受阻呼吸不畅、胶囊装设位置不合理及胶袋破裂等也会造成假油位。处理时，应先将重瓦斯保护解除。

变压器运行时，一定要保持正常油位。运行值班人员应按时检查油位计的指示。油位过高时（如夏季），应及时放油；在油位过低时（如冬季），应及时补油，以维持正常油位，确保变压器安全运行。

5. 变压器过负荷

运行中的变压器过负荷时，警铃响，出现"过负荷"光字牌信号，可能出现电流表指示超过额定值，有功、无功表指示增大。运行值班人员发现上述现象时，按下述原则处理：

（1）停止音响报警，汇报班长、值长，并做好记录。

（2）及时调整运行方式，调整负荷的分配，如有备用变压器，应立即投入。

（3）属正常过负荷或事故过负荷时，按过负荷倍数确定允许运行时间，若超过运行时间，应立即减负荷，并加强对变压器温度的监视。

（4）过负荷运行时间内，应对变压器及其相关系统进行全面检查，发现异常应立即处理。

6. 变压器不对称运行

运行中的变压器，造成不对称运行的原因有：

（1）三相负荷不一致，造成变压器不对称运行。如变压器带有大功率的单相电炉、电气机车、电焊变压器等。

（2）由三台单相变压器组成三相变压器组。当其中一台损坏而用不同参数的变压器来代替时，造成电流和电压不对称。

（3）变压器两相运行。如三相变压器一相绕组故障；三相变压器某侧断路器一相断开；三相变压器的分接头接触不良；三台单相变压器组成三相变压器，其中一台变压器故障，两台单相变压器运行等。

变压器不对称运行，会造成变压器容量降低，同时，对变压器本身有一定危害，因电流、电压不对称，对用户也造成影响。另外，对沿线通信线路造成干扰，对电力系统的继电保护工作条件也造成影响。因此，变压器出现不对称运行，应分析引起的原因，并针对引起的原因，尽快消除。

7. 变压器冷却装置故障

变压器冷却装置的常见故障有冷却装置工作电源全部中断、部分冷却装置电源中断、潜油泵故障或风扇故障使部分冷却装置停运、变压器冷却水中断。当冷却装置故障时，变压器发出"备用冷却器投入"和"冷却器全部全停"信号。冷却装置故障的一般原因为：

（1）供电电源熔断器熔断或供电电源母线故障。

（2）冷却装置工作电源开关跳闸。

（3）单台冷却装置的电源自动开关故障跳闸或潜油泵和风扇的熔断器熔断。

（4）潜油泵和风扇损坏及连接管道漏油。

当冷却系统发生故障时，可能迫使变压器降低容量运行，严重者可能使变压器停运，甚至烧坏变压器。因此，当冷却系统发生故障时，针对故障原因，迅速处理。

对于油浸风冷变压器，当发生风扇电源故障时，应立即调整变压器所带负荷，使之不超过70％额定容量。单台风扇发生电源故障时，可不降低变压器负荷。

对于强迫油循环风冷变压器，若冷却装置电源全部中断，应设法于10min内恢复1路或2路电源。在进行处理期间，可适当降低负荷，并对变压器上层油温及油枕、油位严密监视。因冷却装置电源全停时，变压器油温和油位会急剧上升，有可能出现从油枕中溢出或从防爆管跑油现象。如果10min内，冷却装置电源能恢复，当冷却装置正常运行后，油枕油位又会急剧下降。此时，若油位下降到油标−20℃以下并继续下降时，应立即停用重瓦斯保护。如果10min内冷却装置不能恢复，则应立即停用变压器。

如果冷却装置部分损坏或1/2电源失去，应根据冷却器台数与相应容量的关系，立即调整变压器负荷至相应允许值，直至冷却器修复或电源恢复。由于大型变压器一般设有辅助和备用冷却器。在变压器上层油温升到规定值时，辅助冷却器会自动投入，在个别冷却器故障时，备用冷却器会自动投入，故无需调整变压器的负荷。但出现"备用冷却器投入"信号后，运行值班人员应检查冷却器投入运行是否正常。

8. 轻瓦斯保护动作报警

变压器装有气体继电器，重瓦斯保护反应变压器内部故障，动作于跳闸；轻瓦斯保护反应变压器内部轻微故障，动作于信号。由于种种原因，变压器内部产生少量气体，这些气体积聚在气体继电器内，积聚的气体达一定数量后，轻瓦斯保护动作报警（电铃响，"轻瓦斯动作"光字牌亮），提醒运行值班人员分析处理。

轻瓦斯保护动作的可能原因是：变压器内部轻微故障，如局部绝缘水平降低而出现间隙放电及漏油，产生少量气体；也可能是空气浸入变压器内，如滤油、加油或冷却系统不严密，导致空气进入变压器而积聚在气体继电器内；变压器油位降低，并低于气体继电器，使空气进入气体继电器内；二次回路故障，如直流系统发生两点接地或气体继电器引线绝缘不良，引起误发信号。

运行中的变压器发生轻瓦斯保护动作报警时，运行值班人员应立即报告当值调度，复归信号，并进行分析和现场检查，根据变压器现场检查结果和气体继电器内气体取样分析结果做相应的处理：

（1）检查变压器油位。如果是变压器油位过低引起，则设法消除油位过低，并恢复正常油位。

（2）检查变压器本体及强迫油循环冷却系统是否漏油。如有漏油，可能有空气浸入，应消除漏油。

（3）检查变压器的负荷、温度和声音等的变化，判明内部是否有轻微故障。

（4）如果气体继电器内无气体，则考虑二次回路故障造成误报警。此时，应将重瓦斯保护由跳闸改为信号，并由继电保护人员检查处理，正常后再将重瓦斯保护投跳闸位置。

（5）变压器外部检查正常，轻瓦斯保护动作报警继电器内气体积聚引起时，应记录气体数量和报警时间，并收集气体进行化验鉴定，根据气体鉴定的结果再做出如下相应处理：

1) 气体无色、无味、不可燃者为空气。应放出空气，并注意下次发出信号的时间间隔。若间隔逐渐缩短，应切换至备用变压器供电。短期内查不出原因，应停用该变压器。

2) 气体为可燃且色谱分析不正常时，说明变压器内部有故障，应停用该变压器。

3) 气体为淡灰色，有强烈的气味且可燃，说明变压器内部绝缘有故障，即纸或纸板有烧损，应停用该变压器。

4) 气体为黑色、易燃烧，为油故障（可能是铁芯烧坏，或内部发生闪络引起油分解），应停用该变压器。

5) 气体为黄色，且燃烧困难，可能是变压器内木质材料故障，应停用该变压器。

（6）如果在调节变压器有载调压分接头的过程中伴随轻瓦斯保护报警，可能是有载调压分接头的连接开关平衡电阻被烧坏，应停止调节，待机停用该变压器。

根据上述分析，对运行中的变压器应注意以下事项：

1) 变压器在运行中进行加油、放油及充氮时，应先将气体保护改为信号。特别是大容量变压器，以上工作结束后，应检查变压器油位正常、气体继电器无气体且充满油后，方可将重瓦斯保护投跳闸位置。

2) 变压器运行中带电滤油、更换硅胶、冷油器或油泵检修后投入、在油阀门或油回路上进行工作等，均应事先将重瓦斯保护改为投信号，工作结束待 24h 后无气体产生时，方可投跳闸。

3) 遇有特殊情况（如地震等），可考虑暂时将重瓦斯保护改投信号。

4) 收集气体继电器内气体时，应注意人身安全，弄清楚气体继电器内的检验按钮和放气按钮的区别，以免错误操作使气体保护误跳闸。在收集气体过程中，不可将火靠近气体继电器的顶端，以免造成火灾。

二、变压器的事故处理

（一）变压器常见的故障

（1）绕组的主绝缘和匝间绝缘故障。变压器绕组的主绝缘和匝间绝缘是易发生故障的部位。其主要原因是：由于长期过负荷运行，或散热条件差，或使用年限长，使变压器绕组绝缘老化脆裂，抗电强度大大降低；变压器多次受短路冲击，使绕组受力变形，隐藏着绝缘缺陷，一旦遇有电压波动就有可能将绝缘击穿；在高压绕组加强段处或低压绕组部位，因统包绝缘膨胀，使油道阻塞，影响散热，使绕组绝缘由于过热而老化，发生击穿短路；由于防雷设施不完善，在大气过电压作用下，发生绝缘击穿。

（2）引线绝缘故障。变压器引线通过变压器套管内腔引出与外部电路相连，引线是靠套管支撑和绝缘的。由于套管上端帽罩（将军帽）封闭不严而进水，引线主绝缘受潮而击穿，或变压器严重缺油使油箱内引线暴露在空气中，造成内部闪络，都会在引线处发生故障。

（3）铁芯绝缘故障。变压器铁芯由硅钢片叠装而成，硅钢片之间有绝缘漆膜。由于硅钢片紧固不好，使漆膜破坏产生涡流而发生局部过热。同理，夹紧铁芯的穿芯螺丝、压铁等部件，若绝缘破坏，也会发生过热现象。此外，若变压器内残留有铁屑或焊渣，使铁芯两点或多点接地，都会造成铁芯故障。

（4）变压器套管闪络和爆炸。变压器高压侧（110kV 及以上）一般使用电容套管，由于瓷质不良有沙眼或裂纹；电容芯子制造上有缺陷，内部有游离放电；套管密封不好，有漏油现象；套管积垢严重等，都可能发生闪络和爆炸。

（5）分接开关故障。变压器分接开关是变压器常见的故障。分接开关分无载调压和有载调压两种，常见故障的原因如下。

1）无载分接开关。由于长时间靠压力接触，会出现弹簧压力不足，滚轮压力不均，使分接开关连接部分的有效接触面积减小，以及连接处接触部分镀银层磨损脱落，引起分接开关在运行中发热损坏；分接开关接触不良，引线连接和焊接不良，经受不住短路电流的冲击而造成分接开关被短路电流烧坏而发生故障；由于调乱了分接头或工作大意造成分接开关事故。

2）有载分接开关。带有载分接开关的变压器，分接开关的油箱与变压器油箱一般是互不相通的。若分接开关油箱发生严重缺油，则分接开关在切换中会发生故障，使分接开关烧坏。为此，运行中应分别监视两油箱油位正常。分接开关机构故障有：由于卡塞，使分接开关停在过程位置上，造成分接开关烧坏；分接开关油箱密封不严而渗水漏油，多年不进行油的检查化验，使油脏污，绝缘强度大大下降，以致造成故障；分接开关调挡未到位，造成接触不良，从而引发电气事故等。

（二）变压器事故处理

变压器的事故处理一般遵循总的原则如下。

1. 发现下列事故如未自动跳闸，应立即停电

（1）变压器铁壳破裂大量漏油。

（2）防爆筒破裂、向外喷油、喷烟或喷火。

（3）套管闪络、炸裂或端头熔断。

（4）因漏油使储油器油面降至油面计的最低极限。

（5）变压器着火。

2. 发生下列事故允许联系处理

（1）内部声音异常或响声特别。

（2）防爆筒破裂，但未喷油、喷烟。

（3）套管裂纹，并有闪络放电痕迹。

（4）变压器漏油或上盖掉落杂物，危及安全运行。

（5）油色变化过大，油质化验不合格。

（三）重瓦斯保护动作的处理

运行中的变压器，由于变压器内发生故障过继电保护装置及二次回路故障，引起重瓦斯保护动作，使断路器跳闸。重瓦斯保护动作跳闸时，发出语音报警信号，变压器各侧断路器指示灯闪光，"重瓦斯动作"光字牌亮，变压器表计指示为零。此时，运行值班人员对变压器应进行如下检查和处理。

（1）检查油位、温升、油色有无变化，检查防爆管是否破裂喷油，呼吸器、套管有无异常，变压器外壳有无变形。

（2）立即取气体和油样做色谱分析。

（3）根据变压器跳闸时的现象（如系统有无冲击，电压有无波动）、外部检查及色谱分析结果，判断故障性质，找出原因，在重瓦斯保护动作原因未查清之前，不得合闸送电。

（4）如果经检验未发现任何异常，且确认二次保护故障引起误动作，将重瓦斯保护投信号或退出，差动及过流保护必须在投入，试送电一次，并加强监视。

（四）变压器自动跳闸的处理

运行的变压器自动跳闸时，值班人员应迅速做出如下处理：

（1）当变压器各侧断路器自动跳闸后，将跳闸断路器的控制开关操作至跳闸后的位置，并迅速投入备用变压器，调整运行方式和负荷分配，维持运行系统及其设备处于正常状态。

（2）检查保护动作情况。

（3）了解系统有无故障及故障性质。

（4）若属以下情况并经领导同意，可不检查试送电：人为误碰保护使断路器跳闸，保护明显误动作跳闸，变压器仅低压过流或限时过流保护动作，跳闸变压器下一级设备故障而其保护却未动作，且故障已切除，但试送电只允许一次。

（5）如属差动、重瓦斯或电流速断等主保护动作，故障时有冲击现象，则需对变压器及其系统进行详细检查，停电并测量绝缘，在未查清原因之前，禁止将变压器投入运行，必须指出，不管系统有无备用电源，也绝对不准强送变压器。

（五）变压器着火处理

变压器运行时，由于变压器套管的破损或闪络，使变压器油在油枕油压的作用下流出，并在变压器顶盖上燃烧；变压器内部发生故障，使油燃烧并使外壳破裂等。变压器着火，应迅速做出如下处理：

（1）断开变压器各侧断路器，切断各侧电源，并迅速投入备用变压器，恢复供电。

（2）停止冷却装置运行。

（3）主变压器及高压厂用变压器着火时，应先解列发电机。

（4）若油在变压器顶盖上燃烧时，应打开下部事故放油门放油至适当位置，若变压器内部故障引起着火时，则不能放油，以防变压器发生爆炸。

（5）迅速用灭火装置灭火。如用干式灭火器或泡沫灭火器灭火。必要时通知消防队灭火。

（六）差动保护动作处理

变压器差动保护动作后，应立即详细检查差动保护范围内的一切设备，测定变压器的绝缘电阻，并通知继电人员检查保护装置是否正常，判断是否为保护误动作。如未发现任何故障，取得主管生产领导的同意后，可进行递升加压试验，测量差动保护差流，良好时投入运行；如无条件递升加压时，经领导同意后，可全电压投入运行；如系差动保护有缺陷，而不能很快处理时，经领导同意后，可将变压器投入运行，差动保护停用，但重瓦斯保护必须使用；如系差动与重瓦斯保护同时动作时，应重点进行变压器内部检查。

三、典型案例

案例一：一号主变压器轻瓦斯信号

1. 故障现象

（1）中控室电铃响，语音警报，随机报警窗口有"一号发变组保护主变轻瓦斯""电气故障"等信号，"A屏主变轻瓦斯"光字牌亮。

（2）机旁盘。

1）一号发变组 WFBZ-01 保护 A 屏：CPU3 电源，自检闪光，通信，投运信号，待打印，主变压器轻瓦斯动作灯亮。

2）PLC 装置屏：机组电气故障蓝灯 8XD 亮。

（3）开关站：1号主变压器瓦斯继电器内有气体。

2. 原因分析

(1) 滤油、加油和冷却系统不严密致使空气进入变压器。

(2) 温度下降和漏油致使油位缓慢降低。

(3) 变压器故障产生少量气体。

(4) 发生穿越性短路故障。

(5) 保护装置二次回路故障。

3. 故障处理

(1) 复归音响信号,对变压器进行外部检查。检查项目为:是否漏油,油枕中的油位及油色,变压器的电流、电压、温度和声音等的变化。

(2) 外部检查未发现变压器有任何异常现象时,应当查明瓦斯继电器中气体的性质,如有备用变压器,最好先把备用变压器投入运行,然后停用工作变压器,以便查明瓦斯继电器动作的原因。

(3) 取瓦斯气体,按表9-7判断其性质。

表 9-7   瓦斯气体判断故障性质

气体颜色	可燃性	故障性质
无色	不可燃	空气
淡灰色	可燃	纸质故障
黄色	不易燃	木质故障
黑和灰色	易燃	油质故障

(4) 若为可燃性气体,汇报调度、总工,尽快停电处理;如为空气,则排尽空气后,可以继续运行。

(5) 如轻瓦斯保护动作频繁,通知检修做油闪光点试验,如闪光点低则应联系转移负荷,使变压器停电,对变压器内部进行检查,如闪光点没有降低而有空气排出时,应逐台停运冷却器,查找进气点。

(6) 如无气体排出,且油的闪光点未降低,则联系调度,退出重瓦斯保护(注意:大、小差动保护应投入),检查二次回路。

案例二:一号主变压器重瓦斯保护动作(机组带厂用电时)

1. 事故现象

(1) 中控室电铃响,语音警报,随机报警窗口有"一号发变组保护主变差动""一号发变组保护发变组差动""一号发变组保护主变重瓦斯""B屏主变重瓦斯""电气事故""一号发变组保护电气事故停机""一号发变组保护动作跳闸""1号机组事故配压阀动作""1号机组机械事故""6.3kV 15DL备投合闸"等信号,1号主变压器开关解列,1号机组事故停机。

(2) 监控台。

1) 1号机组电气量画面:主变压器高压开关2201跳闸;主变压器高压侧和发电机 I、P、Q、U 显示零;发电机转子电压、转子电流为0、三相定子电压为0。

2) 厂用电画面:一号高压厂用变压器高压侧11开关、低压侧12开关跳闸,I 显示为零;6.3kV I 段15开关合闸,I 显示有值。

(3) 机旁盘。

1）WFBZ - 01 保护 A 屏：CPU2 电源自检闪光，通信投运信号待打印，主变压器差动保护动作灯亮；CPU3 电源自检闪光，通信待打印，主变压器通风投运信号指示灯亮。

2）WFBZ - 01 保护 B 屏（一号发变组 WFBZ - 01 保护 B 屏）：CPU1 电源自检闪光，通信投运信号待打印，发变组差动保护动作灯亮；CPU3 电源自检闪光，通信投运信号待打印，主变压器重瓦斯动作灯亮。

3）一号发变组出口开关及分支线开关操作屏：ZFZ - 981 中电压切换开关切换 1、三跳保护跳闸 1、保护跳闸 2 绿灯亮，一组跳 A 相、B 相、C 相跳位及一组二组跳 A 相、B 相、C 相红灯亮；XCZ - 103 中 TWJ 绿灯亮。

4）励磁屏中 1SCR、2SCR、3SCR 电流指示为 0，电子灭磁开关跳闸 4KR 灯亮；1LP5 屏（FMK 屏灭磁开关屏）：FMK 分闸灯亮；1LP6 屏（灭磁过压保护屏）转子过压动作灯亮。

（4）厂用盘。

1）一号高压厂用变压器：12 开关分合闸指示器显示在分位。

2）6.3kV I 段线路：备自投动作信号 4XJ 掉牌，15 开关分合闸指示器显示在合位。

（5）开关站。

1）1 号主变压器高压开关 2201 在分闸位。

2）变压器本体压力释放阀可能动作，呼吸器和防爆筒有喷油现象。

2. 原因分析

（1）主变压器内部发生严重故障。

（2）油位下降太快、大量漏油。

（3）呼吸器堵塞。

（4）保护装置二次回路有故障。

3. 事故处理

（1）检查厂用电源切换良好，报告调度。

（2）复归信号，根据发变组保护动作情况，分析原因，判断故障性质。

（3）对事故变压器进行外部检查，检查内容：油枕、防爆筒、散热器法兰盘和导油管等处是否喷油，变压器盖子与外壳间的盘根是否因油膨胀而损坏（顺着外壳流油），各焊接缝是否裂开，变压器的外壳是否鼓起。

（4）取瓦斯气体后，分析气体性质是否可燃，以及采用气相色谱分析法进行分析，以鉴定变压器内部故障的性质。

（5）测量变压器绝缘电阻。

（6）对变压器油进行化验。

（7）根据以上分析结果，再做处理如下：

1）如气体可燃或在检查中又发现一种外部异常现象（不论其轻重），绝缘电阻降低，油质变坏，则变压器未经内部检查，均不得合闸。

2）如气体为空气，且变压器外部又无异常现象，而又查明了瓦斯保护动作的原因，证明变压器内部无故障，此时变压器可不经内部检查而投入运行，投入运行前，为可靠起见，在取得总工同意后，递升加压送电。

（8）若主变压器经检查本体无故障，跳闸为气体继电器本身或二次回路绝缘不良误动，可不经内部检查，将重瓦斯气体保护改投信号，试送电（差动保护不准退出），并通知检修人员处理。

（9）若变压器装有差动保护和瓦斯保护，而在运行中由于其中一种保护动作而把变压器断开，但是并没有明显的故障征象，而另一种保护又未动作，这时，若因为变压器的断开已影响了对用户的正常供电时，则容许把变压器再投入一次。

案例三：一号主变压器着火

1. 事故现象

（1）中控室电铃响，语音警报，随机报警窗口有"一号发变组保护主变差动""B屏发变组差动保护动作""B屏主变重瓦斯""A屏主变差动""一号发变组保护发变组差动""一号发变组保护主变重瓦斯""1号主变压器火灾""电气事故""一号发变组保护电气事故停机""一号发变组保护动作跳闸""1号机组事故配压阀动作""1号机组机械事故"等信号，1号主变压器开关解列，1号机组事故停机。

（2）监控台。

1）1号机组电气量画面：主变压器高压开关跳闸，主变压器高压侧和发电机 I、P、Q、U 显示零，发电机转子电压、转子电流为 0、三相定子电压为 0。

2）厂用电画面：一号高厂变压器高压侧 11 开关、低压侧 12 开关跳闸，I 显示为零。

（3）机旁盘。

1）WFBZ-01 保护 A 屏：CPU2 电源自检闪光，通信投运信号待打印，主变压器差动保护动作灯亮，CPU3 电源自检闪光，通信投运信号待打印，主变压器通风指示灯亮。

2）一号发变组 WFBZ-01 保护 B 屏：CPU1 电源自检闪光，通信投运信号待打印，发变组差动保护动作灯亮；CPU3 电源自检闪光，通信投运信号待打印，主变重瓦斯动作灯亮。

3）一号发变组出口开关及分支线开关操作屏：ZFZ-981 中电压切换开关切换 1，三跳保护跳闸 1，保护跳闸 2 绿灯亮，一组跳 A 相、B 相、C 相跳位及一组二组跳 A 相、B 相、C 相红灯亮；XCZ-103 中 TWJ 绿灯亮。

4）励磁屏中 1SCR、2SCR、3SCR 电流指示为 0，电子灭磁开关跳闸 4KR 灯亮。

5）FMK 屏灭磁开关屏：FMK 分闸灯亮。

6）灭磁过压保护屏：转子过压动作灯亮。

7）PLC 装置屏：机组电气事故黄灯 7XD 亮；机组机械事故黄灯 9XD 亮。

（4）开关站。

1）1号主变压器高压开关 2201 在分闸位。

2）1号变压器本体压力释放阀动作喷油，呼吸器和防爆筒可能有喷油现象。

2. 事故分析

（1）变压器内部故障引起着火。

（2）变压器外壳下部着火。

3. 事故处理

（1）检查厂用电切换正常，恢复电网频率和电压，同时到现场检查，确定变压器着火情况，汇报值长，立即将故障着火变压器停电。

（2）若变压器因内部故障引起着火，禁止放油，以防变压器突然爆炸。

（3）若检查为变压器外壳下部着火，在火势不大且有足够安全距离时，可不停电迅速灭火，将通风装置停运，并做好主变压器停运准备。

（4）拉开 1B 两侧隔离开关，主变压器强油风冷装置停运，并断开变压器冷却装置电源。

（5）打开消防水喷雾灭火。

（6）如主变压器上盖着火，应迅速打开主变压器事故放油阀进行排油，使油面低于着火位置。

（7）变压器灭火应使用二氧化碳、四氯化碳及 1211 喷雾水枪进行灭火。

（8）使用灭火器时，应穿绝缘靴、戴绝缘手套，注意液体不得喷至带电设备上。

【思考与练习】

1. 对 A 级绝缘的油浸变压器，周围环境温度为＋40℃时，油浸自冷或风冷变压器在额定负荷下，上层油的允许温升值是多少？

2. 强迫油循环冷却分为哪两种方式？

3. 什么是 6℃原则？

4. 什么是绝缘老化？

5. 变压器正常过负荷运行时的注意事项有哪些？

6. 变压器特殊巡视检查项目有哪些？

7. 干式变压器巡视检查项目有哪些？

8. 变压器的操作原则有哪些？

9. 220kV 油浸电力变压器在 20、30、50℃下的绝缘电阻合格值分别是多少？

10. 变压器油温异常由于哪些原因引起？

11. 变压器发现哪些事故如未自动跳闸，应立即停电？

12. 变压器哪些情况下经领导同意，可不检查试送电？

13. 主变压器重瓦斯保护动作的原因及处理方法？

14. 变压器着火处理原则？

第十章　配电装置中电气设备的运行

第一节　配电装置运行的一般规定

对设备的定期巡视检查是值班人员随时掌握设备运行状态、变化情况、发现设备异常情况，确保设备安全运行的主要措施，值班人员必须按规定时间、线路、项目进行巡回检查，重点检查动作过的、变更过的及有缺陷的设备。巡回中不得兼做其他工作，遇雷雨时应停止正常户外巡视。

值班人员对运行设备应做到正常运行按时查，高峰、高温认真查，天气突变及时查，重点设备重点查，薄弱设备仔细查。

一、巡视设备时应遵守的规定

（1）允许单独巡视高压设备的人员巡视高压设备时，应遵守有关安全工作规程的规定。

1）经单位批准允许单独巡视高压设备的人员巡视高压设备时，不得进行其他工作，不得移开或越过遮栏。

2）雷雨天气，需要巡视户外设备时，应穿绝缘靴，不得靠近避雷针和避雷器。

3）火灾、地震、台风、洪水等灾害发生时，如要对设备进行巡视时，应得到设备运行管理单位有关领导批准，巡视人员应与派出部门之间保持通信联络。

4）高压设备发生接地时，室内不得接近故障点 4m 以内，室外不得靠近故障点 8m 以内，进入上述范围必须穿绝缘靴，接触设备外壳或构架时，应戴绝缘手套。

5）巡视配电装置，进出高压室必须随手将门锁好。

6）高压室的钥匙至少有三把，由运行人员负责保管，按值移交。一把专供紧急时使用，一把专供运行人员使用，其他可以借给经批准的巡视高压设备人员和经批准的检修、施工队伍的工作负责人使用，但应登记签名，巡回或当日工作结束后交还。

（2）巡回时还要遵守现场的具体规定。

1）确定巡视路线，按巡视路线图进行巡视，以防漏巡，新进厂人员和实习人员不得单独进行巡视检查。

2）遇有设备存在较大的缺陷或异常、新设备投入运行或运行方式改变、气温发生异常变化、设备存在薄弱环节、设备经过大小修或缺陷经过处理后、汛期大发电时应增加机动性巡回。

3）在巡回中发生设备缺陷及异常情况，应查明原因，汇报值长或副值长，采取有效措施，并在缺陷记录簿中登记，必要时由值长或副值长迅速通知检修人员处理。

4）巡回时遇有严重威胁人身和设备安全的情况，应立即采取措施，按事故处理有关规定处理。

5）巡回检查时，严禁乱动设备或进入遮栏内，并注意检查栅网门窗是否正常，注意通风、照明、温度、消防设备及其他设施是否完好，如发现异常应及时汇报值长。

6) 值长应根据实际情况，每班机动巡回检查一次。

二、特殊运行条件时巡视项目

随季节、天气和设备的变化，对室外配电设备还应进行的特殊检查项目如下。

(1) 降雪时，检查各接头、触头积雪有无融化现象。

(2) 化雪期间，检查各设备有无结冰现象，发现后及时清除。

(3) 大风天、检查各引线有无摆动过大及挂落杂物，有无断线，构架和建筑物有无倾斜变形。

(4) 降雨、雾时，检查各带电部位有无异常放电。

(5) 降冰雹时，检查各瓷件有无损伤。

(6) 雷电后应检查瓷绝缘有无破损裂纹、放电痕迹、避雷器本体不歪斜，记录器完好，漏泄电流在 $0.5\sim0.7$ mA；雷电动作计数器是否动作。

(7) 出现高温、严寒天气应检查充油设备油面是否过高或过低、母线及引线是否过紧或过松，设备连接器有无松动、过热。

(8) 高峰负荷和过负荷运行时，应检查设备负荷分配是否正常；声音、油温、油面是否正常；设备外表涂漆是否变色、变形；有无漏油、漏胶现象；高压补偿器还应检查有无鼓肚现象。

(9) 故障后，应检查设备有无损坏，如烧伤、变形、移位，导线有无短路，油色是否变黑，喷油等。

(10) 系统异常运行时（如振荡、接地、低周或铁磁谐振），应检查设备有无放电，声音有无异常，电压互感器声音、油面、油色是否正常，高压补偿装置温度、声音、外壳有无异常，同时应检查仪表摆动、自动装置及记录器动作是否正确。

(11) 设备经过检修、改造和改变运行方式或长期停运后重新投入运行后。

(12) 设备缺陷近期有发展时、法定节假日、上级通知有重要保电任务时。

三、日常巡视检查的方法

巡视检查是运行工作中经常性的很重要的一项内容。处于运行状况的设备，其性能和状态的变化，除依靠设备的保护、监视装置、表计等显示外，对于设备故障和异常初期的外部现象，则主要地依靠值班人员定期的和特殊的巡视检查来发现。因此，巡视检查的质量高低、全面与否，与人员的运行经验、工作责任心和巡视方法直接有关。变电站电气设备的巡视检查方法如下：

(1) 通过运行人员的眼观、耳听、鼻嗅、手触等感官为主要检查手段，发现运行中设备的缺陷及隐患。

(2) 使用工具和仪表，进一步探明故障性质，较小的障碍也可在现场及时排除。

常用的巡视检查方法有以下五方面：

(1) 目测法：用双目来测视设备看得见的部位，观察其外表变化来发现异常现象，是巡视检查最基本的方法之一。如标色设备漆色的变化、裸金属色泽、充油设备油色等的变化、变形、位移、破裂、松动、打火冒烟、渗油漏油、断股断线、闪络痕迹、异物搭挂、腐蚀污秽等都可通过目测法检查出来。

(2) 耳听法：带电运行的设备，不论是静止的还是旋转的，有很多都能发出表明其运行状况的声音。如一、二次电磁式设备（如变压器、互感器、继电器、接触器等），正常运行通过交流电后，其绕组铁芯会发出均匀节律和一定响度的"嗡、嗡"声，这是交变磁场反复作用振动的结果。值班人员随着经验和知识的积累，只要熟练地掌握了这些设备正常运行时的声音情况，遇有异常时，用耳朵或借助听音器械（如听音棒），就能通过它们的高低、节奏、声色的变化、杂音的强弱来判断电气设备的运行状况。

（3）鼻嗅法：鼻子是人的一个向导，对于某些气味（如绝缘烧损的焦糊味）的反映，比用某些自动仪器还灵敏的多。电气设备的绝缘材料一旦过热会使周围的空气产生一种异味。这种异味对正常巡查人员来说是可以嗅别出来的。当正常巡查中嗅到这种异味时，应仔细观察、发现过热的设备与部位，直至查明原因从而对症查处。

（4）用手触试：用手触试设备来判断缺陷和故障虽然是一种必不可少的方法，但必须强调的是，必须分清可触摸的界限和部位，明确禁止用手触试的部位。

1）对于一次设备，用手触试检查之前，应当首先考虑安全方面的问题，对带电的高压设备，如运行中的变压器、消弧线圈的中性点接地装置，禁止使用手触法测试，对带电运行设备的外壳和其他装置，需要触试检查温度或温升时，先要检查其接地是否良好，同时还应站好位置，注意保持与设备带电部位的安全距离。

2）对于二次设备发热、振动等可以用手触法检查。如继电器等元件是否发热，非金属外壳的可以直接用手摸，对于金属外壳的接地确实良好的，也可以用手触试检查。

（5）使用仪器检查：巡视检查设备使用的便携式检测仪器，主要是测温仪、测振仪等，可以及时发现过热异常情况。

四、电气设备的正常、异常及事故状态

（1）正常工作状态：指在规定的外部环境条件（如额定电压、电流、介质、环境温度等）下，保证连续正常的达到额定工作能力的状态。

（2）异常状态：随着时间的推移或外部环境的改变，设备即使在规定的外部条件下，部分或全部失去额定的工作能力，可认为该设备已进入异常状态。如设备不能承受额定电压、出力达不到铭牌要求、达不到规定的运行时间等。

（3）故障状态：指异常状态逐渐发展到设备丧失部分机能或全部机能，不能维持运行的状态。故障又分障碍和事故两种状态。事故有：①对用户少送电；②主要设备损坏，达到一定程度（以停运时间及损坏价值来表示）；③电网异常运行达到瓦解或电能质量超过标准到一定范围。达不到事故状态是障碍，障碍中如有机组停运、线路跳闸、全厂出力降低等后果的定为一类障碍，其他定为二类障碍。

五、电气设备主要事故有以下几种

（1）主要电气设备的绝缘损坏事故。

（2）电气误操作事故。

（3）电缆头与绝缘套管的损坏事故。

（4）高压断路器与操作机构的损坏事故。

（5）继电保护及自动装置的误动作或因缺少这些必要的装置而造成的事故。

（6）由于绝缘子损坏或脏污所引起的闪络事故。

（7）由于雷害所引起的事故。

（8）由于倒杆、倒塔所引起的事故。

（9）导线及架空地线的断线事故。

（10）配电变压器事故。

（11）隔离开关接触不良或机构失灵引起的事故。

六、事故及异常处理的组织原则

1. 值长职权

（1）值长对系统调度员下达的命令应迅速执行，如果调度命令有明显错误，危及人身及设备安全时，有权拒绝执行并将其理由向发令人说明，同时立即向总工程师汇报，当调度员坚持命令不改时，应按本单位总工程师的命令执行。

（2）有权责令无关人员离开运行设备，退出中控室及事故现场。

（3）有权决定厂用电系统运行方式的改变。

（4）事故处理时，有权指挥调动全厂的人力、物力及有关车辆。

（5）对不合理的运行方式具有否决权。

2. 值长责任

（1）对全厂发供电设备及人身安全负责。

（2）对接受调度命令的正确性和按时执行调度命令负责。

（3）对下达命令的正确性负责。

（4）对全厂设备安全正确地操作和事故处理负责。

3. 值班员职权

（1）有权进行全厂设备操作和事故处理。

（2）有权对违反规章制度，威胁人身、设备安全的一切人员进行制止。

（3）有权拒绝执行一切有明显错误的命令，应同时申述理由，并报告有关领导。

4. 值班员责任

（1）协助值长做好事故处理、故障排除和分析工作。

（2）对专责区设备事故处理、记录、操作的正确性负责。

七、事故处理时管理标准

（1）事故处理应按《现场运行规程》、《调度规程》、系统稳定规程及其他有关规定进行。

（2）事故处理应在值长的统一指挥下进行，值长不在时副值长代理，同时迅速召回值长，值班员应根据值长或副值长的命令迅速处理，但威胁人身、设备安全的事故，可先处理后汇报。

（3）配电装置事故处理原则。事故处理要迅速正确，按规定和实际情况，本着下列原则进行处理。

1）尽快限制事故发展，消除对人身和设备损坏的原因和处所。

2）保证厂用电源的安全运行。

3）迅速恢复对用户的供电。

4）要保证正常设备的继续运行。

5）调整系统运行方式，恢复正常系统。

（4）事故处理应严防事故扩大，尽量减少损失，及时正确处理。

1）参加事故处理人员一切行动听从值长指挥。

2）值班人员及时汇报各设备的运行状况及保护信号、仪表的变化情况。

3）值长应综合分析，及时做出处理决定。

4）发生事故时在不影响事故处理或告一段落的情况下，及时向生产厂长，总工、副总工程师，生产技术部主任，发电部主任汇报，在事故处理过程中断绝一切无关联系。

（5）对重大设备损坏和人身死亡，值班人员应负责保持原状，不得任意变动，以便检查发生事故的原因进行处理，并应由现场负责人将现场情况作详细记录。

（6）遇有设备损坏和设备不正常时，应迅速通知检修人员处理，并做好记录，非事故处理人员不得进入现场，在事故处理时允许进入中控室、集控室的人员，应由总工程师批准，并公布名单。

（7）事故处理完毕，由值长主持全值人员进行总结，并及时组织讨论，根据三不放过的原则总结经验教训，重大事故写出书面报告。

八、事故调查及事故报告

（1）事故报告的主要内容。

1）发生事故的单位及时间、地点。

2）事故的处理经过、主要操作情况和采取的措施及时间。

3）坚持实事求是、尊重科学的原则，客观、公正、准确、及时地对事故原因、事故性质初步分析判断。

（2）重大事故以书面形式向厂安全监督部门和生产技术部门报告。

九、事故及异常处理的要求和有关规定

（1）变电站事故及异常的处理，必须严格遵守电业安全工作规程、调度规程、现场运行规程、现场异常运行及事故处理规程，以及各级技术管理部门有关规章制度、安全和防反事故措施的规定。

（2）事故及异常处理过程中，运行人员应沉着果断，认真监视表计、信号指示并做好记录，对设备的检查要认真、仔细，正确判断故障的范围及性质，汇报术语准确简明。

（3）为了防止事故扩大，在紧急情况下可不需等待调度指令而自行处理的项目有：

1）将直接威胁人身或设备安全的设备停电。

2）将已损坏的设备脱离系统。

3）当厂用电停电时恢复其电源。

4）电压互感器空气断路器跳闸或熔断器熔断时，可将有关保护或自动装置停用，以便更换熔断器或试送空气断路器恢复交流电压。

5）断路器由于误碰跳闸（系统联络线断路器除外），可将断路器立即合上，然后向调度汇报。

6）当确认电网频率、电压等参数达到自动装置整定动作值而断路器未动作时，应立即手动断开应跳的断路器。

7）当母线失压时，将连接该母线上的断路器断开。

8）根据运行规程采取保护运行设备的措施。

十、事故处理的一般步骤

1. 处理事故及异常的顺序

（1）根据表计指示和信号指示及继电保护和自动装置动作情况初步判断事故的性质及可能的范围。

（2）仔细检查一次、二次设备异常及动作情况，进一步分析、准确判断异常及事故的性质和影响的范围，并立即采取必要的应急措施，如复归跳闸断路器控制把手，投入备用电源或设备，对允许强送电的设备进行强送电，停用可能误动的保护、自动装置等。

（3）异常及事故发生时的各种信号、表计指示、保护及自动装置动作情况、运行人员检查及处理过程均应详细记录，记录完毕，复归信号，检查完毕向值班负责人汇报。

（4）根据检查结果对故障性质作初步判断，判断事故性质及按照预案进行事故处理，向主管领导和部门汇报。

（5）根据检查、试验情况，值班负责人将设备检查及处理结果向调度员作详细汇报，按调度指令恢复送电。

（6）异常及事故对人身和设备有严重威胁时，应立即切除，必要时停止设备的运行。

（7）迅速隔离故障，对保护和自动装置未动作的设备，应手动执行，对未直接受到影响的系统及设备，应尽量保持设备的继续运行。

（8）迅速检查设备，判断故障的性质、故障点及故障程度，如果运行人员不能检查出异常和事故的设备、原因，应连同异常及事故的主要情况汇报给调度、检修或有关技术部门。

（9）将故障设备停电，在通知检修人员到达之前，运行人员应做好工作现场的安全措施。

（10）除必要的应急处理外，异常及事故处理的全过程应在调度的统一指挥下进行，现场规程上有特殊规定的应按规程要求执行。

（11）按照规定填写有关记录，详细记录事故处理经过。

2. 事故及异常发生的主要表现

（1）光字牌及异常音响信号出现，继电保护、自动装置动作，表计指示异常。

（2）断路器自动跳闸。

（3）电气设备出现异常运行声音或出现放电、爆炸声。

（4）电气设备出现形变、裂碎、变色、烧坏、烟火、喷油等异常现象。

（5）常见信号多次出现也是故障的反映，如断路器长时间打压或频繁打压；收发讯机反复起动、不能复归；保护异常信号、振动闭锁信号不能复归等。

3. 值班人员在处理事故的过程中应注意事项

（1）当班值长是异常及事故处理的现场领导，全体运行值班员听从当值长统一分配和指挥。

（2）除领导及有关人员外，其他外来人员均应退出事故现场；不得占用通信电话，如果值班人员不能与值班调度员取得联系，应按照有关规定进行处理，否则应尽可能地与调度取得联系。

（3）发生异常及事故时，运行值班人员应坚守岗位、各负其责，正确执行当班调度和值班长的命令，发现异常时应仔细查找并及时向调度和值班长汇报。

（4）遇有触电、火灾和危及设备安全的事故，值班人员有权先处理，然后再将处理结果报告调度员。

（5）在事故处理过程中，值班人员除积极处理事故外，还应有明确分工，并将发生事故及处理的过程作详细记录。

（6）在交接班过程中发生故障时，应由交班人员负责处理事故，接班人在上值负责人的指挥下协助处理事故。

第二节　断 路 器 的 运 行

一、高压断路器的作用

高压断路器是配电装置中的重要电气设备，用来切断和接通负荷电路，以及切断故障电路，防止事故扩大，保证安全运行。也就是说，高压断路器是电力系统中最重要的控制和保护电气，在电网中有两大作用。一是控制作用，即根据电网运行需要，将一部分电力设备或线路投入或退出运行；二是保护作用，即在电力设备或线路发生故障时，通过继电保护装置作用于断路器，将故障部分从电网中迅速切除，保证电网的无故障部分正常运行。

二、高压断路器的巡视

（一）高压断路器的正常巡视

（1）瓷套是否清洁、完整，有无损坏、裂纹或放电声和电晕。

（2）油位、油色、声响是否正常，油色透明无碳黑悬浮物；有无渗漏油痕迹，放油阀关闭紧密。

（3）分、合闸指示器指示正常，并与当时实际运行工况相符，位置信号与机械指示是否一致，接头有无发热。

（4）外壳及二次接地是否良好，操作机构应完整无锈蚀。检查端子箱内二次线端子是否受潮，有无锈蚀现象。传动销子连杆完整无断裂。油压缓冲或弹簧缓冲器应完整良好。

（5）机构压力是否在正常范围内，管路接头有无异音（漏气、振动）、异味或渗漏油；机构加热器是否按规定投退；弹簧储能是否正常等；有无腐蚀和杂物卡阻。

（6）主触头接触良好无过热现象，主触头外露的少油断路器示温蜡片不熔化，变色漆不变色。

（7）引线的连接部位接触良好，无过热松动；连接软铜片是否完整，有无断片。

（8）少油断路器应检查支架接地情况。

（9）检查室外操作机构箱的门盖是否关闭严密。

（10）新投和大修后投入运行：72h 内每 2h 巡视检查一次。发生故障跳闸后和天气突变应特殊检查巡视。

（二）断路器的特殊巡视

（1）在事故跳闸后，应对断路器进行下列检查：

1）有无喷油现象，油色和油位是否正常。

2）本体各部件有无位移、变形、松动和损坏等现象，瓷件有无断裂。

3）各引线连接点有无发热或熔化。

4）分合闸线圈有无焦味。

（2）高峰负荷时应检查断路器各连接部分是否发热、变色、打火。

（3）大风过后应检查引线有无松动断股。

（4）雾大、雷雨后应检查瓷套管有无闪络痕迹。

（5）雪天应检查各连接头处积雪是否融化。

（6）气温骤热或骤冷应检查油位是否正常。

（三）真空断路器的巡视

（1）断路器的分、合位置，断路器动作次数指示正确，并与当时实际运行工况相符。

（2）母线套管、绝缘子等绝缘件应无破损，表面无污秽无异常放电现象。

（3）引线连接处有无过热，连接是否松动，引线弛度适中，有无异常气味。

（4）断路器运行中应处于"已储能"状态，合闸、操作电源正常。

（5）断路器操作机构完好，推杆中无裂缝和破损。

（6）断路器防误操作保护罩盖好，并已上锁，锁具编号字体向外。

（7）接地完好，配电室门窗、通风及照明良好。

（8）运行中的真空包应无放电声，一旦出现放电异声，应汇报调度，停止该断路器的运行操作，进行检修。

（四）SF$_6$ 断路器的巡视

（1）SF$_6$ 断路器机构处"储能"状态。

（2）断路器分合闸指示正常，并保持与实际运行状态相符。

（3）断路器各部分及管道无异声（漏气声、振动声）及异味，管道夹头正常。

（4）套管无裂痕，无放电声和电晕。

（5）引线连接部位无过热、引线弛度适中。

（6）断路器分、合位置指示正确，并和当时实际运行工况相符。

（7）接地完好。

（8）SF$_6$ 断路器控制方式正常处"远方"方式。

（9）电动机运行正常，加热器投退正常。

（10）机构箱门平整、开启灵活、关闭紧密。

（11）检查 SF$_6$ 气体压力表指示正常。

（五）油断路器的巡视

（1）油色、油位是否正常，有无渗漏油现象。

（2）绝缘子及套管是否清洁、无裂纹，有无放电痕迹。

（3）机械分、合闸指示是否正确。

（4）有无喷油痕迹。

（5）引线接头是否接触良好，示温蜡片有无熔化。

（6）气压及液压机构的压力是否正常，弹簧储能机构的储能状态是否良好。

（7）断路器指示灯及重合闸指示灯是否指示正确。

（六）电磁操动机构的巡视

（1）机构箱门平整、开启灵活、关闭紧密。

（2）检查分、合闸线圈及合闸接触器线圈无冒烟异味。

（3）直流电源回路接线端子无松脱、无铜绿或锈蚀。

（4）加热器正常完好。

（七）液压机构的巡视

（1）机构箱门平整、开启灵活、关闭紧密。

（2）检查油箱油位正常、无渗漏油。

（3）高压油的油压在允许范围内。

（4）每天记录油泵启动次数。

（5）机构箱内无异味。

（6）加热器正常完好。

（八）弹簧机构的巡视

（1）机构箱门平整、开启灵活、关闭紧密。

（2）断路器在运行状态，储能电动机的电源开关或熔断器应在闭合位置。

（3）检查储能电动机、行程开关触点无卡住和变形，分、合闸线圈无冒烟异味。

（4）断路器在分闸备用状态时，分闸连杆应复归，分闸锁扣到位，合闸弹簧应储能。

（5）防凝露加热器良好。

三、高压断路器的运行

（1）SF_6 断路器压力低于闭锁值时，应立即将该断路器控制电源断开，并将机构卡死，禁止该断路器带电分、合闸。

（2）运行中的 SF_6 断路器应定期测量微水含量，新装和大修后，每三个月一次，待含水量稳定后可每年一次。每年定期对 SF_6 断路器进行检漏，年漏气率应符合规程规定。

（3）SF_6 气体额定气压、气压降低报警值和跳闸闭锁值根据不同厂家的规定具体执行。压力低于报警值时，应立即汇报调度及主管部门。

（4）新装和投运的断路器内的 SF_6 气体严禁向大气排放，必须使用气体回收装置回收。SF_6 气体需补气时，应使用检验合格的 SF_6 气体。

（5）真空断路器应配有防止操作过电压的装置，一般采用氧化锌避雷器。

（6）运行中的真空灭弧室出现异常声音时，应立即断开控制电源，禁止操作。

（7）运行中的油断路器应定期对绝缘油进行试验，试验结果记入有关记录内；油位降低至下限以下时，应及时补充绝缘油。

（8）油断路器跳闸后油色变黑、喷油或有拒动现象，严重渗漏油等状况时，应及时进行检修。

四、断路器操作方式

1. 断路器的远控操作

在控制室控制屏上通过控制开关对断路器进行的操作称为远控操作。在操作控制开关时，将操作把手继续拧至合闸终点位置时应注意在"合位"和"分位"的保持时间不能太短，同时监视电流表，待红（绿）灯亮后再松开，把手自动复归到合后位置，防止合（分）闸不成功。

正常运行情况下对断路器进行的操作应采用远控操作方式。

2. 断路器的近控操作

在开关现场控制箱内对断路器的分合闸进行控制的操作称近控操作。操作时，应先将操作方式选择开关置于"就地"位置，然后操作控制开关或控制按钮对断路器进行的操作。当完成操作后应将选择开关复位到"远方"位置。

近控操作方式下，断路器的自动跳闸回路被切断，一旦线路或元件故障时将无法切除断路器。因此，只有在远控操作失灵且系统急需操作的情况下方可采取此操作方式进行断路器的分闸操作，而不得用此方式对线路或设备进行送电操作（近控方式下能保持自动跳闸回路或有特殊需要并经特别许可时除外）。断路器操作时，当遥控失灵，现场规定允许进行近控操作时，必须三相同时操作，不得进行分相操作。

断路器的近控操作主要用于断路器检修中的调试操作。

五、断路器现场手动合闸规定

（1）110kV 电压等级的高压断路器，禁止在现场带电手动合闸。

（2）设为同期点的高压断路器，禁止在现场带电手动合闸。

（3）对 10kV 及以下电压等级的非同期点的真空断路器，在远方合闸不起作用，而当时情况又紧急需要送电时，为迅速处理事故，且断路器的保护和跳闸回路完好，断路器的遮断容量足够时，可以戴绝缘手套，手动按下开关柜面板上的合闸按钮或者将手动合闸操动把手拧向合闸位置进行合闸，但必须注意：

1）操作时迅速果断，不得缓动。

2）合闸成功后，及时松手，若合闸失败，也应及时松手，以免烧坏合闸线圈。

3）检查断路器合闸后运行正常。

（4）断路器检修后进行跳合闸试验时，至少有一组串联刀闸在断开或手车开关在试验位。

（5）采用手动机械脱扣或使用工具、器械使断路器强行分合闸以及液压操作机构通过控制阀进行分合闸的操作方式称为手动机械操作。手动机械操作不受电气闭锁（低气/油压）限制。此方式主要供检修人员在检修过程中应用，在运行中除断路器拒分而系统又急需操作时进行紧急分闸外，一般不允许采用。

六、断路器操作基本要求

（1）在一般情况下，断路器不允许纯手动合闸。

（2）遥控开关时不得用力过猛，也不得返回太快，以防断路器合闸后又跳闸。

（3）断路器操作后应检查有关信号及测量仪表的指示，以判断断路器位置的正确性，但不能仅从信号灯及测量仪表的指示来判断断路器的实际断合位置，还应到现场检查断路器机械位置指示器。

（4）断路器运行中不允许运行人员进行慢分闸或慢合闸，小车开关在运行中不允许互换使用，紧急情况下经总工批准方可更换，少油断路器的油色、油位应正常。

（5）长期停运或检修后的断路器应进行试验操作，且采用远方操作 2～3 次。

（6）操作前应检查控制回路、辅助回路、控制电源或储能机构已储能，即具备运行操作条件。

（7）SF$_6$ 断路器气体压力和空气断路器储气罐压力应在规定范围之内，油断路器油色、油位应正常。

（8）操作前，投入断路器有关保护和自动装置。

（9）操作中应同时监视有关电压、电流、功率等表计的指示及红绿灯的变化。

七、断路器的操作的注意事项

（1）除断路器的检修外，其送电操作禁止使用手动合闸送电。手动控制开关不要用力过猛，防止损坏控制开关；也不要返回太快，防止时间短断路器来不及合闸。

（2）断路器远动合闸时当操作把手拧至预合位置时，绿灯应灭，此时应进一步核对断路器编号无误后，把操作把手继续拧到合闸终点位置，同时应监视直流充放电电流表及有功功率表的电压表的变化，待红灯亮后再松开把手，自动恢复到合后位置。

（3）当在断路器操作过程中，如果出现因切换不好，红灯与绿灯同时亮时应迅速取下操作熔断器，查明原因，以防跳闸线圈烧坏。

（4）液压及弹簧机构在合闸操作时，应看"弹簧未储能""油压异常""气压闭锁"光字牌是否亮，出现上述光字时严禁拉、合闸操作。

（5）在紧急情况下（事故或重大设备异常时），如须打动跳闸铁芯、紧急跳闸杆、机械分闸按钮时，应果断迅速。

（6）手动操作在预备分闸位置时，此时红灯应灭，如出现异常并再次核对设备编号，无误后将把手拧到分闸位置，绿灯亮，把手自动恢复到分闸后位置。

（7）断路器的实际分合闸位置，除观察信号灯指示外还应检查机械分、合闸指示器实际位置及负荷分配情况。

八、断路器停电、送电操作后应检查项目

（1）断路器停电操作后应进行以下检查。

1）红灯应熄灭，绿灯应亮。

2）操动机构的分、合指示应在分闸位置。

3）电流表应指示为零。

（2）断路器送电操作后应进行以下检查。

1）绿灯应熄灭，红灯应亮。

2）操动机构的分、合指示器应在合闸位置。

3）电流表应有指示。

4）电磁式操动机构的断路器合闸后，直流电流表的指示应返回。

九、断路器故障状态下操作规定

（1）断路器运行中，由于某种原因造成油断路器严重缺油、空气和 SF_6 断路器气体压力异常（如突然降至零等）。严禁对断路器进行停送电操作，应立即断开故障断路器的控制电源，及时采取措施，断开上一级断路器，将故障断路器退出运行。

（2）断路器的实际短路开断容量接近于运行中的短路容量时，在短路故障开断后禁止强送，并应停用自动重合闸。

（3）三相操作的断路器操作时，发生非全相合闸，应立即将已合上相拉开，重新合闸一次，如仍不正常，则应拉开合上相并切断该断路器的控制电源，查明原因。

（4）三相操作的断路器操作时发生非全相分闸，应立即切断控制电源，手动操作将拒动相分闸，查明原因。

十、断路器操作顺序

"断路器断开后先拉线路侧隔离开关，后拉母线侧隔离开关"是针对母线向线路侧供电这种情况说的，而当线路是电源，向母线供电时，操作顺序正好相反。

正确的说法是：停电时，断开断路器后，应先拉负荷侧的隔离开关。

这是因为在拉开隔离开关的过程中，可能出现两种错误操作，一种是断路器实际尚未断开，而造成先拉隔离开关；另一种是断路器虽然已断开，但当操作隔离开关时，因走错间隔等而错拉未停电设备的隔离开关。无论是上述哪种情况，都将造成带负荷拉隔离开关，其后果是十分严重的，可能造成弧光短路事故。

如果先拉电源侧隔离开关，则弧光短路点在断路器的电源侧，将造成电源侧短路，使上一级断路器跳闸，扩大了事故停电范围。如先拉负荷侧隔离开关，则弧光短路点在断路器的负荷侧，保护装置动作使断路器跳闸，其他设备可照常供电。这样，即使出现上述二种错误操作的情况，也能尽量缩小事故范围。

十一、断路器事故故障处理

（1）断路器遇有以下情形之一时，应立即申请停电处理：

1）套管有严重破损和放电现象。

2）油断路器内部有爆裂声。

3）油断路器灭弧室冒烟或内部有异常声响。

4）油断路器严重漏油，油位过低。

5）空气断路器内部有异常声响或严重漏气，压力下降，橡胶垫被吹出。

6）SF_6 气室严重漏气，发出操作闭锁信号。

7）真空断路器出现真空破坏的咝咝声。

8）液压机构突然失压到零。

（2）断路器的声音异常处理：

运行中或刚合闸后的断路器内部有较规律的噼啪声，可能是断路器内部绝缘损坏，造成带电部分对外壳的放电；如果是不规则的放电声，则可能是断路器内与带电部分等电位的绝缘部分连接松脱，形成悬浮电位放电，形成悬浮电位放电；如有开水似的"咕噜"声，则可能是断路器静触头接触不良，形成主电流回路跳火，使油在电弧作用下受热翻滚。

1）一般用上一级断路器先将所在电路断开，再将该断路器拉开，然后拉开其两侧隔离开关，转为冷备用后认真进行内部检查和油的分析化验，以确定故障的性质。

2）如果不允许停电可参照油断路器运行中缺油处理。

（3）断路器拒合闸的检查处理：

1. 断路器拒合闸的原因

（1）电气回路。

1）直流电压太低。

2）闭锁回路是否正常。

3）控制回路熔断器熔断或接触不良。

4）主合闸电源消失或主合闸熔断器熔断。

5）辅助开关切换不良或触点接触不良。

6）合闸接触器线圈烧坏或主触点接触不良。

（2）机械回路。

1）传动系统故障。

2）机构调整不当，由于调整不当，跳闸后机械传动装置的各轴不能复归原位。

3）合闸铁芯钢套卡涩，铁芯顶杆太低冲力不足，铁芯顶杆太长合闸终期吸力不足等。

4）液压、气动机构压力太低。

5）合闸接触器发卡。

2. 断路器拒合闸的检查处理

（1）用控制开关再重新合一次，目的检查前一次拒合闸是否因操作不当引起的（如控制开关放手太快，把手操作不到位或操作过位）。

（2）立即拉、合一次操作直流。

（3）若现场操作把手拧至合闸位置时，断路器位置灯不发生变化，检查直流操作回路有无故障，应检查控制回路的空开是否跳闸，有无断线，检查合闸控制回路熔丝和合闸熔断器是否良好及同期回路是否存在问题等。

（4）检查直流操作电压是否正常，是否由于蓄电池或硅整流的实际容量下降，造成合闸时电源电压低于最低允许值。

（5）若合闸时，跳闸信号消失，然后复亮，而储能电源的电压正常时，应检查操作机构有无故障、传动机构连杆松动脱落，传动机构的定位是否发生移动而产生顶、卡现象，使动作不到位，弹簧操动机构合闸弹簧未储能，合闸线圈发生故障有无焦煳味。

（6）检查操作油压是否正常，液压机构压力低于规定值，合闸回路被闭锁，SF_6 断路器气体压力过低，密度继电器闭锁操作回路。

（7）停电通知检修处理。

3. 断路器拒绝分闸检查处理

（1）用控制开关再重新分闸一次，目的是检查前一次拒分闸是否因操作不当引起的（如控制开关放手太快把手操作不到位或操作过位）。

（2）立即拉、合一次操作直流。

（3）根据断路器情况，判断跳闸回路有否断线或者操作电源是否消失。

（4）检查操作机构及油操作油压；传动机构连杆松动脱落，传动机构的定位是否发生移动而产生顶、卡现象，使动作不到位。分闸线圈发生故障有无焦煳味，液压机构压力低于规定值，跳闸回路被闭锁，SF_6 断路器气体压力过低，密度继电器闭锁操作回路。

（5）若未找出故障原因，应联系倒系统，使用旁路（或母联）断路器，使之脱离系统。将拒绝跳闸的断路器隔离，并保持原状，通知维护处理，以免事故扩大。

4. 断路器误合闸处理

若断路器未经操作自动合闸，则属"误合"故障。一般应按如下做法判断处理。

（1）经检查确认为未经合闸操作。

1）手柄处于"分后位置"，而红灯连续闪光，表明断路器已合闸，但属"误合"。

2）应拉开误合的断路器。

（2）对"误合"的断路器，如果拉开后断路器又再"误合"，应取下合闸熔断器，分别检查电气方面和机械方面的原因，联系调度和有关领导将断路器停用作检修处理。"误合"原因可能有：

1）直流两点接地，使合闸控制回路接通。

2）自动重合闸继电器动合触点误闭合，或其他元件某些故障接通控制回路，使断路器合闸。

3）若合闸接触器线圈电阻过小，且动作电压偏低，当直流系统发生瞬间脉冲时，会引起断路器误合闸。

4）弹簧操动机构的储能弹簧锁扣不可靠，在有振动情况下，（如断路器跳闸时）锁扣可能自动解除，造成断路器自行合闸。

5. 断路器误跳闸故障的处理

（1）及时、准确地记录所出现的信号、象征。汇报调度以便听取指挥，便于在互通情况中判断故障。若系统无异常、继电保护自动装置未动作、断路器自动跳闸，则属断路器误跳。

（2）对于可以立即恢复运行的，如人员误碰、误操作，或受机械外力振动，保护盘受外力振动引起自动脱扣的误跳：

1）保护误动作。

2）断路器机构的不正确动作。

3）二次回路绝缘问题。

4）有寄生跳闸回路，如果排除了断路器故障的原因，应根据调度命令，按下列情况恢复断路器运行：

a. 单电源馈电线路可立即合闸送电。

b. 单回联络线，需检查线路无电压合闸送电（可以经检查重合闸同期鉴定继电器触点在打开、无压鉴定继电器常闭触点已闭合，判定线路上无电压，也可以用并列装置或在线路上验电及与调度联系判定线路上有无电压）。

c. 联络线、线路上有电压时，须经并列装置合闸或无非同期并列可能时方能合闸。

6. SF$_6$断路器故障处理

（1）如果是油压操作，操作机构失去油压，处理方法与油断路器相同。如果是弹簧操作机构，而未储能，应检查储能电源是否正常，必要时可手动操作储能。

（2）运行值班人员在巡回检查中发现异常，如表指示压力下降，有刺激臭味，或自感不适，颈部僵直、头昏头痛眼鼻干涩等，应立即汇报，查明原因进行处理。

（3）当断路器密度继电器已动作发出告警，已将操作回路闭锁，电气已不能分、合闸，根据现场运行规程应申请停电处理。

1）停用该断路器控制直流。

2）与调度联系，用旁路（或侧路）断路器代供电，拉开故障断路器两侧隔离开关；（拉前应停侧路断路器控制直流，拉后启用侧路断路器控制直流）。

3）当发现断路器故障造成气体外逸，人员应撤离现场，并投入通风装置，在操作中接近SF$_6$断路器要谨慎，尽量选择从上风侧接近设备必要时戴防毒面具，穿防护服。

7. 真空断路器故障处理

真空断路器的真空度下降。

真空断路器是利用真空的高介质强度灭弧。真空度必须保证在0.0133Pa以上，才能可靠的运行。若低于此真空度，则不能灭弧。正常巡视检查时要注意屏蔽罩的颜色有无异常变化。特别要注意断路器分闸时的弧光颜色，真空度正常情况下弧光呈微蓝色，真空度降低则变为橙红色，这时应及时更换真空灭弧室。

8. 指示断路器位置的红、绿灯不亮对运行的影响

指示断路器位置的红、绿灯不亮会对运行造成以下危害。

（1）不能正确反映断路器的跳、合闸位置，故障时易造成误判断。

（2）如果是跳闸回路故障，当发生事故时，断路器不能及时跳闸，会扩大事故。

（3）如果是合闸回路故障，会使断路器事故跳闸后不能自动重合或自投失败。

（4）跳、合闸回路故障均不能进行正常操作。

第三节　隔离开关的运行

一、隔离开关的用途

（1）在设备检修时，造成明显的断开点，使检修设备和系统隔离。以保证工作人员和设

备的安全。原则上隔离开关不能用于开断负荷电流，但是在电流很小和容量很低的情况下，可视为例外。

（2）隔离开关和断路器配合，进行倒闸操作，以改变运行方式。在双母线接线，利用隔离开关将电气设备或供电线路从一组母线切换到另一组母线上去。

（3）用以接通和切断小电流的电路和旁（环）路电流。例如：断合电压互感器、避雷器及系统无接地的消弧线圈。

二、隔离开关的巡视

（1）导电部分：隔离开关本体应该完好，三相触头在合闸时应同期到位，有无错位或不同期到位现象。合闸位置时，位置正常，刀刃和触头接触良好，无过热、松动和变色现象。分闸位置时，检查位置正确到位。引线无松动，无烧伤断股现象；连接部分无螺栓松动、断裂现象。

（2）操作机构：传动机构应完好，有机构闭锁者，锁锭锁入正常，有电动操作箱者，箱内无电磁声和焦味，操作箱门锁良好，防误锁具编号字体向外。液压机构隔离开关的液压装置应无漏油，闭锁装置及接地是否完好，有无锈蚀。

（3）绝缘部分：绝缘子（座）表面是否清洁、完整，有无损坏、裂纹或放电闪络现象。

（4）底座部分：底座连接轴上的开口销应完好，底座法兰应无裂纹，法兰螺栓紧固应无松动。

（5）接地部分：对于接地的隔离开关，其触头接触应良好，接地应牢固可靠，接地体可见部分应完好。

三、隔离开关的运行要求

（1）隔离开关的操作机构均应装设防误闭锁装置。

（2）隔离开关的传动部分和闭锁装置，应定期清扫。

（3）隔离开关操作后，应检查隔离开关的开、合位置，三相动、静触头应确已拉开或确已合好。

四、隔离开关操作的基本要求

（1）操作隔离开关前，应检查相应断路器分、合闸位置是否正确，以防止带负荷拉合隔离开关。

（2）隔离开关均装有远控回路，能实现远控、近控和手动三种操作方式。

正常运行条件下，根据安全、快捷、省力的原则，其操作方式应按远控，近控的顺序优先采用，而尽量避免手动操作方式，但在许多情况下，手动操作是无法避免的。如电动操作机构失灵；操作电源失去等。在手动操作条件下，隔离开关的防误闭锁回路有可能自动解除，操作人员接近设备，万一发生事故易受伤害。因此应认真检查操作条件，严格核对设备，防止误操作。

（3）手动操作隔离开关。

1）手动合隔离开关时，必须迅速果断，但在合闸终了不得用力过猛以防合过头及损坏支持绝缘子，注意：在合闸开始时，若发生弧光，则应将隔离开关迅速合上。

2）手动拉隔离开关时，应缓慢而谨慎，特别是隔离开关动触头刚离开静触头时，若发生电弧应立即合上，停止操作，但在拉切小容量变压器，一定长度架空线路和电缆线的充电电流，少量的负荷电流，以及用隔离开关解环操作，均有电弧产生，此时应迅速将隔离开关拉开。

3）拉闸后应检查三相导电杆的实际位置是否与操作要求相一致。

4）操作完成后应检查动静触头接触情况良好，插入深度适当，传动机构无断裂或形变。

（4）错合隔离开关时，不允许将隔离开关再拉开，因为带负荷拉开隔离开关，将造成三相弧光短路事故。

错拉隔离开关时，在动触头刚离开固定触头时，便发生电弧，这时应立即合上，避免事故，但若隔离开关已全部拉开，则不许再合上，如果是单极隔离开关，操作一相后发现错拉，其他两相侧不应继续操作。

（5）当隔离开关操作不动时，应仔细查找原因，不得强行操作，以防将隔离开关损坏。

（6）隔离开关送电、停电操作要在相应开关（接触器）断开的情况下进行；隔离开关操作完毕后，应检查动静触头接触良好，核实隔离开关位置正确后，将操作箱门锁好。

（7）隔离开关操作前，如果发现异常或缺陷，应停止操作，采取必要措施或消除缺陷后方可重新操作不得蛮干。

（8）使用电动机构操作的隔离开关，操作时应使用电动按钮进行操作，不得使用手柄操作，如遇特殊情况必须用手柄操作时，应重新检查断路器及隔离开关的位置，并拉开电动机电源控制。

（9）电动操作隔离开关中如发生异常，应迅速按电动机构箱内的"停止"按钮并及时检查原因。如热继电器动作应尽力消除，经一段时间后方可恢复热继电器进行第二次操作。

（10）隔离开关拉不开、合不上时严禁强拉强合，应仔细查找原因：操作机构是否完好，回路中是否有接地刀闸，开关是否在分闸位置等，确实无法处理时，通知检修处理。隔离开关在操作过程中发生卡涩，不能强行操作，可手摇隔离开关操作把手几次，然后再合；若仍卡涩，未发生触头放电现象，立即停止操作，若已发生放电现象，且不能熄灭，应将此隔离开关设法与带电系统脱开。

（11）隔离开关与接地刀闸的机构闭锁或电磁闭锁、微机闭锁应良好，操作接地刀闸要慎重，接到调度命令后方可进行操作，如果闭锁有问题，首先核对设备，严禁使用万能钥匙或强行操作。

五、操作隔离开关的顺序

1. 输、配电线路隔离开关

（1）停电操作时，应先拉开线路侧隔离开关，后拉开母线侧隔离开关。

（2）送电操作时，应先合上母线侧隔离开关，后合上线路侧隔离开关。

只要断路器可靠地断开，操作人员保证不走错间隔，无论先操作哪一组隔离开关都是安全的，之所以非要规定一个先后操作顺序，主要考虑万一断路器未断开，发生隔离开关带负荷拉闸后的影响及事故处理问题，同时兼顾人们长期在倒闸操作中形成的问题：停电，先从负荷侧开始操作；送电，先从电源侧开始操作，以图 10-1、图 10-2 所示，说明其优缺点。

图 10-1 操作隔离开关的顺序示意图

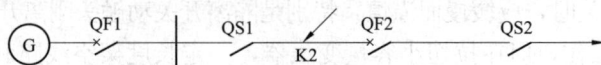

图 10-2 操作隔离开关的顺序示意图

（3）停电先拉线路侧隔离开关 QS2 的优点：

1）断路器 QF1 未拉开，带负荷拉开 QS2，则故障点 K 在线路上，可以利用本线路的保护跳开 QF1，切除故障点，此时，不影响其他设备运行。

2）如果线路保护或 QF1 拒动不能切除故障点，虽引起越级使电源侧断路器 QF1 跳闸，造成母线全停双母线，装有线路断路器失灵保护的，只影响一条母线的运行。但只要拉开母线隔离开关 QS1 即可隔离故障点，恢复送电时不需要倒母线，操作少，恢复时间短，事故处理快。

（4）停电先拉母线侧隔离开关 QS1 的缺点：

1）如断路器 QF 未拉开，带负荷拉开 QS1 则故障点 K2 在母线上，母线差动保护可以切除故障点。

2）恢复母线送电时，对于单母线，只有甩开 QS1 的引线，才能隔离故障恢复送电，对于双母线，倒母线后，才能给故障母线上的其他停电设备送电，对于双母线，倒母线后，才能给故障母线上的其他停电设备松电，操作多，停电时间长，事故处理麻烦。

同理，线路送电如断路器合闸，发生隔离开关带负荷合闸，先合 QS1，后合 QS2，故障点也在线路上，对事故处理及恢复送电也都比较有利。

操作必须在串联开关和接地刀闸在切断状态下进行。

2. 母联或旁母隔离开关

（1）拉闸时：先拉不带电侧隔离开关，后拉带电侧隔离开关。

（2）合闸时：先合带电侧隔离开关，后合不带电侧隔离开关。

六、允许用隔离开关进行下列操作

（1）220kV 线路开关在送电运行中，线路侧路隔离开关合上或拉开。

（2）在无接地时合上或拉开电压互感器和在无雷击时拉开或合上避雷器。

（3）合上或拉开无故障的 220kV 以下母线的电容电流。

（4）合上或拉开上非 3/2 断路器结线的母线环流（不含用隔离开关隔离四段式母线的母联、分段断路器），但此时应确认环路中所有断路器三相完全接通、非自动状态。

（5）发电机消弧线圈、变压器中性点的合上拉开操作，但操作时应在确认网络中无接地故障时进行。

（6）合上、拉开励磁电流不超过 2A 的空载变压器和电容电流不超过 5A 的无负荷线。

（7）拉开或合上 3/2 断路器结线 3 串及以上运行方式的母线环流。

注：①上述设备如长期停用时，在未经试验前不得用隔离开关进行充电；②上述设备如发生异常运行时，除有特殊规定可以远控操作的外不得用隔离开关操作。

七、禁止用隔离开关进行下列操作

1. 220kV 隔离开关不能进行下列操作

（1）带负荷合上或拉开。

（2）拉开或合上 320kVA 以上的空载变压器。

（3）合上或拉开送电线路的充电电流。

（4）拉开故障点。

2. 500kV 隔离开关不能进行下列操作

（1）不准用隔离开关向 500kV 母线充电。

（2）严禁用隔离开关拉、合运行中的 500kV 高压并联电抗器和电容式电压互感器。

（3）严禁用隔离开关拉、合空载变压器和空载线路。

八、用隔离开关操作时，防止瓷柱断裂的注意事项

（1）操作时，穿绝缘靴，戴绝缘手套，认真执行"四对照"。

（2）一般采用电动按钮进行，电动不良时，采用手动摇动电动机操作。

（3）手动进行合闸操作时，顺时针方向，应先慢摇，放电时快速摇动，摇动中发现特别吃力或发卡时，应停止摇动，检查原因，自己处理不了时，联系检修人员处理。

（4）手动进行分闸操作时，逆时针方向，应先慢摇，放电时快速摇动，摇动时发现特别吃力或发卡时，应停止摇动，检查原因，自己处理不了时，联系检修人员处理。

（5）在拉开或合上接地刀闸时，应双手紧握接地刀闸操作把手，用力应适当将接地刀闸拉开或合上，不能用力过猛，防止接地刀闸合到位后反弹引起磁套颤动损坏，若接地刀闸卡死或发卡，不应强行拉合，检查原因，自己处理不了时，应联系检修人员处理。

（6）进行 220kV 隔离开关或接地刀闸操作时，若发现瓷柱断裂、倒塌或放电时，应迅速逃离现场。

九、隔离开关事故故障处理

（一）隔离开关在运行操作中可能出现的异常

（1）接触部分过热。

（2）绝缘子异常。

1）绝缘子外伤、硬伤；绝缘子破损、断裂、导线线夹裂纹。

2）支柱式绝缘子胶合部因质量不良和自然老化造成绝缘子掉盖。

3）因严重污秽或过电压，产生闪络、放电、击穿接地。

（3）操作异常，操作隔离开关拉不开、合不上。

（4）运行中隔离开关刀口过热，触头熔化黏连。

（二）隔离开关故障处理

1. 接触部分过热

（1）立即设法减少负荷。

（2）与母线连接的隔离开关，应以适当的开关，利用倒母线或以备用开关倒旁路母线等方式转移负荷，使其退出运行。

（3）发热严重时，应以适当的断路器转移负荷。

（4）如停用发热隔离开关，可能引起较大损失时，应采用带电作业的方法进行检修，如未消除，临时将隔离开关短接。

（5）如是操作质量不良引起的，可用绝缘杆帮助一下，使之接触到位。

2. 绝缘子异常

（1）不严重的放电痕迹，可暂时不停用，经办停电手续再行处理。

（2）与母线连接的隔离开关绝缘子损伤，应尽可能停止使用。

（3）绝缘子外伤严重，绝缘子破损、断裂、导线线夹裂纹，则应立即停电或带电作业处理。（此时不应该带电操作，防止断裂扩大事故）

3. 操作异常，操作隔离开关拉不开、合不上

（1）用绝缘棒操作或用手动操作机构操作隔离开关，拉不开合不上时，主要因机构锈死、卡涩、检修时调整不当等原因引起。发生这种情况，可拉开隔离开关再次合闸。不应强行拉

开合上，应注意检查绝缘子及机构的动作情况，防止绝缘子断裂。

（2）用电动操作机构操作，拉不开合不上时，应立即停止操作，检查：

1）操作有无差错。

2）操动机构的地刀机械闭锁是否到位。

3）操作电源电压是否正常。

4）电动机电源回路是否完好，熔断器、空气开关是否正常。

5）电气闭锁回路是否正常。

如果电动不能操作，重新检查相应断路器在分位，改用手动操作。

（3）用液压操作机构操作拉不开合不上时，应检查液压泵是否有油或油是否凝结，如果油压降低不能操作，重新检查相应断路器在分位，改用手动操作。

因隔离开关本身传动机械故障而不能操作时，应向上级汇报申请倒负荷后停电处理。

4. 运行中隔离开关刀口过热，触头熔化黏连

（1）应立即向调度汇报申请将负荷倒出，然后停电处理，如不能倒负荷，则应设法减负荷，并加强监视。

（2）如果是双母线侧隔离开关发生熔化黏连，应使用倒母线的方法将负荷倒出，然后停电处理。

5. 运行中的隔离开关出现下列情况时，应立即停电处理

（1）接头过热或熔化，接线断股。

（2）触头熔化变形。

（3）支柱绝缘子破裂或绝缘破坏。

（4）操动机构损坏或连杆弯曲变形。

第四节　电流互感器的运行

一、电流互感器的用途

电流互感器是一种电流变换装置。它将高压和低压大电流变成电压较低的小电流供给仪表和继电保护装置并将仪表和保护装置与高压电路隔开。

电流互感器的构造是由铁芯、一次绕组、二次绕组、接线端子及绝缘支撑物等组成。电流互感器的一次绕组的匝数较少，串接在需要测量电流的线路中，流过较大的被测电流，二次绕组的匝数较多，串接在测量仪表或继电保护回路里。

电流互感器的二次回路不允许开路。电流互感器在工作时，它的二次回路始终是闭合的，但因测量仪表和保护装置的串联绕组的阻抗很小，电流互感器的工作情况接近短路状态，一次电流所产生的磁化力大部分被二次电流所补偿，总磁通密度不大，二次绕组电动势也不大。当电流互感器开路时，二次回路阻抗无限大，电流等于零，一次电流完全变成了励磁电流，在二次绕组产生很高的电势，威胁人身安全，造成仪表、保护装置、互感器二次绝缘损坏。

电流互感器二次回路必须接地，以防止一次绝缘击穿，二次串入高压，威胁人身安全，损坏设备。

二、电流互感器运行中检查

（1）检查电流互感器的接头应无过热现象。

（2）电流互感器在运行中，应无异声及焦煳味。

（3）电流互感器瓷质部分应清洁完整，无破裂和放电现象。

（4）检查电流互感器的油位应正常，应无渗油现象。

（5）检查电流表的三相指示值应在允许范围内，不允许过负荷运行。

（6）检查接地应良好，无松动和断裂现象。

三、电流互感器的停送电操作

电流互感器停送电，一般是在被测量电路的断路器断开后进行的，以防止电流互感器副边开路，但在被测电路断路器不允许断开时，只能在带电的情况下进行。

在停电的情况下，停用电流互感器时，应将纵向连接端子板取下，并用取下的端子板，将进侧的端子横向短接，在起用电流互感器时，应将横向短接端子板取下，将电流互感器纵向端子接通。

在运行中，停用电流互感器时，先将进线端子横向短接，然后断开纵向端子，在起用电流互感器时，应先将用连接片将纵向端子接通，然后断开横向端子板。

在电流互感器停送电中，应注意断开端子板时是否出现火花，如发现有火花，应立即将端子板装上并旋紧后再查明原因。

四、电流互感器事故故障

（一）电流互感器常见的故障

（1）二次侧开路。

（2）工作时过热。

（3）内部冒烟或发出臭味。

（4）线圈螺丝松动，匝间或层间短路。

（5）内部放电，声响异常或引线与外壳间产生放电火花。

（6）充油式电流互感器漏油严重或油面过低。

（二）电流互感器二次发生开路时现象

（1）电流互感器二次发生开路时，经常伴随一些现象的发生。

1）回路仪表指示异常降低或为零。如用于测量表计的电流回路开路，会使三相电流表指示不一致，功率表指示减小，计量表计不转或转速变慢。假如表计指示时有时无，有可能处于半开路状态（接触不良）。运行人员碰到此现象时可将有关的表计相互对照比较认真分析。如变压器原、副边负荷指示相差较大，电流表指示相差太大（注重变化的不同，电压等级的不同），可怀疑偏低的一侧有无开路故障。

2）认真听电流互感器本体有无噪声、振动等不均匀的声音，这种现象在负荷小时不太明显。当发生开路时，因磁通密度的增加和磁通的非正弦性，硅钢片振动力加大，将产生较大的噪声。

3）利用示温变色蜡片或紫外线测温仪监测电流互感器本体有无严重发热，有无异味变色冒烟、喷油等，此现象在负荷小时不太明显。开路时，由于磁饱和的严重，铁芯过热，外壳温度升高，内部绝缘受热有异味，严重时冒烟烧坏。

4）检查电流互感器二次回路端子、元件线头等有无放电、打火现象。此现象可在二次回路维护和巡检中发现，开路时，由于电流互感器二次产生高电压，可能使互感器二次接线柱、二次回路元件接头、接线端子等处放电打火，严重时使绝缘击穿。

5）继电保护发生误动作或拒动作，此情况可在误跳闸或越级跳闸事故后检查原因时发现并处理。

6）仪表、电能表、继电器等冒烟烧坏。此情况可以及时发现。上述表计烧坏都能使电流互感器二次开路，有、无功率表以及电能表远动装置的变送器、保护装置的继电器烧坏，不仅使电流互感器二次开路，同时也会使电压互感器二次短路。此时应从端子排上将交流电压端子拆下，包好绝缘。

（2）故障检查处理。检查处理电流互感器二次开路故障，要尽量减小一次负荷电流，以降低二次回路的电压。操作时注意安全，要站在绝缘垫上，戴好绝缘手套，使用绝缘良好的工具。

1）发现电流互感器二次开路，要先分清是哪一组电流回路故障、开路的相别、对保护有无影响，汇报调度，解除有可能误动的保护。

2）尽量减小一次负荷电流。若电流互感器严重损伤，应转移负荷，停电处理。

3）尽快设法在就近的试验端子上用良好的短接线按图纸将电流互感器二次短路，再检查处理开路点。

4）若短接时发现有火花，那么短接应该是有效的，故障点应该就在短接点以下的回路中，可进一步查找。若短接时没有火花，则可能短接无效，故障点可能在短接点以前的回路中，可逐点向前变换短接点，缩小范围检查。

5）在故障范围内，应检查容易发生故障的端子和元件。对检查出的故障，能自行处理的，如接线端子等外部元件松动、接触不良等，立即处理后投入所退出的保护。若开路点在电流互感器本体的接线端子上，则应停电处理。若不能自行处理的（如继电器内部）或不能自行查明故障的，应先将电流互感器二次短路后汇报上级。

6）外部出现严重的放电，声音异常或引线与外壳间有火花放电现象；主绝缘发生击穿，造成单相接地故障；危急设备的安全，应立即汇报上级，并停电进行处理。

7）充油电流互感器的其他故障：如内部有剧烈振动声，噼啪声，严重喷油、漏油；内部发出焦臭，冒烟；线圈与外壳放电等现象，应立即将其停用。

8）因故障而起火，必须立即断开电源，急速做好安全措施，用干式灭火器或干沙进行灭火，严防事故扩大。

9）停运前，应要求调度转移负荷，并且只拉开相应断路器即可。如需对电流互感器做试验，应打开相应的二次端子。

第五节　电压互感器的运行

一、电压互感器的用途

电压互感器是一种电压变换装置。它将高电压变换为低电压，以便用低压量值反映高压量值的变化。因此通过电压互感器可以直接用普通电气仪表进行电压测量。电压互感器分为电磁式电压互感器和电容式电压互感器。

电磁式电压互感器的构造和工作原理与普通变压器相同，它也是由铁芯、一次绕组、二次绕组、接线端子及绝缘支持物等组成。电压互感器的一次绕组接于系统的线电压或相电压其绝缘应随实际系统电压的高低而定。一次绕组具有较多的匝数，二次绕组匝数很少供给仪表或继电器的电压线圈。

电容式电压互感器相对于传统的电磁式电压互感器而言是一种较新型产品，由主电容器、分压电容器、中间变压器、补偿电抗器、保护装置及阻尼器等元件组成，它利用电容分压器将输电电压降到中压（10～20kV），再经过中间变压器降压到100V供给计量仪表和继电保护装置。可兼顾电压互感器和电力线路载波耦合装置中的耦合电容器两种设备的功能，同时在实际应用中又能可靠阻尼铁磁谐振，并具备优良的瞬变响应特性等；故近几年在电力系统中应用的数目日益增加，不仅在变电站线路出口上使用，而且大量应用在母线上代替电磁式电压互感器。

电压互感器的二次绕组不允许短路。二次绕组有100V电压，应接于能承受100V电压的回路里，其通过的电流，由二次回路阻抗的大小来决定。如二次短路，则阻抗很小，二次回路流过的电流增大，造成二次熔断器熔断影响表计指示及引起保护误动，损坏电压互感器。

电压互感器的二次回路必须接地以防止一、二次绝缘损坏击穿高电压串到二次侧来对人身和设备造成危险。

二、电压互感器在运行中应注意的事项

（1）中性点不接地系统或经小电流接地系统的电压互感器在线路接地时，应注意电压互感器的发热情况。

（2）电压互感器撤出运行时，应特别注意其所带的保护是否会因失去电源而误动。

（3）电压互感器的二次线圈中性点必须接地，二次侧不允许短路。

（4）电压互感器外壳接地良好，有关表计指示正确。

三、电压互感器应操作注意事项

（1）电压互感器的投入或退出运行，必须考虑对仪表、自动装置、继电保护的影响。为防止电压互感器所带的保护及自动装置误动，应将有关保护及自动装置停用。

（2）电压互感器在切换时，应先并后断。如在运行中二次电压失去或需更换二次熔断器时，应首先退除带交流电压的有关保护连接片。如果电压互感器有自动（手动）切换装置，其所带的保护及自动装置可以不停用，但要确保切换可靠。

（3）停用电压互感器时应将高、低压两侧都断开，停用时应先将二次侧熔断器取下，以防止反充电。

（4）电压互感器二次侧严禁短路和接地。

（5）220kV电压互感器避雷器不准在中性点非接地系统中运行。

（6）两组电压互感器的低压回路不应长期并列运行，切二次不许短路。

（7）为防止铁磁谐振过电压，一般不应将电压互感器与空母线同时运行。

（8）电压互感器退出运行前，应先将故障录波器的电压切换到运行母线的电压互感器上，防止故障录波器因失压而误动。

四、电压互感器倒闸操作原则

（1）停电操作时，应先拉开二次熔断器，后拉开隔离开关。

（2）送电操作时，先合上一次隔离开关，后投入二次熔断器，并测试接触良好。

（3）电压互感器一次先并列，二次侧后并列，以防止从二次侧向一次侧充电而二次熔断器熔断，电压互感器二次侧并列操作，应在切换二次侧电压回路前，先将一次侧并列，否则

二次侧并列后，由于一次侧电压不平衡，二次侧产生较大环流容易引起熔断器爆断，使保护失去电源，另外还应考虑是否能引起保护装置误动。

（4）单母线单电压互感器，一般情况下电压互感器和母线同时停、送电，如特殊情况需要单独停用电压互感器时，必须考虑对仪表、自动装置、继电保护的影响；（如距离、方向、振荡解列、低电压闭锁保护等）。

（5）双母线接线，两组电压互感器分别接在相应的母线上，正常运行情况下，二次侧不并列，当一组电压互感器检修时停用的电压互感器负荷由另一组母线电压互感器暂代。

（6）母线电压互感器检修后或新投运前要进行"核相"，防止相位错误引起电压互感器二次并列短路。

五、电压互感器倒闸操作步骤

1. 空载母线上的电压互感器由运行转检修

（1）母差屏电压闭锁功能按现场运行规程规定进行相应切换。

（2）断开电压互感器二次侧空气开关、取下熔断器。

（3）拉开一次侧隔离开关。

（4）验明确无电压后，装设接地线（接地刀闸），布置安全措施。

2. 空载母线上的电压互感器由检修转运行

（1）拆除安全措施，拆除接地线（接地刀闸）。

（2）合上电压互感器一次侧隔离开关。

（3）合上二次侧空气开关、装上熔断器。

（4）检查相应仪表指示正常。

（5）母差屏电压闭锁功能按现场运行规程规定进行相应切换。

3. 运行母线上的电压互感器由运行转检修

（1）将母线电压互感器电压切换开关切至"并列"；（如果没有二次并列开关，就得将相应的母线上元件倒至另一母线）。

（2）检查母线电压互感器"电压切换"正常（并列良好）。

（3）母差屏电压闭锁功能按现场运行规程规定进行相应切换。

（4）断开电压互感器二次侧空气开关、取下熔断器。

（5）拉开一次侧隔离开关。

（6）验明确无电压后，装设接地线（接地刀闸），布置安全措施。

4. 运行母线上的电压互感器由检修转运行

（1）拆除安全措施，拆除接地线（接地刀闸）。

（2）合上电压互感器一次侧隔离开关。

（3）合上二次侧空气开关、装上熔断器。

（4）将母线电压互感器电压切换开关切至"分列"。

（5）检查 220kV 母线电压互感器"电压切换"正常（分列良好）。

（6）检查相应仪表指示正常。

（7）母差屏电压闭锁功能按现场运行规程规定进行相应切换。

六、电压互感器的事故处理

（一）电压互感器回路断线

电流互感器正常运行时，由于负载阻抗很小，二次侧相当于短路状态运行，电压互感器且恰恰相反，正常运行时负载阻抗很大，相当于开路状态，二次侧仅有很小的负载电流，当二次侧短路时，负载阻抗为零，将产生很大的短路电流，此时一次侧电流也急剧增大，会将电压互感器烧坏，会造成二次熔断器熔断，影响表计指示，及引起保护误动。如熔断器容量选择不当。

电压互感器高、低压侧熔断，回路接头松动或断线，电压切换回路辅助触点及电压切换开关接触不良，均能造成电压互感器回路断线。当电压互感器回路断线时，"电压互感器回路断线"光字牌亮，警铃响，有功功率表指示异常，电压表指示为零或三相电压不一致，电能表停走或走慢，低电压继电器动作，同期鉴定继电器可能有响声。若是高压熔断器熔断，则可能还有（接地）信号发出，绝缘监视电压表较正常值偏低，而正常时监视电压表上的指示是正常的。

（二）电压互感器回路断线时，值班人员处理措施

（1）应首先通过测量判断是熔断器熔断还是单相接地，如果单相接地，可以用表计指示判断：金属性接地时，接地相电压为零，非接地相电压升高 $\sqrt{3}$ 倍，而一次断线则断线相电压为零，非接地相电压不变。若为接地，按接地处理。

（2）电压互感器断线时，将电压互感器所带的保护与自动装置停用，如停用距离保护、低电压闭锁、低周减载、由距离继电器实现的振荡解列装置、重合闸及自动投入装置，以防保护误动。

（3）如果由于电压互感器低压电路发生故障而使指示仪表的指示值发生错误时，应尽可能根据其他仪表的指示，对设备进行监视，并尽可能不改变原设备的运行方式，以避免由于仪表指示错误而引起对设备情况的误判断，甚至造成不必要的停电事故。

（4）详细检查高压熔断器是否熔断。如高压熔断器熔断时，应取下低压熔断器，拉开电压互感器出口隔离开关，并验明无电压后更换高压熔断器，同时检查在高压熔断器熔断前是否有不正常现象出现，并测量电压互感器绝缘，或用万用表检测线圈的完整性，如绝缘良好时，更换熔断器后投入运行。在检查高压熔断器时应做好安全措施，以保证人身安全，防止保护误动作。

（5）二次熔断器熔断或快速开关跳闸后，若检查二次回路良好，立即更换熔断器或合上二次快速开关。如合一次又跳闸，禁止再送，短时处理不好，则应考虑调整有关设备的运行方式。

（6）若不是熔断器熔断及二次快速开关跳闸，则应检查回路有无断线或接触不良等情况。

（7）当发现电压互感器有漏油、喷油、冒烟、内部有异常声响、严重发热或火花放电现象时应立即停运。

（8）如有备用设备，应立即投入运行，停用故障设备。

220kV 母线系统应用母联断路器断开电压互感器，如果是其他电路的电压互感器，当用隔离开关切断时，应在隔离开关三相之间或其他设备之间有足够的安全距离，以及有一定容量的限流电阻的条件下方能进行，以避免在断开隔离开关时，发生电弧而造成设备和人身事故，电压互感器高压或低压侧一相熔断器熔断，由于电压互感器过负荷运行，低压电路发生短路，高压电路相间短路，产生铁磁谐振，以及熔断器日久磨损等原因，均造成或高压或低压侧一相熔断器熔断的故障，此时该相电压指示值降低，未熔断的相的电压表指示不会升高。

第六节　其他电气设备的运行

一、避雷设备的运行与事故

（一）避雷针的巡视

（1）避雷针及避雷线以及引下线有无锈蚀。

（2）导电部分连接处（如焊接点、螺栓接点等连接处）是否紧密牢固，检查过程可用手锤轻敲打。

（3）发现有接触不良或脱焊应立即处理修复。

（4）检查避雷针本体是否有歪斜现象。

（二）避雷器的巡视

（1）瓷套表面应无污秽。

（2）瓷套法兰无裂纹破损放电现象。

（3）水泥接合缝及其上面的油漆完好。

（4）避雷器内部无声音。

（5）避雷器连接导线及接地线应完好牢固。

（6）避雷器动作记录器的指示数是否有改变，记录器本体完好。

（7）在线监视仪指示的泄漏电流在正常范围之内。

（8）每年进行一次特性试验。

（9）避雷器根据当地季节投入退出运行。

（10）低布置的遮栏内无杂草，以防避雷器表面的电压分布不均或引起瓷套短接。

（11）雷雨天气运行人员严禁接近防雷装置。

（三）特殊天气的防雷设施巡视

（1）大风天气时，检查避雷针的摆动情况。

（2）雷雨后，检查放电计数器动作情况。

（3）检查引线及接地线是否牢固，有无损伤。

（四）避雷设备事故故障处理

1. 避雷器故障应急措施

无论避雷器引线烧伤还是瓷体闪络、击穿，值班员向供电调度申请能改变运行方式的则改变运行方式，并进行更换处理；若不能改变运行方式的应立即撤除避雷器，在断开其电源后拆除其引线使其安全距离符合规定。在停电后可进行更换处理。

2. 氧化锌避雷器泄漏电流超过 1.3mA 后处理

正常情况下，避雷器下端的计数器有交流在线泄漏电流指示值，受温度、湿度、电压波动因素影响。运行中，值班人员若发现交流泄漏电流超过说明书规定值时，应停运，将避雷器脱离电网。

二、消弧线圈运行与事故

（一）消弧线圈的作用

消弧线圈的用途是将系统电容电流加以补偿，使接地点电流补偿到最小数值，防止弧光短路保证安全供电，同时降低弧隙电压恢复速度，提高弧隙绝缘强度，防止电弧重燃，造成间歇性弧光接地过电压。中性点经消弧线圈接地的系统又称为补偿网络，而补偿原理是基于在接地点的电容电流上叠加一个相位相反的电感电流，使接地电流达到最小数值。

（二）消弧线圈的操作规定

（1）投入消弧线圈应在相应的变压器投运后进行，退出的操作顺序相反。

（2）运行中或需要将消弧线圈倒至另一台变压器时，应先退出后再投入，不得将两台变压器的中性点同时接到一台消弧线圈的中性母线上。

（3）当系统单相接地或中性点的位移电压超过额定相电压的 50％时，禁止用隔离开关投入和切除消弧线圈。

（4）当消弧线圈有故障需立即停用时，不能用隔离开关切除带故障的消弧线圈，必须先停用变压器。

（三）消弧线圈的巡视

（1）油温、油位和油色是否正常，有无渗漏油和硅胶变色。

（2）套管是否清洁，有无破损或放电。

（3）内部声响是否正常，有无异味。外部各引线接触是否良好。

（4）表计指示是否正常，接地是否良好。

（5）消弧线圈室通风良好，任何时候室内温度不得超过 40℃，消弧线圈温控器显示正常。

（6）消弧线圈各部紧固螺栓无松动、无异音。禁止运行中用电磁锁打开消弧线圈本体柜门。

（7）检查消弧线圈铁芯引线及所有金属部件无腐蚀、氧化过热现象。

（8）消弧线圈温控器的液晶屏不需要操作，巡视时只需监视分接头挡位。

（9）消弧线圈调谐器交、直流电源灯正常。

（10）检查消弧线圈的各部电源及电压互感器二次保护开关 3QF 均在合位。

（四）消弧线圈的运行原则

（1）电网在正常运行时，不对称度应不超过 1％～5％，长时间中性点位移电压不超过相电压的 15％。

（2）当消弧线圈的端电压超过相电压的 15％，且消弧线圈已经动作，则应作接地故障处理，寻找接地点。

（3）电网正常运行时，消弧线圈必须投入运行。

（4）在电网中有操作或接地故障时，不得停用消弧线圈，由于寻找故障及其他原因，使消弧线圈带负荷运行时，应对消弧线圈上层油温加强监视，其油温最高不超过 90℃，并注意允许运行时间，否则应切除故障线路。

（5）在进行消弧线圈起、停用和调节分接头操作时，应注意在操作隔离开关前，查明电网内确无单相接地，或接地电流不超过允许值时，方可操作。

（6）不许将两台变压器的中性点同时并于一台消弧线圈上运行。

（7）内部产生异响或放电声等异常现象后，应首先将接地线路停电，然后停用消弧线圈。

（8）线圈动作或发生异常现象，应该记录好动作时间、中性点位移电压、电流及三相对地电压，并及时向调度员汇报。

（9）单相短路接地后，有关消弧线圈和配电盘上的一切操作均应由调度允许后方可进行。

（五）消弧线圈调整分接头如何操作

消弧线圈分接头的调整操作，必须在消弧线圈停用后进行，因为在改变分接头开关接头位置的瞬间，有可能发生接地短路，这时，分接头开关将不可避免地遭受到电弧闪络，引起整个线圈的短接而烧坏，为了防止此类事故的发生，以及保证人身的安全，必须在消弧线圈隔离开关断开的情况下，才允许改变分接头的位置，具体操作程序如下：

（1）应按当值调度员下达的分接头位置切换消弧线圈分接头。

（2）应确知系统中没有接地故障。

（3）拉开消弧线圈隔离开关。

（4）在隔离开关下端装设临时接地线。

（5）检修调整分接头，接触良好；并测量直流电阻，测量直流电阻合格。

（6）拆除隔离开关下端地线；消弧线圈投入运行。

（7）合上消弧线圈隔离开关，使消弧线圈投入运行。

（六）消弧线圈的操作

（1）在系统发生单相接地故障时，禁止用隔离开关断开消弧线圈，因为消弧线圈是经隔离开关与变压器中性点相连接的，在系统接地情况下，拉开中性点隔离开关，将会造成带负荷拉隔离开关。

（2）若接地运行超过消弧线圈规定的时间，且上层油温超过90℃时，此时消弧线圈必须退出运行，其方法有两种：一是将故障相进行临时人工接地，然后将消弧线圈退出运行。二是用带有消弧线圈的变压器高压侧断路器，将变压器和连接在变压器中性点上的消弧线圈一齐退出运行。

（3）在正常情况下，可以直接用消弧线圈的隔离开关，进行消弧线圈投入或退出运行的操作，但当中性点位移电压超过相电压的1/2时，如需要将消弧线圈退出运行，应采用变压器高压侧断路器，将变压器和连接在变压器中性点上的消弧线圈一齐退出运行。

（4）调整消弧线圈抽头时，无论增大补偿或减少补偿，均应将该消弧线圈从网络中退出运行后，再进行抽头的调整（上调或下调），调整后即时投入运行。

（5）不能将消弧线圈同时接于两台变压器中性点上运行，只能接于一台变压器中性点上运行，若消弧线圈需要从一台变压器中性点，转入另一台变压器中性点上运行时，应先将消弧线圈从原运行变压器上断开，再投入到另一台运行中变压器上。

（6）原运行中的变压器，带有消弧线圈运行，现在需要将原变压器停止运行，备用变压器投入运行，其消弧线圈的操作，应遵守下列程序：

1）投入备用变压器，使其运行正常。

2）将消弧线圈从原变压器中退出运行。

3）将消弧线圈投入到新加入运行的变压器中性点上运行。

4）原变压器停止运行。

（七）消弧线圈的故障处理

1. 下列情况下应停用消弧线圈

（1）严重漏油引起油位降低或防爆管喷油。

（2）内部声响异常或有放电声、冒烟、着火。

（3）套管破损或放电、接地引线断裂或接触不良。

(4) 温度或温升超过极限。

(5) 外壳爆炸。

2. 中性点经消弧线圈接地系统分频谐振过电压的现象及消除方法

(1) 现象：三相电压同时升高，表计有节奏地摆动，电压互感器内发出异声。

(2) 消除办法。

1) 立即恢复原系统或投入备用消弧线圈。

2) 投入或断开空线路，事先应进行验算。

3) TV 开口三角绕组经电阻短接或直接短接 3～5s。

4) 投入消振装置。

三、电抗器的运行与事故

（一）在电力系统中电抗器的作用

电力系统中所采取的电抗器，常见的有串联电抗器和并联电抗器。串联电抗器主要用来限制短路电流，也有在滤波器中与电容器串联或并联用来限制电网中的高次谐波。并联电抗器用来吸收电网中的容性无功，如 500kV 电网中的高压电抗器，500kV 变电站中的低压电抗器，都是用来吸收线路充电电容无功的；220、110、35、10kV 电网中的电抗器是用来吸收电缆线路的充电容性无功的。可以通过调整并联电抗器的数量来调整运行电压。超高压并联电抗器有改善电力系统无功功率有关运行状况的多种功能，主要包括：

1) 轻空载或轻负荷线路上的电容效应，以降低工频暂态过电压。

2) 改善长输电线路上的电压分布。

3) 使轻负荷时线路中的无功功率尽可能就地平衡，防止无功功率不合理流动，同时也减轻了线路上的功率损失。

4) 在大机组与系统并列时，降低高压母线上工频稳态电压，便于发电机同期并列。

5) 防止发电机带长线路可能出现的自励磁谐振现象。

6) 当采用电抗器中性点经小电抗接地装置时，还可用小电抗器补偿线路相间及相地电容，以加速潜供电流自动熄灭，便于采用单相快速重合闸。

（二）电抗器的巡视检查项目

(1) 电抗器的工作电流不应超过其额定电流。

(2) 电抗器室内是否清洁，有无杂物，特别是磁性杂物。

(3) 支架及支持绝缘子是否完整有裂纹，有无油漆脱落或线圈变形。

(4) 通风是否完好，接头有无发热、异味，室温不超过 30℃。

(5) 垂直布置的电抗器不应倾斜。

（三）电抗器的操作原则

1. 母线并联电抗器的操作原则

(1) 母线并联电抗器应按调度命令投停。

(2) 带有母线并联电抗器的母线停电或主变压器停电，一般先停母线或变压器，送电时与此相反，防止主变压器充电时电压过高。

2. 线路并联电抗器的操作原则

(1) 线路并联电抗器一般随线路运行，不得单独停送电。

(2) 投停线路并联电抗器前，要检查线路确无电压，线路送电时，要检查线路并联电抗器确已投入。

（3）线路并联电抗器停电检修，应停用线路并联电抗器相应保护连接片。

（四）电抗器倒闸操作的步骤

1. 母线并联电抗器倒闸操作步骤

（1）母线并联电抗器由运行转检修。

1）拉开电抗器开关。

2）拉开电抗器开关电源侧隔离开关。

3）拉开电抗器开关操作、动力电源。

4）装设接地线（接地刀闸），布置好安全措施。

（2）母线并联电抗器由检修转运行。

1）拆除接地线（接地刀闸），拆除安全措施。

2）合上电抗器开关操作、动力电源。

3）合上电抗器开关电源侧隔离开关。

4）合上电抗器开关。

2. 线路并联电抗器倒闸操作步骤

（1）线路并联电抗器由运行转检修。

1）将运行线路停电。

2）拉开电抗器隔离开关。

3）停用电抗器相应保护。

4）装设接地线（接地刀闸），布置好安全措施。

（2）线路并联电抗器由检修转运行。

1）拆除接地线（接地刀闸），拆除安全措施。

2）投入电抗器相应保护。

3）合上电抗器隔离开关。

4）线路送电。

第七节　母线与线路的运行

一、母线的正常巡视检查项目

母线（busbar）是将电气装置中各截流分支回路连接接在一起的导体，它是汇集和分配电力的载体，又称汇流母线。常用的母线类型有硬母线和软母线两种。

（一）软母线的巡视检查项目

（1）软母线及引线是否有断股、散股现象；表面光滑整洁，颜色要正常，无过热、变色、变红、锈蚀、磨损、变形、腐蚀、损伤或闪络烧伤，运行中无严重的放电声响和成串的荧光，母线上无悬挂杂物。

（2）各接触部分是否接触良好，无松动、无过热现象绝缘子串应完整良好，无磨损、锈蚀、断裂。

（3）母线无过紧过松现象，导线无剧烈震动现象。

（二）硬母线的巡视检查项目

（1）表面相色漆应清晰，无开裂、起层和变色现象，各连接点示温蜡片齐全，无过热熔化现象。

（2）伸缩节应完好，无断裂过热现象。

（3）运行中不过负荷，无较大的振动声。

（4）支持绝缘子应清洁，无裂纹、放电声和放电痕迹。

（5）母线各连接部分的螺丝应紧固，接触良好，无松动、振动、过热现象。

（三）母线的特殊巡视检查项目

（1）雨、雾、雪天气检查瓷绝缘有无放电、污闪现象。接头有无发热、冒汽现象。

（2）大雪天应检查母线的积雪及融化情况。

（3）雷电后检查瓷绝缘有无裂纹、破损、放电，母线的避雷器计数器是否动作。

（4）大风时检查母线及引线的摆动情况是否符合安全距离要求，有无异物飘落或悬挂。

（5）气温骤变时检查母线及引线有无过紧过松。瓷绝缘有无裂纹、破损或倾斜。

（6）汛期大发电期间（每年的高温、高负荷时进行），夜间熄灯检查，主要是用以发现白天巡视难以发现的问题。如电晕放电，严重脏污绝缘子的局部放电，导线接触点部分的过热、烧红现象。

（四）母线定期维护的一般要求

（1）为判断母线接头处是否发热，应观察母线接头的示温蜡片有无熔化或母线涂漆有无变色现象。对大负荷电流的接头可用红外线检测仪器测量接头温度，超过相关规定时，则应减少负荷或安排停电处理。

（2）每隔一年或几年要进行一次绝缘子清扫，特别污秽的地区，应增加清扫次数。

（3）配电装置的试验和检修工作，检查母线接头、金具的紧固情况与完整性，对状态不良的部件应及时修复。

（4）配合电气设备的检修，对母线、母线的金具进行清扫，除去支持架的锈斑，更换锈蚀的螺栓及部件，涂刷防护漆等。

二、线路巡回与维护项目

水电厂值班人员对线路部分的巡视主要为变电站内线路的相关设备，如断路器、隔离开关、电流互感器、阻波器、电抗器、耦合电容器。

（一）阻波器的巡视检查项目

（1）导线有无断股，接头是否发热，阻波器有无异常响声。

（2）螺丝有无松动，安装是否牢固不摇摆。

（3）阻波器上部与导线间悬挂的绝缘子是否良好。

（4）是否有杂物等，构架是否变形。

（二）耦合电容器的巡视检查项目

（1）电容器瓷质部分有无破损或放电痕迹。

（2）有无漏、渗油现象。

（3）引线有无松动过热现象，经结合滤波器接地是否良好，有无放电现象。

（4）内部有无异常声音。

（三）结合滤波器的巡视检查项目

（1）绝缘子有无破损、放电。

（2）引线、接地线是否牢固、完好。

（3）外壳是否严密，有无锈蚀或雨水渗入。

（4）接地刀闸安装牢固，连接线正确，高频电缆的保护管是否牢固。

（四）电抗器的巡视检查项目

（1）电抗器的工作电流不应超过其额定电流。

（2）电抗器室内是否清洁，有无杂物，特别是磁性杂物。

（3）支架及支持绝缘子是否完整有裂纹，有无油漆脱落或线圈变形。

（4）通风是否完好，接头有无发热、异味，室温不超过 30℃。

（5）垂直布置的电抗器不应倾斜。

（五）导线及避雷线的巡视检查项目

（1）线条是否有锈蚀严重、断股、损伤或闪络烧伤。

（2）三相导线弧垂是否有不平衡现象，导线对地、对交叉设施及其他物体间的距离是否符合有关规定要求，导线是否标准。

（3）导线、地线上是否悬挂有异物。

（4）线夹上有无锈蚀、是否缺少螺丝和垫圈以及螺帽松扣、开口销丢失或脱出现象。

（5）导线连接器有无过热、变色、变形、滑移现象，结霜天气连接器上有无霜覆盖，背向阳光看连接器上方有无气流上升，其两端导线有无抽签现象。

（6）释放线夹船体部分是否自挂架中脱出。

（7）导线在线夹内有无滑动现象，保护线条有无损坏、散开现象；防振锤有无窜动、偏斜、钢丝断股情况；阻尼线有无变形、烧伤、绑线松动现象。

（8）跳线是否有断股、歪扭变形，跳线与杆塔空气间隙变化，跳线间扭绞；跳线舞动、摆动是否过大。

三、母线故障跳闸的原因

虽然母线不长，结构也简单，但也有故障的可能，而且大多是单相故障。一般母线故障跳闸的原因如下。

（1）母线绝缘子和断路器套管因表面污秽而导致的闪络。

（2）装设在母线上的电压互感器及母线与断路器之间的电流互感器发生故障。

（3）倒闸操作时引起断路器或隔离开关的支持绝缘子损坏发生闪络故障。

（4）由于运行人员的误操作，误拉、误合、带负荷拉、合隔离开关造成弧光短路及带接地线（接地刀闸）合隔离开关引起母线故障。

（5）二次回路、保护回路故障。

（6）母线及其附属设备由于导电异物跨接造成母线故障。

四、高压母线事故故障处理原则和方法

母线故障的迹象是母线保护动作（如母差等）、断路器跳闸及有故障引起的声、光、信号等。当母线故障停电后，现场值班人员应立即对停电的母线进行外部检查，并根据检查的结果迅速按下述原则处理。

（1）不允许对故障母线不经检查即行强送电，以防事故扩大。

（2）找到故障点并能迅速隔离的，在隔离故障点后应迅速对停电母线恢复送电，有条件时应考虑用外来电源对停电母线送电，联络线要防止非同期合闸。

（3）找到故障点但不能迅速隔离的，若系双母线中的一组母线故障时，应迅速对故障母

线上的各元件检查，确认无故障后，仍倒至运行母线并恢复送电，联络线要防止非同期合闸。

（4）经过检查找不到故障点时，应用外来电源对故障母线进行试送电。发电厂母线故障如电源允许，可对母线进行零起升压，一般不允许发电厂用本厂电源对故障母线试送电。

（5）双母线中的一组母线故障，用发电机对故障母线进行零起升压时，或用外来电源对故障母线试送电时，或用外来电源对已隔离故障点的母线先受电时，均需注意母差保护的运行方式，必要时应停用母差保护。

（6）3/2 接线的母线发生故障，经检查找不到故障点或找到故障点并已隔离的，可以用本站电源试送电。试送断路器必须完好，并有完备的继电保护，母差保护应有足够的灵敏度。

五、母线故障现象及处理

（一）现象

（1）蜂鸣器响，电铃响，语音报警，监控系统显示"母差动作""电压断线"故障信号。

（2）故障母线上电压指示为零，相应回路电流、有功功率、无功功率变为零。

（3）母线保护屏保护动作信号灯亮。

（4）相关断路器红灯灭、绿灯闪亮。

（5）如果是低压母线或没有设专用母线保护的母线发生故障则由电源侧后备保护动作跳开电源侧断路器，使故障母线停电，相应信号为保护动作元件发出信号。

（6）有故障时发出的声光、冒烟或起火等。

（二）母线故障跳闸的处理步骤

大电流接地系统单相接地故障的处理在事故处理中比较简单，其处理步骤如下。

（1）检查并记录监控系统（综合自动化站）或主控制室（常规站）光字牌信号。

（2）检查并记录保护屏信号。

（3）检查并记录本站自动装置的动作情况。

（4）检查微机监控系统（综合自动化站）或主控制室（常规站）断路器跳闸相别与保护动作相别及是否一致。

（5）打印故障录波器报告并进行初步分析。

（6）打印微机保护报告并进行初步分析。

（7）检查母线上所有设备，发现故障点应自行将其隔离，然后汇报调度对听电母线进行送电。

（8）将故障情况及时向调度汇报，汇报内容包括：时间，站名，故障基本情况，断路器跳闸情况，重合闸动作情况，保护动作情况，跳闸前、后负荷情况等。

（9）现场检查找不到明显故障点，根据调令，将故障母线负荷倒至另一条母线上运行。

（10）现场检查找不到明显故障点，应根据母线保护回路有无异常情况，直流系统有无接地，判断是否是保护误动作引起的，当查不出问题，按调度命令由线路对侧电源对故障母线试送电，如果用母联断路器充电，应投入母联充电保护。

（11）对双母线接线，母联断路器与母联电流互感器之间故障会造成两条母线全停，此时运行人员立即汇报调度，并迅速找出故障点，隔离故障，然后按调令恢复设备运行。

（12）整理跳闸报告，跳闸报告的主要内容有：

1) 事故现象包括发生事故的时间、中央信号、当时的负荷情况等。

2) 断路器跳闸情况。

3) 保护及自动装置的动作情况。

4) 事件打印情况。

5) 现场检查情况。

6) 事故的初步分析。

7) 存在的问题。

8) 事故的处理过程包括操作、安全措施等。

9) 打印故障录波图、事件打印、微机保护报告等。

案例：单母线事故故障现象原因与处理

（一）事故前系统运行情况故障现象

（1）系统：一号变压器带 66kV Ⅰ、Ⅱ段。Ⅰ、Ⅱ段联络 30QF 断路器在合位联络运行，1～4 号线在运行，二号变压器带电备用，如图 10-3 所示。

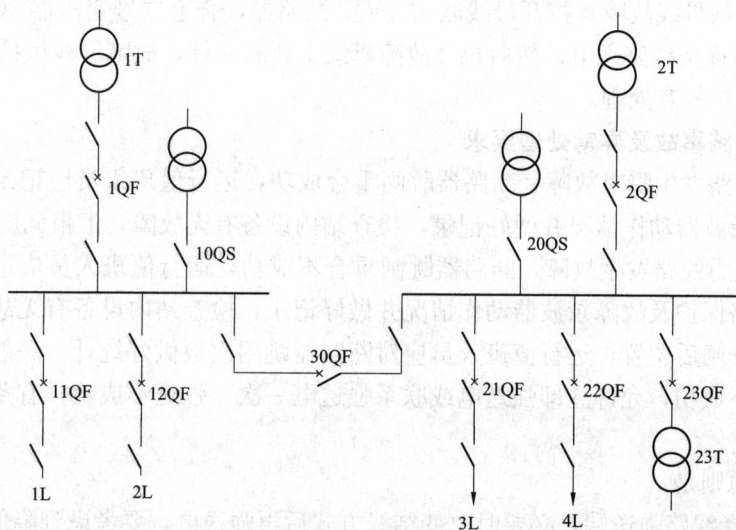

图 10-3 单母线系统运行情况

（2）故障现象。

1) 语音报警。监控系统光字信号灯亮。

2) 66kV 母线电压显示为 0。

3) 线路潮流为 0。

4) 所带厂用电源消失。

（二）故障原因

当值运行人员应根据保护动作、断路器动作、音响、信号等情况，判断事故原因。

（1）电源变压器（1T）故障导致保护跳闸。

（2）线路故障保护越级跳闸。

（3）保护装置或断路器误动导致失压。

（4）母线及相关设备故障。

（三）处理步骤

（1）运行人员记录并向调度报变电站内断路器动作情况、光字牌及仪表变化，复归信号，复归断路器把手。

（2）检查保护动作情况，根据动作情况，对一号变压器本体及回路进行检查，确定为一号变压器故障。

在确认其他设备状况良好，联系调度同意，拉开各线路断路器，检查一号变压器 1QF 断路器在开位，合上二号变压器 2QF 断路器对母线充电，良好后逐条线路送电。

（3）根据保护动作信号，可以判断是线路故障，线路断路器拒动，手动拉开故障断路器及两侧隔离开关，在确认其他设备状况良好，联系调度同意，拉开其他各线路断路器，合上一号变压器 1QF 断路器对母线充电，良好后逐条线路送电。

（4）全面检查一、二次设备，确定设备状况良好，未发现故障点，经联系调度确认线路未发生事故，判断为保护装置或断路器误动导致失压，在经过调度同意后可逐条线路试供电，供电恢复后需加强监控。

（5）如果确认母线故障，拉开母线联络 30QF 断路器，合上二号变压器 2QF 断路器对母线充电，良好后逐条线路送电。然后拉开故障母线上所有元件，故障母线做检修措施。

（6）联系维护检查处理。

六、电力线路事故及异常处理要求

（1）电力线路发生瞬时故障，断路器跳闸重合成功，运行值班人员应记录时间，检查线路保护及故障录波器动作情况并做好记录，检查站内设备有无故障，汇报调度。

（2）如果电力线路发生故障，断路器跳闸重合不成功，运行值班人员应记录时间，恢复音响，检查线路保护及故障录波器动作情况并做好记录，检查站内设备有无故障，将断路器控制开关切至分闸后位置，运行值班人员应对断路器跳闸次数做好统计。一般情况下，线路故障跳闸重合不成功，允许立即强送电或联系强送电一次，强送不成功，有条件的可以对线路递升加压。

强送电的原则是：

1）正确选择线路强送端，必要时改变结线方式后再强送电，要考虑到降低短路容量和对电网稳定的影响。

2）强送端母线上必须有中性点宜接接地的变压器。

3）线路强送电需注意对邻近线路暂态稳定的影响，必要时可先降低其送电电力后再进行强送电。

4）线路跳闸或重合不成功的同时，伴有明显系统振荡时，不应马上强送，需检查并消除振荡后再考虑是否强送电。

（3）单电源负荷线路跳闸，重合不成功，现场值班员可不待调度指令立即强送电一次后汇报调度。

（4）装有同期装置的线路断路器跳闸，现场值班人员在确认线路有电压且符合并列条件时，可以不待调度指令，自行同期并列后汇报调度。

（5）下列情况线路跳闸后不再强送电：

1）空充电线路。

2）试运行线路。

3）线路跳闸后，经备用电源自动投入已将负荷转移到其他线路上，不影响供电。

4）电缆线路。

5）线路有带电作业工作。

6）线路变压器组断路器跳闸，重合不成功。

7）运行人员已发现明显的故障现象时。

8）线路断路器有缺陷或遮断容量不足的线路。

9）已掌握有严重缺陷的线路（水淹、杆塔严重倾斜、导线严重断股等）。

（6）遇有下列情况，必须联系当班调度员得到许可后方可强送电：

1）母线故障，经检查没有明显故障点。

2）环网线路故障跳闸。

3）双回线中的一回线故障跳闸。

4）可能造成非同期合闸的线路。

5）变压器后备保护跳闸。

（7）当断路器已发现明显缺陷不允许再次切断故障电流时，现场值班人员应向调度汇报，不再强送电。

（8）电力线路发生短路事故，由于断路器或线路保护发生拒动，造成越级跳闸，运行值班人员必须在查明原因并隔离故障点后，方可将越级跳闸断路器合闸送电。在未查明原因，没有隔离故障点前，禁止将越级跳闸断路器合闸送电，防止事故进一步扩大。

（9）电力线路发生短路事故，在未查明原因，故障点没有消除前，禁止将跳闸断路器合闸送电。

【思考与练习】

1. 日常巡视检查的方法有哪些？

2. 用隔离开关允许进行哪些操作？

3. 隔离开关操作顺序及原因是什么？

4. 断路器正常应进行哪些检查？

5. 断路器操作方式有哪些？

6. 断路器拒绝合闸如何处理？

7. 隔离开关禁止进行哪些操作？

8. 消弧线圈运行原则是什么？

9. 隔离开关过热如何处理？

10. 电流互感器二次发生开路时现象是什么？如何处理？

11. 电压互感器二次回路断线现象是什么？如何处理？

12. 水电厂值班人员对线路部分的巡视主要设备有哪些？

13. 阻波器的巡视检查项目有哪些？

14. 高压母线事故故障处理原则和方法是什么？

15. 电力线路故障一般有哪些？

16. 线路强送时的注意事项有哪些？

第十一章 继电保护与自动装置运行

第一节 发电机保护运行

一、发电机保护配置

发电机是电力系统中重要的电气设备，在运行过程中有可能要承受短路电流和过电压的冲击；同时发电机本身又是一个旋转的机械设备，在运行过程中还要承受原动机械力矩的作用和轴承摩擦力的作用。因此，发电机在运行过程中出现故障及不正常运行情况就不可避免，运行人员应该了解发电机可能出现的各种故障及不正常运行状态，以便及时采取措施，防止事故扩大，保证发电机的安全运行。

（一）发电机的故障类型

发电机内部故障主要是由定子绕组及转子绕组绝缘损坏引起的，常见的故障如下。

1. 定子绕组相间短路

发电机定子绕组相间短路的危害最大，产生很大的短路电流使绕组过热，电弧将破坏绝缘，烧坏铁芯和绕组，甚至导致发电机着火。

2. 定子绕组匝间短路

发电机定子绕组匝间短路有两种情况，同相同分支和同相不同分支故障。当定子绕组匝间短路时，被短路的部分绕组内将产生较大的环流而引起故障处温度升高，绝缘破坏，并可能转变成单相接地和相间短路。

3. 定子绕组单相接地

发电机定子绕组对地绝缘损坏将引发单相接地故障，这是发电机定子绕组最常见的电气故障，占定子故障的 $70\%\sim80\%$。发电机是在非直接接地系统中运行的，单相接地后，发电机电压系统电容电流的总和流经定子铁芯，当此电流较大时，如超出 5A，可能使绕组接地处铁芯局部熔化，还有可能扩大成为相间短路，铁芯的局部熔化给发电机的检修带来很大困难。

4. 励磁回路一点或两点接地故障

当发电机励磁回路发生一点接地时，由于没有构成接地电流的通路，故对发电机没有直接危害。但是如果在一点接地故障未消除时，另一点又接地，则形成两点接地故障。此时，除可能使励磁绕组和铁芯损坏外，还会因转子磁通的对称性破坏，使机组产生剧烈的机械振动，尤其对具有凸极的水轮发电机更为严重。所以，水轮发电机不允许励磁回路带一点接地运行。

（二）发电机保护的配置

为确保发电机安全经济运行，针对以上故障及不正常运行状态，发电机必需配置完善的保护系统。

1. 短路故障的主保护

（1）对于 1MW 以上发电机的定子绕组及其引出线的相间短路，应装设纵差保护。

（2）对于发电机定子绕组的匝间短路，主要有单元件横差保护、纵向零序电压匝间保护及负序功率方向保护。当定子绕组星形连接、每相有并联分支且中性点侧有分支引出端时，应装设横差保护；对 200MW 及以上的发电机，有条件时可装设双重化横差保护。

2. 短路故障的后备保护

对于发电机外部短路引起的过电流，可采用下列保护方式：

（1）过电流保护用于 1MW 以下的小型发电机保护；1MW 及以上的发电机一般用复合电压启动的过电流保护。

（2）负序过电流及单元件低电压启动的过电流保护，一般用于 50MW 及以上的发电机。

（3）带电流记忆的低压过电流保护用于自并励发电机。

3. 定子绕组单相接地保护

对直接连于母线的发电机定子绕组单相接地故障，当单相接地故障电流（不考虑消弧线圈的补偿作用）大于规定的允许值时，应装设有选择性的接地保护装置。

对于发电机变压器组，容量在 100MW 以下的发电机，应装设保护区不小于 90％的定子接地保护；容量在 100MW 及以上的发电机，应装设保护区为 100％的定子接地保护，保护带时限动作于信号，必要时动作于切机。

4. 定子绕组过电压保护

对于水轮发电机，为了反应突然甩负荷时出现的定子绕组过电压，应装设带延时的过电压保护。

5. 定子绕组过负荷保护

定子绕组非直接冷却的发电机，应装设定时限过负荷保护。大型发电机的定子绕组的过负荷保护，一般由定时限和反时限两部分组成。

6. 发电机励磁回路一点接地保护

对于发电机励磁回路一点接地故障，1MW 及以下的小型发电机可装设定期检测装置；1MW 以上的发电机应装设专用的励磁回路一点接地保护。

7. 转子表层过负荷保护

50MW 及以上的发电机，应装设定时限负序过负荷保护；100MW 及以上的发电机，应装设由定时限和反时限两部分组成的负序过负荷保护。

8. 发电机失磁保护

对于发电机励磁消失故障，在发电机不允许失磁运行时，应增设直接反应发电机失磁时电气参数变化的专用失磁保护，原来也有采用灭磁开关断开时利用其辅助触点连锁断开发电机断路器的简单励磁保护。

9. 其他故障保护

除此之外，有的发电机还设有过励磁保护、非全相运行保护、发电机误上电保护及发电机启、停机保护等。

为了快速消除发电机内部的故障，在保护动作于发电机断路器跳闸的同时，还必须动作于灭磁开关，断开发电机励磁回路，使定子绕组中不再感应出电动势。

二、发电机纵差动保护

发电机纵差保护是发电机定子绕组及其引出线相间短路的主保护，可以无延时地切除保护范围内的各种故障，同时又不反应发电机的过负荷和系统振荡，且灵敏系数较高。同时在正常运行及外部故障时，又能保证动作的选择性和工作的可靠性。因此，纵差动保护毫无例外地用作容量在 1MW 以上发电机的主保护，保护动作后瞬间断开发电机出口断路器和灭磁开关。

（一）保护接线

发电机纵差动保护的电流量引自装设在发电机中性点侧和引出线侧的电流互感器，两组电流互感器之间为纵差动的保护范围。解除循环闭锁的负序电压取自发电机机端电压互感器。根据发电机中性点电流互感器接入中性点电流的份额不同，即接入全部中性点电流或只取一部分电流接入，可以分成完全纵差保护和不完全纵差保护两类，其交流接入回路分别如图 11-1（a）和（b）所示。

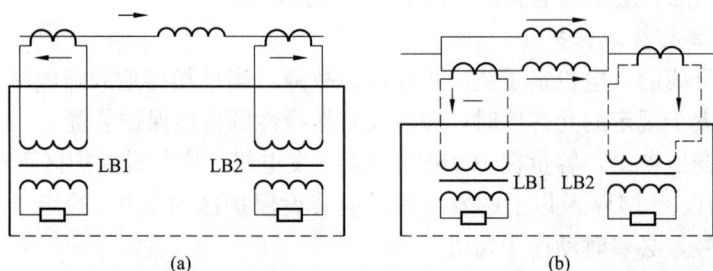

图 11-1　发电机纵差保护的交流接入回路
（a）完全纵差保护；（b）不完全纵差保护

由图 11-1 可以看出，发电机完全纵差保护与不完全纵差保护的区别是：对于完全纵差保护，在发电机中性点侧，输入到差动元件的电流为每相的全电流，保护不反应匝间短路；而不完全差动保护，由中性点输入到差动元件的电流为每相定子绕组某一分支的电流，能够保护发电机定子内部相间短路、匝间短路、定子开焊等。

（二）出口方式

目前，发电机纵差保护均采用由三个差动元件构成的分相差动保护，保护的出口方式有两种，单相出口方式和循环闭锁出口方式。

单相出口方式，其逻辑框图如图 11-2（a）所示，只要有一相差动元件动作，保护即作用于出口，但需设置专门的 TA 断线判别，TA 断线时闭锁差动保护。

所谓循环闭锁出口方式是指，在三个相差动元件中，需有二个或三个元件动作后，保护才作用于出口，其逻辑框图如图 11-2（b）所示，发电机差动保护大多使用循环闭锁出口方式。但是当发生异地两点接地故障时，其中一点在发电机差动保护范围内部，另一点在发电机差动保护范围外部，此时只有一相差动元件动作，为防止这种情况差动保护拒绝出口，一般采用由负序电压元件去解除循环闭锁措施。即当负序电压元件动作之后，只要有一相差动元件动作，保护就作用于出口。

（三）运行注意事项

（1）发电机完全纵差保护，是发电机相间故障的主保护。由于差动元件两侧 TA 的型号、变比完全相同，受其暂态特性的影响较小，动作灵敏度较高，但不能反映定子绕组的匝间短路及线棒开焊。

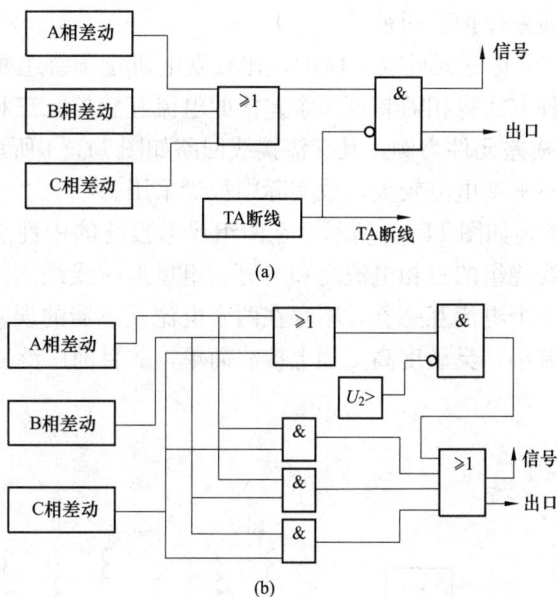

图 11-2 发电机纵差保护逻辑框图

(a) 单相出口方式的发电机纵差保护逻辑框图；(b) 循环闭锁出口方式发电机纵差保护逻辑框图

（2）发电机不完全纵差保护，适用于每相定子绕组为多分支的大型发电机，除保护定子绕组的相间短路之外，尚能反应定子线棒开焊及某些匝间短路。但是由于在中性点侧只引入其一分支的电流，故在整定计算时，应考虑各分支电流不相等产生的差流。另外，当差动元件两侧 TA 型号不同及变比不同时，受系统暂态过程的影响较大。

（3）保护屏上设有控制发电机差动保护投退的硬连接片，以开入量方式输入到微机保护中，可以方便运行人员投退操作。

（4）在微机保护中，发电机差动保护并不要求机端电流互感器与中性点电流互感器直接构成差动接线，差动保护的原理是由微机保护的软件按要求实现的。

（5）机组具有电制动功能时，电制动接地开关投入前应将差动保护闭锁，防止电制动投入时引起差动保护误动。

（6）大多数厂家还配置有发电机差动速断保护，防止区内严重故障时由于 TA 饱和导致比率差动保护延缓动作，此时由差动速断保护快速动作。

三、发电机定子绕组匝间保护

同步发电机定子绕组匝间短路，包括同一分支匝间和同一相不同分支间的短路，如图 11-3 所示。发生匝间短路时，短路环中的电流可能很大，如不能及时进行处理，则可能导致定子绕组单相接地或发展成相间故障，造成发电机严重损坏。由于发电机完全纵差保护不反应定子绕组一相匝间短路，因此，在发电机上应装设定子绕组匝间短路保护，同时也可保护定子绕组断线故障。保护动作后，断开发电机断路器和灭磁开关。

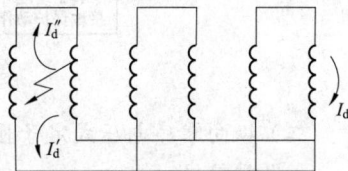

图 11-3 定子绕组匝间短路故障

（一）发电机横（联）差动保护

1. 保护接线

根据定子绕组匝间短路的特点，横差保护有两种接线方式，即裂相横差保护和单元件横差保护（又称高灵敏度横差保护）两种。

（1）裂相横差保护，又称三元件横差保护，比较发电机定子绕组每相两个分支（或两分支组）的电流之差，这种方式每相需装设两个差接的电流互感器，三相共需六个电流互感器和三个继电器。以 A 相横差元件为例，其交流接线回路如图 11-4 所示，由于这种方式接线复杂，且流过继电器的不平衡电流较大，故实际中很少采用。

（2）单元件横差保护，如图 11-5 所示，在两组星形接线的中性点连线上装设一个电流互感器，将一组星形接线绕组的三相电流之和与另一组星形接线绕组的三相电流之和进行比较。这种方式由于只用一个电流互感器，不存在两个电流互感器的误差不同所引起的不平衡电流问题，因而起动电流小，灵敏度高，加上接线简单，故目前广泛采用。

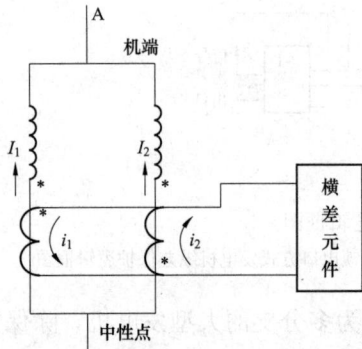

图 11-4 A 相横差保护交流接线回路   图 11-5 单元件横差保护的交流接线回路

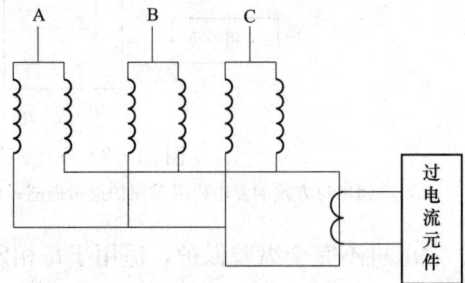

2. 保护出口

横差保护是发电机内部故障的主保护，动作应无延时。但考虑到在发电机转子绕组两点接地短路时发电机气隙磁场畸变可能致使保护动作，故在转子一点接地后，使横差保护带短延时动作，以防止转子瞬间两点接地而误动。单元件横差保护逻辑框图如图 11-6 所示，I_{hz} 为发电机两中性点之间的基波电流，I_g 为横差保护的动作电流整定值，动作延时 t_1，与转子两点接地保护动作延时相配合，一般取 $t_1 = 0.5 \sim 1.0s$。

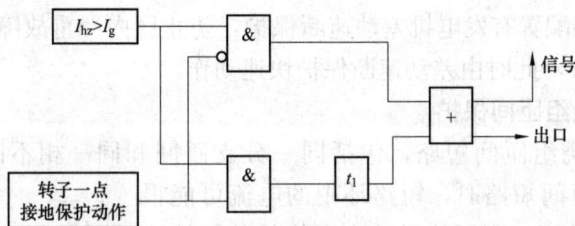

图 11-6 单元件横差保护逻辑框图

（二）纵向零序电压式定子匝间保护

1. 保护接线

纵向零序电压式匝间保护的接入电压，取自机端专用电压互感器的开口三角形电压，如图 11-7 所示。

当发电机正常运行和外部相间短路时电压互感器的开口三角形没有输出电压，即 $3U_0 = 0$。当发电机定子绕组同分支匝间、同相不同分支匝间或不同相匝间短路时，或发生对中性点不

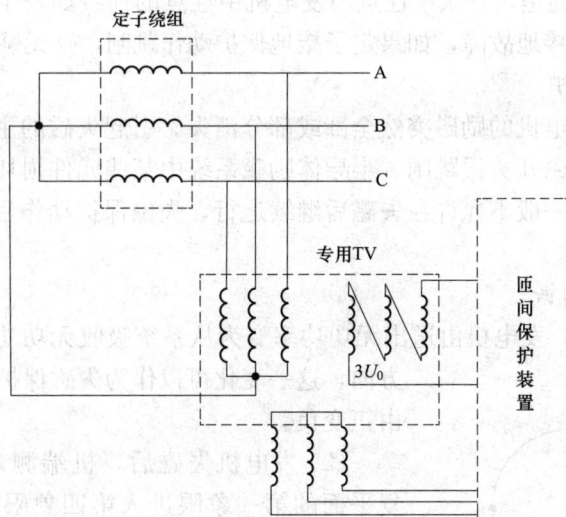

图 11-7　纵向零序电压式匝间保护原理图

对称的各种相间短路时，三相机端对中性点的电压不再平衡，会出现纵向（机端对中性点）零序电压，利用纵向零序电压为保护动作判据就构成了发电机纵向零序电压式定子匝间保护。

2. 保护出口

纵向零序电压式定子匝间保护出口的逻辑框图如图 11-8 所示，$3U_0$ 为纵向零序电压，为防止专用电压互感器一次断线时匝间保护误动，引入 TV 断线闭锁；时间元件的目的是在专用 TV 一次断线或一次熔断器抖动时，确保可靠闭锁保护出口；负序功率方向元件用来防止区外故障或其他原因（例如专用 TV 回路出现问题）产生的纵向零序电压使保护误动，负序功率方向判据采用开放式（即允许式）闭锁，其三相电流必须取自发电机机端侧。

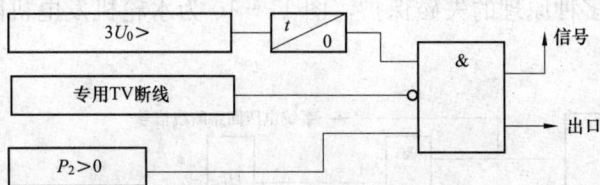

图 11-8　发电机纵向零序电压式匝间保护逻辑框图

3. 运行注意事项

（1）纵向零序电压式定子匝间保护目前国内应用比较多，对于中性点侧只引出三个端子的发电机可以选用该保护，但这种保护在多年的运行中误动较多，保护正确动作率非常低。

（2）发电机发生定子单相接地故障时，由于电压互感器的中性点与发电机中性点相连且不接地，所以该接地故障不破坏电压的三相平衡，无纵向零序电压输出，保护不会误动作。

（3）专用电压互感器一次中性点对地绝缘应保证足够高，即必须是全绝缘，决不允许一次中性点接地，而且它不能被用来测量相对地电压，但它可以用来测线电压，发电机失磁保护等的电压量也可以由此取得。

（4）另外值得注意的是，一次中性点与发电机中性点的连线如发生绝缘对地击穿，就形成发电机定子绕组单相接地故障，如果定子接地保护动作跳闸，这无疑就扩大了故障范围。

四、发电机失磁保护

发电机失磁是指发电机的励磁突然全部或部分消失。引起失磁的主要原因有：转子绕组故障、励磁机故障、灭磁开关误跳闸、半导体励磁系统中某些元件损坏或回路发生故障以及误操作等。水轮发电机一般不允许在失磁后继续运行，失磁保护动作后，就跳闸停机，以保证发电机和系统的安全。

（一）失磁保护的判据

（1）在失磁过程中，发电机由送出无功功率变为从系统吸收无功功率，无功功率改变了方向，这一变化可以作为失磁保护的一种判据，即 Q 值由正变负。

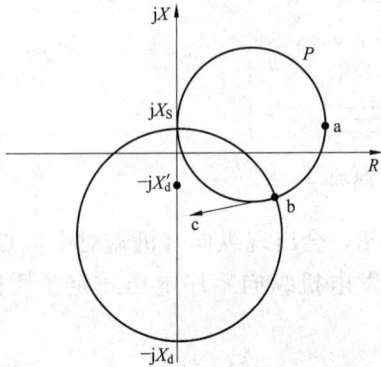

（2）发电机失磁后，机端测量阻抗的轨迹由阻抗复平面的第一象限进入第四象限，因此，把静稳定边界阻抗圆作为鉴别失磁故障的另一判据，如图 11-9 所示。

（3）与系统并列运行的发电机，发生失磁故障后，励磁电压下降，故可以将静稳极限低励磁电压作为一种失磁的主判据。

（4）由于发生失磁故障时，高压母线三相电压可能同时降低，故也可以将系统侧高压母线三相低电压作为失磁主判据。

图 11-9 发电机机端测量阻抗
在失磁后的变化轨迹

（二）失磁保护的构成方式

失磁保护应能正确反应发电机的失磁故障，而在发电机外部故障、系统振荡、发电机自同步并列及发电机低励磁（同步）运行时不误动。失磁保护可以根据发电机失磁后定子回路参数变化的特点构成多种原理的失磁保护，图 11-10 为水轮机发电机阻抗型失磁保护的一种逻辑框图。

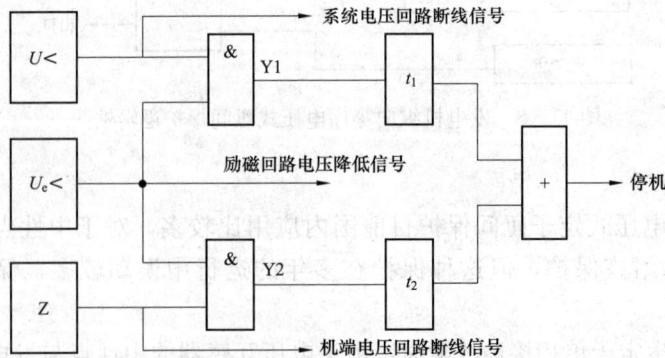

图 11-10 水轮机发电机阻抗型失磁保护逻辑框图

图中阻抗元件 Z 是判断失磁故障的主要判别元件，按静稳边界或按异步边界整定。用母线三相同时低电压元件（$U<$）监视母线电压，以保证发生失磁故障时电力系统的安全。用

励磁低电压元件或者变励磁电压元件（$U_e<$）作为闭锁元件，当发生短路故障和电压回路断线故障时，与门 1、2 都输出逻辑 0，因而不会误动作停机。

发电机失磁后，励磁低电压元件（$U_e<$）动作，若母线电压已下降到不能稳定运行的水平，则母线低电压元件（$U<$）动作，使与门 1 输出逻辑 1，经延时 t_1 动作于停机。t_1 用于躲过振荡过程中短时的电压降低，一般取 $t_1=0.2\sim0.5\text{s}$。

若母线电压并未下降到不能保持稳定运行的水平，与门 1 也是输出逻辑 0，也不会误动作停机。但是，这时阻抗元件 Z 动作，与门 2 将输出逻辑 1，但还不能确切判断是系统振荡还是失磁引起失步。对此，要由延时 t_2 来断。如果确系失磁故障，则经延时 t_2 动作于停机，通常可取 $t_2=0.5\sim1.0\text{s}$。

（三）运行注意事项

（1）运行实践表明，根据系统及机组实际情况，正确选择失磁保护的构成逻辑及合理地选择保护的动作时间，是提高失磁保护"合理"正确动作率及确保机组安全经济运行的条件。

（2）某些电厂为简化失磁保护的构成，采用系统低电压及转子低电压两个元件构成的失磁保护是不合理的。因为随着电力系统的发展，超高压输电线越来越多，发电机组数量越来越多，系统的容量及无功储备越来越大。一台发电机失磁后其高压母线电压降低不多，系统低电压元件不会动作。

（3）转子低电压元件的动作电压，是按静稳极限整定的，系统静稳破坏时容易误动。运行实践表明，由于转子低电压元件误动，致使失磁保护误动的次数不少。

（4）当采用转子低电压元件闭锁的失磁保护时，转子低电压元件动作后应发出告警信号，以防止由于转子电压元件输入回路异常未被发现致使失磁保护误动。

（5）采用系统低电压元件闭锁失磁保护出口时，应该进行计算并验证电厂在最大运行方式下，一台发电机失磁运行时，能否将高压母线电压拉下来。若一台发电机失磁对高压母线电压影响不大，应采用机端低电压元件取代系统低电压元件闭锁保护出口。

（6）过去发电机失磁保护都是采用灭磁开关的辅助触点连锁跳开发电机断路器的方式，这种失磁保护只能反应由于励磁开关跳开所引起的失磁，但实际上发电机失磁并不都是由于灭磁开关跳开而引起的，特别是当采用半导体励磁系统时，由于半导体元件或回路故障而引起发电机失磁是可能的，而在这种情况下保护将不能动作。因此，这种保护是不完善的，不能单独作为大容量发电机的失磁保护。

（7）自同期过程是失磁的逆过程，会使失磁保护误动作。因而，可以采取在自同期过程中把失磁保护装置闭锁的办法来防止它误动作。

五、发电机负序过电流保护

发电机负序过电流保护实际上是保护发电机转子的，防止定子绕组电流不平衡而引起转子过热和振动，同时，还可以作发电机变压器组内部不对称短路故障的后备保护。

（一）保护的构成

对于水轮发电机大都采用两段式负序定时限过电流保护，其逻辑框图如图 11-11 所示。保护接入发电机三相电流（TA 二次值），经保护计算取得负序电流 I_2，当其负序电流大于负序过负荷定值时，经延时发出告警信号；大于负序过流定值时，负序电流保护动作，经延时切除发电机。

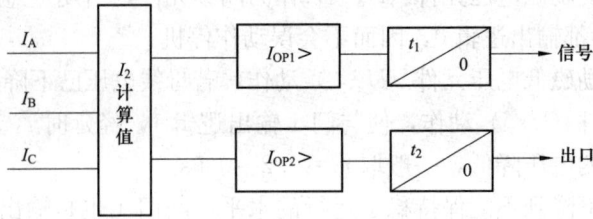

图 11-11 水轮发电机两段式负序定时限过电流保护逻辑框图

（二）运行注意事项

（1）由于负序过电流保护不能反映三相短路，因此，当用它作为后备保护时，还需要附加装设一个单相式低电压起动过的电流保护，以专门反映三相短路故障。

（2）如果差动保护停用中，而负序过流保护动作原因不明，则需按差动保护动作进行处理。如果差动保护使用中，而负序过流保护动作，应重点检查分析线路或母线系统是否有故障，判明是线路或母线短路而引起则无须检查，故障排除后即可投入系统运行。

（3）电流互感器二次一相断线时，二次三相电流不平衡，对负序电流保护出现虚假的负序电流，必将造成保护误动，因而应该采取 TA 断线的闭锁措施。

六、发电机定子接地保护

定子绕组单相接地是发电机最常见的故障之一，它的危害主要表现在接地点电弧将进一步扩大绕组绝缘损坏范围，铁芯也可能被烧伤，若不能及时发现，还可能发展成严重的匝间短路或相间短路。

（一）基波零序电压定子绕组单相接地保护

1. 保护接线

保护用的基波零序电压 $3U_0$ 可以取自发电机机端电压互感器开口三角绕组两端，也可以取自发电机中性点单相电压互感器（或配电变压器或消弧线圈）的二次。其保护交流接线回路如图 11-12 所示。

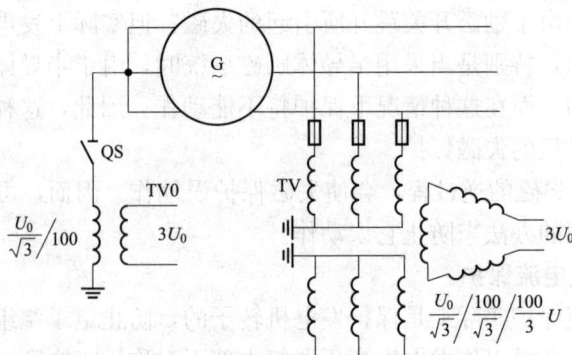

图 11-12 零序电压式定子接地保护交流接线回路

2. 保护出口

当零序电压式定子接地保护的输入电压取自机端电压互感器的开口三角形绕组时，为确保 TV 一次断线时保护不误动，需引入 TV 断线闭锁。其动作逻辑框图如图 11-13 所示。

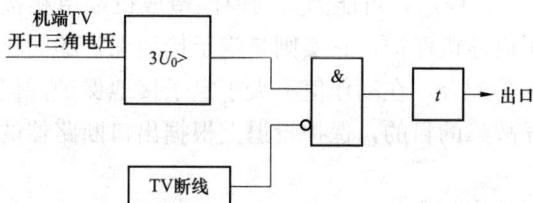

图 11-13 零序电压式定子接地保护逻辑框图

（二）发电机三次谐波电压式定子接地保护

1. 保护接线

三次谐波电压式定子接地保护，其交流接线回路如图 11-14 所示，机端三次谐波电压取自机端电压互感器的开口三角形绕组，中性点三次谐波电压取自发电机中性点单相电压互感器（或配电变压器或消弧线圈）的二次。

2. 保护出口

三次谐波电压式定子接地保护的逻辑框图，如图 11-15 所示。

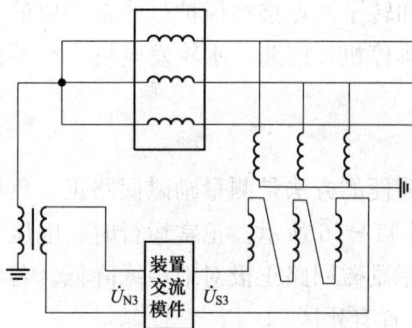

图 11-14 三次谐波电压式定子
接地保护交流接线回路

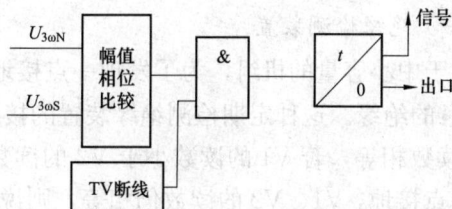

图 11-15 三次谐波电压式定子
接地保护逻辑框图

（三）运行注意事项

（1）基波零序电压式接地保护的保护范围是：发电机定子绕组和主变压器低压绕组，由机端向机内 $85\%\sim90\%$ 的定子绕组接地，因为当接地故障发生在机端时 $3U_0$ 的值最大，整定值容易选择，当故障发生在中性点附近时，$3U_0$ 很小，整定值无从选择，于是在从中性点向机内 $10\%\sim15\%$ 的定子绕组接地时有死区，该保护不动作；同时 TV 断线可能造成保护误动。

（2）三次谐波电压式定子接地保护在发电机定子绕组中性点附近接地时，灵敏度较高，和 $3U_0$ 共同构成 100% 定子接地保护，但是该保护调试技术要求较高，现场运行中误动的情况较多，TV 断线也会造成保护误动。

（3）对于机端装有很大对地电容的断路器，机组并网前后的分布参数变化很大，可装设两套三次谐波定子接地保护，分别反映并网前后的机组单相接地故障。

（4）对于大容量机组，发电机刚并网时，经常出现三次谐波电压式定子接地保护误动作现象，原因是刚并网的发电机突然从网上吸收大量无功，于是瞬间造成 $U_{s3} \gg U_{n3}$，使保护误动作。对于这种情况，应立即增加发电机无功，减小进相深度，使保护复归。

（5）机组试运行或大、小修后，可能因人为原因造成机端单相接地，为快速切断明显故障，许多电厂往往增设了启停机保护，它实则是定子接地保护的简化，仅引入基波零序电压作动作量，与定子接地保护配合，在动作值上大于定子接地保护，但时限上小于定子接地保护，以达到快速切断明显故障的目的，保护投退上根据出口断路器的位置状态，机组并网后自动退出。

七、发电机转子一点接地保护

发电机转子一点接地是比较常见的故障，由于正常运行时，发电机转子电压仅有几百伏，且转子绕组及励磁系统对地是绝缘的。因此，当转子绕组或励磁回路发生一点接地时，不构成电流的通路，励磁电压仍然正常，故对发电机无直接危害。但是，当发电机转子绕组出现不同位置的两点接地或匝间短路时，产生很大的短路电流可能烧伤转子本体；另外，由于部分转子绕组被短路，使气隙磁场不均匀或发生畸变，从而使电磁转矩不均匀并造成发电机振动，损坏发电机。可见，发电机转子两点接地属于严重故障。

为确保发电机组的安全运行，当发电机转子绕组或励磁回路发生一点接地后，应立即发出信号，告知运行人员进行处理，防止再发生第二点接地；若发生两点接地时，应立即切除发电机。因此，对发电机组装设转子一点接地保护和转子两点接地保护是非常必要的。而对于水轮发电机，在发现转子一点接地后，应尽快安排停机，因此，水轮发电机一般不设置转子两点接地保护。

（一）绝缘检测装置

对于中小容量的机组，为了发现一点接地，最简便的方法是测量励磁回路正、负极对地（大轴）的绝缘。这种定期检测绝缘装置的接线如图 11-16 所示。正常运行时，电压表 V1、V2 的读数相等，若 V1 的读数小于 V2 的读数，表示励磁回路正极对地绝缘降低。若转子绕组中一点接地，V1、V2 的读数仍相等，则说明该装置有死区。

（二）叠加直流式转子一点接地保护

在发电机转子绕组的一极（正极或负极）对大轴之间，加一个直流电压，通过计算直流电压的输出电流，来测量转子绕组或励磁回路的对地绝缘，其构成原理框图如图 11-17 所示。

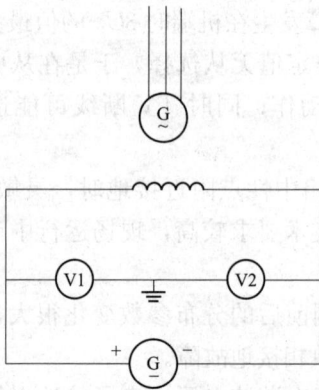

图 11-16　励磁回路绝缘检测装置的接线图　　　图 11-17　叠加直流式转子一点保护原理图

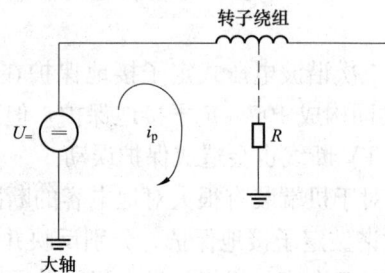

正常工况下，发电机转子绕组或励磁回路不接地，外加直流电压 $U_=$ 不会产生电流；当转子绕组或励磁回路中发生一点接地时，则外加直流电压通过部分转子绕组、接地电阻、发电机大轴构成回路，产生电流。测量计算装置根据电流的大小，便可计算出接地电阻值。

（三）乒乓式转子一点接地保护

乒乓式转子一点接地保护的构成原理如图 11-18 所示，设在转子绕组上 K 点经电阻 R_g 接地；S1、S2 为可控的电子开关；U_d 为转子绕组电压；α 为接地位置距转子正极的电气百分距离；R 为降压电阻；R_1 为测量电阻。

在发电机运行时通过可控的电子开关 S1、S2 轮流闭合及断开，测量转子绕组正极、负极的对地电流，建立并求解方程组，便可根据测得的结果计算出转子绕组或励磁回路的对地电阻，从而判断出接地故障的位置及接地电阻的大小。

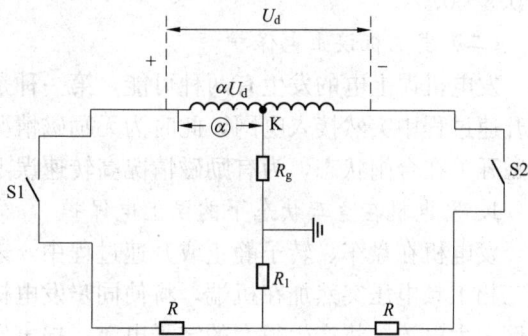

图 11-18　乒乓式转子一点接地保护原理接线图

（四）运行注意事项

（1）发电机励磁回路的一点接地故障，对于 1MW 及以下的小型发电机可装设绝缘定期检测装置；对于 1MW 以上的发电机应装设专用的励磁回路一点接地保护。但是转子一点接地保护不能与其他励磁回路绝缘监视装置共同使用，以免互相影响。双重化的转子一点接地保护，正常时也只能投入一套，另一套作为冷备用。

（2）转子一点接地保护出口一般动作于信号，也有作用于跳闸的。应当指出，水轮发电机转子一点接地保护动作于信号，不是为了长期带一点接地故障运行，而是认为在发出一点接地信号之后，应当积极转移负荷，尽快安排停机，防止转子两点接地。

（3）当发生转子一点接地后可通过转子正、负极对地电压大致判断接地点，若正、负对地电压差不多，说明接地点发生在中部；反之，若相差很大，说明接地点发生在两端，可通过吹扫等手段处理。

（4）转子一点接地保护装置接地电阻的整定值，取决于正常运行时转子回路的绝缘水平，一般取 $8\sim10k\Omega$，延时 $6\sim10s$ 动作。

（5）叠加直流式转子一点接地保护，当叠加电压由装置自产时，在机组停运行时也能检测转子绕组及励磁系统的对地绝缘，具有较高的经济意义。

（6）乒乓式转子一点接地保护可近似估算出接地点的电气位置。

（7）运行实践表明：叠加直流式及乒乓式接地保护均能正确检测转子绕组及励磁回路的对地绝缘电阻，且无死区，不同位置接地故障时保护的动作灵敏度均匀。

八、发电机的其他保护

（一）发电机定子绕组过电压保护

水轮发电机在突然甩负荷时，发电机转速上升必然导致定子绕组过电压。而发电机主绝缘工频耐压一般为 1.3 倍额定电压，且持续 60s，而实际运行中出现的过电压值和持续时间往往超过这个数值，因此，这将对发电机主绝缘构成威胁。鉴于这些原因，水轮发电机都装设过电压保护，动作于解列灭磁。

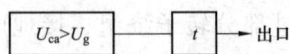

图 11-19　发电机过电压
保护逻辑框图

过电压保护反映发电机定子电压，其输入电压为机端 TV 二次相间电压，动作后经延时切除发电机，构成逻辑框图如图 11-19 所示。其动作电压，应根据发电机类型、励磁方式、允许过电压的能力及定子绕组的绝缘状况来决定，对于水轮发电机一般 $U_g=1.5U_e$，对于具有晶闸管励磁的水轮发电机 $U_g=(1.3\sim1.4)U_e$，动作延时 t 可取 $0.3\sim0.5\mathrm{s}$。

（二）发电机误上电保护

发电机误上电的发生有两种可能，第一种是发电机在盘车状态下，以及发电机转子静止或升速过程中突然接入电网，此时为无励磁情况低转速误上电；第二种是非同期合闸，此时灭磁开关在合闸状态，为有励磁情况高转速误上电。

1. 发电机在盘车状态下的误上电保护

发电机在盘车、转子静止或升速过程中，未加励磁，低速旋转时，主断路器误合闸，系统三相工频电压突然加在机端，将使同步发电机处于异步启动状态，由系统向发电机定子绕组倒送大电流，将产生很大的定子电流，损害发电机。另外，当发电机转速很低时，定子旋转磁场将切割转子，其影响与发电机并网运行时定子负序电流相似，会造成转子过热，损伤转子。

发电机在盘车状态下的误合闸是一种破坏性很大的故障，几秒钟之内即可损坏发电机组。因此，对大型发电机应装设误上电保护。发电机在盘车状态下的误上电保护的一种原理逻辑框图如图 11-20 所示，低频元件的启动频率可选 $40\sim45\mathrm{Hz}$，发电机在盘车过程中低频元件动作，瞬时动作延时返回的时间元件立即启动，如果这时定子电流 I 大于最小误合闸电流，满足与门条件，跳开发电机主断路器。当盘车过程中的发电机误合闸于系统中时，频率迅速上升可能使低频元件返回，发电机不能跳闸，因而时间元件 t 带有延时返回特性是必要的，此返回延时 t 的定值按保证完成跳闸过程整定，一般可取 $t\approx0.3\sim0.5\mathrm{s}$。

2. 非同期合闸误上电的保护

发电机非同期合闸，将产生很大的冲击电流及转矩，可能损坏发电机大轴及引起系统振荡。相当于在并列点发生三相短路故障，因此，可用一个低阻抗元件 Z< 检测非同期并列，其误上电保护的逻辑框图如图 11-21 所示。K_2 为灭磁开关辅助触点，K_1 为发电机出口断路器或发变组高压侧断路器的辅助触点，时间 t_1 的作用，是确保非同期合闸时，保护能可靠跳闸。t_3 的作用是防止非同期并列后的振荡过程中，低阻抗元件误返回。t_2 的作用是防止正常合闸时，保护误出口所加的延时。

3. 运行注意事项

（1）发电机误上电保护动作应跳开出口断路器，若出口断路器拒动，应启动失灵保护。

（2）发电机并网之后，误上电保护应自动退出运行；发电机在停机状态，应保证误上电保护自动投入。

（3）对于发电机在盘车状态下的误上电保护，虽然在准同期或自同期操作过程中也有一定的定子电流冲击，但低频元件不可能动作，因而保护不会误动。

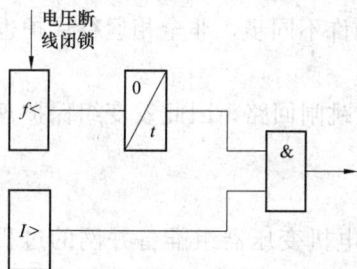

图 11-20 发电机在盘车状态下的
误上电保护逻辑框图

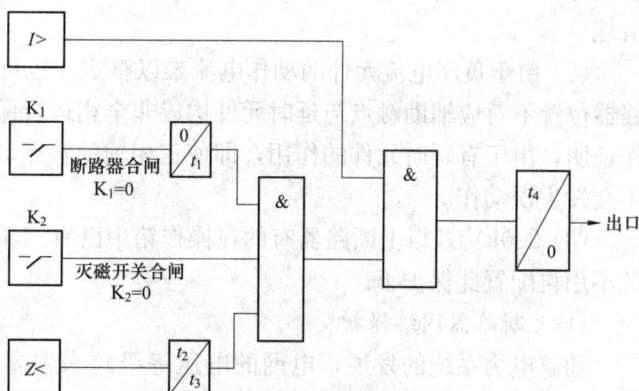

图 11-21 非同期并列的误上
电保护逻辑框图

（4）对于发电机非同期合闸误上电保护，在自同期操作过程中应将保护闭锁。

（三）非全相运行保护

1. 非全相运行保护构成

220kV 及以上的断路器均为分相操作，由于人员误操作或设备质量问题，造成发变组高压断路器三相不能同时合闸或跳闸，或者在正常运行时一相突然"偷跳"，使发变组转入非全相运行，将产生负序电流，从而产生负序的定子旋转磁场，对发电机转子的安全形成威胁，甚至烧坏发电机转子。因此，对大型发电机组，应设置非全相运行保护，切除非全相运行的断路器，对确保发电机的安全运行，具有重要的意义。

当只有一相或两相断路器触头在合位，且有负序电流时，保护动作，作用于跳闸及启动失灵保护。非全相运行保护的逻辑框图如图 11-22 所示，由三相断路器位置不对应辅助触点与负序电流组成的与门构成，其动作后经延时作用于出口。

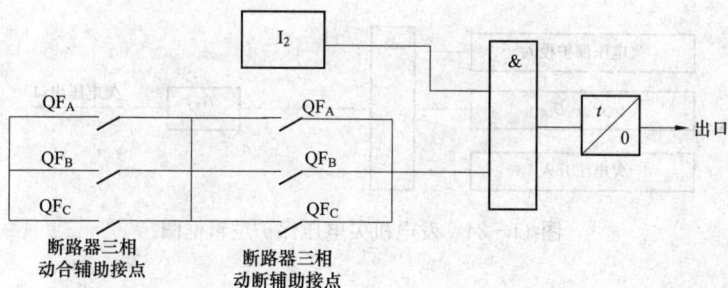

图 11-22 非全相运行保护构成框图

2. 运行注意事项

（1）发电机非全相运行，将产生负序电流，虽然大型发电机装设了负序电流保护，但如果仅靠负序电流保护切除故障，时间较长，虽然发电机转子不致损坏，但相邻线路对侧后备保护有可能抢先无选择动作，造成保护越级跳闸，导致故障范围扩大，对系统安全不利。因此要求 220kV 及以上分相操作的断路器应装设非全相运行保护。另外，为确保发电机的安全，在发现断路器非全相运行时，应首先采取减少发电机出力的措施。

（2）由于负序电流元件的动作电流难以整定，也可以不引入负序电流元件，只由三相断路器位置不对应辅助触点与延时元件构成非全相运行保护。220kV及以上断路器实际运行操作证明，由于有延时元件的作用，即使三相辅助触点动作有稍许不同步，非全相运行保护也不会发生误动作。

（3）220kV及以上断路器有的在操作箱中已有三相不一致跳闸回路，因此发变组保护盘就不用再配置此保护了。

（四）断路器闪络保护

随着电力系统的发展，电网的电压等级越来越高，在发电机变压器组准备并网的过程中，断路器主触头两断口之间可能承受两侧电动势绝对值之和（$\delta=180°$）的高电压，有可能致使某相断路器触头闪络事故。断口闪络不仅造成断路器损坏，还将对发电机产生冲击转矩和负序电流，对机组安全不利。此外这种闪络故障还可能引发事故扩大，影响系统的稳定运行。

为尽快清除断口闪络故障，断口闪络保护首先使发电机灭磁，以降低断口电压，使之停止闪络，无效时，再启动失灵保护。

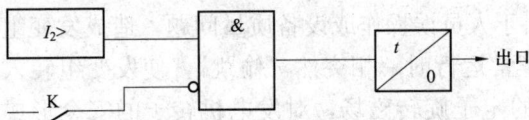

图11-23　发变组断路器闪络保护逻辑框图

当断路器断开时，如果发电机中出现负序电流，则判断为断路器断口处闪络，即经延时出口，其保护逻辑框图如图11-23所示。K为断路器辅助触点，I_2为负序过电流元件。

（五）欠电压保护

小型发电机低电压保护反应三相相间电压均降低，并经外部触点（一般为自动操作装置触点）闭锁，作为低压解列装置。保护设一段一时限。图11-24为发电机欠电压保护逻辑框图。

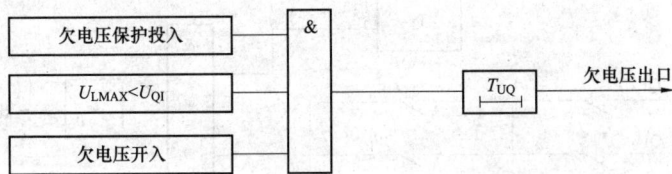

图11-24　发电机欠电压保护逻辑框图

（六）过激磁保护

发电机会由于电压升高或者频率降低而出现过激磁，过激磁保护能有效地防止发电机因过励磁造成的损坏，过激磁保护反应过激磁倍数而动作。

过激磁保护包括两种，一种为过激磁保护由定时限两段组成，即定时限告警段和跳闸段。另一种为过激磁保护由定时限和反时限组成，其中定时限设告警段，反时限动作特性曲线由输入的反时限下限过激倍数、反时限上限过激倍数，等分成7段，每段都有一个跳闸时限。图11-25为发电机过激磁保护逻辑框图。

对于发电机变压器组，其过激磁保护装于机端，如果发电机与变压器的过激磁特性相

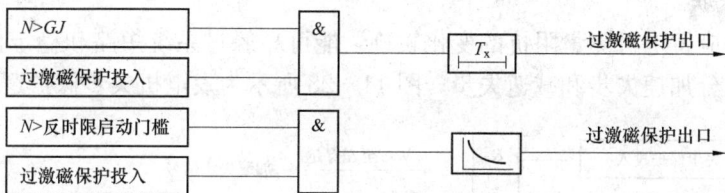

图 11-25　发电机过激磁保护逻辑框图

近（应由制造厂提供曲线），当变压器的低压侧额定电压比发电机额定电压低（一般约低5%）时，则过激磁保护的动作值应按变压器的磁密整定，这样既保护了变压器，又对发电机是安全的，若变压器低压侧额定电压等于或大于发电机的额定电压，则过激磁保护的动作值应按发电机的磁密整定，对发电机和变压器都能起到保护作用。当发电机及变压器间有断路器而分别配置过励磁保护时，其定值按发电机与变压器允许的不同过励磁倍数分别整定。

（七）逆功率保护

逆功率保护是由于各种原因导致失去原动力，发电机变为电动机运行，需要配置逆功率保护。逆功率保护设有一段两时限，短延时发信，长延时跳闸。逆功率保护的电压取自发电机机端 TV。三相电流取自机端 TA。图 11-26 所示为发电机逆功率保护逻辑框图。

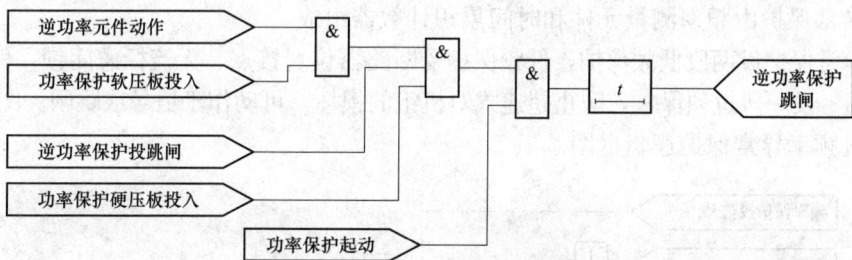

图 11-26　发电机逆功率保护逻辑框图

在励磁绕组过负荷、过励磁、失磁等异常运行方式下，保护一般采用程序跳闸方式。用于程序跳闸的逆功率继电器与导水叶位置节点关闭触点经与门出口。图 11-27 所示为发电机程序逆功率保护逻辑框图。

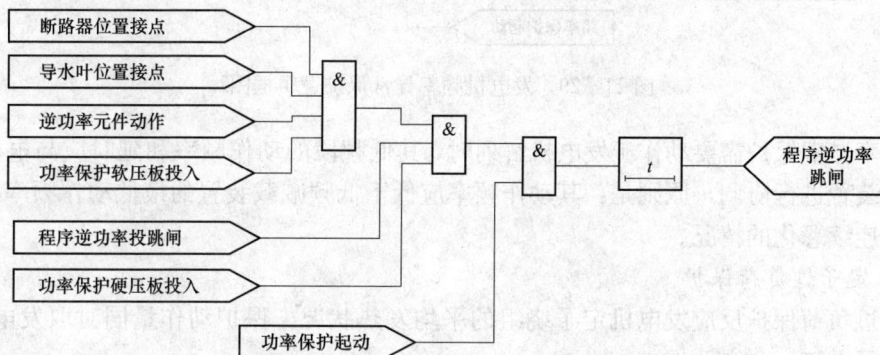

图 11-27　发电机程序逆功率保护逻辑框图

（八）失步保护

失步保护反应发电机测量阻抗的变化轨迹，能可靠躲过系统短路和稳定振荡，并能在失步摇摆过程中区分加速失步和减速失步。图 11-28 所示为发电机失步保护逻辑框图。

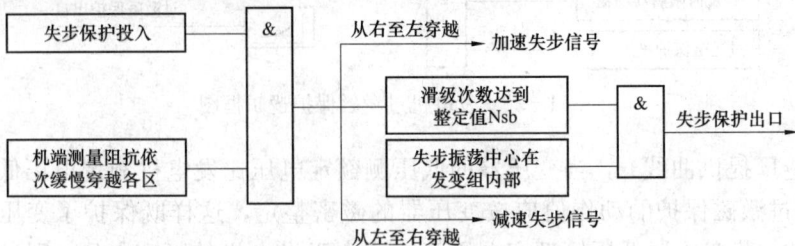

图 11-28　发电机失步保护逻辑框图

当装置检测出发电机失步时，及时发出信号。当失步振荡中心落在发变组内部时，对滑级次数进行计数更新，当达到整定的滑极次数后发出跳闸令。失步保护内部采用闭锁措施，能在两侧电动势相位差小于 90°时才发跳闸脉冲，断路器能在不超过其遮断容量的情况下切断电流，从而保证断路器的安全性。为了提高失步保护的可靠性，增加有功功率变化作为辅助判据。

（九）频率异常保护

频率异常保护由频率测量元件和时间累积计数器组成。

频率异常保护设两段低频保护，低频保护受断路器位置接点、无流标志闭锁，保护动作于信号或跳闸。设一段过频保护，防止超速式对机组的损坏，可动作于信号或跳闸。图 11-29 所示为发电机频率异常保护逻辑框图。

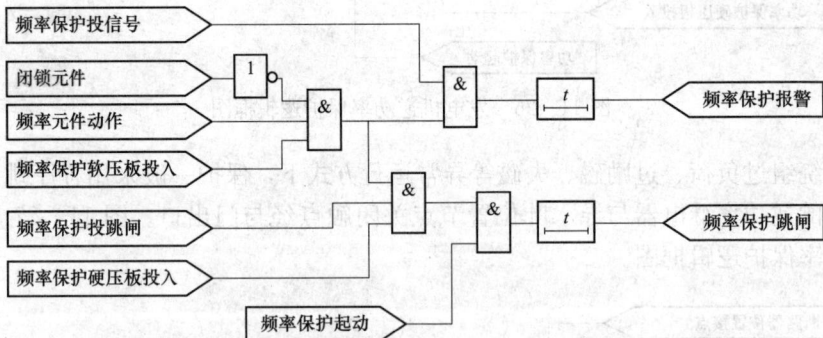

图 11-29　发电机频率异常保护逻辑框图

当频率异常保护需要动作于发电机解列时，其低频段的动作频率和延时应与电力系统的低频减载装置进行协调，原则是：其动作频率应低于低频减载装置的最低动作频率，以避免出现频率连续恶化的情况。

（十）定子过负荷保护

定子过负荷保护反应发电机定子绕组的平均发热状况。保护动作量同时取发电机机端、中性点定子电流。

定子过负荷保护分为定时限定子过负荷和反时限定子过负荷。

1. 定时限定子过负荷

定时限定子过负荷分两段，一段跳闸、一段信号。图 11-30 所示为发电机定时限定子过负荷保护逻辑框图。

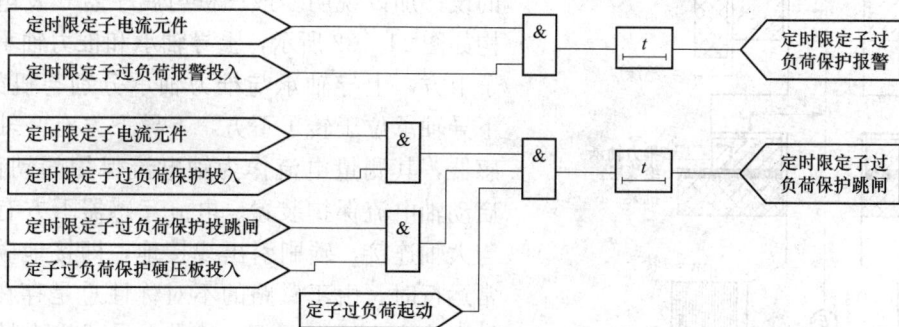

图 11-30 发电机定时限定子过负荷保护逻辑框图

2. 反时限定子过负荷

反时限保护由三部分组成：下限启动，反时限部分，以及上限定时限部分。上限定时限部分设最小动作时间定值。当定子电流超过下限整定值时，反时限部分起动，并进行累积。反时限保护热积累值大于热积累定值保护发出跳闸信号。反时限保护，模拟发电机的发热过程，并能模拟散热。当定子电流大于下限电流定值时，发电机开始热积累，如定子电流小于下限电流时，热积累值通过散热慢慢减小。图 11-31 为发电机反时限定子过负荷保护逻辑框图。

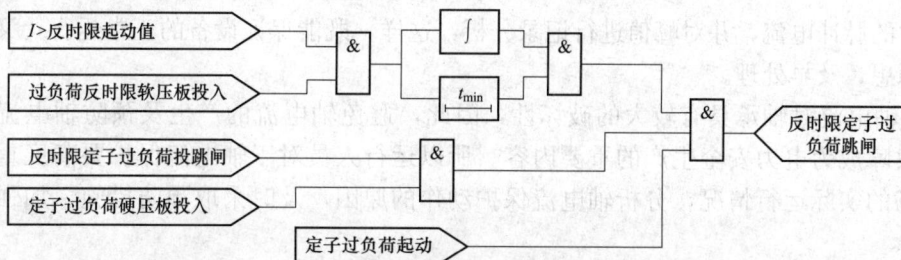

图 11-31 发电机反时限定子过负荷保护逻辑框图

（十一）轴电流保护

发电机运行时，由于在转子四周和定子之间的空气隙不均，定子有效铁芯周围每一片接缝的配置不对称，电机各部磁通分布就不均匀，磁束不平衡。不平衡的磁束与转动的轴相切割，就产生轴电压。当绝缘油膜遭到破坏或轴承有接地时产生轴电流，轴电流将流过轴瓦，可能对轴瓦引起交蚀，使润滑冷却的油质逐渐劣化，油膜遭到破坏，灼伤轴瓦，严重者会使轴瓦烧坏，造成机械设备的重大损坏。

1. 轴电流保护的设置

为了防止轴电流的产生，一般由轴电流互感器和轴电流保护装置构成轴电流保护。轴电流互感器安装在转子和紧邻的轴承之间靠转子不带滑环的一侧，采集轴电流参数，当测量值大于轴电流定值时，延时动作出口。

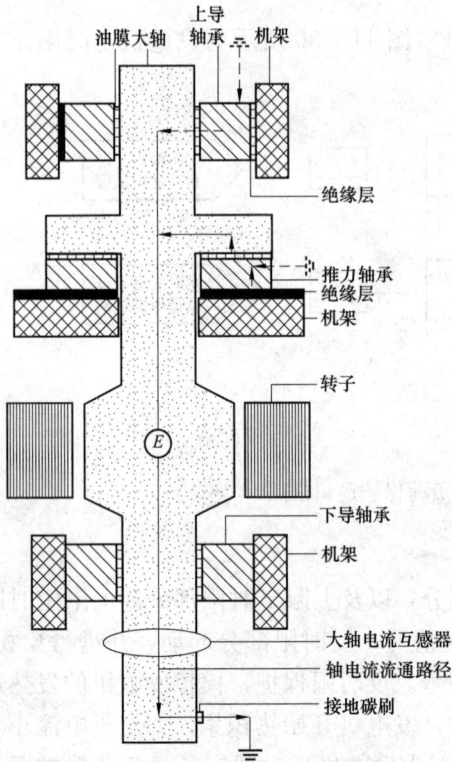

图 11-32　悬式发电机轴电流流通路径

2. 轴电流保护构成

　　机组的结构不同，其轴电流保护在设计和配置方面也有所不同。下面就某水电厂轴电流保护的设计加以说明。该厂机组属于悬式发电机，结构如图 11-32 所示，上导轴承和推力轴承位于转子上方，上导轴承与推力轴承分别与机架绝缘。下导轴承位于转子下方，下导下方有一轴电流互感器，其测量电流作为轴电流保护的动作电流，启动轴电流保护装置。电流互感器下方有一碳刷与大轴连接，碳刷引出线接地，即接地碳刷，正常运行时，由于磁路的不对称性总是存在，大轴轴向将产生轴电压 E。故在上导或推力轴承与机架之间绝缘损坏，同时有上导轴瓦或推力轴瓦油膜绝缘破坏时，大轴上有电流流过，如图中虚线箭头所示，保护装置动作于报警或跳闸。图中实线箭头方向标识了轴电流的流通路径。

3. 运行注意事项

　　(1) 水轮发电机组运行中所产生的轴电压一般都比较小，通常不超过 2～3V，但当轴绝缘被破坏后，其回路电阻很小，由此产生的轴电流会很大。在实际应用中轴电流保护常设置一定的延时，避过瞬时的脉冲电流，并对峰值进行记录分析，这样，既能保证设备的正常运行，又可以发现故障隐患，及早处理。

　　(2) 轴电流对轴承具有较大的破坏性，因此，避免轴电流的产生及预防轴电流产生后造成的故障成为电力安全生产的重要内容。所以运行人员对于轴电流保护要高度重视，应根据现场的实际运行情况，分析轴电流保护动作的原因，及时采取预防措施、加强监视和维护。

　　(3) 润滑油的绝缘性能对轴电流的形成有直接影响，故应定期检查油质、油色，根据油质劣化情况判断轴电流的损害程度，及时通知检修人员更换或选用绝缘性能好的润滑油。

　　(4) 要保证大轴接地碳刷的可靠接地，使大轴与地等电位。由于当前很多水轮发电机组的大轴接地线被用作转子一点接地保护的"接轴"，使得接地碳刷并没有真正的接地，形成发电机大轴与地之间的电位差，可能造成大轴通过轴瓦间隙对地放电，使轴瓦电烧伤。

九、微机机电保护装置概述

　　电力系统继电保护技术经过长期的发展，大致分为四个历史阶段：电磁型、晶体管型（又称半导体型或分立元件型）、集成电路型、微型计算机型。随着线路微机保护的广泛应用，发变组微机保护也广泛投入运行。发变组微机保护有着可靠性高、整机性能指标好、抗干扰能力强、升级换代容易、自检功能完善、维护简单、保护配置灵活等诸多优点。

（一）微机保护的硬件构成

典型的微机保护硬件结构示意框图如图 11-33 所示，主要由四部分构成：模拟量输入系统、微型机主系统（CPU）、开关量（或数字量）输入/输出系统及电源。

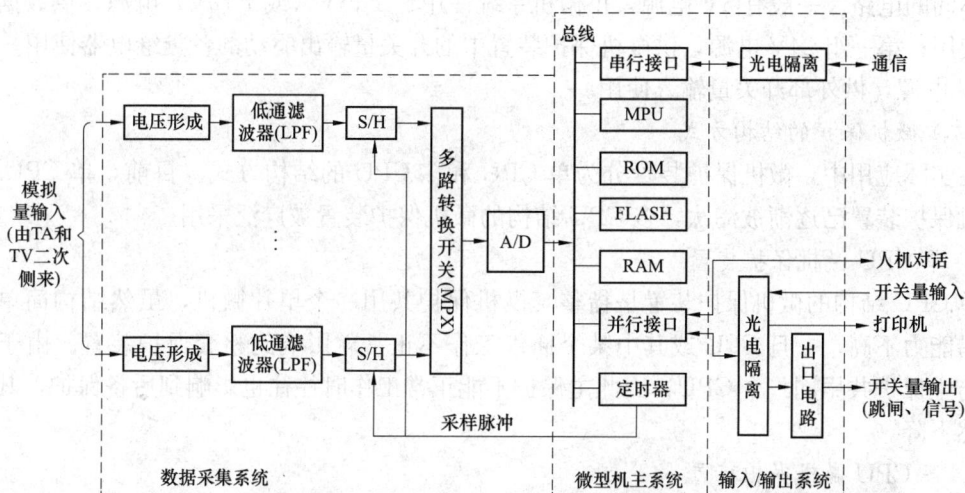

图 11-33　微机保护硬件结构示意框图

1. 模拟量输入系统（数据采集系统）

微机保护要从被保护设备的电流互感器、电压互感器或其他变压器上取得信号，但这些互感器的二次数值、输入范围对典型的微机保护却不适用，需要经过模拟量输入系统降低和变换，将模拟输入量准确地转换为微型机所需的数字量，这就是模拟量输入系统的任务。模拟量输入系统包括电压形成、模拟滤波（ALF）、采样保持（S/H）、多路转换（MPX）以及模数转换（A/D）等功能块。

2. 微型机主系统（CPU）

微机保护的 CPU 主系统是微机保护装置的核心，执行存放在只读存储器中的程序，将模拟量输入的原始数据进行分析处理，完成各种继电保护的功能。

3. 开关量（或数字量）输入/输出系统

开关量输入/输出系统由微型机若干个并行接口适配器、光电隔离器件及有触点的中间继电器等组成，以完成各种保护的出口跳闸、信号报警、外部触点输入及人机对话、通信等功能。

（1）开关量输出电路。在微机保护装置中设有开关量输出电路，用于驱动各种继电器。例如跳闸出口继电器、装置故障告警继电器等。开关量电路可分为两类：一类是开出电源受告警、启动继电器的触点闭锁；另一类是开出电源不受闭锁。

（2）开关量输入电路。微机保护装置中一般应设置几路开关量输入电路。所谓开关量输入电路主要是将外部一些开关触点引入微机保护的电路，通常这些外部触点不能直接引入微机保护装置，而必须经过光电隔离芯片引入。开关量输入电路包括断路器和隔离开关的辅助触点或跳合闸位置继电器触点输入，轻瓦斯和重气体继电器触点输入，及装置上连接片位置输入等回路。

4. 电源

微机保护装置的电源是微机保护装置的重要组成部分，电源工作的可靠性直接影响着微机保护装置的可靠性。目前微机保护装置的电源，通常采用逆变稳压电源，即将直流逆变为交流，再把交流整流为保护装置所需的直流电压。微机保护装置中一般有多级直流电压，分别供不同的电路。一般有 5V 电源，供微机系统使用；±15V（或±12V）电源，供数据采集系统使用；第一组 24V 电源，供微机保护装置中的开关量输出驱动的各类继电器使用；第二组 24V 电源，供外部开关量输入使用。

（二）微机保护的结构方式

在实际应用中，微机保护装置分为单 CPU 和多 CPU 的结构方式。目前，单 CPU 结构的微机保护装置已逐渐被淘汰，多 CPU 结构的微机保护装置被广泛采用。

1. 单 CPU 微机保护装置

单 CPU 结构的微机保护装置是指整套微机保护共用一个单片微机，虽然结构简单，但其容错能力不高，一旦 CPU 或其中某个插件工作不正常就影响到整套保护装置。由于后备保护与主保护共用同一个 CPU，因此主保护不能正常工作时往往也影响到后备保护，其可靠性必然下降。

2. 多 CPU 微机保护装置

为了提高微机保护的可靠性，目前发变组微机保护都已采用多 CPU 的结构方式。所谓多 CPU 的结构方式就是在一套微机保护装置中，按功能配置有多个 CPU 模块，分别完成不同保护原理的多重主保护和后备保护及人机接口等功能。

多 CPU 结构的保护装置中，每个保护 CPU 插件都可以独立工作，各保护 CPU 之间不存在依赖关系。这种多 CPU 结构方式的保护装置中，任何一个模块损坏均不影响其他模块保护的正常工作，有效地提高了保护装置的容错水平，防止了一般硬件损坏而闭锁整套保护。

（三）提高微机保护可靠性的措施

（1）完全双重化的保护配置方案。在 500kV 变压器，大容量发电机变压器组上，配置两套完全独立的微机保护装置，要求主保护的原理不同，以相互补充。两套保护的出口应分别作用于高压断路器的不同跳闸线圈。

（2）在微机保护装置内部实现部分插件的双重化或热备用。如在有些厂家的保护装置中，配置了两个逆变稳压电源。

（3）保护装置跳闸回路的出口电源受告警继电器和启动元件闭锁。

（4）在微机保护中，利用软件实时检测微机保护装置的硬件电路。一旦发现故障，立即闭锁出口跳闸回路，同时发出故障告警信号。

（四）微机保护技术发展趋势

1. 高速数据处理芯片的应用

随着计算机硬件的迅猛发展，微机保护硬件也在不断发展。我国微机保护装置硬件设计已经历了从 8 位微处理器、16 位微处理器到 32 位微处理器的几个发展阶段。

2. 微机保护的网络化

到目前为止，除了纵差动保护和纵联保护外其他所有继电保护，都只能反应保护安装处的电气量。继电保护的作用也只限于切除故障元件，缩小事故影响的范围。这主要是由于缺乏强有力的数据通信手段。国外早已提出系统保护的概念，即它不只限于切除故障元件和限制事故影响范围（这是首要任务），而且要保证全系统的安全稳定运行。这就要求将全系统各主要设备的保护装置用计算机网络连接起来，亦即实现微机保护装置的网络化。

3. 保护、控制、测量、信号、数据通信一体化

保护装置可以从网上获取电力系统运行和故障的所有信息和数据，也可将它所获得的被保护元件的信息和数据传送给网络控制中心或任一终端。因此每个微机保护装置不仅可以完成继电保护功能，而且在无故障正常运行情况下还可以完成测量、控制、数据通信的功能，亦即实现保护、控制、测量、数据通信一体化。

4. 几种研制中的智能化新型保护

（1）自适应继电保护。自适应继电保护能根据电力系统运行方式和故障状态的变化而实时改变保护性能、特性或定值。自适应继电保护的基本思想是使保护尽可能地适应电力系统的各种变化，进一步改善保护的性能。自适应技术的应用，将使继电保护性能最佳化、整定计算在线化、使用简便化。

（2）暂态保护。暂态保护是通过检测故障暂态产生的高频信号来实现传输线及电力设备的保护。在基于工频的保护原理中，故障产生的高频量被当作干扰滤掉，暂态保护首先通过特殊设计的高频检测装置及算法从故障暂态中提取所需的高频信号，利用专门设计的快速信号处理算法来判断故障性质。

（五）国内发变组微机保护装置介绍

国内应用的微机继电保护厂家主要有北京四方、许继、南自、南瑞等。

1. 南瑞发电机变压器微机保护装置

（1）RCS-985 系列数字式发电机变压器保护装置提供了一个发电机变压器单元所需要的全部电量保护，保护范围涉及发电机、主变压器、高厂变、励磁变（励磁机）。其中又分为 RCS-985A、RCS-985B、RCS-985C 和 RCS-985G，以适用于不同的发变组接线形式。

（2）RCS-978 系列数字式变压器保护提供了一台变压器所需要的全部电量保护，适用于 220kV 及以上电压等级，需要提供双套主保护、双套后备保护的各种接线方式的变压器。

2. 许继发电机变压器微机保护装置

（1）WFB-800A 系列微机发变组保护装置适用于 1000MW～1000kV 及以下各种容量、各种电压等级的发电机-变压器组的保护。可满足各种接线形式的大型发变组保护，实现双套主保护、双套后备保护、非电量类保护完全独立的配置要求。

（2）WBH-800A 系列微机变压器保护装置主要适用于 220kV 及以上电压等级的变压器保护。WBH-801A/P 集成了一台变压器的全部电气量保护，WBH-802A 集成了一台变压器的全部非电量保护。

3. 南自 DGT801 系列数字式发电机变压器微机保护装置

南自 DGT801 系列数字式发电机变压器组保护装置，适用于容量 1000MW 及以下、电压等级 750kV 及以下的各种容量各种接线方式的火电或水电发电机变压器组，也可单独作为发电机、主变压器、厂用变压器、高压启动备用变压器、励磁变压器（励磁机）、大型同步调相机、电动机等保护，并满足电厂自动化系统的要求。

4. 北京四方 CSC 系列微机保护装置

北京四方 CSC-300 系列数字式发电机变压器组保护装置是基于 DSP 和 MCU 合一的 32

位单片机,一体化设计思想,适用于各种容量等级、各种类型的发电机变压器(包括发电机变压器组、发电机、调相机、主变压器、高压厂用变压器、起动/备用变压器、励磁机/励磁变等)的数字式继电保护装置。

第二节　变压器保护运行

一、变压器保护类型与配置

变压器是电力系统中使用相当普遍和十分重要的电气设备,在电力系统中广泛使用变压器来升压或降压。它如发生故障将对供电可靠性和系统安全运行带来严重的影响,同时大容量的变压器是非常贵重的元件。因此,为了保证变压器的安全运行,防止故障的扩大,按照变压器容量等级和重要程度装设性能良好、工作可靠的继电保护装置是十分必要的。

(一)变压器故障类型

以故障点的位置对变压器故障进行分类,分为油箱内部故障和油箱外部故障。

(1)油箱内部故障。变压器油箱内部故障主要是指发生在变压器油箱内包括高压侧或低压侧绕组的相间短路、匝间短路、中性点直接接地系统侧绕组的单相接地短路。

(2)油箱外部故障。变压器油箱外部故障,系指变压器绕组引出端绝缘套管及引出短线上的故障,主要有相间短路(两相短路及三相短路)故障,大电流侧的接地故障等。

(二)变压器不正常运行状态

变压器不正常运行状态主要有:由于系统故障或其他原因使变压器负荷长时间超过额定容量引起的过负荷;由于系统电压的升高或频率的降低等异常运行工况导致变压器过励磁,引起铁芯和其他金属构件过热;外部接地短路引起的不接地运行变压器中性点电位升高;油箱漏油引起的变压器油箱油位降低;冷却系统故障引起的变压器温度过高及冷却器全停等。

(三)变压器保护配置

变压器发生短路故障时,将产生很大的短路电流,使变压器严重过热,甚至烧坏变压器绕组或铁芯。特别是变压器油箱内的短路故障是很危险的,因为故障点的电弧不仅会损坏绕组绝缘与铁芯,而且会可能引起油箱的爆炸,变压器着火。另外短路电流产生电动力,可能造成变压器本体变形而损坏。因此当变压器发生短路故障时,应尽快切除变压器。

变压器的异常运行也会危及变压器的安全,如果不能及时发现处理,会造成变压器故障及损坏变压器。所以继电保护应根据其严重程度,尽快发出告警信号或者切除变压器,使运行人员及时发现并采取相应的措施,以确保变压器的安全。

变压器油箱内部发生故障时,除了变压器各侧电流、电压变化外,油箱内的油、气、温度等非电量也会发生变化,因此,变压器的保护也就分为电量保护和非电量保护两种。

1. 瓦斯保护

对变压器油箱内部的各种故障及油面的降低,应装设瓦斯保护。它反映油箱内部所产生的气体或油流而动作,当油箱内故障产生轻微瓦斯或油面下降时,轻瓦斯保护应瞬时动作于信号;当产生大量瓦斯时,重瓦斯保护作为变压器内部短路故障的主保护应动作于断开变压器各侧断路器。对于800kVA及以上油浸式变压器和400kVA及以上车间内油浸式变压器,均应装设瓦斯保护。

2. 纵差保护或电流速断保护

对变压器绕组、套管及引出线上的故障,应根据容量的不同,装设纵差保护或电流速断保护作为变压器内部短路故障的主保护，瞬时动作，断开变压器各侧的断路器。

纵差保护适用于 6.3MVA 及以上并列运行的变压器、10MVA 及以上单独运行的变压器以及 6.3MVA 以上重要的厂用变压器。对于大容量超高压三卷自耦变压器还可装设反应大电流系统侧内部接地故障的零序差动保护。

电流速断保护用于 10MVA 以下厂用备用变压器和单独运行的变压器，且其后备保护时间大于 0.5s。对 2MVA 及以上用电流速断保护灵敏性不符合要求的变压器，也应装设纵差保护。

3. 外部相间短路时的保护

变压器外部短路故障的后备保护种类主要有：过电流保护、低电压过电流保护、复合电压闭锁过电流保护、负序电流保护和低阻抗保护等，用于反应变压器外部相间短路并作为瓦斯保护和纵差保护（或电流速断保护）的后备，保护动作后应带时限动作于跳闸。

4. 外部接地短路时的保护

对中性点直接接地电网，由外部接地短路引起过电流时，如变压器中性点接地运行，应装设零序电流保护。对自耦变压器和高、中压侧中性点都直接接地的三绕组变压器，当有选择性要求时，应增设零序方向元件。

当电力系统中部分变压器中性点接地运行，为防止发生接地时，中性点接地的变压器跳闸后，中性点不接地的变压器（低压侧有电源）仍带接地故障继续运行，应根据具体情况，装设专用的保护装置，如零序过电压保护，中性点装设放电间隙加零序电流保护等。

5. 过负荷保护

对于 400kVA 及以上的变压器，当数台并列运行或单独运行并作为其他负荷的备用电源时，应根据可能过负荷的情况装设过负荷保护。对自耦变压器和多绕组变压器，保护装置应能反应公共绕组及各侧过负荷情况。过负荷保护应接于一相电流上，带时限动作于信号。在无经常值班人员的变电站，必要时过负荷保护可动作于跳闸或断开部分负荷。

6. 过励磁保护

现代大型变压器的额定磁密近于饱和磁密，频率降低或电压升高时容易引起变压器过励磁，造成变压器损坏。因此，高压侧为 500kV 及以上的变压器应装设过励磁保护。过励磁保护根据实际工作磁密和额定工作磁密之比（称过励磁倍数）而动作。在变压器允许的过励磁范围内，保护作用于信号，当过励磁超过允许值时，可动作于跳闸。

7. 其他保护

对变压器温度、油箱内压力升高、油位降低或冷却系统故障，应按现行变压器标准的要求，装设可作用于信号或动作于跳闸的保护。

二、变压器纵差动保护

变压器纵差动保护，是变压器内部及引出线上短路故障的主保护，它能反映变压器内部及引出线上的相间短路、变压器内部匝间短路及大电流系统侧的单相接地短路故障。与发电机差动保护相比，变压器差动保护需要解决的突出问题就是既能可靠的躲过变压器空充电及外部故障切除后的励磁涌流，又能正确反映内部故障。

（一）保护接线

如果变压器采用 Y，d11 接线方式，则变压器两侧电流的相位差为 30°，如果两侧电流互感器采用相同的接线方式，即使两侧电流数值相同，也会产生 $2I_1\sin 15°$ 的不平衡电流。因此，必须补偿由于两侧电流相位不同而引起的不平衡电流，通常对变压器纵差动保护某侧电流进行移相，可以采用如下两种方式。

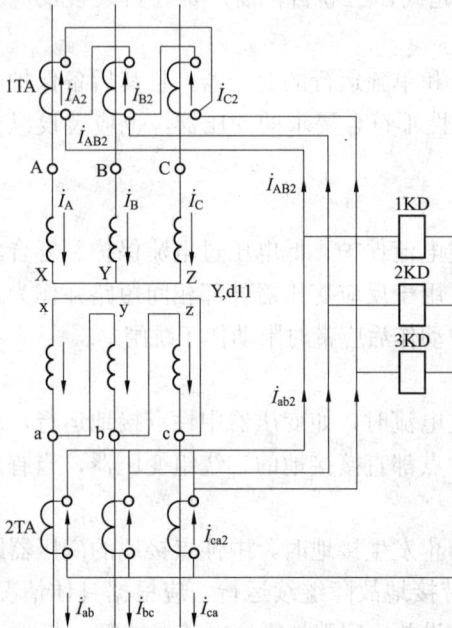

图 11-34　Y，d11 接线的变压器两侧
电流互感器的接线图

（1）过去模拟式变压器纵差保护，大多采用改变高压侧差动 TA 的接线方式进行移相的，如图 11-34 所示，即将 Y，d11 接线的变压器星形接线侧的电流互感器接成三角形接线，三角形接线侧的电流互感器接成星形接线，以补偿 30°的相位差，对于微机型保护也可采用这种移相方式。

（2）在微机保护装置中，普遍采用软件调整相位的方法，即无论变压器采用什么接线组别，都可将变压器各侧的三相 TA 按星形接线，然后通过计算软件对变压器纵差保护某侧电流进行移相。

（二）运行注意事项

（1）在新安装或二次回路有改动时，变压器纵差保护正式投运前，必须在变压器带负荷条件下，测量变压器各侧二次电流的大小和相位，检查接线完全正确，然后才能正式投运变压器纵差保护，防止互感器二次端子极性接反造成纵差动保护误动。

（2）为保证变压器空载合闸或切除外部短路后，在励磁涌流的作用下纵差保护不误动，在第一次投运纵差保护时，必须做变压器的冲击合闸试验，而且应进行 5～7 次，检验变压器纵差保护躲避励磁涌流的能力。

（3）当主变压器的断路器要用旁路转代时，纵差保护的电流互感器、保护装置的连接片和电流端子应进行相应的操作，运行人员操作时应特别注意，一旦操作错误将造成差动保护误动。

（4）关于 TA 断线是否闭锁差动保护的问题。如果在发电机或变压器内部发生故障时误判为 TA 断线从而闭锁差动出口，后果是十分严重的。同时由于 TA 断线的正确判别十分困难，而且互感器已经断线而使纵差保护动作应该认为是可以接受的行为。因此 TA 断线判别的设计原则应该为：即使 TA 断线判别不出来闭锁不住差动，也不能在短路故障时误判为 TA 断线从而误闭锁差动。

（5）关于涌流闭锁方式的问题。由于变压器空载投入时，三相励磁涌流的波形、幅值及二次谐波的含量是不相同的。在某些条件下，三相涌流之中的某一相可能不满足闭锁条件。此时，若采用"或门"闭锁的纵差保护，空投变压器时差动保护不会误动；而采用"分相"闭锁方式的差动保护，空载投入变压器时容易误动。但是如果空载投入变压器时发生内部故障，采用"分相"闭锁方式时保护能迅速而可靠动作并切除变压器；而"或门"闭锁方式的差动保护，则有可能拒动或延缓动作。

三、变压器瓦斯保护

变压器内部发生严重漏油或匝数很少的轻微匝间短路、铁芯局部烧损、线圈断线、绝缘劣化和油面下降等故障时，往往纵差保护、电流速断保护、零序电流保护等电气量保护均不能动作，而瓦斯保护却能够动作。因此，瓦斯保护是变压器油箱内绕组短路故障及异常的主要保护。瓦斯保护分为轻瓦斯保护及重瓦斯保护两种，轻瓦斯保护作用于信号，重瓦斯保护作用于切除变压器。

（一）瓦斯保护的构成

当变压器内部故障时，在故障点产生有电弧的短路电流，使得变压器油及绝缘材料因局部受热而分解产生气体，因气体比较轻，因而从油箱流向油枕的上部。当故障严重时，油会迅速膨胀并产生大量气体，此时将有大量的气体夹杂着油流冲向油枕的上部。利用变压器内部故障时的这一特点构成的保护装置称为瓦斯保护。

瓦斯保护的测量元件是气体继电器，安装在变压器油箱与油枕之间的连接导油管中，油箱内的气体必须通过气体继电器才能流向油枕，为了使气体能够顺利地进入气体继电器和油枕，变压器安装时应使变压器油箱顶盖及导油管沿气体继电器方向与水平面稍有倾斜，如图 11 - 35 所示。

轻瓦斯保护通常按产生气体的容积整定，对于容量在 8MVA 及以上的变压器，气体容积一般整定为 $250 \sim 450 \mathrm{mL}$。

重瓦斯保护通常按通过气体继电器的油流流速整定，它的灵敏度取决于油流流速。流速的整定与变压器的容量、气体继电器的导管直径、变压器冷却方式、气体继电器的类型等有关，一般取流速 $0.8 \sim 1.2 \mathrm{m/s}$。

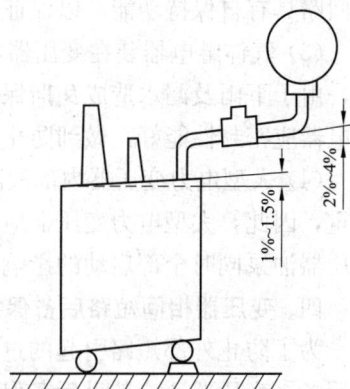

图 11 - 35 气体继电器安装示意图

（二）气体继电器部分的日常巡视检查

（1）气体继电器连接管上的阀门应在打开位置，油枕的油位应在合适位置，气体继电器内充满油。

（2）变压器的呼吸器应在正常工作状态。

（3）瓦斯保护连接片投入应正确。

（4）气体继电器接线端子处不应渗油，且应能防止雨、雪、灰尘的侵入，电源及其二次回路要有防水、防油和防冻的措施，并要在春秋二季进行防水、防油和防冻的重点检查。

（三）重瓦斯保护投退规定

为了防止变压器换油、气体继电器试验、变压器新安装或大修后投入运行时，重瓦斯保护误动作，重瓦斯保护出口回路设有保护连接片，当现场进行下述工作时，将保护连接片退出，重瓦斯保护由"跳闸"位置改为"信号"位置，使重瓦斯保护只发警报信号。

（1）用一台断路器控制两台变压器时，当其中一台转入备用，则应将备用变压器重瓦斯改接信号。

（2）变压器进行滤油、补油、换潜油泵或更换净油器的吸附剂和开闭气体继电器连接管上的阀门时。

（3）在瓦斯保护及其二次回路上进行工作时。

（4）除采油样和在气体继电器上部的放气阀放气处，在其他所有地方打开放气、放油和进油阀门时。

（5）当油位计的油面异常升高或呼吸系统有异常现象，需要打开放气或放油阀门时。

（6）在地震预报期间，应根据变压器的具体情况和气体继电器的抗震性能确定重瓦斯保护的运行方式。地震引起重瓦斯保护动作停运的变压器，在投运前应对变压器及瓦斯保护进行检查试验，确认无异常后，方可投入。

（四）运行注意事项

（1）瓦斯保护能有效地反映变压器油箱内的各种故障及油面降低，且动作迅速、灵敏性高、接线简单。但不能反映油箱外的引出线和套管上的故障，故不能作为变压器唯一的主保护，必须与纵差保护或电流速断保护配合共同作为变压器的主保护。

（2）为防止变压器油箱内严重故障时油速不稳定，出现跳动现象而失灵，重瓦斯保护出口回路具有自保持功能，以保证断路器可靠跳闸。

（3）气体继电器装在变压器本体上，为露天放置，受外界环境条件影响大。运行实践表明，由于下雨及漏水造成瓦斯保护误动次数很多。为提高瓦斯保护的正确动作率，瓦斯保护继电器应密封性能好，做到防止露水、露气，另外，还应加装防雨盖。

（4）大型电力变压器内部故障经重瓦斯保护切除后，变压器故障部位的损坏程度依然很严重，因此，大型电力变压器应降低气体继电器的动作整定值，但应考虑地震和强迫油循环变压器油泵同时全部启动的影响。

四、变压器相间短路后备保护

为了防止外部短路引起的过电流，以及在变压器内部故障时，作为纵差保护和瓦斯保护的后备，变压器还应装设后备保护。变压器相间短路的后备保护既是变压器主保护的后备保护，又是相邻母线或线路的后备保护。根据变压器容量的大小、地位及性能和系统短路电流的大小，变压器相间短路的后备保护可采用过电流保护、低电压启动的过电流保护、复合电压启动的过电流保护或低阻抗保护等。

（一）过电流保护

过电流保护主要用于降压变压器，作为防止外部相间短路引起的变压器过电流和变压器内部相间短路的后备保护，保护动作后，延时跳开变压器两侧的断路器。对于单侧电源的变压器，过电流保护的电流互感器应安装在电源侧，保护可引入三相电流或一相电流。保护的启动电流按躲过变压器可能出现的最大负荷电流来整定。

（二）低电压过流保护

对升压变压器或容量较大的降压变压器，当过电流保护的灵敏度不够时，可采用低电压启动的过电流保护。它的启动元件包括电流元件和低电压元件，只有当电流元件和电压元件同时动作经过预定的延时后，才能启动出口作用于跳闸。

低电压元件的作用是保证在一台变压器突然切除或电动机自启动时保护不动作，因此电流元件的动作电流可以不考虑躲过变压器的最大负荷电流，而是按躲过变压器的额定电流整定，从而提高了保护的灵敏性。

低电压元件的动作电压应小于正常运行时可能出现的最低工作电压，同时，外部故障切除后，电动机自启动的过程中，它必须返回。对升压变压器，如低电压元件只接在一侧电压互感器上，则当另一侧短路时，灵敏度往往不能满足要求。为此，可采用两套低电压元件分别接在变压器高、低压侧的电压互感器上，并将其触点并联，以提高灵敏度。当电压互感器二次回路断线时，低电压元件将误动作，因此应设置电压互感器二次回路断线警报，以便发出信号，由运行人员及时进行处理。

（三）复合电压过流保护

复合电压过流保护，是低电压过电流保护的一个发展，它适用于升压变压器、系统联络变压器及过电流保护不能满足灵敏度要求的降压变压器。

复合电压过流保护，由复合电压元件、过电流元件及时间元件构成，作为被保护变压器及相邻设备相间短路故障的后备保护。复合电压元件由反映不对称短路的负序电压元件和反应对称短路接于相间电压的低电压元件组成。为提高保护的动作灵敏度，保护的接入电流取自变压器电源侧 TA 二次三相电流，接入电压为变压器负荷侧 TV 二次三相电压。其动作逻辑框图如图 11－36 所示。

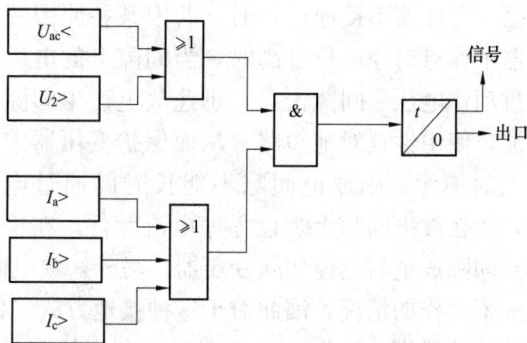

图 11－36　复合电压过流保护逻辑框图

五、变压器接地保护

在电力系统中，接地故障是最常见的故障形式，因此，接于中性点直接接地系统中的变压器，一般要装设接地保护作为变压器主保护和相邻元件接地短路的后备保护。变压器的接地保护通常是利用反应发生接地故障时出现的零序电流和零序电压这些电气量构成的。当发生接地故障时，零序电流和零序电压数值大，而正常运行时，零序电流和零序电压很小，因此保护可以做得比较灵敏，同时还可以利用时间获得与相邻线路保护动作的选择性。

（一）变压器中性点直接接地零序电流保护

当变压器中性点采用直接接地的运行方式时，其接地保护可用直接接地零序电流保护。

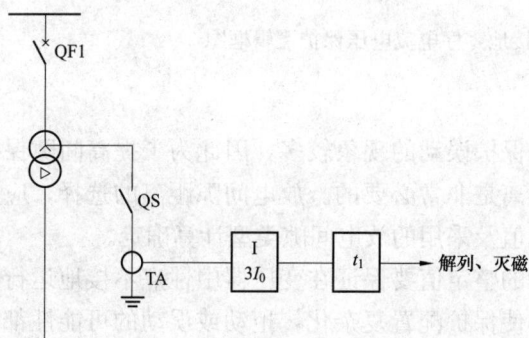

图 11－37　变压器直接接地零序电流保护原理接线图

保护接入电流可取变压器中性点电流互感器二次电流，或引出线电流互感器二次零序电流，或由引出线电流互感器二次三相电流进行自产，通常将保护接在变压器中性点的电流互感器上，如图 11－37 所示。正常情况下，因 $3I_0＝0$，即变压器中性点电流互感器中没有电流，零序电流保护不动作；发生接地短路时，出现零序电流，当它大于保护的动作电流时，则零序电流保护起动，经延时跳开变压器两侧的断路器。

（二）变压器中性点间隙接地零序电流电压保护

1. 保护接线

由于高压电力变压器，均系半绝缘变压器，即位于中性点附近变压器绕组对地绝缘比其他部位弱，例如 220kV 变压器的中性点绝缘水平为 110kV，中性点的绝缘容易被击穿。另外，在电力系统运行中，为将零序电流限制在某一定的范围内，对变压器中性点接地运行的数量有规定。因此，在运行中变压器的中性点，有的接地，有的不接地。中性点不接地运行的变压器，其中性点的绝缘易被击穿，为此可在变压器中性点装设放电间隙及保护，如

图 11 - 38 所示。

2. 保护出口

用流过变压器中性点的间隙电流及母线电压互感器开口三角形电压作为危及中性点安全判据。变压器不接地运行时，若因某种原因变压器中性点对地电位升高时，当间隙上的电压超过动作电压后间隙击穿，迅速放电产生间隙电流，使中性点对地短路，从而保护变压器中性点的绝缘。因放电间隙不能长时间通过电流，故在放电间隙上装设零序电流元件，在检

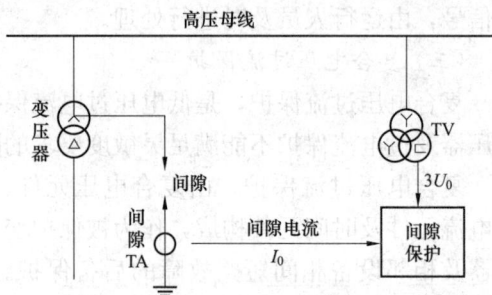

图 11 - 38　变压器中性点间隙接地
零序电流电压保护接线

测到间隙放电后迅速切除变压器。另外，放电间隙是一种比较粗糙的设施，可能会出现该动作而不动作的情况，因此对于这种接地方式，仍应装设专门的零序电压保护。当系统发生接地故障造成全系统失去接地点时，利用故障母线电压互感器的开口三角形绕组两端产生的 $3U_0$ 电压，及时切除变压器，防止间隙长时间放电，并作为放电间隙拒动的后备，其逻辑框图如图 11 - 39 所示。变压器中性点接地开关的辅助触点 K 起闭锁作用，当变压器中性点接地运行时，K 闭合将间隙接地保护退出；当变压器中性点不接地运行时，K 断开将间隙接地保护投入。

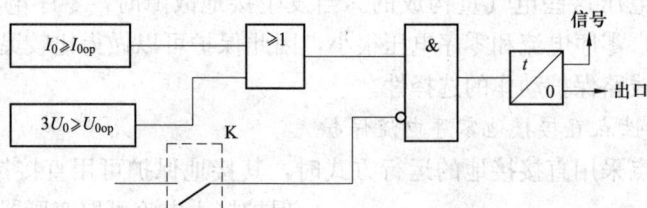

图 11 - 39　变压器中性点间隙接地零序电流电压保护逻辑框图

3. 运行注意事项

因变压器中性点放电间隙误击穿致使间隙保护误动的现象较多，因此为了提高间隙保护工作的可靠性，正确地整定放电间隙的间隙距离是非常必要的。放电间隙距离的选择，应根据变压器绝缘等级、中性点能承受的过电压数值及采用的放电间隙类型计算确定。

变压器中性点间隙接地零序电流电压保护的整定值要保证在变压器中性点不接地运行时不拒动，又要保证在接地运行时不误动。这样使保护配置复杂化，拒动或误动的可能性都会增加，因此现在 500kV 电网的变压器，通常是主变压器中性点直接接地运行。

另外，为提高间隙保护的性能，间隙 TA 的变比应较小。由于变压器零序保护所用的零序 TA 变比较大，故间隙 TA 应单独设置。

（三）变压器中性点可能接地或不接地运行时的接地保护

通常，对只有一台变压器的升压变电所，变压器都采用中性点直接接地的运行方式，其接地保护只需装设直接接地零序电流保护。对有若干台变压器并联运行的变电所或发电厂，则采用部分变压器中性点接地运行的方式，这些变压器的中性点，有时接地运行，有时不接地运行。因此，其接地保护需同时装设直接接地零序电流保护和间隙接地零序电流电压保护，如图 11 - 40 所示。

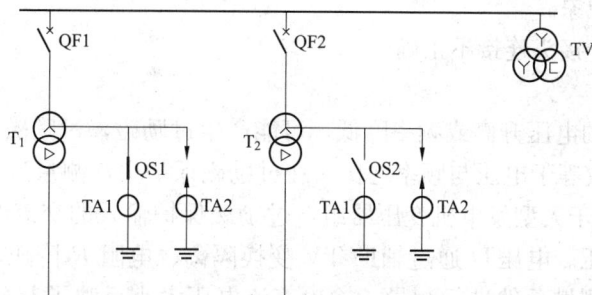

图 11 - 40　变压器接地保护

变压器 T_1 的中性点直接接地时，中性点隔离开关 QS1 在合位，其直接接地零序电流保护通过中性点电流互感器 TA1 接入，中性点隔离开关 QS1 的辅助触点 K 闭合将变压器 T_1 的间隙接地零序电流电压保护闭锁。

变压器 T_2 的中性点不接地，中性点隔离开关 QS2 在分位，中性点电流互感器 TA1 与系统脱离，其直接接地零序电流保护退出，中性点隔离开关 QS2 的辅助触点 K 断开，其间隙接地零序电流电压保护投入。

当母线上发生接地故障时，变压器 T_1 由直接接地零序电流保护动作切除。如果此时系统没有其他接地点，即成为小接地电流系统，接地故障电流很小，若出现间隙性弧光过电压，则 T_2 的放电间隙被击穿，其间隙电流互感器 TA2 出现较大的零序电流，使接于 TA2 二次侧的间隙电流 I_0 动作，将不接地变压器 T_2 切除。如果放电间隙拒动，母线电压互感器的开口三角形绕组两端产生的 $3U_0$ 电压达到动作值，零序电压保护动作将变压器 T_2 切除。

六、变压器过励磁保护

发电机或变压器过励磁运行时，铁芯饱和，励磁电流急剧增加，励磁电流波形发生畸变，产生高次谐波，从而使内部损耗增大、铁芯温度升高。另外，铁芯饱和之后，漏磁通增大，在导线、油箱壁及其他构件中产生涡流，引起局部过热。严重时造成铁芯变形及损伤介质绝缘。我国继电保护规程规定，对频率降低和电压升高引起的铁芯工作磁密过高，300MW 及以上发电机和 500kV 变压器应装设过励磁保护。

（一）产生过励磁的原因

发电机和变压器都由铁芯绕组组成，铁芯中的磁密，与电源电压成正比，与电源的频率成反比，即电源电压的升高或频率的降低，均会造成铁芯中的磁密增大，进而产生过励磁。对于系统中的发电机和变压器，可能导致过励磁的原因有以下几种：

（1）在发变组接线方式中发电机启动或停止过程中，当转速偏低而电压仍维持为额定值时，将由低频引起过励磁。

（2）甩负荷时，发电机如不及时减磁，将产生过电压，在发变组接线方式中，即使机端电压能维持先前值，但因变压器已为空载，也会产生过电压。

（3）超高压远距离输电线突然丢失负荷而发生过电压。

（4）事故时随着切除故障而将补偿设备同时被切，使充电功率过剩导致过电压；补偿设备本身故障而被切除时也引发过电压。

（5）事故解列后的局部分割区域中，若电压维持额定，由功率缺额造成频率大幅度降低时。

（6）发电机自励现象。

（7）变压器调压分接头连接不正确。

（二）保护接线

发电机或变压器的电压升高或频率降低，可能产生过励磁，过励磁保护反映的是过励磁倍数 n，而过励磁倍数等于电压与频率之比。在过励磁保护中，测量过励磁倍数的原理接线如图 11-41 所示。对于大型发电机变压器组，过励磁保护输入的交流电压 U 应取自机端电压互感器二次相间电压。电压 U 通过辅助 TV 变换隔离、电阻 R 降压、整流及滤波后变成直流电压，供过励磁测量元件进行测量。输出直流电压大小反映了 U/f 比值的大小，即与过励磁倍数成正比，根据直流电压的大小来判断过励磁倍数。

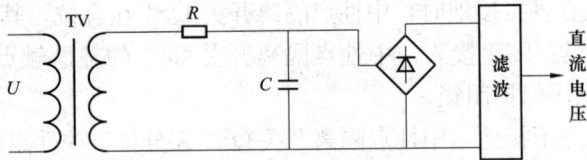

图 11-41　测量过励磁倍数原理接线图

（三）保护出口

为有效保护变压器，其过励磁保护应由定时限和反时限两部分构成，其动作逻辑框图如图 11-42 所示。当变压器或发电机电压升高或频率降低时，若测量出的过励磁倍数大于过励磁保护的低定值时，定时限部分动作，经延时 t_1 发信号或作用于减励磁（保护发电机时）；若严重过励磁时，则保护反时限部分动作，经与过励磁倍数相对应的延时，切除发电机或变压器。

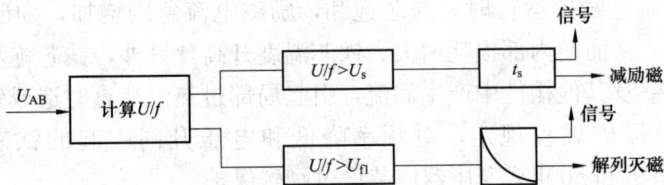

图 11-42　发电机或变压器过励磁保护逻辑框图

定时限元件的过励磁倍数的整定值，应按躲过正常运行时变压器铁芯中出现的最大工作磁密来整定。正常运行时，变压器的电压最高为额定电压的 1.1 倍，系统频率最低为 49.5Hz，因此，铁芯中最大的工作磁密为额定工作磁密的 1.11 倍。定时限元件的过励磁倍数可以取 1.15。动作延时可取 6～9s。对于发电机的过励磁保护，当作用于信号并减励磁时，其动作延时尚应考虑发电机的强励时间。

发电机或变压器反时限过励磁保护的动作特性，应按与制造厂给出的允许过励磁特性曲线相配合来整定。在制造厂家未给出发电机或变压器过励磁特性曲线的情况下，可以参照发电机或变压器过电压能力曲线来整定。

（四）运行注意事项

对于单元接线的发电机变压器，可只装一套过励磁保护，按发电机及变压器两者之中过励磁能力较低的进行整定。但对于发电机与升压变压器之间装设断路器的情况，应分别装设发电机和变压器的过励磁保护，各自按自己的过励磁倍数曲线进行整定计算。

七、变压器非电量保护

非电量保护，顾名思义就是指由非电气量反映故障的保护，一般是指保护的判据不是电流、电压、频率、阻抗等电气量，而是非电量。对于微机保护装置，非电量保护通常也称开入量保护，或开关量保护。该类保护除了变压器的瓦斯保护外，还有压力保护、温度保护、冷却器全停保护和油位保护等。

（一）压力保护

压力保护目前主要使用压力释放阀，它也是变压器油箱内部故障的主保护，由弹簧和触点构成，置于变压器本体油箱上部，压力释放阀保护瞬时动作于信号，必要时也可动作于跳开变压器各侧断路器。

我国早期生产的大型电力变压器，为提高设备运行可靠性，设计有防爆筒作为变压器内部气体的安全气道，而进入 90 年代初逐步被压力释放阀取代。压力释放阀与变压器早期的防爆筒的功能是一致的，其结构为弹簧压紧一个膜盘，在变压器油箱内部发生故障时，油箱内的油被分解、气化，产生大量气体，油箱内压力急剧升高，此压力如不及时释放，将造成变压器油箱变形、甚至爆裂。安装了压力释放阀，就使变压器在油箱内部发生故障、压力升高到压力释放阀的开启压力时，压力释放阀克服弹簧压力在 2ms 内迅速冲开膜盘释放，使变压器油箱内的压力很快降低，同时弹簧动作带动继电器动触点启动保护回路。当压力降到关闭压力值时，压力释放阀在弹簧的作用下又可靠关闭，使变压器油箱内保持正常压力，防止外部空气、水分及其他杂质进入油箱。压力释放阀比防爆管动作可靠、精确，且动作后无元件损坏、无须更换。

通常压力释放阀应该晚于变压器重瓦斯保护动作，或重瓦斯保护动作后，变压器内部压力释放，压力释放阀不再动作。如果压力释放阀与重瓦斯保护配合不当，压力释放阀动作后，气体继电器将拒动。

（二）温升保护

温升保护是反应变压器运行温度升高的。变压器都装有测量上层油温的测温装置，它装在变压器油箱外壳上，除了便于运行人员监视变压器油实时温度外，还带有电触点，若变压器温度到达或超过上限给定值时，其触点闭合，发出报警信号。

变压器油温升高警报时，运行人员应进行如下检查处理：

（1）检查温度指示器是否有误差或指示失灵，检查变压器周围空气温度，并与同一负载和环境温度下的油温比较，是否有较大的偏差。

（2）检查三相负载是否平衡，是否超出额定值。

（3）检查变压器油位是否过低。

（4）检查变压器冷却系统运行是否不正常，是否发生潜油泵停运，风扇损坏等故障，检查散热器与本体温度有无显著差别，判断散热器是否堵塞或因阀门未开等原因引起温度异常。

（5）若温度升高是由于冷却系统故障所至，应投入备用冷却器，退出故障冷却器联系检修处理；必要时降低变压器的负载，使变压器的温度恢复到正常值以内。

（6）在正常负载和冷却条件下，变压器油温比平时高出 10℃ 或负荷不变但温度不断上升，且经检查证明温度指示正确，则认为变压器已发生内部故障，应立即将变压器停运。

（三）油位保护

油位保护是反映变压器油箱内油位异常的保护，变压器漏油或其他原因使油位降低时动作，发出告警信号。通常，在变压器油枕的一端装有油位计，其上有表示油温为−30℃、+20℃和+40℃的三条油位线，以便监视不同油温下油位的高低。根据这三条油位线可以判断是否需要加油或放油。若在温度为+20℃时，油面高于+20℃这一条油位线，则表示变压器中的油多了，应通知检修人员放油，使油位降低到该油位线上；若油面低于+20℃这一条油位线，则表示变压器中的油少了，应通知检修人员加油。如果大量漏油，使油位迅速降低，低至气体继电器以下或继续下降，则应立即停用该变压器。

变压器在运行过程中油位异常和渗漏油现象比较普遍，因此应不定期地进行巡视和检查，变压器油位异常有如下三种表现形式。

（1）假油位。变压器的油面正常变化决定于变压器油温的变化，如果变压器油温变化正常，而油位的变化不正常或不变，则说明是假油位。运行中出现假油位的原因可能是油标管堵塞、油枕呼吸器堵塞，在处理时应将重瓦斯改接信号。

（2）油位过低。当从变压器的油位与温度关系曲线中查出油位较当时油温对应的油位明显降低时，应判断为油位过低，查明原因，及时处理。造成油位过低的原因主要有：变压器严重漏油或长期渗漏油；变压器原来油位不高，遇有变压器负荷突然下降或外界环境温度明显降低时，使油位过低；检修人员因工作需要（如取油样），多次放油后没补油；强迫油循环水冷变压器油漏入冷却器时间较长，也会使油位过低；油枕设计容积小不能满足运行要求等。油位过低，会造成轻瓦斯保护动作，严重缺油时，变压器铁芯和绕组会暴露在空气中，这不但容易受潮降低绝缘能力，而且可能造成绝缘击穿。因此，变压器油位过低或油位明显降低，应尽快通知检修人员补油至正常油位，注油时停用重瓦斯保护，其他保护全部使用。如因漏油引起油位急速下降时，禁止停用重瓦斯保护，应设法消除漏油，再通知检修人员注油，注油时，应将重瓦斯保护停用，其他保护全部使用。若大量漏油，油位低至气体继电器以下或继续下降，应立即停用该变压器。

（3）油位过高。油位过高的原因有：变压器冷却器运行不正常，使变压器油温升高，油受热膨胀，造成油位上升；变压器加油时，油位偏高较多，一旦环境温度明显上升，引起油位过高。如果油位过高是因冷却器运行不正常引起，则应检查冷却器油管道上、下阀门是否打开，管道有否堵塞，风扇、潜油泵运转是否正常合理，冷却介质温度是否合适，流量是否足够。如果油位过高是因加油过多引起，应放油至适当高度，以免溢油。

（四）冷却器全停保护

为提高传输能力，变压器均配置有各种形式的冷却系统。在运行中，若冷却系统全停，变压器的温度将升高，若不及时处理，可能导致变压器绕组绝缘损坏。对于强油循环风冷和强油循环水冷变压器，当冷却系统故障切除全部冷却器时，允许带额定负载运行20min。如20min后顶层油温尚未达到75℃，则允许上升到75℃，但在这种状态下运行的最长时间不得超过1h，因此应装设冷却器全停保护。当冷却系统全停后，保护瞬时动作于信号，必要时，可动作于自动减负荷，并经长延时（变压器失去强冷条件后允许的运行时间）动作于跳开变压器各侧断路器。

冷却器全停保护的逻辑框图如图11-43所示，K_1为冷却器全停触点，冷却器全停后闭合；XB为冷却器全停出口跳闸保护连接片；K_2为变压器温度触点。

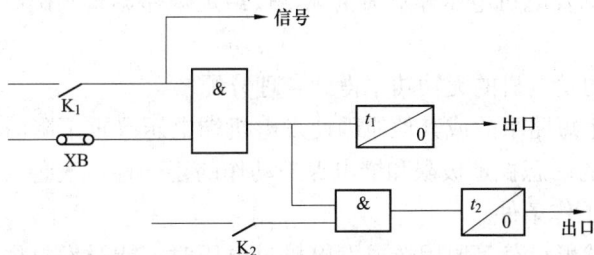

图 11-43 冷却器全停保护逻辑框图

冷却器全停出口跳闸保护连接片 XB 是否投入可按现场规程要求执行，变压器带负荷运行时，如果冷却器全停出口跳闸保护连接片 XB 不投入，则冷却器全停时 K_1 触点闭合，保护只动作于信号，不出口跳闸。

变压器带负荷运行时，如果冷却器全停出口跳闸保护连接片 XB 投入，则冷却器全停时 K_1 触点闭合后，发出告警信号，同时启动 t_1 延时元件开始计时，经长延时 t_1 后去切除变压器。若冷却器全停之后，伴随有变压器温度超温，图中的 K_2 触点闭合，经短延时 t_2 去切除变压器。时间 t_1 及 t_2 应按变压器厂家说明书的要求进行整定。通常 $t_1 = 20 \sim 30\text{min}$，$t_2 = 3 \sim 5\text{min}$。

第三节 励 磁 系 统 运 行

一、水轮发电机组励磁系统概述

水轮发电机组运行时，需要在励磁绕组中通入直流电流来建立磁场，这种提供励磁电流的整个装置被称为励磁系统。励磁系统是发电机的重要组成部分，它的安全运行不仅与发电机及相连电力系统的经济运行指标密切相关，而且与发电机及相连电力系统的运行稳定性密切相关，直接影响发电机的安全稳定运行。

励磁系统的主要任务是根据发电机运行状态，通过改变转子绕组中的电流，改变发电机的端电压、无功功率、功率因数等参数，以满足发电机各种运行方式的需要；而且还控制发电机组间无功功率的合理分配，以满足电力系统安全运行的需要。它对提高电厂的自动化水平，提高发电机组运行的可靠性，提高电力系统稳定性有着重要的作用。

（一）励磁系统的组成

发电机的励磁系统一般由两部分组成，如图 11-44 所示，一部分是励磁功率单元，通常称作励磁功率输出部分（或称励磁电源），如晶闸管整流器，用于向发电机的励磁绕组提供直流电流。另一部分是励磁控制单元，也称为励磁调节器，用于在正常运行或发生故障时调节励磁电流，以满足安全运行的需要。

（二）励磁系统的主要作用

（1）在正常运行条件下供给水轮发电

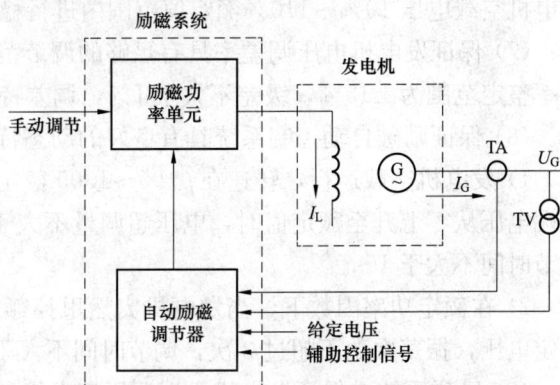

图 11-44 水轮发电机组励磁系统的组成

机组励磁电流，并根据发电机电压和负荷情况，按给定规律调整励磁电流，维持发电机端电压为给定水平。

（2）使并列运行的发电机的无功功率得到合理分配。

（3）电力系统发生短路事故或其他原因使发电机端电压严重下降时，能对发电机强行励磁，以提高电力系统的动态稳定极限和继电保护动作的正确性，改善大型电动机的自起动和自同期时电力系统的工作条件。

（4）在发电机突然甩负荷等原因造成发电机过电压时，能对发电机进行强行减磁，以限制发电机端电压过度升高。

（5）提高电力系统的静态稳定性和暂态稳定性。

（6）在发电机内部及其引出线上发生相间短路故障或发电机端电压过高时，进行迅速灭磁，以限制事故扩大。

（三）励磁系统的基本要求

为了保证电力系统的安全运行，水轮发电机组的励磁系统应满足下列技术要求。

（1）具有十分高的可靠性。励磁系统是发电机组主要的自动控制系统之一，出现故障就会直接影响机组的运行，甚至影响电力系统的正常运行。励磁系统的年强迫停运率不应大于 0.1%。

（2）具有足够的励磁容量。励磁系统应保证在发电机额定负载下励磁电流和电压的 1.1 倍时，能长期连续运行，以满足发电机在允许的各种工况下获得足够的励磁电流，即励磁装置的额定容量应有一定的裕度。

（3）具有足够的强励能力。当电力系统发生故障电压降低时，励磁系统应有很快的响应速度和足够大的励磁顶值电压，以保证电网电压能维持在较高的水平。励磁顶值电压倍数一般为 1.5～2 倍，励磁顶值电流倍数与励磁顶值电压倍数相同。励磁系统在顶值电流倍数下，允许持续时间不小于 20s。

（4）发电机的励磁调节器应设有自动切换装置。当自动励磁调节器工作通道故障时，能正确自动切换到备用通道或从自动调节切换到手动调节，且发电机无功功率无大幅度波动。

（5）发电机应装有自动灭磁装置及断路器，在任何需要灭磁的工况下，能保证在转子线圈绝缘所允许的过电压条件下尽快可靠灭磁。

（6）保证发电机电压具有足够的调节范围。自动励磁调节器和手动励磁调节单元应能在发电机空载电压 10%～110% 额定值范围内进行稳定、平滑的调节。

（7）保证发电机电压调差率具有足够的调节范围。励磁系统应能保证发电机机端电压调差率整定范围为 $\pm15\%$，级差不大于 1%，调差特性应有较好的线性度。

（8）保证励磁自动控制系统具有良好的动态特性。

1）发电机空载运行，转速在 0.95～1.05 额定转速范围内，突然投入励磁系统，使发电机端电压从零上升至额定值时，电压超调量不大于额定电压的 10%，振荡次数不超过 3 次，调节时间不大于 10s。

2）在额定功率因数下，当发电机突然甩掉额定负载后，发电机电压超调量不大于 15% 额定电压，振荡次数不超过 3 次，调节时间不大于 10s。

（9）励磁系统应保证发电机机端调压精度优于 $\pm0.5\%$。

（10）大型水轮发电机的励磁调节器应具备保护限制和电力系统稳定器 PSS 等辅助功能。

二、励磁系统主要的励磁方式

发电机励磁系统的类型很多，励磁方式分类方法也很多，一般可根据励磁电流供给方式的不同分为他励励磁方式和自励励磁方式两大类。

（一）他励励磁方式

由发电机组本身以外的电源供电的励磁系统称为他励励磁方式。他励励磁方式一般由直流励磁机或交流励磁机提供励磁电源。由于励磁机一般与发电机同轴，只要发电机转动励磁机就能够发出所需的励磁功率。因而他励励磁方式的励磁电源相对独立，受电力系统影响较小，工作可靠，主要有以下几种方式。

1. 直流励磁机供电的励磁方式

直流励磁机供电的励磁方式具有专用的直流发电机，这种专用的直流发电机称为直流励磁机，是早期经常使用的一种励磁方式。直流发电机是用整流子（又称换向器）将直流发电机电枢中的交流电整流为直流电。根据直流励磁机励磁电流的获得方式不同，又可分为自励式和他励式。

（1）自励直流励磁机供电的励磁方式。如图 11-45 所示，励磁机 L 靠剩磁起励建立电压，励磁机发出的电流，一部分（I_L）通过装在大轴上的滑环及固定电刷送给发电机的励磁绕组 FLQ；一部分（I_{RC}）经磁场电阻 R_C 送给励磁机的励磁绕组 LLQ。由于励磁机向它自己提供励磁电流，所以称为自励。

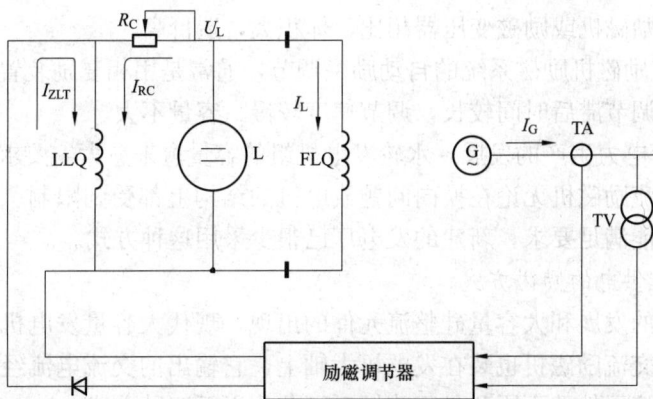

图 11-45　自励直流励磁机供电的励磁方式

励磁机的励磁电流 $I_{LL}=I_{RC}+I_{ZLT}$，其中 I_{ZLT} 为自动励磁调节器输出的电流，只占很小一部分，励磁机的励磁电流大部分是由励磁机经磁场电阻 R_C 提供的。因此，小幅度的无功变化引起的发电机电压波动由自动励磁调节器输出的电流 I_{ZLT} 调节；大幅度的无功变化引起的发电机电压变化由运行人员调整磁场电阻 R_C 改变励磁电流中的 I_{RC} 进行调节。

（2）他励直流励磁机供电的励磁方式。他励直流励磁机的励磁电流不再由它自己供给，而是由另一台被称为副励磁机 FL 的同轴的直流发电机供给，所以叫作他励。如图 11-46 所示，他励励磁机的励磁电流 $I_{LL}=I_{FL}+K_Z I_{ZLT}$，其中 I_{FL} 为副励磁机向主励磁机提供的励磁电流，可以通过手动调整磁场电阻 R_C 改变，而自动励磁调节器输出的电流 I_{ZLT} 可以按照预定的要求自动调整。他励励磁机多用了一台副励磁机，因此所用设备增多，占用空间大，投资大，但是提高了励磁机的电压增长速度，因而减小了励磁机的时间常数。他励直流励磁机励磁系统一般只用在水轮发电机组上。

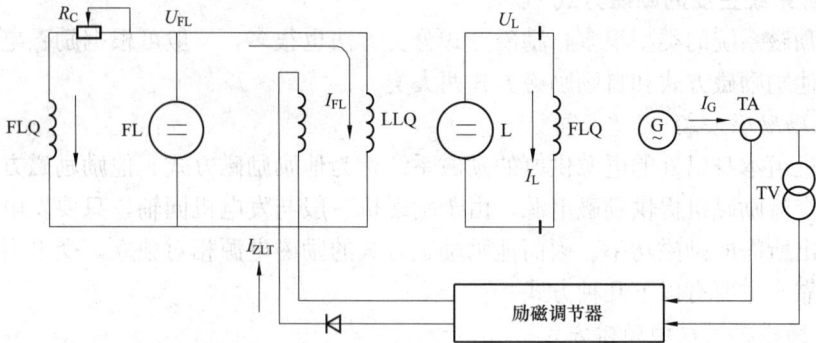

图 11-46 他励直流励磁机供电的励磁方式

（3）直流励磁机供电的励磁方式现场应用情况。

1）直流励磁机供电的励磁方式，是过去几十年间发电机的主要励磁方式，以致目前大多数老电厂仍然采用这种励磁方式运行。直流励磁机全部励磁功率取自轴系，所以励磁电源独立，不受电力系统电压波动影响，强励能力不受发电机或电网近端短路故障电压大幅度下降的影响，可靠性高，调节方便，工作比较可靠，减少自用电消耗量，具有较成熟的运行经验。

2）直流励磁机励磁系统由于旋转部件较多，主、副励磁机均与大轴同时旋转，换向器和整流子之间火花严重，性能差，维护工作量大，运行故障多，机组容易发生震动。直流励磁机与同容量的交流励磁机或励磁变压器相比，体积大，造价高。

3）要实现直流励磁机励磁系统的自动励磁调节，通常是用相复励装置来调节励磁机的励磁电流，这就使得调节滞后时间较长，调节速度较慢、容量不大。

4）近年来随着电力生产的发展，水轮发电机组的容量愈来愈大，要求励磁功率也相应增大，而大容量的直流励磁机无论在换向问题或电机的结构上都受到限制。因此，直流励磁机励磁系统愈来愈不能满足要求，新建的发电厂已很少采用这种方式。

2. 交流励磁机供电的励磁方式

随着整流技术的发展和大容量硅整流元件的出现，现代大容量发电机有的采用交流励磁机提供励磁电流。交流励磁机也装在发电机大轴上，它输出的交流电流经整流后供给发电机转子励磁，根据整流元件的不同和是否旋转又可分为以下四种方式。

（1）交流励磁机（磁场旋转）加静止硅整流器（有刷）的励磁方式。如图 11-47 所示，同一轴上有三台交流发电机，即主发电机 G、交流主励磁机 JL 和交流副励磁机 JFL。正常运行时副励磁机的输出电流一方面经晶闸管整流后作为主励磁机的励磁电流；另一方面又经过硅整流装置供给它自己所需要的励磁电流。而主励磁机的交流输出电流经过静止的三相桥式硅整流器整流后，供给主发电机的励磁绕组。励磁调节器根据发电机的电压和电流来改变晶闸管的控制角，以改变交流主励磁机的励磁电流进行自动调压。由于交流副励磁机的启励电压比较高，不能像直流励磁机那样依靠剩磁启励。所以，在机组起励时必须外加启励电源，直到交流副励磁机输出的电压足以使自励恒压调节器正常工作时，起励电源方可退出工作。

这种励磁方式现场应用情况：

1）由于取消了直流励磁机，不存在换向问题，而且交流励磁机的容量可以做得很大，所以这种励磁系统的励磁容量不受限制。

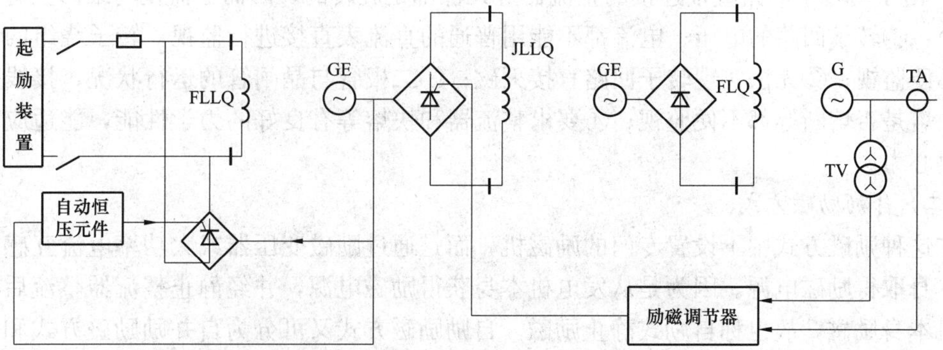

图 11-47　交流励磁机（磁场旋转）加静止硅整流器（有刷）的励磁方式

2）因为交流励磁机和副励磁机与发电机同轴，且自成体系，不受电网干扰，所以可靠性高。但是加长了机组主轴长度，增加了厂房高度，使发电厂主厂房的土建造价增加。

3）由于晶闸管的控制角变化很快，发电机励磁电流可以很快变化。它的性能较好，能满足大型发电机励磁的要求，多用于 10 万 kW 左右的大容量同步发电机。

4）需要经过滑环才能向旋转的发电机转子提供励磁电流，滑环和碳刷是转动接触装置，需要一定的维护工作量，且易发生火花。

（2）交流励磁机（电枢旋转）加旋转硅整流器（无刷）的励磁方式。对于大型发电机宜采用无刷励磁系统。如图 11-48 所示，副励磁机 FL 是一个永磁式中频发电机，其永磁部分画在旋转部分的虚线框内。主励磁机 JL 与一般的同步发电机的工作原理基本相同，只是电枢是旋转的，励磁绕组 JLLQ 是静止的，即主励磁机是一个磁极静止，电枢旋转的同步发电机。其发出的三相交流电经过旋转二极管整流后，直接送到发电机的转子回路作励磁电源。因为励磁机的电枢、整流二极管与发电机的转子同轴旋转，所以它们之间不需要任何滑环与电刷等转动接触元件，这就实现了无刷励磁。交流主励磁机的励磁电流由同轴的交流副励磁机经静止的晶闸管整流器整流后供给，其静止的励磁绕组便于自动励磁调节器实现对励磁机输出电流的控制，以维持发电机端电压恒定。

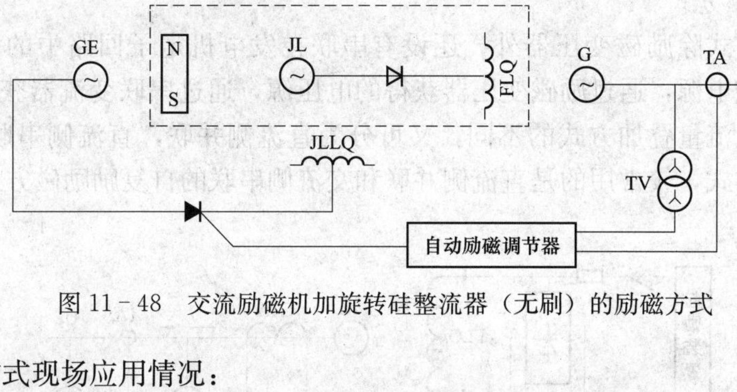

图 11-48　交流励磁机加旋转硅整流器（无刷）的励磁方式

这种励磁方式现场应用情况：

1）彻底取消了碳刷这一薄弱环节，使整个励磁系统都无转动接触的元件，减小了维护量，消除了碳粉污染。

2）目前，无刷励磁技术已经成熟，解决了巨型机组励磁电流引入转子绕组的技术困难，在大型机组上得到了应用，但用于小型机组上的意义并不大。

3) 由于与转子回路直接连接的整流器等元件都是旋转的，因而在监视与维修上有其不方便之处：①转子回路的电压、电流都不能用普通的直流表直接进行监视，转子绕组的绝缘情况也不便监视；②无法实现转子回路直接灭磁；③二极管与晶闸管的运行状况，接线是否松动，快熔是否熔断等都不便监视；④要求整流器和快熔等有良好的力学性能，能适应高速旋转的离心力。

（二）自励励磁方式

在这种励磁方式中不设置专门的励磁机，而是通过励磁变压器或大功率电流互感器从发电机本身取得励磁电源。因为是从发电机本身获得励磁电源，并经静止整流器整流后再供给发电机本身励磁，故也称自励式静止励磁。自励励磁方式又可分为自并励励磁方式和自复励励磁方式。

1. 自并励励磁方式

自并励励磁方式的励磁功率取自发电机机端，由接于发电机机端的励磁变压器 T 提供，经晶闸管整流后向发电机转子提供励磁电流。晶闸管元件 SCR 的控制角由自动励磁调节器进行控制，起励时需要另加一个起励电源。如图 11-49 所示，由于励磁变压器是并联在发电机端的，且发电机向自己提供励磁功率，所以这种励磁方式称为自并励晶闸管励磁系统，简称自并励系统。在自并励系统中，除去转子本体及滑环这些属于发电机的部件外，没有因供应励磁电流而采用机械转动或机械接触类元件，所以又称为全静止式励磁系统。

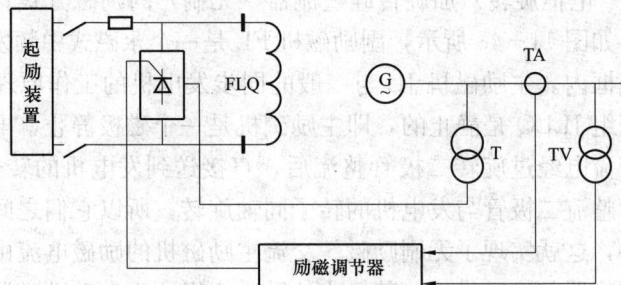

图 11-49　自并励励磁方式

2. 自复励励磁方式

自复励励磁方式除励磁变压器外，还设有串联在发电机定子回路中的大功率电流互感器，具有两种励磁电源，通过励磁变压器获得的电压源，通过串联变流器获得的电流源。按照机端电压量和电流量叠加方式的不同，又可分为直流侧并联，直流侧串联，交流侧并联，交流侧串联四种方式，较常用的是直流侧并联和交流侧串联的自复励励磁方式，如图 11-50 和图 11-51 所示。

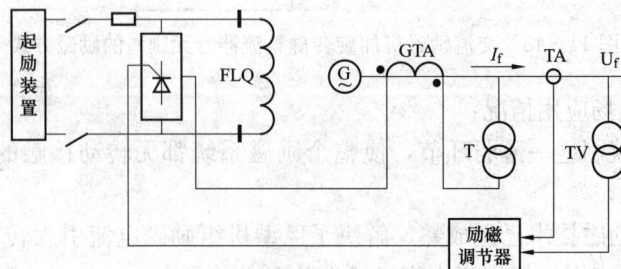

图 11-50　交流侧串联的自复励励磁方式

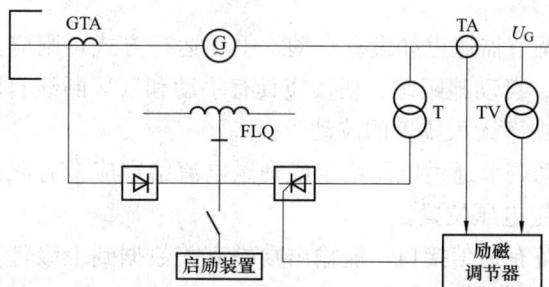

图 11-51 直流侧并联的自复励励磁方式

三、励磁控制单元

励磁控制单元在同步发电机的运行中有着重要的作用。在正常运行或发生故障时调节励磁电流，控制发电机的端电压、无功功率、功率因数等参数，以满足安全运行的需要，通常称作励磁控制部分（或励磁调节器）。随着自动化技术的进步，励磁调节器经历了机电型、电磁型、晶体管分立元件型、模拟运算放大器型以及微机型等几个发展阶段。现在投运的新机组及旧机组改造都已选用微机励磁调节器，并已取得很好的效果和丰富的经验，已成为同步发电机励磁调节器的主流。

（一）微机励磁调节器的优点

1. 可靠性高

由于大规模数字集成电路制造质量的提高和硬件技术的成熟，也由于可以用软件对电源故障、硬件及软件故障实行自动检测，对一般软件故障的自动恢复，使微机励磁调节器具有很高的可靠性。

2. 功能多

微机励磁调节器不仅可以实现模拟式励磁调节器的全部功能，而且实现了许多模拟式励磁调节器难以实现的功能，如各种励磁电流限制及保护功能等。

3. 通用性好

微机励磁调节器可以根据用户的不同要求选取硬件和软件模块，构造出不同功能的微机励磁调节器，来满足不同发电机及其励磁功率单元以及电力系统对发电机励磁的要求。一台设计良好的微机励磁调节器可以适用于各种不同的励磁系统。

4. 性能好

微机励磁调节器可以很方便地在机组运行过程中，根据机组和电力系统的运行状态实时的在线修改励磁控制系统的控制结构和参数，以提高励磁控制系统的性能。

5. 运行维护方便

微机励磁调节器的发展方向是使硬件尽量简化，调节功能尽量由软件实现。如电压给定、控制参数整定等用数字式代替了模拟式励磁调节器中的电位器，使维护量大大减少。

（二）微机励磁调节器的技术要求

（1）微机励磁调节器采用两套调节通道时，应能自动或手动切换，互为热备用，以保证当运行调节通道故障时，能正确、自动地切换到备用调节通道。由于故障引起的自动切换（如 TV 断线）或人工切换时，为保证通道间相互切换平稳、无冲击扰动，装置应设有自动跟踪功能，备用通道总是跟踪运行通道，跟踪的依据是两通道的调节输出（控制信号）

相等。

（2）励磁系统某个调节器通道如设有自动、手动运行方式，则应具有双向跟踪、切换功能。跟踪部件应能正确、自动地跟踪。切换应具有手动和 TV 断线自动切换能力，切换时保证发电机端电压和无功功率无大幅度的波动。

（3）独立运行的自动调节通道电压给定或励磁电流给定应带有限位功能，发电机解列后应能自动返回至空载额定电压位置。

（4）励磁调节器应备有通信接口，能输出励磁有关数据到上级计算机或监控装置，并能接受其升、减磁等命令。

（5）励磁调节器应有二路供电电源，其中至少一路应由厂用蓄电池组供电。

（6）微机调节器还应有以下功能：励磁系统参数的显示和在线整定；故障的检测和诊断；调试和试验功能；状态、事件的记录和故障的录波功能。

（三）微机励磁调节器的基本构成

目前，电力系统中运行的微机励磁调节器种类很多，类型各异，但整个微机励磁调节器的硬件系统一般由稳压电源部分、测量部分、控制信号输入部分、控制与报警信号输出部分、脉冲放大部分、显示部分及 CPU 部分等构成。下面对图 11 - 52 所示的微机励磁调节器硬件系统原理框图进行说明。

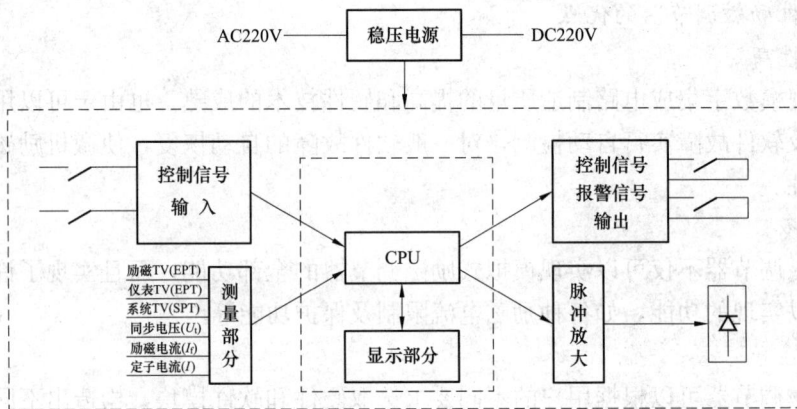

图 11 - 52　微机励磁调节器硬件系统原理框图

1. 电气参数测量部分

励磁信号采集分电气模拟量信号采集和开关量信号采集两部分。励磁调节器需要的电气参数一般有直接测量的机端电压 U、定子电流 I、系统电压 U_s、转子电流 I_f、同步电压信号 U_t，间接测量的有功功率 P、无功功率 Q、机组频率 f 等。

（1）机端电压信号。机端电压是重要的模拟量，主要用于微机调节器 AVR 单元的反馈电压测量，FCR 单元的过压限制输入信号及机组频率的检测。通常取两路机端 TV 信号，一路励磁 TV 用于反馈调节，一路仪表 TV 用于辅助判断 TV 断线，防止电压互感器断线时产生误调节。当有两套调节通道时，第一路 TV 信号对应于 A 调节通道电压反馈信号，第二路 TV 信号对应于 B 调节通道电压反馈信号。

（2）发电机定子电流信号。定子电流一般为一路机端 TA 信号，三相四线制输入，与机端电压互感器信号一起计算有功、无功和功率因数。

（3）系统电压信号。一般取自系统 TV 信号，用于测量电网电压信号，和机端 TV 比较后，在调节器"系统电压跟踪"功能投入后，可以调节发电机组的端电压，使发电机电压和系统电压尽可能保持一致，实现自动准同期并网时减小并网冲击。

（4）发电机转子电流信号。发电机转子电流信号可以取自晶闸管整流电路的交流侧 TA 信号，也可以取自晶闸管整流电路的直流侧转子电流分流器信号。

（5）同步电压信号。同步电压 U_t 的信号源取自阳极电压或机端电压互感器的副方，主要用于自复励系统，作为同步中断信号。

（6）发电机有功功率、无功功率信号。通过机端电压和定子电流配合后，可以计算发电机组的有功、无功功率，用于实现发电机组的过负荷限制。

（7）发电机频率信号。通过同步电压或机端电压采用数字测频方法获得发电机频率当前值，以供控制及显示用。

2. 稳压电源部分

一般励磁调节器均采用交、直流双路并联供电方式，任何一路电源失去，都不影响调节器的正常工作，具有较高可靠性。图 11-53 为电源单元结构图，交流电源可以取自厂用交流 380V，也可以取自功率整流柜交流输入端，经变压、整流成为直流 220V，然后通过抗干扰滤波器进入电源模块。直流电源取自厂用直流 220V 电源，经抗干扰滤波器进入另一个电源模块。电源模块的作用是将 220V 直流电压转换成+24V，±12V，+5V。±12V、+5V 为励磁调节器工控机的工作电源，+24V 电源用作内部 DC24V 继电器的操作电源。

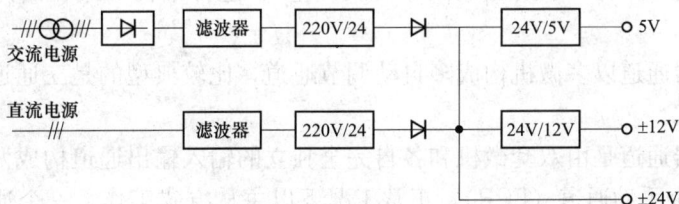

图 11-53 电源单元结构图

3. 控制信号输入部分

开关量输入原理如图 11-54 所示，当外部输入触点接通时，光耦输出三极管的集电极为低电平，经反相驱动后，送入 CPU 的数据为高电平。当外部输入触点断开时，光耦输出三极管的集电极为高电平，经反相驱动后，送入 CPU 的数据为低电平。

励磁调节器一般有以下开关量输入信号：增、减磁命令，手动起励命令，开、停机命令，出口断路器状态，灭磁开关状态，功率柜故障，功率柜停风，本机故障等。

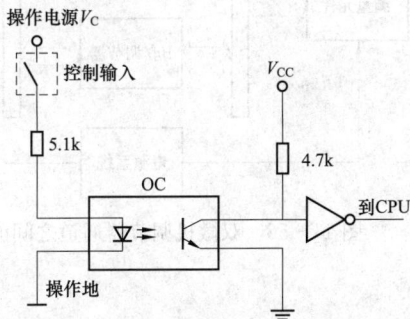

图 11-54 开关量输入原理

4. 控制与报警信号输出部分

励磁调节器输出的开关量信号由 CPU 控制，具有励磁控制（如投起励电源）、异常运行情况报警、脉冲输出等功能。开关量输出原理如图 11-55 所示，CPU 数据将传送到数据寄存器，经反相后驱动光耦，再经功率放大后驱动输出继电器。

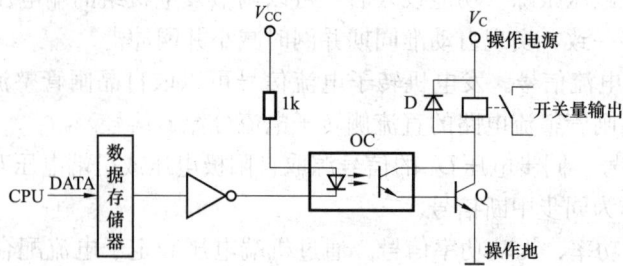

图 11-55　开关量输出原理

　　励磁调节器有以下开关量输出信号：励磁 TV 断线、仪用 TV 断线、强励限制动作、欠励限制动作、无功功率过载、V/f 限制、功率柜故障、起励失败、同步回路故障、通道切换、投起励电源、励磁调节器故障、+A 相脉冲、-C 相脉冲、+B 相脉冲、-A 相脉冲、+C 相脉冲、-B 相脉冲等。

（四）微机励磁调节器的调节通道和运行方式

1. 磁调节器的通道结构

　　微机励磁调节器的通道结构形式主要有单微机、双微机和多微机三种方式。通常在大、中型机组上可采用双通道方式，在小型机组上可采用单通道方式。

　　单微机调节器通道是由单微机及相应的输入输出回路组成一个自动调节通道（AVR）和一个手动调节通道（FCR，以励磁电流作为反馈量），这种结构形式在国内外的中小型水电站中广泛采用。

　　多微机调节器通道以多微机构成多自动调节通道，比较典型的是三通道，工作输出采用三取二的表决方式。

　　双微机调节器通道是由双套微机和各自完全独立的输入输出通道构成两个自动调节器通道（AVR）和两个手动通道（FCR）。正常工况下以主从方式工作，一个通道工作，另一个通道处于热备用状态。当主通道故障时，备用通道自动无扰动接替主通道工作。双微机调节器通道是公认的最佳的通道结构，通道之间的结构关系如图 11-56 所示。但双微机调节器通道应满足：1）各微机通道都完全独立，即各微机通道具有自己的电量隔离、测量、同步回路、脉冲输出、电源、显示等环节；2）各微机通道最少都有自动（AVR）、手动（FCR）运行方式。

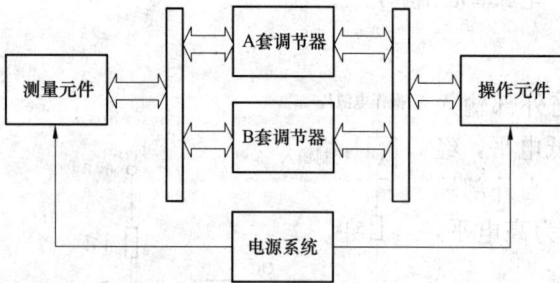

图 11-56　双微机调节器通道之间的结构关系

2. 励磁调节器的运行方式

　　恒机端电压运行方式即自动运行方式，它对发电机端电压偏差进行最优控制调节，并完成自动电压调节器的全部功能，是调节器的主要运行方式。

　　恒励磁电流运行方式即手动运行方式，它对励磁电流偏差进行常规比例调节，由于只能维持励磁电流的稳定运行，故无法满足系统的强励要求，是调节器的备用和试验通道。恒励磁电流运行方式，一般在恒机端电压运行下出现强励限制、TV 断线、功率柜故障等情况时，调节器自动转换，故障消除后又自动恢复。

恒无功运行方式，它对发电机无功偏差进行常规比例调节，其投入也是自动的。比如调节器过励或欠励动作后，调节器就自动由恒机端电压运行转入恒无功运行，起稳定无功的作用。当这些限制复归后，其运行方式也自动恢复到恒机端电压运行方式。

（五）微机励磁调节器的限制保护功能

励磁调节器除了具有电压调节（AVR）、调差功能、励磁电流调节（FCR）等基本调节功能外，大型发电机励磁调节器还应具有下列辅助限制、保护功能单元。

1. 最大励磁电流限制

设置这一限制的目的是限制励磁电流不超过允许的励磁顶值电流，以保护发电机（励磁机）转子的绝缘及发电机的安全。功率整流桥部分支路退出或冷却系统故障时，应将励磁电流限制到预设的允许值内。

2. 强励反时限限制

为了保证转子绕组的温升在限定范围之内，不因长时间强励而烧毁，在强行励磁到达允许持续时间时，限制器应自动将励磁电流减到长期连续运行允许的最大值。强励允许持续时间和强励电流值按发热量大小成反时限特性，并应在强励原因消失后，能自动返回到强励前状态。强励反时限限制曲线如图 11 - 57 所示，实际限制参数根据电厂要求设定。当励磁电流小于或等于额定励磁电流的 1.1 倍时，不限制；当励磁电流超过 1.1 倍，经过相应的延时后立即限制到 1.1 倍额定励磁电流运行。

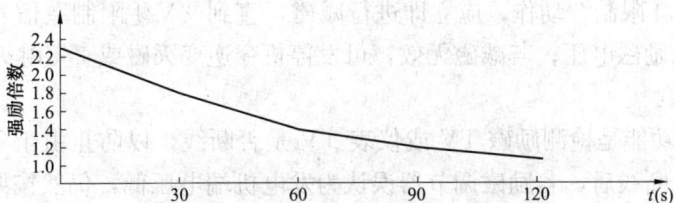

图 11 - 57　强励反时限限制曲线

3. 欠励限制

也就是发电机无功进相限制，即限制发电机进相吸收无功功率的大小。发电机并网运行，由于系统电压变高，调节器就减少励磁电流，当励磁电流减少过多时，定子电流就会超前端电压，发电机开始从系统吸收滞后无功功率即进相运行。如果进相太深，则有可能使发电机失去稳定而被迫停机。为了保证发电机运行的稳定性，并综合考虑发电机的端部发热和厂用电电压降低等诸多因素，当发电机输出有功一定时，进相的无功功率是有一定限制的。当欠励限制动作时，微机将闭锁减磁操作，并自动增励磁，以限制发电机进相的无功，保证发电机在 PQ 曲线限制范围内运行，

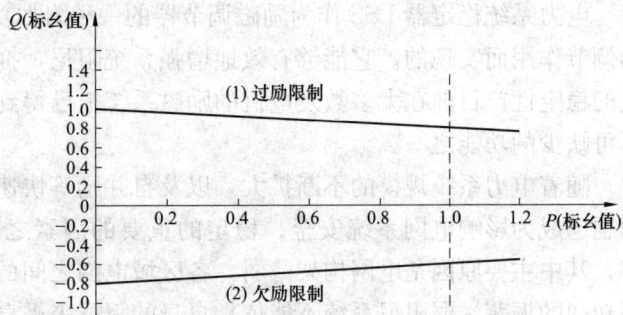

图 11 - 58　欠励限制及过无功限制曲线

欠励限制线示意图如图 11-58 所示的直线（2）。欠励磁限制为瞬时动作，以防止故障情况下机组失步。欠励磁限制要与失磁保护配合，欠励磁限制动作应先于失磁保护。

4. 无功过载限制

设置无功过载限制的目的是防止人为或计算机监控系统自动增加无功过多。当发电机过无功或定子过电流时，微机励磁调节器自动闭锁增磁操作，并自动适当减磁，使无功功率或定子电流回到正常允许范围之内，保证发电机的安全稳定长期连续运行。无功过载限制线示意图如图 11-58 所示的直线（1）。无功过载限制只针对增磁操作出错时限制无功增加过多，可延时动作，以保证故障情况下机组的无功出力。当电力系统发生短路，系统电压降低，这时机组送出的无功不受限制，以支援电力系统。欠励限制线以上，无功过载限制线以下，有功限制线（由调速器设定）以左围成的区域（参看图 11-58），为机组 P、Q 安全运行区。

5. V/f 限制

设置 V/f 限制的目的是防止机组在低转速下运行时过多地增加励磁，以致发电机、变压器电压过高，铁芯磁通密过大，同时可作为主变压器的过磁通保护，V/f 限制特性如下。

（1）当 $f>47$Hz 以上时不限制。

（2）当 f 为 45~47Hz 时，限制机端电压最大值为 1.1 的额定电压。

（3）当 $f\leqslant45$Hz 时，自动逆变灭磁。

发电机空载运行且励磁调节器在自动方式下运行时，若机端电压与频率的比值达到调节器设定的 V/f 限制值，则调节器 V/f 限制将动作，限制发电机机端电压，保持机端电压与频率的比值在 V/f 限制值以下，同时自动闭锁增磁指令，机组并网后 V/f 限制无效。运行人员若监测到机组"V/f 限制"动作，应立即进行减磁，直到"V/f 限制"信号消失，待发电机转速额定时再增加励磁电压；若减磁无效，可发停机令逆变灭磁或直接跳灭磁开关灭磁。

6. TV 断线保护

TV 断线保护功能是检测励磁 TV 或仪表 TV 是否断线，以防止由于 TV 断线而导致的误强励。因为 TV 断线后，若励磁调节器误认为发电机端电压低，仍然按照电压闭环反馈调节，则会造成误强励。TV 断线保护动作后，将恒电压运行方式自动转换为恒励磁电流运行方式，并报警输出，同时快速切换励磁调节器到备用通道运行。

7. 在线检测

微机系统自身具有自我诊断能力，软件时刻对硬件系统进行在线诊断，能及早发现问题，发现故障立即通过硬件自动切换。

8. 电力系统稳定器 PSS 附加控制

电力系统稳定器 PSS 作为励磁调节器的一种附加功能，它的控制作用是通过励磁调节器的调节作用而实现的。它能够有效地增强系统阻尼，抑制系统低频振荡的发生，提高电力系统的稳定性。目前在大多数发电机的励磁系统上已得到了广泛的应用，成为现代励磁调节器不可缺少的功能之一。

随着电力系统规模的不断扩大，以及自并励等快速微机励磁系统的广泛应用，低频振荡问题已成为影响电网系统安全、稳定的重要的因素之一。电力系统产生低频振荡的原因很多，其中主要原因是电网构架薄弱，各区域电网之间的阻尼较小。当系统受到扰动时，会出现功率的振荡，弱阻尼系统不能依靠自身的阻尼来平息振荡，从而使得振荡得到进一步的放大。因此，要防止低频振荡，就要增加系统的正阻尼，减小负阻尼。最为有效且经济的方法就是采用 PSS，PSS 的任务就是抵消这种负阻尼，同时还要提供正阻尼。机组容量在 50MW 及以上时，要求配置 PSS 功能，其有效抑制低频振荡的频率范围为 0.2～2.0Hz。

四、励磁功率单元

励磁功率单元是向同步发电机转子绕组提供直流励磁电流的电源部分，如直流励磁机、交流励磁机、励磁变压器、硅二极管整流装置、晶闸管整流装置等。近年来，随着电力系统控制技术的发展，新工艺、新材料的出现，使得大中型水电厂在励磁方式选择上处于由传统的旋转励磁机方式向静止自并励励磁方式过渡的新阶段。自并励励磁系统的励磁功率单元由励磁变压器、晶闸管整流装置等部分组成。

（一）励磁功率整流桥

励磁功率整流桥的接线方式一般为全控或半控整流桥，大中型发电机较普遍采用晶闸管全控桥，以提高动态响应性能和实现逆变灭磁功能。其接线特点是六个桥臂元件全都采用晶闸管，靠触发换流。它既可工作于整流状态，将交流变成直流；也可工作于逆变状态，将直流变成交流。三相全控桥整流电路原理接线如图 11-59 所示，每个晶闸管串联一个带触点指示的快速熔断器 FU，起保护晶闸管的作用。YGK 表示三相电源隔离开关或电动开关，由于功率柜都是先切脉冲后跳开关，所以一般都使用开关；QK 表示直流输出刀闸；FL 和 A 为检测电流的分流器和直流电流表，所谓分流器就是一个大电流低阻值的分流电阻。

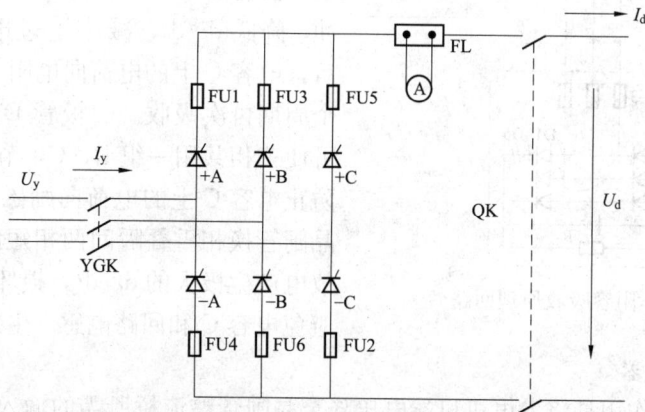

图 11-59　三相全控整流桥原理接线图

（二）励磁功率柜的冷却方式

现代大型水轮发电机励磁系统，多采用大功率晶闸管整流器，为发电机提供强大的转子励磁电流。过去需要五、六套功率柜并联的，现在可用一两套完成，大大简化了设备结构。如此高性能的晶闸管整流元件，必须配备一个能力相当的冷却系统，才能保证它的工作状态最佳、效率最高。励磁功率柜冷却方式有：自然冷却方式（含热管散热方式）、强迫风冷方式（开启式，密闭式）和水内冷冷却方式。

自然冷却方式应考虑空气自然环流、防尘和屏柜防护等级的关系，必要时应加装温度越限报警装置和后备风机。水内冷冷却方式应有进、出口水温，冷却水流量和水压检测和报警装置。

强迫风冷方式应用的比较广泛，风机应采用双路供电，两路电源互为备用，能自动切换。采用开启式强迫风冷方式时，进风口应设滤尘器。也可采用双风机备用方案，冷却风扇经常保持一台工作，一台备用，两台风扇的供电来自两个不同的电源。当主风机出现故障时，比如风机断相、风压过低等，备用风机自动投入，同时切除主风机。两台风机应定期轮换使用，通过控制面板上的操作按钮选择主备用风机，可以提高风机的利用率，延长风机的使用寿命。运行中，功率柜门应关闭严密，不得长时间打开，以免影响冷却效果，并应安装门开关的信号显示。

（三）阻容保护装置

由励磁变压器或交流励磁机供电的晶闸管整流励磁系统中，由于整流元件之间存在着周期性的换相，在换相结束和退出工作的相应相整流元件关断瞬间，在电源侧将引起过电压。过电压的出现，可能会导致晶闸管整流元件击穿，因此必须设置过电压保护回路。

功率柜交流侧过电压保护阻容吸收原理回路如图 11 - 60 所示，它是在三相全控桥阳极输入侧并联一个三相全波整流桥电路，其输出侧并联电阻 R 和电容 C。电容 C 起滤波作用，电阻 R 既是电容 C 的放电电阻，又是整个保护的主要吸收耗能电阻。二极管整流桥的交流侧由带触点指示的熔断器保护。励磁变压器 LB 二次绕组任意两相电流突变产生过电压时，都可以经过二极管 D1～D6 对电容 C 充电，从而得到缓冲，降低 di/dt，减小了过电压。过电压消失后，电容 C 上的电荷向电阻 R 释放，等待下一个周期再次吸收。二极管 D1～D6 的作用一是可使三相共用一组 R、C，节省高压电容；二是防止电容 C 上的电荷向励磁回路释放，避免在晶闸管换相重叠瞬间两相短路时，电容 C 突然放电产生极大的 di/dt，损坏晶闸管；三是可以避免电容 C 和回路电感产生振荡。

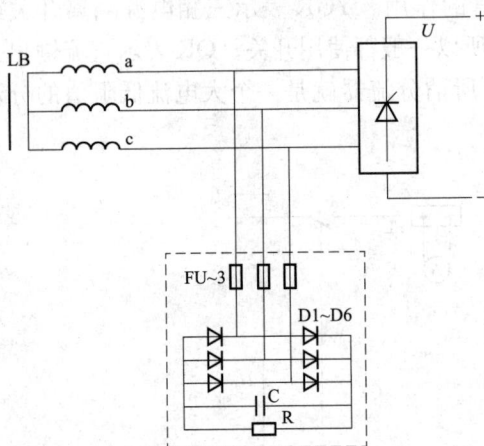

图 11 - 60　阻容吸收原理回路

（四）励磁变压器

励磁变压器的作用是将发电机机端电压降至晶闸管整流桥所需的输入值，为发电机提供足够的励磁功率。励磁变压器为静止部件，一般一次接到发电机机端，二次接整流装置。励磁变压器就设计和结构来说，与普通配电变压器一样。考虑到励磁变压器必须可靠，强励时要有一定的过载能力，且励磁电源一般不设计备用电源，因此宜选用维护简单、过载能力强的干式变压器。安装在户外可采用油浸式变压器，安装在户内一般采用环氧树脂浇注干式三相变压器。变压器绝缘的温度等级一般考虑 B 级以上，当选用干式环氧变压器绝缘等级为 F 级时，温升按 B 级考核。

励磁变压器额定容量应根据发电机参数和强励电压顶值倍数确定，满足强励运行要求，并留有适当裕度。一次侧额定电压与发电机额定输出电压参数相同，二次侧额定电压根据发电机参数和强励电压顶值倍数确定。为改善晶闸管整流桥电压波形，接线方式多采用 y,d11 接线。励磁变压器高、低压侧各相均装一个电流互感器，高压侧电流互感器用于励磁变压器保护，低压侧电流互感器用于励磁调节器测量回路。

励磁变压器的冷却方式一般采用空气自然冷却，不配外壳，户内使用；亦可根据实际情况加装外壳，配置风冷系统。对励磁变压器的运行温度的监测及其报警控制是十分重要的，一般应装有温控温显装置，通过预埋在低压绕组最热处的 TV100 热敏测温电阻来进行温度检测，直接显示各相绕组温度，进行风机自动控制，并引出超温报警、跳闸触点。温度上升至 110℃ 时，自动起动风机；温度低于 90℃ 时，自动停止风机；130℃ 时发出警告信号；155℃ 时，发出事故信号同时跳发电机断路器和灭磁开关并停机。

五、发电机灭磁及过压保护单元

（一）发电机的典型灭磁方式

同步发电机安全可靠的灭磁，不仅关系到励磁系统本身安全，也是发电机及主变压器内部故障的一项保护措施，而且直接关系到整个电力系统安全运行的大问题。所谓灭磁，就是将转子励磁绕组的磁场尽快减弱到最小程度，最简单的办法是将励磁回路断开，但由于发电机励磁绕组是个储能的大电感，因此励磁电流突变势必在励磁绕组两端引起相当大的暂态过电压，危及转子绕组绝缘，所以励磁绕组回路必须装设灭磁装置。通常在发电机转子回路设置灭磁开关，配备相应的线性或非线性灭磁电阻，保证在任何需要灭磁的工况下灭磁装置都能可靠灭磁。

对于一个理想的发电机灭磁系统，应具备当发电机内部及外部发生诸如短路及接地等事故时，能迅速切断发电机的励磁，并且不得危及相应的设备；并将蓄藏在励磁绕组中的磁场能量快速消耗在灭磁回路中，而且灭磁时间要尽可能短，以便使发电机的冲击减到最低程度。灭磁装置动作时，励磁绕组两端承受的过电压不应超过转子试验电压的 50%，从而使转子过电压水平尽可能低；最后吸能装置或是灭磁电阻要有足够大的热容量，能把发电机磁场中的能量全部或是大部分消耗掉，而不会使其过热而损坏。实现发电机灭磁的方式有很多，目前常用的灭磁方法如图 11-61 所示。

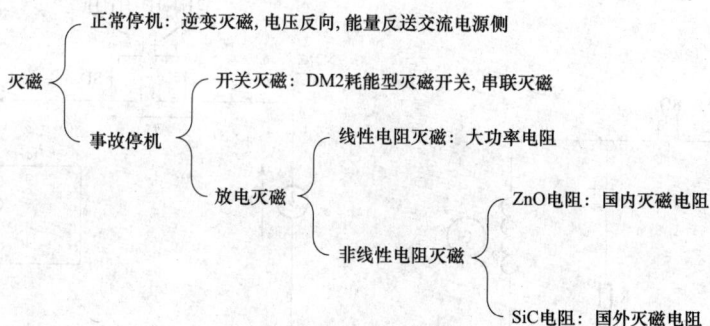

图 11-61　常用灭磁方法

1. 正常停机灭磁

正常停机采用逆变灭磁方式，由晶闸管把励磁绕组的能量从直流侧反送到交流侧，而不需要用电阻或电弧来消耗磁能。这种方式简单、经济，但在执行过程中要防止逆变颠覆，所以也要配备灭磁电阻以防不测。当处于逆变工作状态时，晶闸管移相触发控制角为 $140° \sim 150°$，晶闸管整流输出电压方向和转子电流方向相反，转子线圈所储藏的能量通过逆变向外释放，随发电机励磁电流的衰减直至到零，逆变过程结束。此逆变过程的持续是短暂的，从而实现了快速逆变灭磁，逆变时间约需 6s 左右。

2. 事故停机灭磁

故障情况下可以采用带灭弧栅的灭磁开关灭磁，它对灭磁开关提出了很高的要求，这属于串联式耗能灭磁；也可采用线性或非线性电阻灭磁，也称移能灭磁，这属于并联放电灭磁方式。

（1）灭磁开关加线性电阻灭磁。如图 11-62 所示，采用带有常开主触头和常闭副触头的传统直流灭磁开关灭磁。灭磁时它的常闭触头先合上，将线性灭磁电阻 R 接入，随后灭磁开关的主触头分开，切除励磁电源并将磁场电流转移至灭磁电阻回路，使发电机的磁场能量主要消耗在灭磁电阻上，减轻主触头的负担。这种方法在中、小发电机中至今仍有应用，是十分有效的。缺点是灭磁速度取决于灭磁电阻的大小，灭磁电阻愈大，灭磁愈快，但引起的反电压也越高，因而导致灭磁速度不够快，灭磁时间较长。

（2）耗能型灭磁开关灭磁。在 20 世纪 60 年代，我国引进苏联技术生产的串联式带灭弧栅的 DM2 型灭磁开关，它在开断时将发电机磁场的能量和开断过程中电源经开关输送的能量，一并消耗在带灭弧栅的燃弧室中。灭磁原理如图 11-63 所示，灭磁开关有主触头 1、灭弧触头 2 和灭弧栅 3。灭磁时，主触头 1 先分开，这时不产生电弧，因为和它并联的还有灭弧触头，通过操作机构上的机械连接，在经极短时间后灭弧触头 2 紧接着分开，便产生了电弧，在磁场的作用下电弧进入灭弧栅 3 燃烧。灭弧栅将电弧分割成串联短弧，这些短弧一直要烧到励磁绕组中的电流到零。它的灭磁速度快，曾经得到广泛采用，但这种类型的开关要有一定的开断容量，如果磁场能量超过开关允许值，将引起开关烧毁。随着同步发电机容量增大，这类开关的尺寸也愈来愈大，制造复杂困难，因此，在大型发电机组上不宜采用。

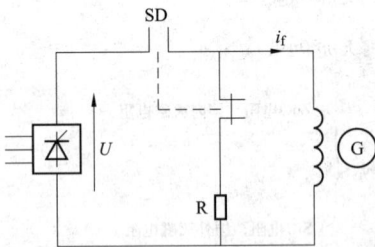

图 11-62　灭磁开关加线性电阻灭磁

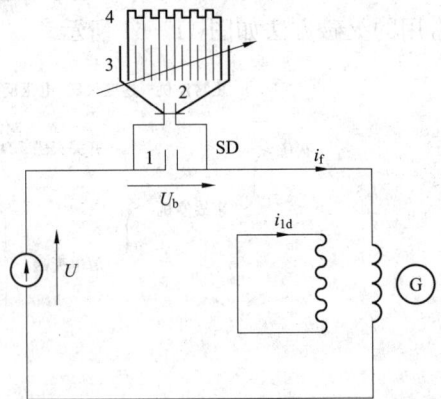

图 11-63　用耗能型灭磁开关灭磁原理

（3）灭磁开关加非线性电阻灭磁。在 20 世纪 70 年代末，为了加快发电机灭磁过程，灭磁电阻由过去的线性电阻改为非线性电阻。所谓非线性电阻是指加于此电阻两端的电压与通过的电流呈非线性关系，其电阻值随电流值的增大而减少。非线性电阻可以是氧化锌非线性电阻，也可以是碳化硅非线性电阻。它的灭磁速度远比用线性电阻要快，它也是属于移能式灭磁，灭磁时磁场能量主要由非线性电阻吸收，灭磁开关主要起开断作用。这种灭磁方式优点之一，可根据发电机磁场能量的大小，灵活的配置非线性电阻的容量，其灭磁回路原理接线如图 11-64 所示。

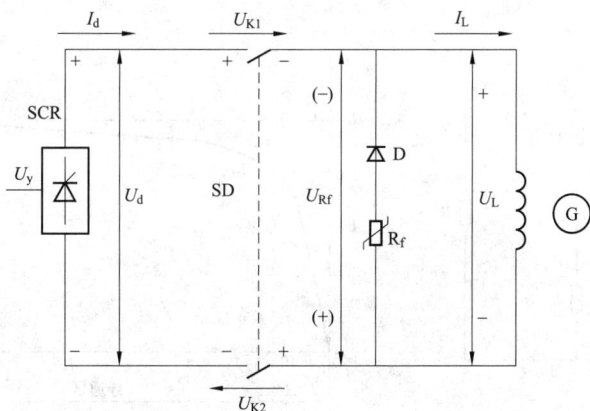

图 11-64 灭磁开关加非线性电阻灭磁原理接线图

二极管 D 为正向阻断二极管，它的作用有二：一是在正常运行时，转子绕组两端的电压为上正下负，由于二极管 D 的反向阻断作用，使得氧化锌非线性电阻 R_f 上不承受正向电压，降低其正向荷电率，以延长 R_f 的使用寿命；二是保证只在发电机励磁电压 U_L 反向时即下正上负时投入。

整个灭磁过程可分为三个时段，即建压、移能（换流）和耗能。正常运行时，转子电压 U_L 上正下负，非线性电阻支路可以看成断路。故障灭磁时，灭磁开关快速断开，产生足够高的断弧电压，同时由于励磁绕组因电流突然下降而在其两端产生反电势，即转子电压 U_L 下正上负，使 R_f 的端电压升高很多，达到 R_f 的导通电压值，其阻值迅速下降到很小，电流快速增大，灭磁开关断口电弧很快熄灭，整个回路完成"换流"。此后，转子电流 I_L 继续并全部流过 R_f，并由 R_f 将磁场能量消耗掉，直到 I_L 为零，灭磁成功。由于 R_f 的端电压对流过 R_f 的电流不敏感，电流的衰减将对电压的影响不大，使得电流衰减速度一直维持在较高值。这种灭磁方式的灭磁速度基本恒定，其灭磁曲线很接近理想曲线，再加上它有比较好的限压能力，因此，它已经成为国内外采用的最普遍的灭磁方式。

（二）发电机转子过电压保护

为防止发电机运行和操作过程中产生危及励磁绕组的过电压，应装设励磁绕组过电压保护装置。这是一种过电压自投电阻的保护，正常运行时电阻不投入；当转子回路出现过电压时，在转子励磁绕组两端自动接入电阻，以抑制转子回路的过电压，保护发电机转子绝缘和励磁装置的安全运行。过电压保护装置动作应可靠，并能自动恢复，且允许连续动作，一般不应限制灭磁次数。通常，该保护回路的电阻也用于磁场灭磁电阻，较多采用非线性电阻（压敏电阻）、晶闸管跨接器或其他元器件组成，其基本原理如图 11-65 所示。图中 FU 为熔断器，R 为氧化锌非线性电阻，可以直接并接在转子绕组两端，单独作为发电机转子过电压保护使用，亦可和灭磁开关配合起到快速灭磁的作用。

非线性电阻的伏安特性曲线如图 11-66 所示，电阻在截止区呈现很小的漏电流，进入导通区后，随电压的上升，电流迅速呈指数增加，具有很显著的非线性特性，可见电压的恒稳定性很好。此外，从图 11-65 的原理接线图可知，在每个串联支路中 ZnO 电阻先串一个保护熔断器，然后多组并联，避免发生短路现象。另外，还有一组 ZnO 电阻 R（导通电压较其他组高）不加熔断器，这样就可以保证整个装置无开路现象。

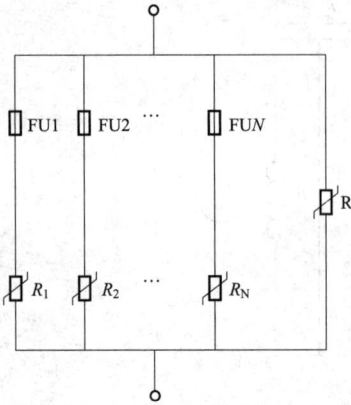

图 11-65 氧化锌非线性电阻
转子过电压保护接线

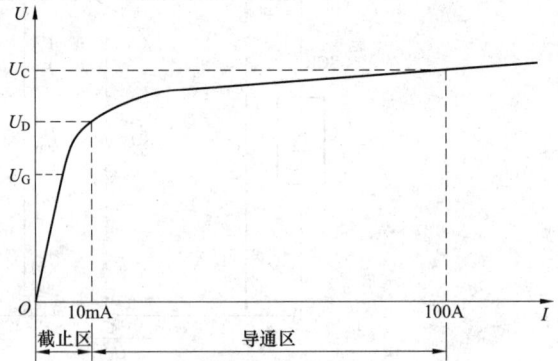

图 11-66 过电压保护装置伏安特性

（三）发电机灭磁及过压保护原理框图

发电机的灭磁柜的主要部件包括灭磁开关、灭磁及保护用灭磁电阻（线性或非线性电阻）、晶闸管跨接器及触发单元等部件。图 11-67 是典型的发电机灭磁及过压保护原理框图，其中 FR1～FR3 均为非线性氧化锌电阻，FR1 用于灭磁过电压保护，FR2 用于非全相及大滑差运行情况下的过电压保护，FR3 用于励磁电源侧过电压保护，SD 为灭磁开关，FU 为快速熔断器，D1、D2 为二极管，KPR 为晶闸管，CF 为晶闸管触发器，TA 为过电压动作检测器。当过电压保护动作时，可以通过监测电流互感器 TA 的电流信号向监控系统发出相应的指示信号。发电机运行时，所有的 ZnO 非线性电阻的漏电流都很小，相当于开路状态。

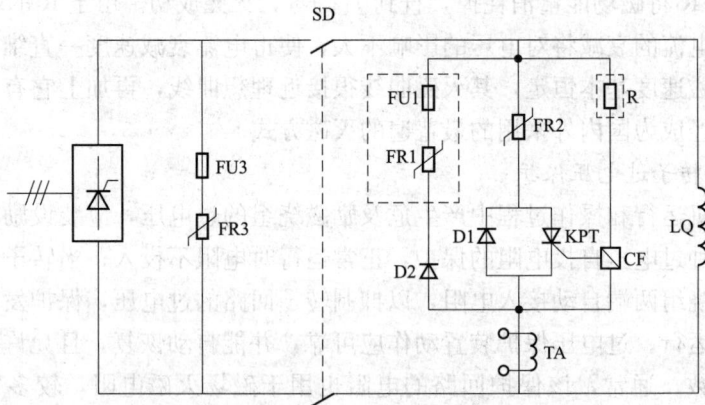

图 11-67 灭磁及过压保护典型原理框图

1. 灭磁过电压保护

励磁系统在正常停机时，调节器自动逆变灭磁，灭磁开关不跳闸，非线性氧化锌电阻不参与工作，无电流通过。当逆变失败或者事故停机时，灭磁开关快速跳开，产生足够高的断弧电压，使 FR1 的反向端电压升高很多，达到 FR1 的导通电压值，其阻值迅速下降到很小，励磁电流通过反向二极管 D2 流向灭磁电阻 FR1，将磁场能量转移到耗能电阻 FR1 中进行灭磁。

2. 非全相及大滑差异步运行过电压保护

非全相及大滑差异步运行过电压保护由图 11-67 中的 FR2、线性电阻 R、晶闸管触发器 CF、晶闸管 KTV、二极管 D1 组成。当发电机断路器发生非全相或非同期合闸时，会使发电机非全相运行或大滑差异步运行。在这两种运行状况下，定子负序电流产生的反转磁场以两倍同步转速切割转子绕组，在转子绕组中产生剧烈的过电压，能量远超过通常灭磁装置的灭磁能量，产生的过电压将会击穿转子绕组的绝缘。在这种情况下，FR2 快速动作投入运行，构成转子续流通道，避免转子绕组开路，将转子绕组两端的电压限制在安全范围以内，有效防止转子绝缘击穿事故发生。

当非全相或大滑差异步运行而产生剧烈正向过电压时，灭磁氧化锌非线性电阻 FR1 由于二极管 D2 的阻断作用而不会动作。R 和 CF 所组成的过电压测量回路将动作，发出触发脉冲，晶闸管 KTV 导通，FR2 进入导通状态，限制发电机转子的过电压，保护转子不受损害。过电压消失后，FR2 两端电压下降，由于 ZnO 压敏电阻的非线性特性好，续流急剧下降，当降到小于 KTV 的维持电流时，KTV 自动截止。

当非全相或大滑差异步运行产生反向过电压时，保护器不需要触发器，通过 D1 支路 FR2 即进入工作状态。与此同时，灭磁电阻 FR1 也参与工作，使转子过电压被限制在允许范围内。在转子灭磁工况下，因保护器 FR2 导通电压远高于灭磁氧化锌非线性电阻 FR1 的导通电压，故不会参与灭磁工作。

3. 励磁电源侧过电压保护

励磁电源侧过电压保护由图 11-67 中的快速熔断器 FU3 和氧化锌非线性电阻 FR3 组成，能够可靠限制正常运行中出现的过电压和灭磁开关分断后电源侧产生的过电压。

六、水轮发电机组励磁系统正常操作

（一）灭磁开关的操作

发电机在备用和运行状态时，灭磁开关 SD 始终保持在合闸状态。励磁系统在正常停机时，采用励磁调节器自动逆变灭磁，一般不跳灭磁开关，可以减少灭磁开关的操作次数，延长使用寿命。灭磁开关（SD）的操作分现地手动操作和机组 PLC 远方控制两种方式。灭磁开关 SD 的现地手动操作就是使用灭磁开关盘的分合闸按钮进行分闸和合闸操作；灭磁开关 SD 的远方控制由 PLC 根据运行人员以及上位机的指令发出操作命令，励磁装置再根据操作命令执行。灭磁开关 SD 的操作还有一项重要的内容是执行继电保护的跳闸指令，当发电机发生电气事故或逆变失败时，灭磁开关迅速断开灭磁，以保证发电机和励磁装置的运行安全。发电机大小修和机组长期停运后，在重新启动前，应进行发电机灭磁开关的分、合闸试验。

图 11-68 为灭磁开关操作回路图，它由灭磁开关 SD 合闸回路、分闸回路、监视及过压指示等回路组成。操作直流取自机旁直流电源盘，3FU 为灭磁操作回路熔断器，4FU 为灭磁开关分合闸回路熔断器。该灭磁开关型号为 UR26，其操作机构的主要特点是永磁保持。原理是合闸线圈和跳闸线圈是一个线圈，另外有一个永久磁铁，这个磁铁的磁力大小刚好具有这样的作用，当灭磁开关合闸时，线圈正向通电将衔铁吸上，这个永久磁铁就在线圈没有电的情况下，将这个衔铁保持住，使灭磁开关机构长期处于合闸状态。当灭磁开关分闸时，这个线圈通反向电流，所产生的电磁力抵消这个永久磁铁的作用，使衔铁掉下来，灭磁开关跳闸。

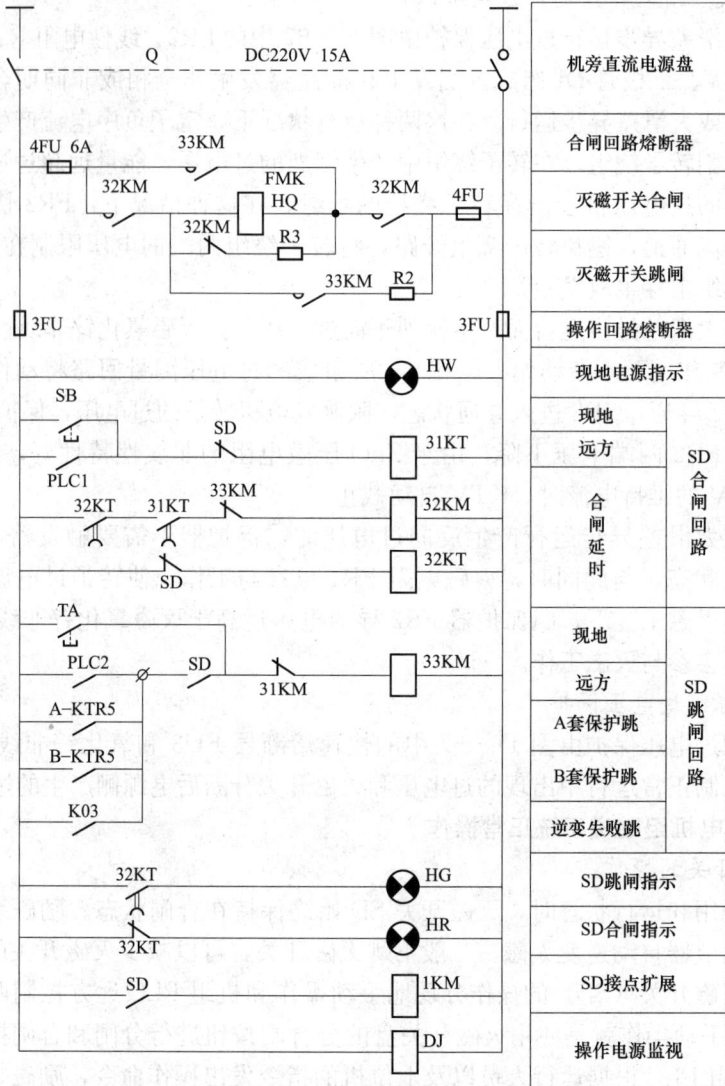

图 11-68　灭磁开关操作回路

灭磁开关 SD 的合闸过程：灭磁开关 SD 在分闸状态其闭触点接通，当来合闸命令时，继电器 31KT 线圈回路沟通，31KT 线圈励磁启动接触器 32KM，32KM 两个触点接通使灭磁开关 SDHQ 线圈正向励磁，灭磁开关 SD 合闸，32KT 和 31KT 的常开触点延时断开，保证灭磁开关 SD 可靠合闸。

灭磁开关 SD 的分闸过程：灭磁开关 SD 在合闸状态其开触点接通，31K 在失磁其闭触点接通，为分闸做好准备。当来分闸令时，接触器 33KM 线圈回路沟通，33KM 线圈励磁两个常开触点接通使灭磁开关 SDHQ 线圈反向励磁，灭磁开关 SD 分闸。合闸回路中的 33KM 闭触点和分闸回路中的 31KT 闭触点起相互闭锁作用，防止 33KM 和 32KM 同时励磁造成直流电源短路。分闸命令除了手动分闸按钮和远方 PLC 控制外，当逆变失败时，由励磁调节器输出继电器 K03 触点启动；当发电机电气事故时，由发变组 AB 套保护的出口继电器 A-KTR5、B-KTR5 触点启动，使灭磁开关 SD 分闸。

灭磁开关 SD 位置状态是通过 32KT 继电器和信号灯反映的。当灭磁开关 SD 分闸后其闭触点闭合，32KT 继电器励磁，绿灯亮，作为灭磁开关 SD 跳闸指示；当灭磁开关 SD 合闸后其闭触点断开，32KT 继电器失磁，绿灯灭，红灯亮，作为灭磁开关 SD 合闸指示。同时灭磁开关 SD 常开触点与 1KM 串联，作为灭磁开关 SD 的扩展触点引至 PLC 等回路。

（二）起励操作

在发电机电压建立前，励磁变压器不能提供励磁电源。因此，常常另外设有一个起励电源，用于为发电机提供起励电流，从而建立电压。发电机在停机状态下，如果内部存留一定的残压，一般可残压起励。在残压起励过程中，晶闸管整流器的输入端仅需要约 10～20V 的电压即可正常起励。但起励时机组残压值也不能太小，否则将不能维持晶闸管的持续导通，有可能不能保证机组的起励。所以，除残压起励外，还采用外部辅助电源起励，保证励磁系统起励的可靠性。

开机时，如果残压足够大，首先使用残压起励，如果残压起励失败，励磁系统可以自动起动外部辅助电源起励，为整流桥提供正常工作所需要的 10～20V 电压。发电机起励后，电压逐渐升高，在机端电压达到额定电压的 10% 时，整流桥已能正常工作。起励回路将自动退出，由励磁变压器提供励磁电流，开始软起励过程并建压到预定的电压水平。整个起励过程和顺序控制是通过励磁调节器软件实现的。

外部辅助起励回路如图 11-69 所示，空气开关 Q 用于投退外部起励电源；二极管 V61 用于实现起励电源的反向阻断，防止起励过程中转子回路的过电压反送至外部的直流系统，同时起到将交流起励电源整流为直流电源的作用；限流电阻 R61 用于限制辅助电源起励时起励电流的大小，防止起励电流过大损坏外部的直流系统；K05 是励磁调节器的起励命令开出继电器；起励接触器 Q61 由 K05 控制。起励装置的电源可以是厂用蓄电池组的直流电源，也可以是厂用交流电源。

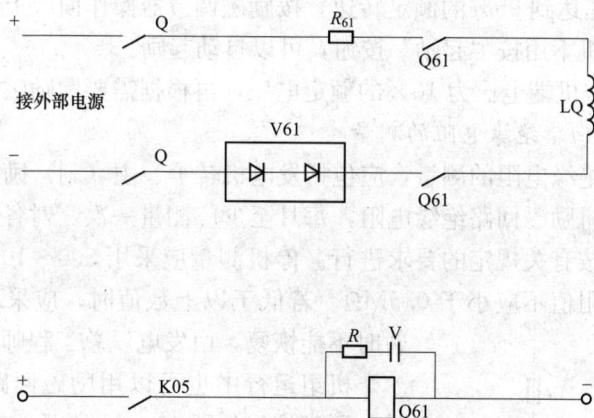

图 11-69　外部辅助电源起励回路原理图

起励操作有自动起励和手动起励两种方式。

（1）自动起励，机组 PLC 装置接到上位机或运行人员的开机命令后，自动开起发电机和投入励磁系统相应设备。当机组转速达到 95% 额定转速以上时，发出"起励"命令，励磁调节器接到起励升压命令后，将自动检查励磁系统的状态，满足起励条件时即发出起励命令，驱动 K05，进而驱动 Q61，投入起励电源，使发电机建立初始电压。同时调节器不断检测发电机的机端电压，当机端电压上升至 10%额定电压时，自动撤除起励命令，K05 触点断开，起励电源退出，励磁调节器进入自动闭环调节状态。

（2）手动起励，机组开机后检查机组转速达 95%额定转速，手动按调节器面板上"手动起励"按钮，调节器将自动检测励磁系统工作状态，并发出"起励"命令，也驱动 K05，进而投入起励电源。励磁电压达到 10%的额定电压时，也能自动退出起励装置，其后的闭环操作和自动起励完全一样。

无论手动还是自动，只要发出起励命令后，经 10s 机端电压达不到 10%额定电压，就认为起励不成功，调节器将自动撤销起励命令，解除起励电源，同时发"起励失败"信号。在起励的过程中，如果励磁系统存在故障，励磁调节器也将自动撤销起励命令，并发出"起励失败"信号。如果是自动起励，此时就不能再重新起励，运行人员应首先检查起励回路及晶闸管整流电源无问题后，再按"手动起励"按钮重新进行起励。

（三）零起升压操作

励磁调节器的升压方式有两种，一是正常升压方式，出厂时整定值为 100%，就是机组起励后，机端电压自动上升至额定电压。二是零起升压方式，就是机组起励后，机端电压只能自动上升至 10%的额定电压左右，不再上升，之后可以通过增、减磁操作改变机端电压值。升压方式可通过调节器操作面板上的"正常/零升"开关进行选择。新机组第一次开机或机组大修后第一次起励时，一般采取零起升压方式，发电机或变压器保护动作跳闸后，经检查未发现故障时，也应进行发电机零起升压检查。升压时应严格监视发电机三相电流有无指示，并检查发电机各部是否正常。升压时如发现不正常情况，应立即停机，以便详细检查并消除故障。

零起升压试验的操作步骤：

（1）开机前将调节器操作面板上的"正常/零升"开关拨至零起升压位置。

（2）检查机组转速达到 95%的额定转速，按励磁调节器操作面板上的"起励"按钮，进行起励。如果自动开机不用按"起励"按钮，可以自动起励。

（3）起励后，检查机端电压为 10%的额定电压，再根据需要增励磁操作至空载状态。

（四）发电机励磁回路绝缘电阻的测量

发电机励磁回路绝缘电阻的测量，应包括发电机转子、主（副）励磁机。对担任调峰负荷，启动频繁的发电机励磁回路绝缘电阻，每月至少应测量一次。对各种整流型励磁装置是否测量绝缘电阻，应按有关规定的要求进行。停机测量应采用 500～1000V 绝缘电阻表，其励磁回路全部绝缘电阻值不应小于 0.5MΩ。若低于以上数值时，应采取措施加以恢复。如暂时不能恢复，由发电厂总工程师决定是否运行。

机组运行中也可以用励磁回路电压表进行定期测量，原理接线如图 11 - 70 所示，转子电压表 61V 由选择开关 61ST 控制，通过熔断器 FU3、FU4 接于转子绕组两端，61ST 位置决定电压表的接入方式。61ST 有三个位置：正对负（ZF）位置，61ST 触点①和②、⑦和⑧接通，电压表接入正负极之间，测量正负极间电压。正对地（ZD）位置，61ST 触点①和②、⑤和⑥接通，电压表接入正极与地之间，测量正极对地电压。负对地

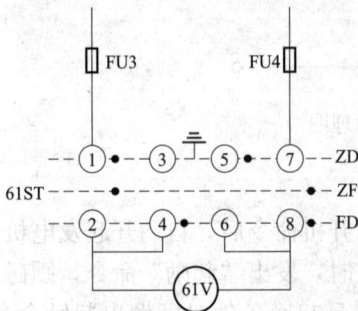

图 11 - 70　励磁回路电压表接线原理图

（FD）位置，61ST 触点③和④、⑦和⑧接通，电压表接入负极与地之间，测量为负极对地电压。61ST 正常放在正对负（ZF）位置，监视转子电压。

当运行中需要测量励磁回路绝缘时，应先将转子一点接地保护连接片退出，再通过切换 61SA，测量三个电压值，然后用式（11-1）即可求得绝缘电阻值。式中 R_v 为电压表的内阻，根据计算的电阻值大小，即可判断出励磁系统绝缘情况。当绝缘正常时，正对地电压和负对地电压为零；当正极接地时，则正对地电压降低，负对地电压升高；当负极接地时，则负对地电压降低，正对地电压升高；当发生金属性接地时，接地极对地电压为 0，另一极对地电压升高为励磁电压值。

$$R = R_v \left(\frac{转子电压}{正极对地电压 + 负极对地电压} - 1 \right) \text{M}\Omega \qquad (11-1)$$

（五）励磁交流电源操作

励磁交流电源主要作为励磁功率柜的风机电源和励磁调节器的一路交流电源，具有比较重要的作用。因而一般采用双重供电的自动切换系统，一路取至动力盘甲厂用电源段，另一路取自动力盘乙厂用电源段，一路电源工作，另一路电源备用，自动切换，可以提高励磁风机和调节器电源的可靠性。其电路如图 11-71 所示，QF61、QF62 为甲乙电源空气开关，该开关具有过电流保护。QC61、QC62 为甲乙电源接触器，当两段电源任一段有电时，如甲电源有电，接触器 QC61 励磁，其常开触点接通，甲电源即可送到风机和调节器中，同时接触器 QC61 常闭触点断开，闭锁乙电源。当两段电源都有电时，电源空气开关 QF61、QF62 谁先合上谁输出，并且闭锁另一段电源的输出。一旦正在工作的电源消失，则 QC61（或 QC62）的闭触点将自动起动另一侧 QC62（或 QC61）接触器，投入另一段电源，完成交流电源自动切换，保证正常供电。

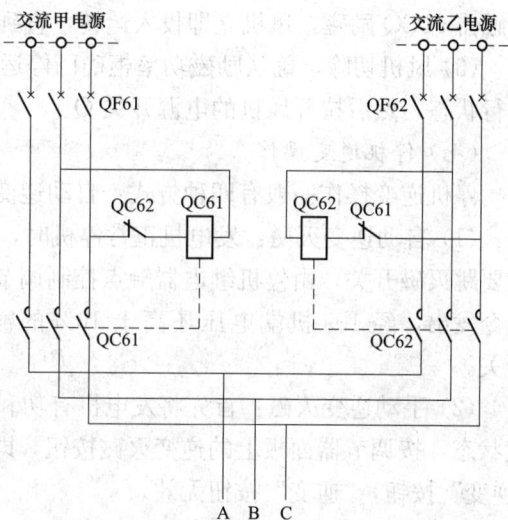

图 11-71　励磁交流电源自动切换电路

（六）励磁功率柜风机的操作

励磁功率柜风机工作电压一般为 380V，风机可通过手动或自动方式控制，风机电源消失、风机控制回路故障或风压低时系统发出警告信号。在图 11-72 中，Q 为风机电源开关，该开关设置有速断过电流保护。当风机发生短路或过载电流达到保护动作值时，开关自动分闸，以保护风机及电源系统，防止危及其他部位的正常工作。SA 是风机的控制方式切换开关，61CQ 是风机起停接触器。机组在备用状态时，电源开关 Q 合，风机控制 SA 在 "Z" 位置，接触器 61CQ 失磁，风机不转，风机运行监视 HR 灯灭，HG 灯亮。

（1）风机控制 SA 置于 "Z" 位置时，触点①②接通，风机处于自动控制状态，能随机组启停而自动起停。当检测到励磁系统有 "开机令" 或本柜输出电流大于一定值时，启动继电器 1KM 触点闭合，接触器 61CQ 励磁自动起动风机，接触器 61CQ1 触点自动保持，风机运行监视 HR 灯亮，HG 灯灭；检测到无 "开机令" 且本柜输出电流小于一定值时，停止继电器 2KM 闭触点断开，接触器 61CQ 失磁自动停止风机。

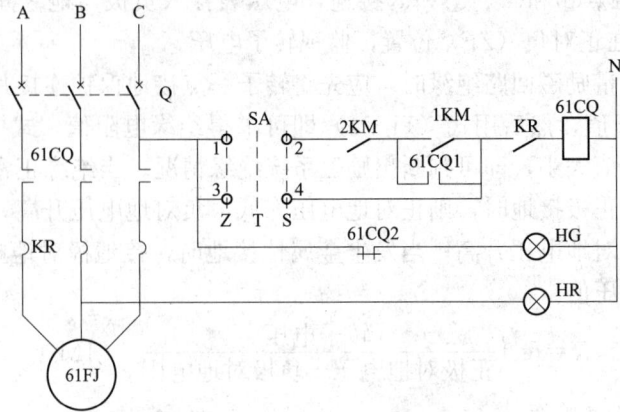

图 11-72 励磁风机控制回路图

（2）风机控制 SA 置于"S"位置时，风机处于手动控制状态，触点③④接通，直接启动接触器 61CQ 励磁，风机立即投入运转，直到电源开关 Q 切除或 SA 转到其他位置。

（3）风机切除，确认励磁功率柜确已停运，将风机控制 SA 置于"T"位置时，风机退出运行状态，然后拉开风机的电源开关 Q。

（七）停机逆变操作

停机逆变操作一般有四种方式：自动逆变、手动逆变、低频逆变、事故停机逆变。

（1）自动逆变灭磁：发电机正常停机时，停机继电器动作，发电机出线开关跳开后，不需要跳灭磁开关，由停机继电器触点控制调节器于"逆变"状态，使晶闸管逆变灭磁。逆变命令发出，经 10s 机端电压还高于 10% 的额定电压，即发逆变不成功信号，同时跳灭磁开关。

（2）手动逆变灭磁：首先将发电机有功和无功减至零，拉开出线断路器，检查机组在空载状态，按调节器面板上的逆变灭磁按钮，即开始逆变。如果发电机并网运行，则自动封锁"逆变"按钮，"逆变"按钮无效。

（3）低频逆变灭磁：当发电机转速降至 45Hz 时自动投入逆变。例如起励后，需要停机，当转速降至 45Hz，通过低频逆变，自动释放能量。

（4）事故停机逆变灭磁：发电机事故停机时，发电机保护继电器引入触点动作，分灭磁开关灭磁。

（八）增减磁操作

励磁装置的作用之一就是维持发电机端电压保持在给定水平，作用之二就是合理分配并联机组之间的无功功率。这两个作用分别体现在发电机并网前后，并都是靠改变励磁调节器给定值来达到的。并网前可以通过增减励磁使机端电压符合并网条件，并网后通过增减励磁达到增减无功、满足电网要求的目的。增减磁操作，本质上就是改变励磁调节器的给定值，自动方式下改变电压给定值，手动方式下改变电流给定值。调节器给定值的调整是通过计算机读取外部的增、减磁触点的闭合情况进行的，节点闭合的时间越长，调整量就越大。随着给定值增大或减小，通过调节器闭环调节，机端电压或励磁电流随之增大或减小。增减磁操作，可以在调节器操作面板上操作"增""减"按钮进行，也可以通过微机监控系统直接设置无功给定值进行远方调控，还可以在中控室使用无功功率调节把手进行。

　　增减磁继电器触点设有防粘连功能，增磁或减磁的有效连续时间为4s，当增磁或减磁触点连续接通超过4s后，无论近控还是远控，操作指令失效。当增磁指令因为触点粘连功能失效后，不影响减磁指令的操作；当减磁指令因为触点粘连功能失效后，不影响增磁指令的操作。在保护、限制动作时，自动进行闭锁或自动进行增减磁。

　　发电机空载运行时，进行励磁系统的增、减磁调节，可以调节发电机的电压，随增减磁操作，可观察到机端电压和励磁电流明显变化，过程如下：机组频率稳定在50Hz，增磁使发电机机端电压上升，一直到115％额定值，此时可见励磁调节器操作面板上的"V/f限制"灯亮，继续增磁，机端电压仍限制在该值不变；减磁使机端电压下降，当下降到约为10％的额定值时，励磁装置即实现自动逆变灭磁，并且返回正常预置位置，等待下次起励过程。

　　机组并网运行后，进行励磁系统的增减磁调节，可实现无功功率的控制，发电机端电压变化不明显，但可观察到发电机无功明显变化。励磁电流的上下限也有相应的范围，当励磁电流增大到1.1倍额定电流时，励磁系统的过励限制器动作，限制励磁电流进一步上升，此时调节器操作面板上的"强励"灯亮。当减小励磁电流到负值时，发电机作进相运行，再逐渐减小励磁电流到某一数值时，励磁系统的欠励限制器动作，限制励磁电流进一步减小，此时面板上"欠励限制"灯亮。

　　（九）励磁调节器通道切换

　　（1）通道自动切换：励磁调节器在A通道或B通道运行中，备用通道跟踪主通道。如果运行通道发生电源故障、TV断线、丢脉冲、微机故障等事件时，调节器会自动切换到备用通道运行。

　　（2）通道手动切换：励磁调节器运行过程中，在任何情况下都可以进行主通道到备用通道手动切换。为避免发电机电压或无功功率波动，切换前应检查人机界面显示的当前运行通道和要切换通道的控制信号基本一致，然后通过励磁调节器面板上的按钮进行手动切换。

　　（十）励磁调节器自动、手动方式切换

　　励磁系统的每个通道一般包括自动和手动两种调节方式。在自动方式下，即恒机端电压调节，励磁系统自动调节发电机电压，维持机端电压恒定。在手动方式中，即恒励磁电流调节，励磁系统自动维持发电机恒定励磁电流。发电机负荷发生变化时，必须人为调整发电机的励磁电流，以维持发电机电压恒定。在自动方式时，手动方式的电流给定值会跟随自动方式控制信号的大小而自动调整，保持手动方式的控制信号大小与自动方式一致。反之，在调节器切换到手动方式运行时，自动方式的电压给定值也会跟随手动方式控制信号的大小而自动调整，以保证两种运行方式之间能够无扰动切换。

　　正常运行时，调节器应采用自动方式，调节器上电默认的运行方式是自动方式，一般不采用手动方式。手动方式为试验运行方式或TV故障时起过渡作用的特殊运行方式，在手动方式下需要运行人员对励磁装置进行监视与调整。TV故障时调节器自动切换到手动方式，在自动方式恢复正常后，应手动切回到自动方式。

　　（十一）励磁功率柜在运行中退出的操作

　　（1）运行过程中，若某一个功率柜要退出运行，必须保证其他功率柜仍在运行中。

　　（2）拉开励磁功率柜脉冲投切开关，切除该柜的脉冲。

　　（3）检查励磁功率柜直流输出电流为零。

　　（4）拉开励磁功率柜阳极开关。

（5）拉开励磁功率柜直流侧刀闸。

（6）退出励磁功率柜冷却装置。

（7）该励磁功率柜即处于退出状态。

（十二）在运行中投入励磁功率柜的操作

（1）检查励磁功率柜阳极电源正常，励磁功率柜正常。

（2）投入励磁功率柜冷却装置。

（3）合上励磁功率柜直流侧刀闸。

（4）合上励磁功率柜阳极开关。

（5）合上励磁功率柜脉冲电源。

（6）检查励磁功率柜直流输出电流正常。

七、励磁系统的巡回检查

运行人员应按有关规定对励磁系统进行定期的巡回检查，在大负荷、夏天、雨天和设备有缺陷时要加强巡回检查。巡回检查时应该认真观察、仔细辨听，判断励磁系统是否处于正常运行状态，并不得误碰运行设备。发现设备处于非正常状态时，要及时通知检修人员进行处理。

1. 励磁系统主要的巡回检查项目

（1）检查励磁系统各表计指示是否正常，各报警指示是否正常，信号显示与实际工况是否相符。

（2）检查励磁盘周围清洁，地面无积水，棚顶无漏水。

（3）检查有关励磁设备、元器件，应在运行对应位置。

（4）检查磁系统的有关设备、元器件、一次接线、二次接线和端子无明显松脱、放电及烧焦现象，无异味、异常响动及震动现象。

（5）检查励磁母线及各通流部件的触点、导线、元器件无过热现象，各分流器无变色，各熔断器是否异常。

（6）检查通风元器件、冷却系统工作是否正常。

（7）检查励磁装置的工作电源、备用电源、起励电源和操作电源等应正常可靠，并能按规定要求投入或自动切换。

（8）定期检查励磁系统的绝缘状况。

2. 滑环和励磁机整流子电刷的巡回检查

（1）检查整流子和滑环电刷有无冒火现象。

（2）电刷在刷框内应能自由上下活动，并检查电刷有无摇动、跳动或卡住的情形，电刷是否过热；同一电刷应与相应整流子片对正。

（3）检查电刷连接软线是否完整，接触是否紧密良好，弹簧压力是否正常，有无发热、碰机壳的情况。

（4）检查电刷的磨损程度，刷块边缘是否存在剥落现象。如果碳刷磨损厉害或刷块有剥离现象，就必须更换碳刷。

（5）检查刷框和刷架上有无灰尘积垢，有则用刷子扫除或用吹风机吹净。

（6）检查整流子或滑环表面应无变色、过热现象，其温度应不大于 120℃。

3. 励磁调节器的巡回检查

（1）检查励磁调节器运行状态正常，运行指示灯应有指示。

（2）检查励磁调节器电源单元的交流、直流电源是否投入。

（3）检查励磁调节器各信号灯正常，开关位置正确。

（4）检查励磁调节器柜无报警动作，各仪表指示正常。

（5）检查励磁调节器各部元器件无过热、焦味和异常声音。

（6）检查励磁调节器柜门均在关闭状态，冷却风机运行正常。

（7）检查励磁调节器风机电源投入，风机转动正常。

（8）检查励磁调节器运行参数与实际工况相符，励磁电流平稳、无异常波动。

4. 励磁变压器的巡回检查

（1）检查励磁变压器运行电磁声正常，无异音，无焦味。

（2）检查励磁变压器各部温度正常，无局部过热现象，温控温显装置工作正常。

（3）检查励磁变压器各接头紧固，无过热、变色现象，导电部分无生锈、腐蚀现象。

（4）检查励磁变压器本体无杂物，外部清洁，电缆无破损、过热现象。

（5）检查励磁变压器套管、各部支持绝缘子清洁，无开裂、爬电现象。

（6）检查励磁变压器前后柜门均应在关闭状态。

（7）检查励磁变压器无漏水、积水现象，照明充足，周围消防器材齐全。

5. 励磁功率柜的巡回检查

（1）检查功率柜信号指示正确，异常报警灯不亮。

（2）检查功率柜内各开关、刀闸投切位置正确，接触良好，脉冲输出控制开关在合，熔断器无熔断，各操作把手位置正确。

（3）检查正常运行时功率柜输出正常，电流基本保持平衡且无摆动，阳极电压表、直流电流表等指示正常。

（4）检查阳极过电压保护熔断器无熔断，阻容无损坏及过热现象。

（5）检查功率柜冷却系统工作正常，风机运行时无异音、转动良好，空气进出风口无杂物堵塞，停运风机的热继电器未动作。

（6）检查机组运行中功率柜晶闸管及各开关触头、电缆有无过热现象，晶闸管温度为20～45℃。

6. 转子过电压保护柜的巡回检查

（1）检查转子电流、电压是否在正常范围。

（2）检查面板指示灯状态是否正常，过压信号灯有无指示。

（3）检查盘内各元件无损坏现象。

（4）检查过电压吸收器及非线性灭磁电阻串联快熔是否熔断，如已熔断，应联系检修更换，并检查该路非线性电阻。

（5）检查过压及灭磁计数器的显示值，为准确记录灭磁、过压动作次数，计数器不能随意清零。

（6）过压或灭磁动作后，应及时复归信号，以保证下次能再次动作。

（7）检查电缆无发热现象，各端子引线无明显松脱现象。

（8）检查非线性电阻无裂纹及破碎现象，巡回时注意防止误碰电阻及构架引线。

7. 灭磁开关柜的巡回检查

（1）检查灭磁开关柜电流、电压表指示正常。

（2）检查灭磁开关分合闸指示正确，各部连接件无明显松脱、发热和烧焦现象。

（3）检查灭磁开关时，不要太靠近消弧室，以免跳闸烧伤或误碰机构，并不要触及 MK 支架。

八、励磁系统故障的处理

励磁系统运行中发生故障时，运行值班人员应根据具体故障情况采取得力措施，及时通知检修人员，报告有关领导，做好运行记录，并加强监视。记录故障或事故发生的时间，所有警报信号、表计指示、设备动作顺序及运行人员的事故处理过程。

1. 励磁系统在下列故障情况下应退出运行

（1）励磁装置或设备的温度明显升高，采取措施后仍超过允许值。

（2）励磁系统绝缘下降，不能维持正常运行。

（3）灭磁开关、磁场断路器或其他交直流开关触头严重发热。

（4）励磁功率柜故障。

（5）冷却系统故障，短时不能恢复。

（6）励磁调节器自动单元故障，手动单元不能投入。

2. 转子滑环、励磁机整流子发生强烈火花的处理

转子滑环、励磁机整流子发生强烈的火花时，不必立即停下发电机，值班人员可以进行擦拭处理，同时应减少发电机的有功及无功负荷，直至消除不正常现象为止。如果所采取的措施无效，应将发电机从电网解列。当励磁机着火冒烟时，值班人员应立即紧急停机灭磁，并按消防规程规定进行灭火。

3. 转子过电流保护动作的处理

（1）检查励磁装置，确认是否调节器或励磁功率柜失控。

（2）检查转子回路，确认是否有短路点。

（3）若调节器或励磁功率柜失控可退出主励用备励升压并网。

4. 励磁功率柜故障的处理

（1）可以分柜运行的励磁功率柜发生单柜故障，则监视励磁系统运行情况，在励磁调节器操作面板上查找故障信息，并联系检修人员检查。必要时可以减负荷运行，退出故障的励磁功率柜进行处理。

（2）不能分柜运行的励磁功率柜发生故障时，有备励系统者倒备励运行，无备励系统者向调度申请停机处理。

5. 励磁功率柜某一支路快速熔断器熔断

（1）现场检查，确定是哪一个快熔熔断，检查快速熔断器熔断指示弹出。

（2）检查对应的硅元件是否损坏。

（3）通知检修处理。

（4）退出该功率柜。

6. 功率柜风机部分停运

检查风机、电源情况，如无异状，立即恢复电源手动启动风机运行，恢复功率柜运行。无法恢复风机运行时，在不影响机组运行情况下，退出该功率柜，联系检修处理。

7. 功率柜风机全部停运

（1）检查风机、电源情况，如无异状，立即恢复电源手动启动风机运行。无法恢复风机

运行时，注意测量晶闸管温度，必要时调节励磁电流，降低无功负荷。

（2）采用单柜独立冷却装置的励磁功率柜发生故障时，退出故障的励磁功率柜，联系检修人员处理。

（3）采用集中冷却方式的功率整流系统发生故障时，应立即减少发电机的无功负荷，并自动切换至备用冷却装置或倒换至励磁运行，否则应将机组解列灭磁。

8. 晶闸管任一功率柜着火

（1）切功率柜脉冲，断开功率柜交、直流开关刀闸，退出功率柜。

（2）断开故障功率柜风机电源、励磁操作电源。

（3）用干式灭火器、二氧化碳灭火器灭火。

（4）通知检修人员处理。

9. 起励失败

（1）检查励磁系统的阳极开关、直流输出开关是否合上，灭磁开关合闸是否到位。

（2）检查机组转速大于 90%。

（3）检查起励电源、脉冲电源和稳压电源等是否投入，熔断器是否完好。

（4）检查励磁操作控制回路是否正常。

（5）检查自动励磁调节器的各种反馈调节信号是否接入。

（6）检查微机励磁调节器是否进入监控状态。

（7）原因不明时，通知检修人员处理，未查明原因之前不得再次起励。

10. 励磁 TV 断线

（1）主通道发生 TV 断线时，如果只有一个自动调节通道应切至手动运行。多调节通道励磁调节器应自动或手动切换至备用调节通道运行。

（2）检查调节器动作情况及运行情况，并察看是否切换至备用通道运行，并记录调节器的信号。

（3）备用通道发生 TV 断线后，对主通道无影响。若出现该故障信号时，调节器正处在备用通道运行，应人工切换到主通道运行。

（4）检查 TV 熔断器及回路，更换相同型号熔断器。如不能恢复，通知检修人员处理。运行中处理断线的 TV 二次回路故障时，应采取防止短路的措施，无法在运行中处理的应提出停机申请。

11. 励磁调节器异常情况及处理

（1）励磁调节器发生故障时，在强行励磁、强行减磁装置均正常的情况下，允许短时间将励磁切换至手动状态运行。自动灭磁装置故障退出运行时，不得将发电机投入运行。

（2）主通道发生脉冲丢失故障时，将自动切换到备用通道运行。脉冲丢失故障消除后，可手动切换到主通道运行。

（3）电源故障时，将自动切换到备用通道运行。此时应检查调节器电源模块输出的 +5V 电源是否正常。

（4）机组运行中励磁调节器主通道故障时，主通道运行信号灯灭，故障信号灯亮，调节器将自动切换至备用通道运行。应该检查调节器具体故障信号，查看通道切换是否正常，通知检修人员处理。故障消除后，可手动切换到主通道运行。

（5）机组运行中励磁调节器备用通道故障时，调节器备用通道故障信号灯亮，备用信号灯灭，退出备用状态。应该检查调节器具体故障信号，通知检修人员处理，故障消除后，手动恢复到备用状态。

12. 强励限制、过励限制

（1）现象：中控室计算机有励磁调节器对应限制动作信息，现场调节器柜有对应限制故障信号，此时为电流闭环控制或恒无功运行。

（2）处理：首先检查调节器工作情况及功率柜电流是否正常，检查一次系统有无异常。稳定后，调整励磁电流使其返回。发生励磁系统误强励时，应立即减少励磁电流，减磁无效立即灭磁或停机。

13. V/f 限制

（1）现象：中控室计算机有调节器 V/f 限制动作信息，现场调节器柜有 V/f 限制故障信号，此时按曲线限制电压给定值运行，并闭锁增磁操作。

（2）处理：首先检查调节器工作情况及功率柜电流是否正常，检查一次系统电压及频率。同时，进行减磁，直到"V/f 限制"信号消失，待发电机转速达额定时再增加励磁电压；若减磁无效，可发停机令逆变灭磁或直接跳灭磁开关灭磁。

14. 励磁变差动保护动作

（1）现象：励磁系统有报警信号，机组跳闸、灭磁、停机。主变压器差动保护可能动作，励磁变压器可能有温度报警信号。

（2）处理：检查机组灭磁停机正常，汇报调度。全面检查励磁变压器本体及差动保护范围内设备是否有明显故障，摇测励磁变压器对地绝缘，联系检修人员检查是否保护误动。

15. 励磁变压器过流保护动作

（1）现象：励磁系统有报警信号，发励磁变过流保护信号，机组跳闸、灭磁、停机。

（2）处理：检查机组停机灭磁和保护动作情况，汇报调度。详细检查励磁变压器至各功率柜交流侧电缆是否有异常，确认是否有短路点。检查励磁装置，确认是否励磁功率柜失控或转子回路有短路点。测量励磁变压器绝缘及转子绝缘电阻是否合格。联系检修人员检查励磁变本体进行处理。如查明非转子回路故障，可用备励恢复运行。故障消除或未发现明显故障点，在检查励磁变压器绝缘电阻正常情况下，可以用手动方式对机组带励磁变压器零起递升加压，无异常后再正式投运。

16. 励磁变压器温度升高报警

（1）现象：励磁系统有报警信号，励磁变压器温升高达报警值。

（2）处理：检查励磁变压器温度是否确实升高；检查环境温度是否过高；检查励磁系统是否过负荷运行，如果无功负荷太大引起，调整机组无功；检查是否温控器误发信号，联系检修人员处理；检查励磁变压器冷却系统工作是否正常；检查励磁功率柜是否掉相运行；若未查出问题，但励磁变温度确实升高，且温度仍有升高趋势，应及时向调度申请倒备励或停机处理。

17. 励磁变压器温度升高跳闸

（1）现象：励磁系统有报警信号，励磁变压器温升高达跳闸值，发变组保护盘有保护跳闸信号，机组跳闸、灭磁、停机。

（2）处理：检查机组灭磁停机，汇报调度。对励磁变压器本体全面检查，测量励磁变压器对地绝缘，联系检修人员检查保护是否误动。若励磁变着火，应立即将励磁变隔离进行灭火。

18. 运行中晶闸管励磁装置误强励或全开放

（1）现象：励磁调节器有报警信号，发电机定子电流、转子电流、无功功率剧增，各功率柜输出电流指示最大，励磁变压器声音异常。

（2）处理：立即减少励磁电流至正常，监视励磁系统运行情况，并通知检修人员处理。减转子电流及无功功率无效时，立即按紧急停机按钮进行紧急停机。若转子电流保护或其他保护动作跳闸，按机组保护动作处理。

19. 晶闸管励磁装置失控全关闭

（1）现象：励磁调节器有报警信号，机组无功负荷突然下降至负值，定子电流上升，定子电压降低，机组失磁。

（2）处理：若失磁保护动作跳闸，按机组保护动作处理。若失磁保护未动作，应立即解列，联系检修人员处理。

20. 灭磁开关跳闸的处理

（1）现象：有灭磁开关跳闸信号，伴随保护动作信号。

（2）处理：灭磁开关跳闸应查明原因，消除故障后方可升压并网。若为 MK 误跳闸引起，应重点检查 MK 机构和操作回路，在未查清原因并修复前不许送电。如果是误碰、误操作引起，可立即升压并网。

第四节　同期装置运行

一、同步发电机并列操作

（一）发电机并列操作的基本要求

由于电网运行的需要，同步发电机经常投入或退出电网，将同步发电机投入电力系统并列运行的操作称为并列操作。并列操作无疑是发电厂的一项事关重大的操作，在发电厂中频繁进行，它直接涉及系统运行的稳定及发电机的安全。

同期并列操作错误，会影响到机组本身的安全和系统的稳定运行。实践证明，在发电机并列瞬间，往往伴随有冲击电流和冲击功率，这些冲击，将引起系统电压瞬间下降。如果并列操作不当，冲击电流过大，还可能引起机组大轴发生机械损伤，或者引起机组绕组电气损伤，严重时可能引起断路器爆炸甚至整个电力系统稳定破坏而导致崩溃，发生大面积停电的重大恶性事故。为了避免并列操作不当而影响电力系统的安全运行，发电机的同期并列，应满足下列两个基本要求：

（1）并列断路器合闸瞬间产生的冲击电流不超过允许值。

（2）断路器合闸，发电机能迅速进入同步。

如果不能满足第一点要求，则并列机组将承受很大的电动力冲击，造成机组的损害，同时与并列机组电气距离很近（特别是在机端母线与之并联）的机组也将承受部分冲击电流而承受电动力的冲击。

如果不能满足第二点要求，发电机同步电势与系统电压的夹角不断摆动，甚至进入稳定的异步运行状态，将造成发电机有功与无功的强烈震荡，对机组及系统均造成危害，甚至危及系统运行的稳定性，其危害随机组容量的增加而增加。

　　（二）发电机并列操作的方式

　　发电机和电力系统之间的并列操作是借助同期装置来实现的。同期方法有：准同期方式和自同期方式。随着机组单机容量的不断增大，自同期方式因对系统冲击很大已很少采用，因此当今主要的并网方式为准同期方式。准同期又可分为手动准同期和自动准同期。目前在发电厂和变电站内一般装设手动和自动准同期装置，作为发电机正常并列之用；若电力系统要求且机组性能允许时，可装设手动或半自动自同期装置，作为电力系统事故情况下紧急并列之用。一般小水电站只设置准同期装置。有的电站虽然设置了自同期装置，但实际很少使用或不使用。

　　1. 准同期并列

　　准同期是待并机组并列前，转子先加励磁电流，并调整到使发电机电压与系统电压相等；同时调整发电机转速使发电机频率与系统频率相等。当上述两个条件满足时，在相位重合前一定时刻发出合闸脉冲，合上发电机与系统之间的断路器，这种并列称为准同期并列。

　　采用准同期并列的优点是在满足准同期条件时并列，产生的冲击电流比较小，对系统和待并发电机均不会产生什么危害，因而在电力系统中得到广泛采用。

　　准同期并列的缺点是：因同期时需调整待并发电机的电压和频率，使之与系统电压、频率接近。这就要花费一定时间，使并列时间加长，不利于系统发生事故出现功率缺额时及时投入备用容量。另外如果并列操作不准确（误操作）或同期装置不可靠时，可能引起非同期并列事故。

　　2. 自同期并列

　　自同期是待并列机组并列时，转子先不加励磁，调整待并发电机的转速，当转速接近同步转速时（正常情况下频差允许 2% ～ 3%，施工情况下可达 10%），首先合上机端断路器，接着立刻合上励磁开关，给转子加励磁电流，在发电机电势逐渐升高的过程中由系统将发电机拉入同步运行。

　　自同期最大的优点是：并列过程迅速，操作简便，避免了误操作的可能性。当系统发生事故要求备用机组迅速投入时，采用这种并列方式比较有效。它的缺点是：并列过程出现较大的冲击电流，对发电机不利，此外，自同期初期，待并发动机不加励磁，这相当于系统经过很小的发电机纵轴次暂态电抗 X_d'' 而短路，它将从系统吸取无功功率，从而导致系统电压突然降低，影响供电质量。因此，对自同期的应用规定了严格的限制条件。

　　由于自同期合闸时的最大电流小于发电机出口三相短路时的电流，一般来说发电机是应该经受得起这一冲击电流的，但由于这种并列操作是经常进行的，为了避免由于多次使用自同期产生的积累效应造成绝缘缺陷，所以应对自同期使用作一定的限制。我国规程中规定：对于一切水轮发电机、同步调相机，以及发电机—变压器组方式连接的汽轮发电机及小容量的汽轮发电机组，只要其绝缘及端部固定情况良好，端部接头无不良现象，均可采用自同期并列方式。

　　但是实际应用中，只有在电力系统特别需要时，被指定为紧急应变的机组（一般为水轮发电机组），以及由于准同期系统严重故障，短时不能恢复的容量不大的发电机组才能采用自同期方法并列。

　　（三）准同期并列条件

　　如图 11 - 73 （a）所示，设待并发电机组 G 已经加上了励磁电流，其端电压为 $\dot{U}_G$，QF

为并列断路器，QF 的另一侧为电网电压 $\dot{U}_S$。并列断路器合闸之前，QF 两侧电压的状态一般不相等，须对发电机组 G 进行控制使它符合并列条件，然后发出 QF 的合闸信号。由于 QF 两侧电压的状态量不等，QF 主触头间具有电压差 $\dot{U}_d$，其值可由图 11 - 73 （b）的电压相量求得。

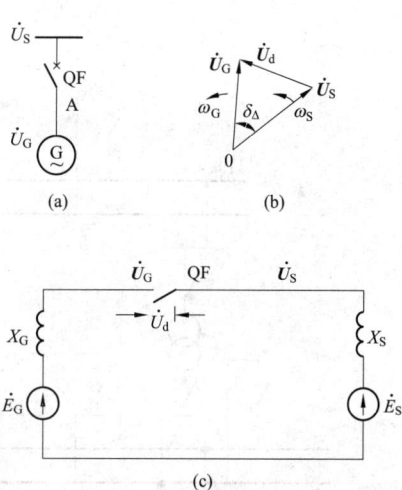

设发电机电压的角频率为 ω_G，电网电压的角频率为 ω_S，它们间的相量差 $\dot{U}_G-\dot{U}_S$ 为 $\dot{U}_d$。计算并列时冲击电流的等值电路如图 11 - 73 （c）所示，当电网参数一定时，冲击电流决定于合闸瞬间的 $\dot{U}_d$ 值。因而要求 QF 合闸瞬间的 $\dot{U}_d$ 尽可能小，其最大值应使冲击电流不超过允许值，最理想情况 $\dot{U}_d$ 的值为零，这时 QF 合闸的冲击电流也就等于零。并且希望并列后能顺利地进入同步运行状态，对电网无任何扰动。综上所述，

图 11 - 73　准同期并列
(a) 接线示意图；(b) 相量图；(c) 等值电路图

发电机并列的理想条件为并列断路器两侧电源电压的频率、电压幅值、相角差三个状态量全部相等，即图 11 - 73 （b）中 $\dot{U}_G$ 和 $\dot{U}_S$ 两个相量完全重合并且同步旋转。

但是，实际运行中待并发电机组的调节不可能达到理想条件，因此三个条件很难同时满足，其实在实际操作中也没有必要这样苛求。因为并列合闸时只要冲击电流较小，不危及电气设备，合闸后发电机组能迅速拉入同步运行，对并列发电机和电网的影响较小，不致引起不良后果。

因此，在实际并列操作中，一般同步发电机组的准同期并列条件可表示为：

(1) $U_G \neq U_S$ 时，其允许电压差值一般定位为 $U_D=U_G-U_S=(0.1\sim0.15)U_N$；

(2) $f_G \neq f_S$ 时，其允许频率差 $f_D=f_G-f_S=(0.1\sim0.4)\mathrm{Hz}$；

(3) 相角差 $\delta_d \leqslant 15°$。

当同步发电机组并列操作符合上述准同期并列条件时，所产生的冲击电流很小，不会超过允许值，并且在发电机组并入电网后，很快进入同步状态运行，其暂态过程很短，对电网扰动甚微，因而是安全的。

（四）同期点设置

发电机和变电站的诸多断路器中，并不是每个断路器都需要进行同期并列。只有当断路器断开时，其两侧电压来自不同的电源，该断路器必须由同期装置进行同期并列操作才能合闸，这些担任同期并列任务的断路器，叫做同期点。同期点的断路器要将两侧电压引入同期系统接受同期条件监察，接受同期闭锁，不满足同期条件不能完成合闸。

以图 11 - 74 为例，说明同期点和同期方式的设置原则，图中不带 ＊ 号的断路器均为同期点。

(1) 直接与母线连接的发电机出口断路器、发电机—双绕组变压器单元接线的高压侧断路器以及发电机—三绕组变压器单元接线的各侧断路器应设为同期点，以便该机组和单元的投切。这些同期点水电厂同时设有手动准同期、自动准同期和自动自同期；火电厂同时设有手动准同期和自动准同期。

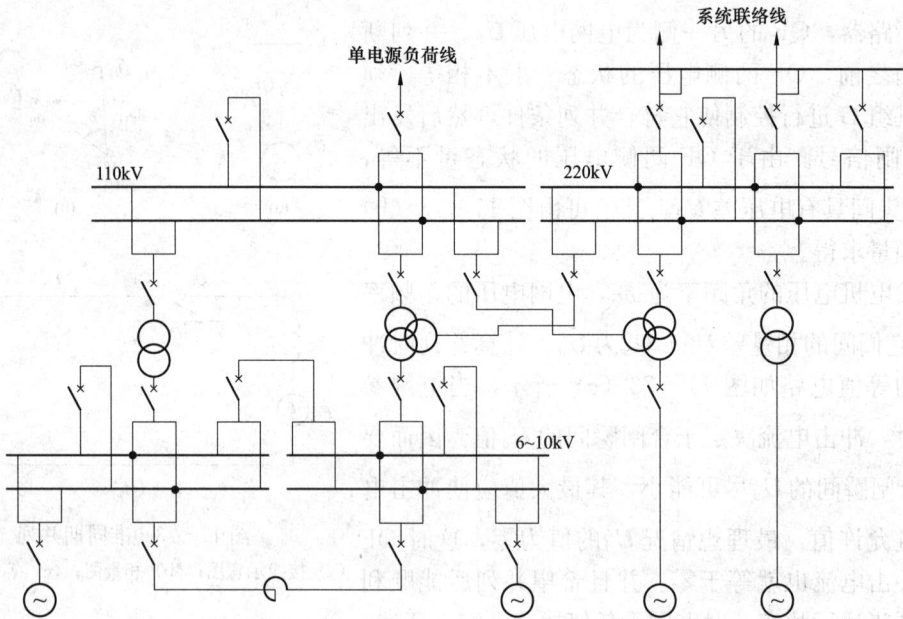

图 11 - 74 发电厂内的同期点

(2) 两侧有电源的双绕组变压器低压侧断路器、三绕组和自耦变压器有电源的各侧断路器应设为同期点，其同期方式一般采用手动准同期。

(3) 母线联络断路器、母线分段断路器、旁路母线断路器应设为同期点，其同期方式一般采用手动准同期。

(4) 接在母线上且对侧有电源的线路断路器，应设为同期点，以便线路切除后再投入。一般采用手动准同期方式，有些线路则采用半自动准同期方式。

(5) 多角形接线和外桥接线中，与线路相关的两个断路器，均设为同期点；一个半断路器接线的运行方式变化较多，一般所有断路器均设为同期点，且采用手动准同期方式。

二、手动准同期系统

电力系统内的准同期操作可以借助于自动准同期装置实现，也可由运行人员手动进行。手动准同期靠运行人员调节发电机电压和频率，当发电机电压与频率满足要求时，同期表指针缓慢旋转，待指针在 $\delta = 0°$ 之前某一瞬间，用控制开关手动合闸。

(一) 手动准同期方式

手动准同期分为集中同期和分散同期两种。集中同期方式，同期表计和操作开关集中装设在主控制室的一块屏上（或装设于中央控制屏上），任一同期点的同期操作，均可在该屏上进行。当采用集中方式时，同期表计一般采用组合式同期表。分散同期方式，同期表计集中装在同期小屏上，各同期点的操作则在其各自的控制屏上。分散同期接线与集中同期接线原则基本相同，集中同期可对任一台待并机组进行调速、调压和并列操作，与分散同期方式相比，具有监视直接、操作方便的优点。

(二) 同期测量表计

为了检查待并系统和运行系统准同期并列的三个条件，需要用同期测量表计来比较两个系统的电压、频率和相位。通常，频差表（或两只频率表）、压差表（或两只电压表）和同期表统称为同期测量表计。同期测量表计有两种类型，一种是分散式仪表，它有两只电压表，分别测量待并系统和运行系统的电压；两只频率表，分别测量待并系统和运行系统的频率；一只同期表，它是同期装置中的核心元件，用来观察待并系统和运行系统的滑差和相角差，并选择合适的越前时间发合闸脉冲，此越前时间等于断路器的合闸时间，以保证断路器触头接通瞬间两侧的电压相位差为零。五只表对称布置在同期小屏上，以便运行人员观察比较，如图11-75所示。另一种类型是组合式同期表，它包括一只电压差表、一只频率差表和一只同期表。

1. 1T1-S 电磁式同期表

同期表有电磁式、电动式、铁磁电动式、整流式等。1T1-S电磁式同期表是目前广泛应用的同期表，其外形如图11-76所示，它适用于三相接线方式。

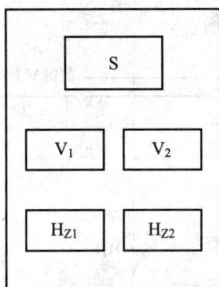

图11-75　同期小屏布置图

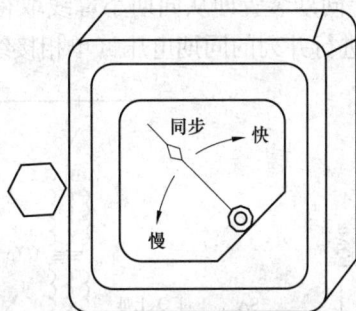

图11-76　1T1-S电磁式同期表

1T1-S电磁式同期表用于观察两侧电压的频率（亦称滑差）的大小，同期表表盘上标有"快"和"慢"两个方向，若待并发电机的频率高于运行系统频率时，指针就向"快"的方向不停地旋转；反之，则向"慢"的方向旋转。频率差的越多，指针转得越快；反之，则越慢。频差大到一定程度后，表指针将不再旋转，而只作较大幅度地摆动。频差相差太大时，表指针不动，所以规定仅当两侧频率差在±0.5Hz以内时，才允许将同期表的电路接通。旋转过程中当表指针掠过表盘上标明的零位中心线（红线）时，说明系统电压与待并机组电压之间的相位差为零。当频差完全相等时，指针停着不动，指针停留的位置与零位中心线之间的夹角，表示着两侧电压的相位差。当待并发电机电压滞后系统电压一个角度时，则指针停留在慢的方向一个相应的角度，当指针在零位中心线上时，两侧相位差为零。

2. 组合式同期表

组合式同期表常用的为MZ-10型，它的外形图如图11-77所示。这种同期表有三相式和单相式之分，由于采用单相式同期表可简化同期系统的接线，无论是从待并发电机侧还是从系统侧，都只需引来一个电压即可。因此，在新建的发电厂和变电所中得到广泛应用。MZ-10型组合式同期表由频率差表、电压差表和同期表三个测量机构组成，其中同期表的工作原理与1T1-S电磁式同期表基本相同。

（1）频率差表。频率差表反应两并列系统的频率之差，当待并发电机和运行系统的

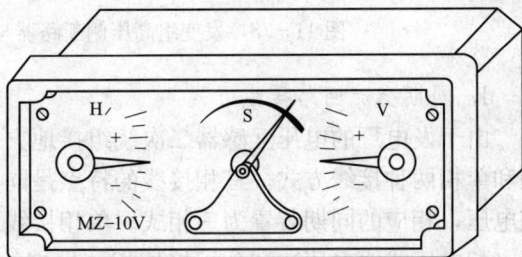

图11-77　MZ-10型组合式同期表外形图

频率相同时，作用在表计指针上的总力矩等于零，指针不偏转。如果两侧频率不等，指针便偏转，指针的偏转方向取决于频率差的极性，当待并发电机的频率大于电网频率时，指针向正方向偏转，反之则向负方向偏转。

(2) 电压差表。电压差表反应两并列系统的电压之差，当待并发电机电压与运行系统电压相等时，流入表计的电流为零，指针不偏转。当电压不等时，表计中即有电流流过，指针偏转。当待并发电机的电压大于电网电压时，指针向正方向偏转，反之，则向负方向偏转。

(三) 同期交流回路

同期交流回路把需要进行同期操作的断路器两侧的电压，经过电压互感器变换和二次回路切换后的交流电压引到控制盘顶部的同期小母线上。通常把同期小母线上的二次交流电压称为同期电压，同期装置即从同期小母线取得同期电压。图 11 - 78 为发变组高压侧断路器与 220kV 母线进行并列的同期电压（单相接线）原理接线图。

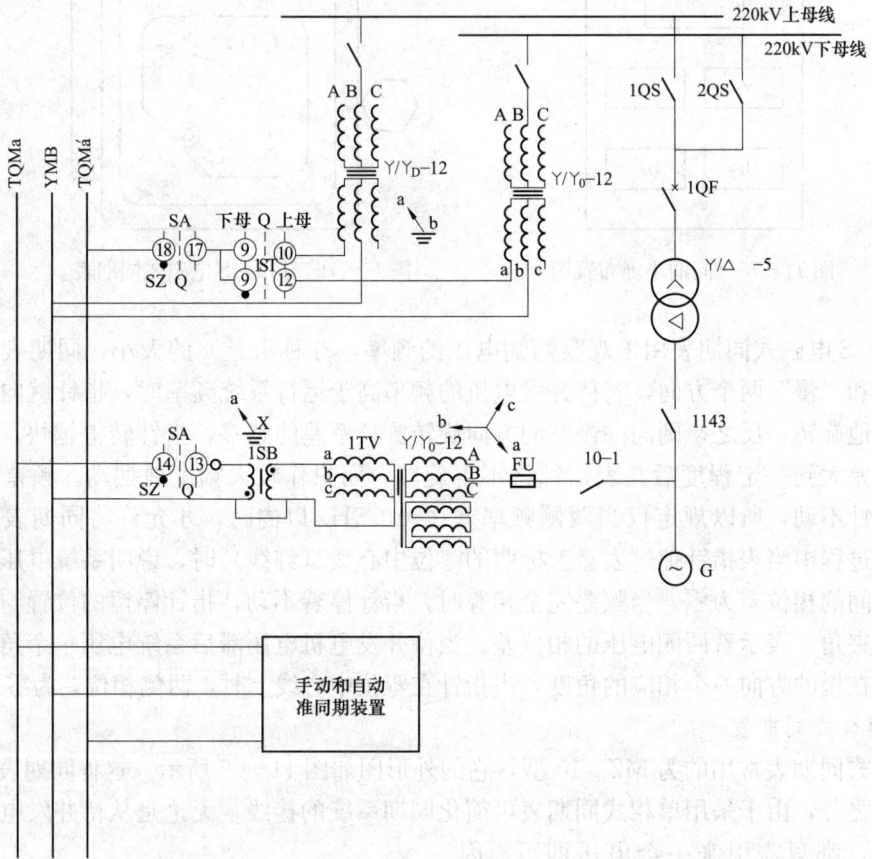

图 11 - 78　发变组高压侧断路器与母线并列的同期电压（单相接线）

1. 同期交流回路接线方式

由于发电厂的电压互感器二次绕组接地方式及同期装置形式的不同，同期交流回路有三相和单相两种接线方式。三相接线的特点是同期电压取待并系统的三相电压和运行系统的两相电压，相应的同期装置为三相式。单相接线的特点是同期电压取待并和运行系统的单相电压（相电压或线电压）和公用接地相，相应的同期装置为单相式，如图 11 - 78 所示，母线侧的同期电压为 U_{ab}，发电机侧的同期电压为 U_a。单相接线与三相接线相比，减少一相待并系统电压，因而接线较简单，新建的发电厂和变电站一般均采用单相接线方式。

2. 同期小母线

由于同期装置是全厂公用一套或两套，因而须设置公用的同期小母线，图 11 - 78 中 TQMa 为待并发电机同期电压小母线，TQMa' 为运行系统的同期电压小母线，为简化同期接线，一般发电机电压互感器二次侧 b 相接地，因此 YMb 为待并系统两侧电压的公用点。同期小母线平时无电压，只在同期并列时，才由断路器附设的同期栓 SA，将待并断路器两侧的二次电压接到同期小母线上。

3. 同期栓 SA

全厂所有的手动同期点都设有同期栓 SA，但同期栓 SA 的手柄公用一只，同期栓有两个位置，即"断开"与"投入"，在控制室内规定只有在同期栓 SA 位于断开位置时，才能将手柄拔出，这就保证只有一个元件两侧的同期电压引入同期小母线，即在任何既定的时间内，只能对一个断路器进行同期并列操作，以防止两个不同期的电压互感器二次侧电压经同期小母线非同期并列。

4. 同期电压的取得

图 11 - 78 中，发电机侧同期电压由发电机出口处电压互感 1YH 的二次侧 Y 形接线绕组提供，经同期栓 SA 引到小母线 TQMa 上。母线侧同期电压由母线电压互感器的二次电压经同期栓 SA 引至小母线 TQMa 上。为了保证使被同期的发电机与所选择的母线进行同期并列，即当断路器 1QF 是经 1QS 接至上母线时，将母线电压选择把手 1ST 切至上母，上母线电压互感器二次电压引至小母线 TQMa 上。当断路器 1QF 是经 2QS 接在下母线时，将母线电压选择把手 1ST 切至下母，下母线电压互感器二次电压引至小母线 TQMa 上。也可通过隔离开关 1QS、2QS 的辅助触点自动进行切换。

5. 同期电压的相位补偿

发变组单元并入电网时，要利用变压器两侧的电压进行同期检定。因为变压器高低压侧电压之间存在相位差，为进行准同期，必须对此相位差进行补偿，补偿的办法之一是加装中间转角变压器，在二次回路中实施电压的移相，如图 11 - 78 中变压器为 Y/△−5 接线，因而发电机侧利用转角变 1SB，将同期电压 U_a 转向 180°，使 1QF 两侧同期电压相量相同。

（四）手动准同期装置

手动准同期装置由同期测量表计、同期检定继电器和相应的转换开关组成，如图 11 - 79 所示。

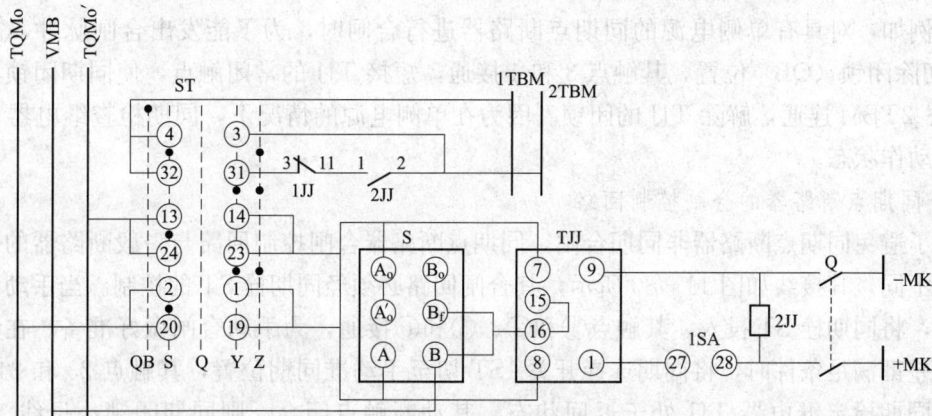

图 11 - 79 手动准同期装置接线图

1. 同期表计转换开关 ST

图 11-79 中 ST 是同期表计转换开关，它有五个位置，分别为切除（Q）位置、手动（S）位置、自动（z）位置、切除闭锁（QB）位置、预投（Y）位置。平时不用同期表计时，ST 放切除（Q）位置，将表计退出；当机组采用手动准同期并列时 ST 放手动（S）位置，其触点 19 和 20、触点 23 和 24 接通，将同期表投入。

2. 同期检定继电器

为了防止在不允许的相角差下误合闸，通常在准同期合闸回路中装设闭锁误合闸的同期检查继电器 TJJ。同期检查继电器 TJJ 的交、直流电路如图 11-79 所示。TJJ 平时不工作，由同期表计转换开关 ST 控制。在手动准同期时，ST 放手动（S）位置触点 27 和 28 接通，投入 TJJ 工作直流电源，同时 ST 触点 19 和 20、触点 23 和 24 接通给 TJJ 引入同期电压。

同期检查继电器 TJJ 内部的两个电压线圈分别接入系统侧电压和待并发电机的电压，动作情况决定于接入电压线圈的两个电压之差。当并列点两侧电压相位差小于其动作整定值时，其常闭触点闭合，常开触点打开，接通断路器的合闸回路。相反，当并列点两侧电压相位差大于其动作整定值时，常闭触点打开，常开触点闭合，闭锁断路器的合闸回路，以免断路器在两侧电压相位差角大于允许值的情况下合闸而造成过大的冲击。同时其闭合持续时间与频差成反比，当频差过大时，闭合持续时间小于断路器合闸时间，则合闸不能完成，以免频差过大时发电机投入系统后长时间的振荡。

3. 同期闭锁小母线

图 11-80 中 1TBM、2TBM 为同期闭锁小母线，同期检查继电器 TJJ 的常闭触点串接在同期闭锁小母线 1TBM、2TBM 之间，当待并系统和运行系统的并列条件不满足时，继电器动作，其常闭触点断开，使 1TBM、2TBM 断开，进而闭锁了断路器合闸控制回路，使合闸脉冲不能发出。

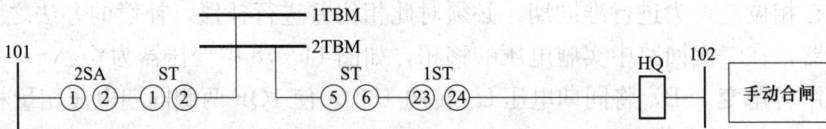

图 11-80 同期点断路器的合闸控制回路

另外，在 TJJ 的常闭触点两端并联着 ST 触点 3 和 4，目的是在某些情况下，解除闭锁回路。例如，对具有单侧电源的同期点断路器进行合闸时，为了能发出合闸脉冲，需要将 ST 放切除闭锁（QB）位置，其触点 3 和 4 接通，短接 TJJ 的常闭触点，使同期闭锁小母线 1TBM、2TBM 连通，解除 TJJ 的闭锁。因为在单侧电源的情况下，同期检查继电器 TJJ 一直处于动作状态。

4. 同期点断路器的合闸控制回路

为了避免同期点断路器非同期合闸，同期点断路器合闸控制回路与一般断路器的合闸回路有所不同，其接线如图 11-80 所示，其合闸回路必须经同期栓 ST 的控制。当手动准同期合闸时，将同期栓 ST 投入，其触点①和②、⑤和⑥接通，为手动合闸做好准备。在频率差和电压差都满足条件时，将同期选择开关 1ST 切至手动准同期位置，其触点 23 和 24 接通，若此时同期检定继电器 TJJ 处于返回状态，其动断触点闭合，则同期闭锁小母线 1TBM、

2TBM 连通，断路器的操作开关 1KK 触点①和②一旦接通，断路器的合闸回路即沟通，断路器合闸接触器线圈 HD 励磁，发出合闸脉冲，断路器合闸。

（五）手动准同期的主要操作步骤

下面以图 11-78、图 11-79、图 11-80 为例，说明发变组高压侧断路器并列于 220kV 运行母线手动准同期的主要操作步骤。

（1）发电机升速至额定值后，合上灭磁开关给发电机加励磁。

（2）调节励磁电流使发电机电压升到额定值，投入发变组高压侧断路器 1QF 的同期栓 ST，将发电机与运行母线的同期电压加到同期小母线上。

（3）将同期表计转换开关 ST 切至"手动准同期"位置，将组合式同期表和同期检定继电器 TJJ 投入，同期表开始旋转。

（4）当同期表指针旋转正常，顺时针方向缓慢旋转时，将同期选择开关 1ST 切至手动准同期位置，发变组高压侧断路器 1QF 的操作开关 2SA 切至"预备合闸"位置，准备手动并列。

（5）继续微调发电机转速，使同期表指针向"快"的方向缓慢旋转，同期表指针每转一周在 7~8s 时，即待并发电机频率略高于运行母线电压频率，待指针接近红线时，立即将 2SA 切至"合闸"位置，使断路器合闸。由于发电机频率略高，故合闸后立即带上少许有功功率，利用其同步力矩将发电机拖入同期。

（6）发电机并列之后，将同期表计转换开关 ST、同期栓 ST、同期选择开关 ST 切至切除位置。

（六）手动准同期并列的注意事项

（1）手动准同期并列人员，必须经过严格培训，熟悉掌握各种断路器性能及同期注意事项，经总工程师批准后，方可担任。

（2）必须在同期表转动一周以上，证明同期表无故障，才可进行正式并列；在同期表转速太快，或有跳动情况，或停在中间位置不动时，不得进行合闸。

（3）当握住断路器的操作把手后，不得再调整电压及频率，以免误合闸。如需要调整时，应将操作把手松开。

（4）因各断路器合闸时间不同，手动同期时，应根据频率差和断路器合闸时间适当选择提前角度，提前使断路器合闸回路接通。

三、自动准同期系统

（一）自动准同期方式

1. 按照是否公用自动准同期装置，自动准同期有两种方式，一是集中自动准同期方式，即全厂所有需要同期的断路器公用 1~2 台自动准同期装置，即多个同期点经由同期小母线共用一台自动准同期装置，这种一对多的同期接线比较凌乱和复杂，不便于实现同期操作的全部自动化，且在处理紧急事故的情况下会带来困难；另一种是分散自动准同期方式，即每台发电机断路器分别装设一台自动准同期装置，这种配置方式接线清晰、简单，便于实现同期操作的完全自动化。

2. 按自动化程度不同，自动准同期可分为半自动准同期和全自动准同期。

（1）半自动准同期。在准同期并列时，发电机电压及频率的调整由运行人员手动进行，同期装置能自动地检查同期条件，并选择适当的时机发出合闸脉冲，这类同期装置称为半自动准同期装置。

（2）全自动准同期。在准同期并列时，同期装置能自动地调整频率，至于电压的调整，有些装置能自动地进行，也有一些装置没有设专门的电压自动调节回路，需要靠发电机的自动调节励磁装置或由运行人员手动进行调整。当同期条件满足后，装置能选择合适的时机自动地发出合闸脉冲，这类同期装置称为全自动准同期装置。以前使用较多的 ZZQ - 3A 型自动准同期装置的只能自动调频、自动合闸，不能自动调压。ZZQ - 5 型能自动调频、自动调压和自动合闸。

全自动准同期与手动、半自动准同期相比有以下突出的优点：

1）由于准同期条件能被装置自动监视、限制在允许偏差范围之内，这就是最大限度地杜绝了发生误并列的可能性。

2）由于并列操作由装置自动来完成，并列操作无需操作人员具有十分丰富的经验，一般运行人员比较容易掌握。

3）可大大加快并列的过程，这样，在系统发生事故时，能很快投入备用机组。

（二）自动准同期装置的任务

利用自动装置实现准同期并列时，自动准同期装置应完成以下三项任务。

（1）检查发电机电压与系统电压在数值上是否相等（或其差值是否小于允许值），若其差值大于允许值，则发出调压脉冲作用于自动调节发电机电压。

（2）检查发电机与系统的频率差即滑差角频率是否小于允许值。这可通过检查滑差周期的长短来实现。若频率差超过允许值，则自动准同期装置发出相应的增速或减速脉冲作用于调速器。

（3）完成上述两项任务后，即电压差与频率差满足要求的情况下，自动准同期装置的任务就只有选择合适的时刻发出合闸脉冲。显然，应在 $\delta = 0$，滑差电压为零时，使断路器主触头闭合，则合闸时冲击电流为零，考虑到发出合闸脉冲到断路器触头闭合需经过断路器的合闸时间，因此应在 $\delta = 0$ 之前一个时间发出合闸脉冲。

（三）自动准同步装置的合闸脉冲

作为自动准同步装置，应能自动检定待并发电机和系统母线时间的压差、频率大小，如果压差或频差不满足要求，则检出压差或频差方向，对待并发电机进行电压或频率的调整，以加快自动并列的过程。当满足要求时，自动发出合闸脉冲命令，使短路器主触头闭合时 $\delta = 0$，因而合闸脉冲的发出，可以导前 $\delta = 0$ 一个时间 t_{dq}，t_{dq} 为从发出合闸脉冲起到断路器主触头闭合止中间所有元件动作时间之和，其中主要为并列断路器的合闸时间，一般约为 $0.1 \sim 0.7\text{s}$；合闸脉冲的发出，也可以导前 $\delta = 0$ 一个固定相角。

为使断路器主触头闭合时 $\delta = 0$，导前时间应不随频差、压差而变，是一个固定的数值。所以有恒定导前时间之称，以此原理做成的装置被称为恒定导前时间式自动准同步装置。当然，导前 $\delta = 0$ 一个固定的相角发合闸脉冲的自动准同步装置，也因导前相角不随频差、压差而变，是一个固定的数值。所以以此原理做成的装置称为恒定导前相角式自动准同步装置。

对于两类准同步装置，导前时间式因在原理上能保证并列断路器主触头闭合时 $\delta = 0$，故应用十分广泛。导前相角式因对应的导前时间随滑差大小而变，在原理上就不能保证并列断路器主触头闭合时 $\delta = 0$，故应用的不多，特别当并列断路器合闸时间较长时，就不能采用这种装置。但导前相角式准同步装置实现简单，在小型机组上仍可应用，特别适用于并列断路器合闸时间不长的情况。

（四）自动准同期装置的构成

为了使待并发电机组满足并列条件，实现准同期自动并列，自动准同期装置设置了三个控制单元。

（1）频差控制单元。它的任务是检测待并断路器两侧同期电压的滑差角频率，且调节发电机转速，使发电机电压频率接近于系统频率。

（2）电压差控制单元。它的功能是检测待并断路器两侧同期电压的电压差，且调节发电机电压使它发电机电压频率接近也系统频率。

（3）合闸信号控制单元。在准同期并列操作中，合闸信号控制单元是准同期并列装置的核心部件。它的功能是检查并列条件，当待并机组的频率和电压都满足并列条件时，合闸控制单元就选择合适的时间提前发出合闸信号，并且使并列断路器的主触头接通时，相角差接近于零或控制在允许范围内。

自动准同期装置的组成可用图 11-81 表示，当同步发电机并列时，发电机的频率和电压都由并列装置自动调节，使它与电网的频率、电压间的差值减小，当满足并列条件时，就由合闸命令控制单元自动选择合适时机发出合闸信号。

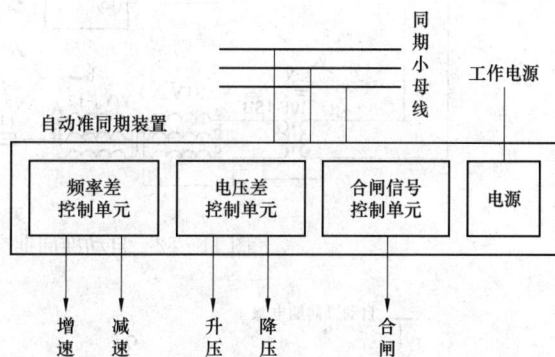

图 11-81　自动准同期装置组成

（五）自动准同期回路

图 11-82 为发变组高压侧断路器 1QF 通过自动准同期装置 SYN3000 与 220kV 母线进行并列的交流回路原理接线，属于分散式自动准同期方式，即断路器 1QF 专用一个自动准同期装置。同期电压取自断路器 1QF 两侧的电压互感器，自动准同期装置 SYN3000 和自动准同期检定继电器 TJJ 正常不接入同期电压。发电机侧利用转角变 1SB 进行相位补偿，使断路器 1QF 两侧同期电压相位一致。目前有些自动准同期装置已具备可适应输入任意二次电压值及转角自动修正相位差的功能，从而免去了原来同期接线设计中需要增设的转角变压器，简化了同期接线设计。

图 11-83 为发变组高压侧断路器 1QF 的自动准同期直流控制回路图。71KM 为准同期重复继电器，当发变组要并入系统时，由 PLC 触点使 71KM 励磁起动自动准同期装置，71KM 的一个触点⑦⑧使 SYN3000 投入直流电源，SYN3000 开始工作。图 11-83 中 71KM 的另两个触点①②和④⑤使 1QF 两侧的同期电压接入 SYN3000 和 TJJ 中。通过自动调节当满足准同期并列条件时，SYN3000 发出合闸脉冲，使准同期合闸继电器 HJ1 励磁，HJ1 触点⑦⑧闭合，如果同期选择把手 1ST 在自动准同期位置，则 1QF 断路器合闸线圈 1QFHQ 励磁，使 1QF 断路器合闸，发变组并入系统。

（六）自动准同期并列过程

下面以图 11-82、图 11-83 为例，说明发变组高压侧断路器 1QF 利用自动准同期装置与 220kV 运行母线进行自动准同期并列的主要过程。

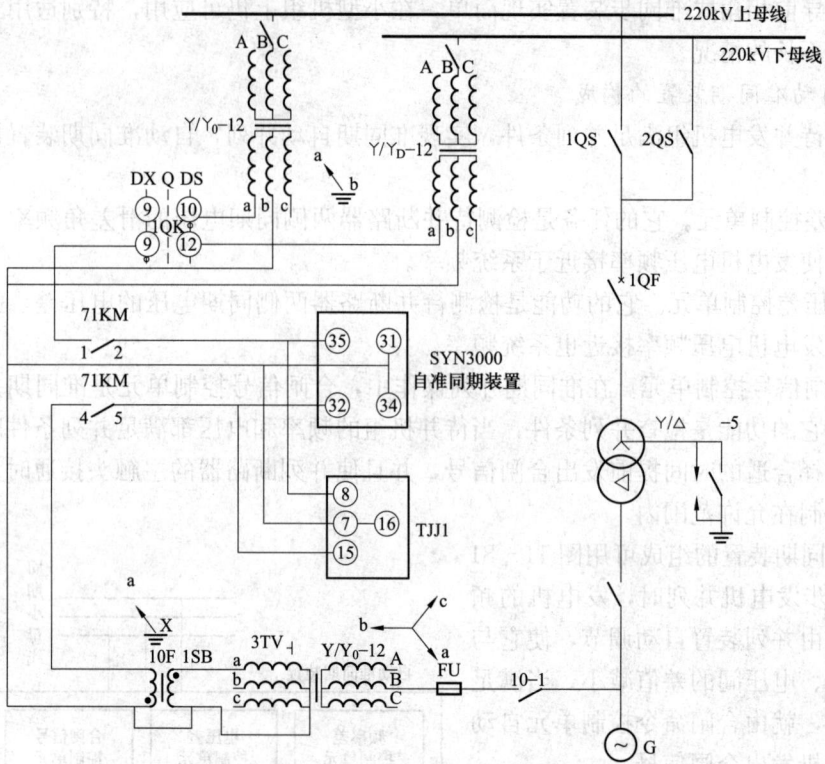

图 11-82 自动准同期交流回路原理接线

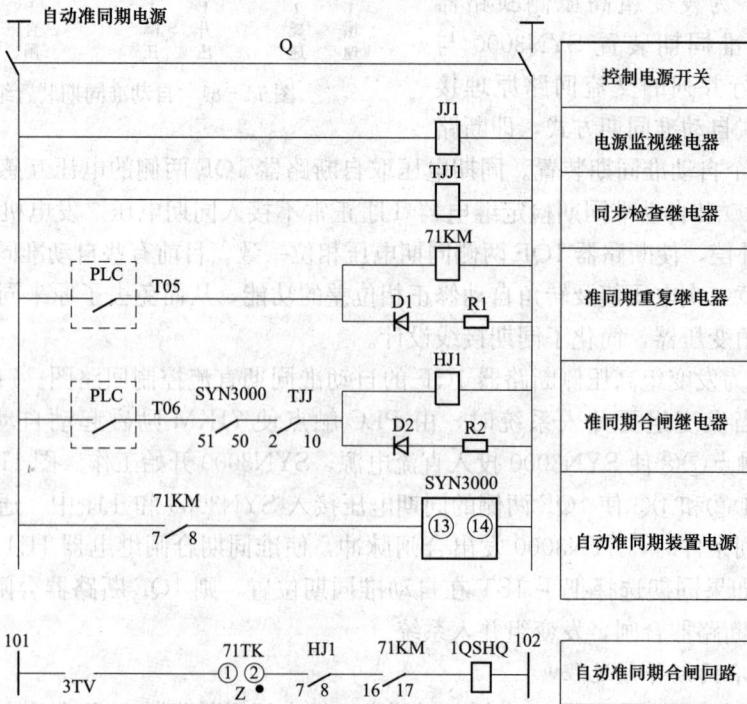

图 11-83 自动准同期直流控制回路图

（1）首先发出开机令，启动发电机，发电机升速至额定值后，合上灭磁开关给发电机加励磁。

（2）发电机电压升到接近额定值时，同期选择把手 71TK 切至自动准同期位置，发电机的自动控制回路判断满足启动自动准同期装置的条件时，图 11-83 中的 PLC 触点闭合启动准同期重复继电器 71KM。

（3）71KM 励磁后其常开触点闭合，一方面投入 SYN3000 的直流电源；另一方面将同期电压接入 SYN3000 和 TJJ 中；同时合闸回路中 71KM 的触点 16 和 17 接通，为自动合闸做好准备。

（4）SYN3000 投入工作后，在检查同期条件的同时，电压差控制单元对发电机的电压进行自动调节，频差控制单元对发电机的转速进行自动调节，使发电机的电压、频率接近系统电压、频率。

（5）一旦发电机的电压、频率符合允许并列条件，SYN3000 在一个滑差周期内就可捕捉到最佳合闸越前时间，及时发出合闸信号，使准同期合闸继电器 HJ1 励磁。HJ1 触点⑦⑧闭合，则 1QF 断路器合闸线圈 1QFHQ 励磁，使 1QF 断路器合闸，实现自动准同期并列。

（七）数字式自动准同期装置

随着电力系统的发展，单机容量越来越大。大容量机组造价高、安全系数较低、耐冲击能力较差。因此，要求大容量机组准同期并列时冲击要小，速度要快。为了实现这一目标，随着微型计算机技术的发展，于 20 世纪 70 年代出现了微机自动同期装置。

用微处理器（CPU）等器件组成的数字式自动准同期并列装置，由相应的硬件和软件组成，由于硬件简单，编程方便灵活，运行可靠。且技术上已日趋成熟，成为当前自动并列装置发展的主流。另外，并列装置引入了微机技术后，可以较方便地应用检测和诊断技术对装置进行自检，提高了装置的维护水平。各种不同形式的微机自动同期装置的不同之处往往也表现在软件上。微机自动同期装置的研究主要集中在减少并列冲击和提高并列速度两个方面。

1. 硬件电路

数字式自动准同期装置硬件的基本配置由主机、输入、输出接口和输入、输出过程通道等部件组成。它的原理性框图如图 11-84 所示。

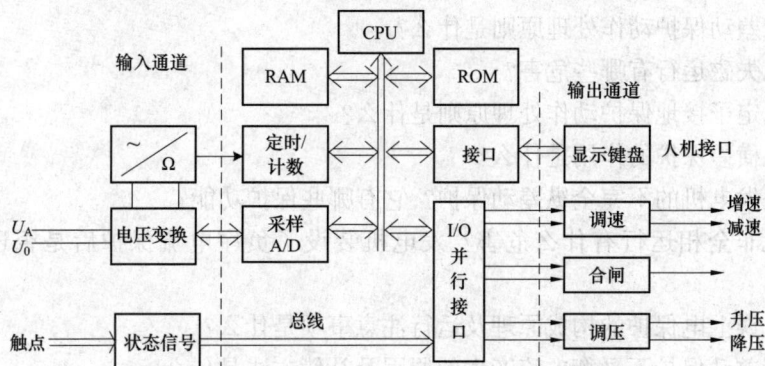

图 11-84　数字式自动准同期装置的硬件框图

2. 数字式自动准同期装置的软件

数字式自动准同期并列装置借助了微机的高速处理信息能力，利用编制的功能程序，在硬件配合下实现发电机自动并列操作，并列条件的检测与合闸信号控制程序采用相应的算法，主要是电压检测及判断，频率检测及判断，越前时间检测和判断，一旦待并发电机的电压、频率符合允许并列条件，在一个滑差周期内就可捕捉到最佳合闸越前时间，及时发出合闸信号。数字式自动准同期并列装置充分发挥了微机高速运算能力且性能稳定，因而具有明显优点。

（八）跟踪同期并列

跟踪同期并列是建立在微机调速器的硬设备之上的，称之为"调速同期装置"。在发电机未并网之前，调速同期装置执行跟踪同期控制和并列控制程序，实现发电机电压对电力系统电压的跟踪，并决定是否向发电机断路器发出合闸指令，完成发电机自动跟踪同期并列的功能。在发电机并网之后，调速同期装置则执行调速控制程序，完成调速器功能。跟踪同期并列兼有自同期并列速度快和准同期并列冲击小、拉入同步快等优点，不需要专用的硬设备，减少了电厂自动装置的种类。

跟踪同期并列分为跟踪同期控制和断路器合闸控制两部分。跟踪同期控制是一个闭环自动控制系统，调速同期装置得输入为发电机电压和系统电压，自动检测 ΔU、Δf 和 $\Delta \delta$ 的大小，实时控制输入原动机的动力元素和发电机的励磁电流，使发电机电压的幅值、频率和相角分别跟踪电力系统电压的幅值、频率和相角，最终实现 ΔU、Δf 和 $\Delta \delta$ 三者同时为零，且能持续较长时间。显然，在上述三者同时为零时无论手动还是自动并列机组，都不再需要通过"恒定越前时间"来捕捉并列相角差为零的合闸时机，这就可使发电机在理想准同期并列条件下并入电力系统。

目前，我国生产的水轮发电机组微机调速器中已普遍设置了频率跟踪和相角跟踪功能，且能很好的跟踪电力系统频率和相角。但是断路器合闸控制大多仍采用由专门设置的同期装置完成。由于跟踪同期并列冲击小、速度快，可以使机组在理想的同期条件下并列，可以预计跟踪同期并列终将成为发电机与系统并列的主导同期并列方式。

【思考与练习】

1. 发电机有哪些主保护及后备保护？
2. 发电机差动保护动作处理原则是什么？
3. 发电机失磁运行有哪些危害？
4. 发电机定子接地保护动作处理原则是什么？
5. 发电机横差保护的作用是什么？
6. 什么是发电机的不完全纵差动保护？它有哪些保护功能？
7. 发电机非全相运行有什么危害？发电机装设了负序电流保护后是否还装设非全相保护？
8. 发电机误上电保护的构成原理及运行注意事项是什么？
9. 变压器差动保护不平衡电流产生的原因及补偿方法是什么？
10. 变压器差动保护不平衡电流产生的原因及补偿方法是什么？
11. 变压器差动保护励磁涌流闭锁方式有哪两种？各有什么特点？
12. 重瓦斯保护投退有什么规定？

13. 变压器压力释放阀保护与重瓦斯保护该如何配合？
14. 变压器中性点可能接地或不接地运行时，如何配置变压器接地保护？
15. 变压器油温升高警报时，运行人员应如何进行检查处理？
16. 简述水轮发电机励磁系统的基本任务。
17. 励磁系统的励磁方式是如何分类的？
18. 对励磁调节器工作电源有什么要求？
19. 励磁功率柜的冷却方式有哪些？
20. 对同步发电机灭磁系统的基本要求是什么？
21. 自动开机不能起励升压，其故障原因有哪些，如何处理？
22. 简述零起升压试验的步骤。
23. 励磁系统在哪些故障情况下应退出运行？
24. 发电机采用准同期并列时应满足哪些条件？同期方式有几种？
25. 发电厂同期点设置与同期方式的选择原理是什么？
26. 试述手动准同期操作的主要步骤。
27. 试说明手动准同期回路中，都采用了哪些闭锁措施以防止非同期合闸？
28. 简述自动准同期并列过程。

第十二章 计算机监控系统

第一节 计算机监控系统概况

一、计算机监控系统基本要求

（1）实时响应性。水电厂监控任务中有许多是实时性要求非常高的，如全厂成千上万的实时参数和状态的定时收集、事件动作顺序的分析、输电线路稳定监控、调频和最优运行方式计算等，都要求有很高的实时响应性能。为了满足水电厂监控任务的需要，计算机必须具有足够高的速度、足够大的容量、完善的多优先级中断系统和功能强而灵活的总操作系统。

（2）可靠性。大型水电厂生产的经济价值很大，连续生产的短时间中断也会造成很大的经济损失，所以要求计算机系统有很高的可靠性。

（3）适应性。适应性又称可扩充性或灵活性。一般情况下一个系统的设计不可能一开始就考虑得十分完善，由于主客观因素、系统规模、功能配置等不可避免地发生变化，开始一般要实现的功能不一定很多，以后随着系统的扩大而逐渐增加，要适应这种不断增加的扩展要求。

（4）可维修性。当系统某个部件发生故障时，要求能及时发现故障点，尽快地进行更换，并要求能不停机维修。

（5）经济性。随着计算机技术的飞速发展，计算机内硬件和软件应不断降低成本，当然也要保证高的性能价格比。

（6）分散的控制对象与综合的控制功能。大型水电厂的机组、开关站、大坝闸门、上游水库水文系统等，分散在地理面积广阔的区域内，甚至机组也可能安装在有相当距离的不同厂房内，控制对象是分散的。计算机系统要对全厂主、辅设备进行监控，还要实现电厂一级综合控制功能，以至和电力系统及梯级水电厂运行有关的综合监控。

（7）灵活的人机联系功能。大型水电厂的计算机监控系统，最终仍是为运行人员所使用，必须具有良好的人机对话功能，使操作员很方便地输入其命令和清晰、条理、醒目地输出结果。这需要完善的硬件配置和强大的软件支持。

（8）良好的抗干扰、防振等性能。水电厂的环境有一些对计算机监控系统不利的工作条件。一般有高电压、大电流形成的强电磁干扰，整个厂房包括中控室及计算机房均有显著的机械振动，湿度较高等。

二、计算机监控系统分类

（一）以控制方式分

1. 常规控制为主、计算机控制为辅

由于早期计算机设备非常昂贵，可靠性也不尽如人意，水电厂的直接控制功能仍由常规控制装置来完成，计算机只用来监视、记录打印、经济运行计算和指导。

2. 计算机控制为主、常规控制为辅

随着计算机设备的性能价格比和可靠性的不断提高，以计算机控制为主，保留常规控制设备作后备和辅助的方式，在老水电厂改造中采用较多。

3. 完全由计算机控制

随着计算机技术的进一步发展，尤其是采用冗余技术使可靠性大大提高，已能满足水电厂的可靠性要求；计算机控制成为水电厂的唯一控制和监视手段。

（二）以系统结构分

1. 集中式控制系统

早期计算机设备昂贵，一般全厂只设一台计算机对所有设备进行集中控制和监视。全厂所有的信息采集和控制命令都经此出入，一旦计算机出故障，整个控制系统将瘫痪，控制系统的可靠性太低，是其致命性的弱点。目前水电厂已不采用集中式计算机控制系统。

2. 功能分散式控制系统

由于水电厂控制系统的可靠性要求，随着计算机技术的发展，价格下降，为采用多台计算机分别完成某一项或几项成为可能，如数据采集、调整控制、事件记录、通信可分别在几台计算机上完成，功能作横向分散，即使有一台计算机故障，只影响某一功能，而其他功能仍可实施。克服了集中式的一些弱点，但仍未解决集中式的所有问题；如多台机组的调功功能集中在调节计算机上，一旦出故障全厂无法调节功率。所以功能分散式计算机监控系统除老电站仍有使用外，已很少在新建或改造工程中采用。

3. 分层分布式控制系统

分层分布式监控系统在地域上是分散的，即以控制对象分散为主要特征。水电厂控制对象包括水轮发电机组、开关站、公用设备、闸门等。按控制对象设置单独的控制单元，称为现地控制单元，其主要由微机或可编程控制器构成，组成现地控制级。可见现地控制单元也是在整个水电厂中分散的，即分布设置。

现地控制层与厂级控层之间的信息交换完全是计算机之间的通信工作，目前已大量采用计算机网络形式，如光纤以太网（TCP/IP 协议），传输速率已达 100M～1000Mbit/s，具有安全、高速、可靠的特性。

（三）分层分布式监控系统

在分层分布式监控系统中，通常将水电厂控制系统按层来划分，可将水电厂分为四层：驱动层、功能控制层、机组控制层、电厂控制层。

（1）驱动层是水电厂分层控制最底层，与水电厂生产设备直接相联。主要用于监视控制机组的各种驱动。

（2）功能组控制层是处于机组控制层与驱动层之间的自治性的自动控制子系统，一般用于实现某一特定功能，如调速器、励磁装置等。

（3）机组控制层主要包括机组各种运行工况的转换、有功功率和无功功率的调整、数据采集和处理、运行参数监测和报警、与上一层的信息交换。

（4）电厂控制层是系统中的最高层，用于控制整个水电厂的运行，在这一层可以实现对水电厂的几乎所有的操作。

基于上述分层理念，水电厂计算机监控系统可简单划分为现地控制级和电厂控制级。

由于采用了分层分布式监控系统，相互间信息交换是关键问题，往往可通过计算机网络技术来解决。计算机网络通信速度高，且差错检查能力强，可靠性高，系统和功能扩展容易实现。当然水电厂采用的计算机网络主要是指局域网。

三、水电厂计算机监控系统基本结构

（一）开放、分布式计算机监控系统结构

按水电厂控制对象或系统功能分布设置多台计算机装置，它们连接到资源共享的网络上实现分布处理。

（二）开放、分层分布式计算机监控系统结构

按水电厂控制层次和对象设置电站级和现地控制单元级：

（1）电站级根据要求可以配置成单机、双机或多机系统。

（2）现地单元控制级按被控对象（如水轮发电机组、开关站、公用设备、闸门等）由多台现地控制单元（LCU）装置组成。

（3）电站级和现地控制单元级间一般采用星形网络或总线网络结构。

（三）现地控制单元级结构

（1）现地控制单元级可以选用下列设备配置：

1）工业控制微机。

2）高性能的可编程控制器。

3）工业控制微机加可编程控制器。

（2）现地控制单元是实现水电厂计算机监控的关键设备，根据计算机监控系统实用要求，其结构配置可为：

1）双重化冗余结构。

2）局部双重化冗余结构。

3）多处理器非冗余与简化常规设备相结合的结构。

（3）现地控制单元应能独立运行，具有现地监控手段。

四、计算机监控系统基本运行规定

（一）上位机画面定义

上位机可调用全站所有操作、监视画面，可对计算机监控系统中所有设备的运行状态进行自动跟踪、判断和监视。

1. 上位机操作员站状态显示定义

（1）主机方式运行：红色。

（2）停止运行方式或死机：白色。

（3）备用方式：绿色。

2. 机组状态显示定义

（1）机组发电状态：红色；转速大于 $95\%N_0$，DL 三相合闸，导叶非全关，QFG 合闸。

（2）机组调相状态：粉红色；转速大于 $95\%N_0$，DL 三相合闸，导叶全关，QFG 合闸。

（3）机组停机备用状态：绿色；转速低于 $5\%N_0$，DL 分闸，导叶全关，电气保护未动作，无测速装置故障，风闸落下，无轴承温度过高，无调速器紧急故障，无机组压油装置故障，无球阀装置故障。

（4）空载有压状态：黄色；转速大于 $95\%N_e$，DL 分闸，导叶非全关，QFG 合闸，定子电压 $U>90\%U_e$。

（5）空转状态：转速大于 $95\%N_e$，DL 分闸，导叶非全关，QFG 分闸。

（6）机组停机检修（不确定）状态：白色；不是以上 5 种状态。当计算机判断机组为不

确定态时，计算机不跟踪机组状态，此时对机组的操作不能执行。

3. 断路器、隔离开关、接地开关状态显示定义

（1）断路器、隔离开关、接地开关合闸状态：红色。

（2）断路器、隔离开关、接地开关分闸状态：绿色。

（3）断路器、隔离开关、接地开关不确定态：白色。

4. 报警与操作信息显示颜色定义

（1）报警事故信息：红色。

（2）故障信息：黄色。

（3）复归信息：白色。

（4）操作信息：绿色。

5. 参数刷新颜色定义

（1）参数正常：绿色。

（2）参数越限：红色（或闪光）（越上上限或下下限）；黄色（越上限或下限）。

（二）上位机系统运行规定

（1）运行人员应监视、检查、记录上位机上设备有关运行参数，发现异常情况及时进行分析处理。

（2）正常运行时上位机 UPS 两路交流电源不得中断，禁止在上位机系统用的交流 220V 电源上接入其他任何用电设备。

（3）上位机的操作员工作站有两个显示器，可以同时进行两个画面的监视。当控制流程进行时操作员工作站出故障，控制仍将继续进行，但此时操作员不能从此工作站得到正确反馈信息。

（三）现地控制层（LCU）监控系统的运行规定

1. 一般规定

（1）严禁在 LCU 正在进行控制时进行控制权限的切换。

（2）正常运行中，严禁将 LCU 置于调试状态。

（3）现地控制单元各控制模块正常情况下必须投入运行。

（4）监控装置可以单独在交流 220V 或直流 220V 下正常运行，但交流 220V 只能短时间失电。

2. 监控系统同期装置运行规定

（1）水轮发电机组与系统的并列方式采用自动准同期方式。

（2）水轮发电机组在备用状态时，同期装置也应在备用状态。

（3）在任何情况下，都只能对一台机组进行与系统的并列操作。

（4）在机组的同期回路上工作前，应拉开发电机出口隔离开关；工作完毕后，应短接出口隔离开关的开关量端子进行"假并列"试验，确证无误后才能正式并列。

（5）正常运行中，不应按监控系统同期装置面板上的复位键。

3. 温度巡检/保护装置运行规定

（1）温度巡检/保护装置正常运行时，液晶显示屏应对各测点的温度进行巡回显示。

（2）温度测点的高高限、高限、复限死区、梯度运算起始值、梯度限、零点补偿值用于温度测点的有效性判断。

（3）正常情况下，严禁将温度巡检保护装置退出运行。

（四）自动发电控制（AGC）

所谓自动发电控制就是按预定条件和要求，自动控制水电厂有功功率的技术。它是在水轮发电机组自动控制的基础上，实现全厂自动化的一种方式。根据水库上游来水量或电力系统的要求，考虑电厂及机组的运行限制条件。以经济运行为原则，确定电厂机组运行台数、运行机组的组合和机组间的负荷分配。其内容包括，按电网调度的发电要求，设置水电厂的运行方式；在给定全厂总功率的情况下，进行优化运行计算，包括根据机组效率特性及安全运行约束条件，确定参加运行机组的台数及最优组合方式，并在运行机组间进行最优负荷分配计算；按计算结果自动调整各机组负荷，自动实现开、停机操作；并按要求进行自动频率偏差调整等。

1. 自动发电控制的一般依据

（1）按上游来水量。它适用于无调节水库的径流电厂，使电厂最大限度地利用上游来水量，以不弃水或少弃水为原则，尽量保持电厂在较高水头下进行。

（2）按给定的发电负荷曲线或实时给定的水电厂总有功功率。这是在电力系统统一调度下，电厂参加电力系统的有功功率和频率的调节，完成上级调度下达的计划性或随机性的发电任务。

（3）按维持电力系统频率在一定水平下运行。根据电力系统的频率瞬时偏差的积分值，确定电厂的总出力，直接参加电力系统的调频任务。

（4）按综合因素。诸如按给定功率和电力系统频率偏差、按电力系统对功率的要求和下游用水量的需要等。

2. 自动发电控制的限制条件

（1）机组主要设备的健康状况。

（2）机组的出力限制、空蚀振动区等的工作条件。

（3）电力系统对水电厂要求的备用容量。

（4）上、下游水位限制及下游用水量要求等。

（五）自动电压控制（AVC）

所谓自动电压控制就是按预定条件和要求，自动控制水电厂母线电压或全厂无功功率的技术。其内容包括：按电网的要求，自动调整水电厂的无功功率，保持水电厂高压母线电压在规定的范围之内；按经济原则分配机组间的无功功率。

机组间无功功率的分配一般要考虑以下几个方面。

（1）无功功率的调整首先由调相运行的机组承担。

（2）运行机组间的无功功率一般按机组承担无功负荷的能力成比例地分配。

（3）考虑各机组有功负荷的大小，按一定的功率因数分配机组的无功功率。

（4）当水电厂的升压变压器带有有载调压抽头时，机组的无功功率的调整要与变压器的抽头调节相配合，一般在调整变压器的抽头之前，应最大限度地利用发电机电压调整范围。

（5）要考虑机组的最大和最小无功功率的限制。

第二节　监控系统现地控制单元及硬、软件设置

一、现地控制单元（LCU）

一般每台机组设置一台 LCU，布置在机房；开关站设置一台 LCU，一般布置在继电保

护及辅助屏室内；全厂公用辅助设备设置一台LCU，一般布置在中央控制室邻近的继电保护及辅助屏室内。对于地下式厂房的水电厂，如开关站、中控制室布置在厂外，论证在地面和地下厂房分设全厂公用设备 LCU 是否合理，从而确定是否分别设置。有时开关站与全厂公用设备的LCU都布置在同一地点，且输入、输出量不多，一般将二者并入一个现地控制单元。每台机组前的快速闸门监控一般包括在机组现地控制单元范围以内。对于监控量不多、距离在允许范围内，且功能要求简单的闸门，现地控制单元可以不单独设置，其功能可由其他单元（如全厂公用设备单元）兼管，也可采用远方I/O设备。

现地控制单元设备（基本结构）一般采用：①以微机为基础，带智能 I/O 模块；②以可编程序控制器为基础；③微机数据采集处理装置仅供顺序操作用的小型可编程控制器。有时，为降低造价，温度量也采用小型自动巡回检测装置。大型水电厂多采用①、②两种方式。

二、软件配置

监控系统软件，是系统实现监控功能的计算机程序的集合。其主要可分为两大类，即计算机系统软件和生产过程应用软件。

（1）计算机系统软件。计算机基础软件，用以提供用户软件的运行环境和开发应用软件的手段。主要有实时多任务操作系统；系统支持软件（包括编辑、编译、汇编、连接等开发支持软件和运行程序库、数据库等运行支持软件）；编程语言，通常是 C ++、VB、FOXPRO 汇编等，随着软件技术的发展，相继出现 Windows 97，Windows 98，Windows 2000、Windows XP 等高级方便的系统软件。

（2）应用软件。用户编制或购置的软件，是实现水电厂生产过程监控功能的计算机程序。程序以模块形式组成，每个模块完成一定的功能，可按需要选择模块组成各种应用软件（即组态软件），在实时操作系统环境下运行。应用软件按系统功能要求配置，用户可对之进行修改或增减其内容。

三、硬件配置

在计算机监控系统配置中，大型水电厂多采用分层分布式结构，电厂（中央）控制级均采用多机功能分布；中型水电厂的电厂控制级根据电厂的具体条件可以采用双机或三机。

1. 电厂控制级设备

以计算机监控系统为主控手段的水电厂，通常采用两台主机或厂机，互为热备用。根据控制调节要求，设置主机或厂机、值班员工作站、工程师站。值班员控制台采用两席值班员工作站，各由一台图形工作站组成，各带一至二台高密度彩色屏幕显示器。工程师工作站设置与图形工作站相间，各带有一台高密度彩色屏幕显示器，通常兼有培训开发功能。另外，相应配置两台打印机记录设备（如打印机）。根据需要配置供生产副厂长、总工及其他人员使用的监视，终端及与其他计算机系统通信联系的通信工作站或其他设备口。

2. 网络

计算机监控系统电厂控制级与现地控制单元的连接采用以太网总线，令牌环网、令牌总线、MB+网络总线、其他工业控制总线成星形接线。网络的设备使用光缆、同轴电缆或双绞线。

四、监控系统实例

图 12-1 为我国某大型水电站计算机监控系统结构框图。监控对象包括所有机组和其他主要设备。系统的特点为：采用全分布式系统，高度冗余配置，开放性网络系统以及光缆连接，具有完善的监视和诊断功能。

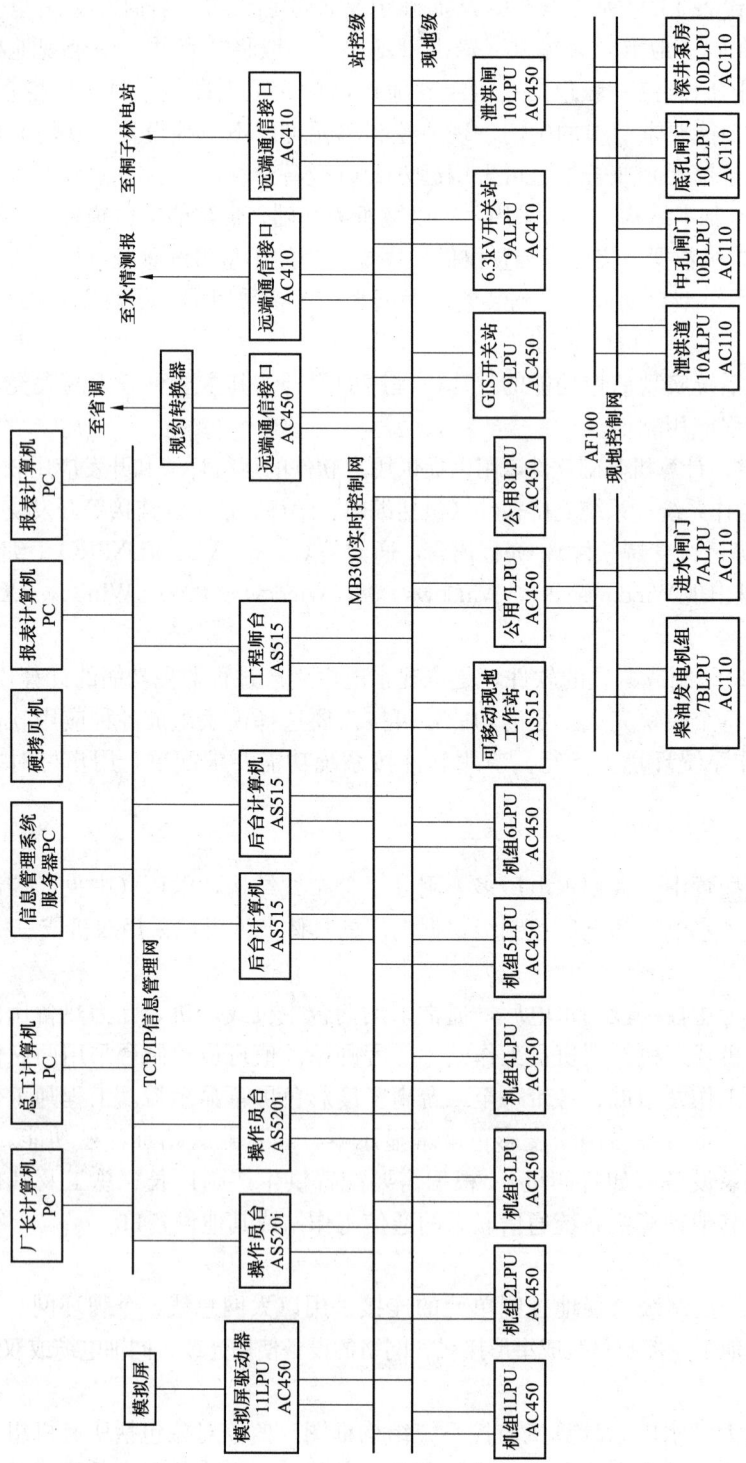

图 12-1　某大型水电站计算机监控系统结构结构框图

第三节　计算机监控系统的运行方式

一、上位机运行方式

（1）集控中心控制是电站的经常运行方式。

（2）在集控中心计算机监控系统发生故障或电站与集控中心失去联系的情况下采用站级层控制。

（3）当集控上位机和站级层上位机不能正常工作时，应将控制权切至 LCU 现地控制。

二、计算机监控系统供电方式

（1）上位机监控系统配有两台互为热备用的 UPS 电源，每台电源的容量为 2kVA，上位机计算机设备均由 UPS 供电。

（2）现地控制设备电源采用 FDPM 供电插箱供电，采用交、直流同时供电，交、直流任何一路掉电均不影响装置运行。

三、LCU 运行方式

（1）LCU A1 柜和 A2 柜相互备用，采用双机热备用冗余系统，双机通过通信系统联机运行，相互自动切换。

（2）现地控制单元上"当地"按钮可以进行"现地/远方"控制切换。按下时为现地控制，此时现地控制单元只接受通过现地控制层人机界面、现地操作开关、按钮等发布的控制及调节命令；集控中心及站级控制层只能采集、监视来自各 LCU 的运行信息和数据，而不能直接对具体控制对象进行远方控制与操作。弹出时为远方控制，此时集控中心及站级控制层（上位机）才能进行控制操作。只有在紧急情况和 LCU 调试时才置现地控制。

（3）监控装置仅在运行及调节输出均被闭锁。

第四节　计算机监控装置的运行监视和检查

一、基本要求

计算机监控装置的运行监视和检查的基本要求如下。

（1）每班至少应对运行和备用中的监控装置按规定的时间和路线进行不低于两次的巡回检查。

（2）备用中的监控装置及其全部附属设备应按规定进行运行维护和巡回检查，其安全和技术规定与运行设备的监控装置同等对待。

（3）备用机组的监控装置应经常处于完好状态，保证机组能随时起动并网。

（4）在上位机和现地控制单元 LCU 脱机运行期间，应在现地 LCU 上记录设备的运行温度。

二、上位机系统的巡视检查

（1）电源柜上的各电压表指示值是否正常。

（2）电源配电盘电气设备无异音、异味和过热现象，接触器、空气开关位置正确，接点无烧伤痕迹，各端子无松动、发热现象，外壳接地良好，避雷器指示正常。

（3）UPS 面板上的指示灯是否均为绿灯点亮。UPS 液晶显示屏上显示的电源、电池参数是否正常。

（4）GPS 同步钟上的指示灯是否闪烁，秒数字是否累加。

（5）主机及通信交换机电源的指示灯是否亮，风机正常。

（6）图形显示器上的数据是否刷新。

三、现地控制层监控系统的检查

（1）A1 柜供电/监控插箱前面板上"AC"电源指示灯、"运行"指示灯、"主 24V"电源指示灯及"辅 24V"电源指示灯点亮，"秒"灯每秒闪烁一次。

（2）在 A1 柜供电/监控插箱上"当地"按钮按下时按钮灯亮，弹起时按钮灯应熄灭。

（3）A1 柜供电/监控插箱前面板上"运行"指示灯与 LCU 所处状态一致，LCU 运行时，"运行"指示灯点亮，LCU 调试或断电时，"运行"指示灯熄灭。

（4）A1 柜和 A2 柜风机插箱上风机电源指示灯点亮，风机运行正常。

（5）A1 柜液晶触摸屏上无异常信号。

（6）PLC 模块的"POWER"（电源）、"RUN"（运行）指示绿灯点亮。

（7）温度巡检 F 保护装置的电源开关在"ON"位置，"电源"灯点亮、"运行"灯闪烁、"接收"和"发送"灯快速闪烁，"故障"灯熄灭，若有温度越限或越高限，则"报警 1"灯和（或）"报警 2"灯点亮。

（8）通信管理装置的电源开关在"ON"位置，"RUN"灯慢闪，"+5V"灯、"+12V"和"-12V"灯点亮，通信口与其他通信设备连接时，其相应"接收"灯和"发送"灯点亮。

（9）转速测量装置的电源开关在"ON"位置，"SEC"灯每半秒闪烁一次，"ALM"灯熄灭，液晶屏上转速或频率指示与实际相符，相应转速刻度指示灯点亮。

（10）同期装置的电源开关应在"ON"位置，"运行"灯应每秒闪烁一次，液晶显示屏应显示主菜单。

第五节　计算机监控系统的运行操作

一、监控系统操作前的检查

除常规检查外，还要对计算机系统进行检查。检查的内容有：画面是否实时显示，即设备画面颜色是否跟踪设备实际状态；计算机反应速度是否正常；画面机组颜色是否反映机组实际状态，网络是否联机。确认计算机监控系统正常后，方可用计算机设备进行操作。

二、运行操作中的注意事项

（1）确认执行的操作与画面对话区显示一致，以保障操作安全可靠。

（2）操作前首先调用有关控制对象的画面进行对象选择，确认画面上所选择的被控对象提示无误后方可执行有关操作。

（3）被控对象的选择和控制只能在同一个控制台上进行操作，一般在辅操作员站上进行操作。

（4）控制操作步骤应进行复核检查。

（5）在对 400V 厂用电进行切换操作后，必须检查监控系统电源是否正常。

三、上位机系统的操作

（一）用户登录

每一个用户只有在登录系统后才能进行一些相关的控制操作，此后用户使用计算机对设备的一切控制操作计算机将给予记录。

1. 用户登录步骤

（1）用左键点击"开始"菜单栏的"用户登录"按钮。

（2）系统自动弹出的登录窗口由"用户"矩形框和"口令"矩形框组成。

（3）用鼠标选择"用户"矩形框内的用户名。

（4）用键盘在"口令"矩形框内输入用户口令，输完后按 Enter 键，如不出现红色报警窗口即为成功，如不成功则需再次登录。

2. 用户退出步骤

退出所有画面窗口，所有顺控操作必须完毕。

（1）点击开始菜单上的"用户登录"按钮（或点击系统任务栏上的用户登录按钮）。

（2）点击"确认"按钮，用户退出登录。

（二）上位机的控制操作基本要求

（1）当运行人员登录系统后，对于机组、断路器和辅助设备等对象可进行控制操作。

（2）选择操作条件满足（呈灰色的项目表示操作条件不满足）且需要操作的项目，确认后点击"执行"按钮，对话框关闭。

（3）在弹出的"确认"对话框中，确认后点击"确认"按钮，控制命令即可发出。

（4）在上位机上进行操作前应先点击菜单栏上"操作退出"画块，待其转换为"操作投入"画块方可进行操作。操作完毕后将其转换为"操作退出"画块。

（三）上位机执行机组顺控流程操作

上位机上可对机组执行停机转发电、停机转空转、停机转空载、空转转空载、空转转发电、空载转发电、发电转空载、发电转停机等控制流程。

上位机执行机组停机转发电流程如下。

（1）检查待开机组 LCU 在"远方"控制状态。

（2）检查待开机组已处于备用状态。

（3）在操作主机上调出机组的开机流程监视图。

（4）点击发电机的机组图符，弹出"执行"对话框。

（5）点击"发电"按钮。

（6）点击"执行"按钮，弹出"确认"对话框。

（7）确认操作主机上提示的机组"停机转发电"流程正确后，点击"确认"按钮。

（8）监视上位机执行机组"停机转发电"流程正常。

（四）断路器、刀闸的操作

1. 合上断路器操作步骤

（1）检查待操作断路器状态指示为绿色。

（2）检查断路器在"远方"控制状态。

（3）点击画面索引上单对象控制图标，调出单对象控制画面。

（4）点击要操作的断路器，在弹出的对话框中点击"合闸"键。

（5）点击"执行"键，弹出"确认"对话框。

（6）确认操作主机显示断路器合闸指令正确后，点击"确认"键。

（7）监视操作的断路器状态指示转为红色。

（8）现地检查断路器三相合闸正常。

2．拉开断路器操作步骤

（1）检查待操作断路器状态指示为红色。

（2）检查断路器在"远方"控制状态。

（3）点击画面索引上单对象控制图标，调出单对象控制画面。

（4）点击要操作的断路器，在弹出的对话框中点击"分闸"键。

（5）点击"执行"键，弹出"确认"对话框。

（6）确认操作主机显示断路器分闸指令正确后，点击"确认"键。

（7）监视操作的断路器状态指示转为绿色。

（8）现地检查断路器三相分闸正常。

3．拉合隔离开关操作步骤

拉合隔离开关操作步骤与断路器操作步骤相同，但在进行隔离开关操作前必须现地检查断路器三相确在分闸状态。

（五）上位机调整机组负荷

当机组 PID 可调并且投入调节后，可以进行机组有无功负荷的设定操作，点击"投入"或"退出"按钮可将有无功调节投入或退出。

（1）检查机组在发电态，无负荷调节限制。

（2）调出机组操作接线图。

（3）移动鼠标到给定有功值或给定无功值处，点击鼠标左键。

（4）在弹出的对话框中输入数据，点击"确认"按钮即可。

（5）在机组 PID 可调时，点击"＋"或"－"按钮来进行有功或无功微调。

四、现地控制层监控系统的操作

（一）机组 LCU 投入运行

（1）确认装置具备运行条件，检查各模件插接到位，板位正确，且接线良好，各连接电缆接线完好、无误，测试绝缘合格。

（2）将 A1 柜"LCU 双供电/监控插箱"前面板上"调试"键弹起。

（3）按需要设置好"当地"按钮，按下为当地，弹起为远方，如果上位机已经投运，则设置为"远方"。

（4）投入 A1 柜背部的直流熔断器（共 5 个），A2 柜同期熔断器 4 个，测速熔断器 2 个。

（5）合上 A1 柜背部的两路交流强电进线开关 2ZK 和 3ZK、交流强电输入开关 4ZK 及直流强电输入开关 5ZK。

（6）合上 A1 柜风机插箱上风机电源开关，检查指示灯点亮，风机运行正常。

（7）合上 A2 柜风机插箱上风机电源开关，检查指示灯点亮，风机运行正常。

（8）依次合上 A1 柜"LCU 双供电/监控插箱"前面板上"AC""DC""辅助电源""PLC 电源"电源开关，检查相应的指示灯"辅 24V""主 24V"灯亮，"秒灯"点亮。

（9）检查 PLC 运行正常。

注意：开关站、公用 LCU 投入运行操作与此类似。

（二）机组 LCU 退出运行

（1）检查机组 LCU 和上位机无控制流程执行。

（2）按下 A1 柜"LCU 双供电/监控插箱"前面板上"当地"键。

（3）按下 A1 柜"LCU 双供电/监控插箱"前面板上"调试"键。

（4）依次拉开 A1 柜"LCU 双供电/监控插箱"前面板上"PLC 电源""辅助电源""DC""AC"电源开关，检查相应的指示灯熄灭。

（5）拉开 A2 柜风机插箱上风机电源开关，检查指示灯熄灭。

（6）拉开 A1 柜风机插箱上风机电源开关，检查指示灯熄灭。

（7）拉开 A1 柜背部的两路交流强电进线开关 2ZK 和 3ZK、交流强电输入开关 4ZK 及直流强电输入开关 SZK。

（8）取下 A1 柜背部的交、直流输入熔断器。

（三）机组 LCU 操作面板上操作机组由"停机"转"空转"

机组 LCU 能进行"停机""空转""空载""发电""调相"五种单状态间的转换操作。

（1）按下 A1 柜"LCU 双供电/监控插箱"前面板上"现地"键，检查按钮红灯亮。

（2）点击 A1 柜液晶触摸屏开机主画面上的"机组控制"按钮。

（3）在弹出的"请输入控制密码"对话框中输入密码，点击 Enter 键。

（4）点击 A1 柜液晶触摸屏画面上的"空转"按钮，检查弹出"确认"对话框。

（5）确认操作命令正确后点击 Enter 键。

（6）监视机组由停机转空转流程正确。

（四）机组 LCU 操作面板上调整有功（无功）功率

（1）按下 A1 柜"LCU 双供电/监控插箱"前面板上"当地"键，检查按钮红灯亮。

（2）点击 A1 柜液晶触摸屏开机主画面上的"功率调节"按钮。

（3）在弹出的"请输入控制密码"对话框中输入密码，点击 Enter 键。

（4）点击 A1 柜液晶触摸屏画面上的"P 增/Q 增"（"P 减/Q 减"）按钮。

（5）检查弹出功率调整对话框，输入功率设定值。

（6）点击 Enter 键。

（7）监视机组有功（无功）功率增加（减少）到设定值。

（五）同期装置投入运行

（1）合上机组 LCU A2 柜背部"系统电压"熔断器。

（2）合上机组 LCU A2 柜背部"机端电压"熔断器。

（3）合上同期装置的电源开关。

（4）检查"运行"灯约每秒闪烁一次。

（5）检查液晶显示屏显示主菜单。

（六）同期装置退出运行

（1）检查机组未进行并列操作。

（2）拉开同期装置的电源开关。

（3）视情况取下机组 LCUAZ 柜背部"系统电压"熔断器（两个）。

（4）视情况取下机组 LCUAZ 柜背部"机端电压"熔断器（两个）。

第六节　计算机监控系统事故故障处理

一、故障和事故处理原则

（1）根据仪表（上位机）显示、设备异常现象和外部征象判断故障或事故确已发生。

（2）在总值班的统一指挥下，协调安排值守人员进行处理，采取有效措施遏制故障或事故的发展，解除对人身和设备的危害，恢复设备的安全稳定运行，按照设备的管理权限，及时将处理情况向调度、发电部、生计部及安监部汇报，严重事故应向总工程师、生产副厂长汇报，发生着火事故还应汇报武装保卫部。

（3）在处理过程中，值守人员应坚守岗位，迅速正确地执行总值班的命令。对重大突发事件，值守人员可依照有关规定先行处理，然后及时汇报。

（4）对事故设备应尽快隔离，对正常设备应保持或尽快恢复运行。

（5）处理完毕后，当班总值班应如实记录故障或事故发生的经过、现象和处理情况。处理过程中要注意保护事故现场，未经总值班同意不得复归事故信号或任意改动现场设备情况，紧急情况除外（如危及人身安全时）。

二、系统异常现象记录、测试与处理

凡是在监控系统运行中由于不明原因导致系统退出或个别进程异常退出时，在控制台窗口中会出现一些系统提示语句，应随时记录这些语句及当时的状态，以便系统开发单位查找原因。当出现异常现象时，可以进行以下各项测试且记录。

（1）监视系统进程。当监控系统投入后，共有多个进程，为确认系统当前已在运行的进程信息，可检查系统列出正在运行的进程信息，若缺少一个，则监控系统都不能正常运行。

一般当某一进程异常退出后，self - reboot.dxe 进程就会检测到，并将其恢复。当不能自动恢复时，在控制台窗口中会出现一些系统提示语句，应记录这些语句及当时的状态，以便分析原因；为恢复正常运行，应先按监控系统退出步骤将监控系统退出，然后再重新投入监控。

（2）测试 swap 交换空间。检查系统已占用的交换空间和可用的交换空间，其中 Freespace 应为 $10\%\sim50\%$。当 wap 交换空间小于 10%，则表明系统已无足够的交换空间，系统运行将会明显变慢，这是因为运行的进程过多，且有些进程非正常退出，未能释放占用的交换空间造成的，为恢复系统正常运行，必须重新引导系统。待系统引导完毕，注册进入 ems，再重新投入监控。

（3）测试网络状态。可在总目录下按系统设备管理按钮查看各 LCU 设备状态和网络设备状态是否为在线，若为离线，则系统无法正常监控 LCU 功能的操作，可进行在线操作，测试系统和网络能否重新成为在线状态。

（4）测试数据库。在目录下选数据库一览表按钮，查看数据库各类数据是否完整正确。为恢复正常运行，应先按监控系统退出步骤将监控系统退出，然后再重新投入监控。

三、操作员工作站系统故障诊断

主机出现故障时，按下列步骤进行。

（1）查看电源指示灯是否亮且风扇在转。

（2）查看显示器上电源指示灯是否亮，检查显示器、键盘和鼠标等与主机的连接电缆，确保它们正确连接。

（3）按复位钮如果系统不能引导，则关闭电源等 20s 然后再合上电源。

（4）确保所有电缆连牢固。

（5）如果操作系统两分钟后仍没能装载则查看诊断 LED（发光二极管）的状态。

（6）与厂家服务部或技术支持联系。

四、LCU 中 PLC 软、硬件故障处理

LCU 中 PLC 故障是通过一个软件报警处理器在 PLC 和 I/O 故障表中，记 I/O 和系统故障，这些故障可以显示在编程器的屏幕上。用户查找故障 PLC 在运行模式编程台在线模式如 PLC 或 I/O 有故障可以按时间显示在 PLC 或 I/O 故障表中。

PLC 故障分为内部故障、外部故障和操作故障。内部故障有电池电压低和存储器校和错误。外部故障有基架或模块损坏和基架或模块多于原配置。操作故障有通信故障、模块位置与配置不符合。

PLC 故障按其作用有致命性故障、诊断性故障和提示性故障。

致命性故障将停止系统运行并记录故障内容和时间地址。诊断性故障会记录在故障表中，设置故障给定地址，例如 CPU 板电池电压低记录为"0.1 电池电压低"。而提示性故障只记录在故障表中，如 PLC 故障表满的提示。

致命性故障 PLC 会自动记录故障，故障表给出故障给定地址，转入停止模式。例如故障表记录 PLC 的 CPU 软件故障时，处理方法为断电并复位 PLC，当故障表记录时序存储故障时，应使 PLC 在停止模式重新进行程序存储。

诊断性故障 PLC 自动记录故障会给出故障给定地址。例如 PLC 电池电压低，故障表中指定地址是 0.1 或 0.3，决定是 CPU 板电池还是 PCM 电池电压低。处理方法是将新电池接入电池替换处并安装就位，然后清除故障表，为了使运行人员巡视时直观，在应用程序中使用，开出第二块的 D3 灯亮为 PLC 有故障。

提示性故障 PLC 自动记录故障，例如 I/O 或 PLC 故障表满。

五、网络常见硬件故障及处理

（1）网络的故障大多数是由于网络的传媒体发生机械断裂或接触不良造成的。

1）电缆与网络中断设备及网卡的接头虚接、松落。

2）电缆线受到外界老化、锈蚀、机械受力等原因损坏，或电缆线非良好接地。

3）网卡或接收发送器等网络元件故障。

4）网络附近存在能够产生强电磁辐射的设备或系统电源不稳也可能引起网络故障。

系统网络运行异常时（下位机 3min 内无任何信息传给上位机或上位机命令无法下达），系统会报警。

（2）LCU 与上位机网络联结状态故障，排查方法如下。

1）首先用 PING 命令分析查找与排除物理故障点。pmg 本地地址：如果使用该命令成功，则表明本地系统 E 层功能正常。ping 目标地址：如果使用该命令成功，则表明与远方系统通信硬件正常。

2）若非硬件故障，查看下位机是否脱机运行或关机。

3）重投网络进程。

作为运行人员监视和控制电厂的主要手段，运行人员与计算机监控系统的交互作用通过操作台使用显示器、键盘和打印机来实现。

六、计算机监控系统异常处理

计算机监控系统异常处理见表 12 - 1。

表 12 - 1　　　　　　　　　　　　计算机监控系统异常处理

故障名称	故障现象	原因分析	故障处理方法
数据大于 3min 不刷新	数据大于 3min 不刷新	(1) LCU 与上位机通信中断。 (2) LCU 与 PLC 断电。 (3) 元器件损坏；通道中断。 (4) LCU 或 PLC 故障。 (5) 上位机故障。 (6) 软件系统不运行	(1) 若为 LCU 与上位机通信中断则恢复通道，查监控画面，看 LCU 是否红色。 (2) 若为 LCU 与 PLC 断电则查找断电原因，恢复供电；若为其他原因则通知专业人员处理
上位机操作失灵	上位机操作失灵	查用户级别；上位机故障	检查重新处理；通知专业人员处理
自动化元件不动作故障	自动化元件不动作	元件失效；控制条件不满足；计算机故障	查找各条件是否满足；通知专业人员处理
断路器位置信号与现场不对应	断路器位置信号与现场不对应	(1) 二次回路故障。 (2) 上、下位机通信中断；监控系统故障	通知专业人员处理
AVC、AGC 故障	AVC、AGC 故障	功能控制失效	(1) 切除全厂 AVC、AGC。 (2) 通知专业人员处理
开机条件不具备	开机条件不具备	(1) 快速闸门（主阀）没全开，或二次回路故障。 (2) 无出口断路器跳开入信号，转换触点不良。 (3) 制动器上、下腔有压力，电磁阀未复归或压力控制器触点不良。 (4) 制动器未落下，机械故障或制动器落下辅助触点不良。 (5) 出口断路器合闸开入信号不良。 (6) 机组电气保护动作后未复归。 (7) 停机没有完成。 (8) 开机令已先前下达。 (9) 短路开关未跳闸或跳闸而信号未上送到 PLC。 (10) 事故配压阀动作后没复归，信号上送二次回路故障	(1) 打开快速门（主阀），通知二次专业人员处理二次回路故障。 (2) 查找二次回路故障。 (3) 检查处理电磁阀或压力控制器触点。 (4) 检查处理辅助触点或处理机械故障。 (5) 检查处理合闸开入信号。 (6) 检查电气、机械保护并复归。 (7) 检查停机是否完成，并完成停机过程。 (8) 完成停机后再次开机。 (9) 跳开短路开关，并检查开入信号。 (10) 复归事故电磁配压阀，查找二次回路故障
同期装置自动投不上故障	同期装置自动投不上	(1) 无开机令。 (2) 机组转速没有达到 95%，或转速 95% 开入信号故障。 (3) 出口断路器跳、合闸开入信号故障。 (4) 灭磁开关没有合闸或二次回路故障。 (5) 电子开关没有合闸。 (6) 上导冷却水，推力冷却水，水导冷却水，空冷器冷却水，主轴密封水有一个以上中断。 (7) 自动准同期开关位置不对。 (8) 准同期装置故障。 (9) PLC 本身故障	(1) 检查是否有开机令。 (2) 检查处理转速开入信号。 (3) 检查开关辅助触点的二次回路。 (4) 排除灭磁开关合闸回路故障，将灭磁开关合闸。 (5) 检查电子接头及回路。 (6) 检查各冷却水系统并投入冷却水。 (7) 检查同期开关位置并置于正确位置。 (8) 检查同期装置及回路。 (9) 通知计算机专业人员处理

故障名称	故障现象	原因分析	故障处理方法
电子灭磁开关不合闸	电子灭磁开关不合闸	(1) 无开机令。 (2) 无转速 95％以上信号，转速测量回路或装置故障。 (3) 机组开机方式有误。 (4) 调速器反馈机构主令触点及回路不良。 (5) 灭磁开关没合闸。 (6) 合电子开关条件不具备	(1) 检查开机令。 (2) 检查处理转速回路。 (3) 检查空转开关连接片位置是否正确。 (4) 检查主令触点及回路。 (5) 检查机械灭磁开关并合闸。 (6) 检查以上 5 条
开机令下达机组不转	开机令下达后机组不转	(1) 锁锭投入及拔出机械或辅助触点不良。 (2) 各冷却水有一个以上中断。 (3) 主轴密封围带有压力。 (4) 调速器有故障	(1) 处理锁锭回路。 (2) 投入冷却水。 (3) 检查密封围带。 (4) 检查调速、电气和机构部分
发电状态红灯不亮	发电状态红灯不亮	(1) 导叶空载以上，主令触点不良。 (2) 断路器合闸开入信号不良	(1) 处理主令点。 (2) 处理开入信号
下停机令机组不解列	下停机令机组不解列	(1) 有功负荷过大。 (2) 无功负荷过大。 (3) 监控系统故障	(1) 减负荷至 2MW 以下。 (2) 减负荷至 2MVar 以下。 (3) 由计算机专业人员处理
电子开关停机后不跳闸故障	电子开关停机后不跳闸	(1) 断路器合闸、跳闸开入信号不良。 (2) 0％以下转速信号不良。 (3) 调速器电气或机械故障	(1) 检查处理二次回路。 (2) 处理转速信号。 (3) 由专业人员处理
电制动投入条件不具备	电制动投入条件不具备	(1) 火警信号动作。 (2) 转速未降至 50％以下。 (3) 机端电压过高。 (4) 制动控制电源消失。 (5) 出口断路器跳闸开入信号不良。 (6) 制动方式开关位置错误。 (7) 机组有电气事故。 (8) 0％以下转速信号不良	(1) 检查火警信号。 (2) 等待转速下降。 (3) 检查励磁系统。 (4) 检查制动电源。 (5) 检查开入回路。 (6) 制动方式开关置于正确位置。 (7) 投入机械制动。 (8) 处理转速信号
停机回路不复归	停机回路不复归	(1) 无 0％以下转速信号。 (2) 制动器上下腔有压力。 (3) 导叶没关至"全关以下"位置。 (4) 锁锭投不上。 (5) 短路开关没跳闸。 (6) 电制动交流和直流侧开关没跳。 (7) 机组有电气、机械事故未复归。 (8) 监控系统故障	(1) 检查转速继电器。 (2) 检查制动电磁阀。 (3) 检查主令触点。 (4) 检查锁锭投入部分的机械、电气和辅助点。 (5) 检查短路开关跳闸回路。 (6) 检查电制动交直流跳闸回路。 (7) 复归保护回路。 (8) 由计算机专业人员处理

七、计算机监控系统事故处理

计算机监控系统事故处理见表 12 - 2。

表 12 - 2　　　　　　　　　　　计算机监控系统事故处理

故障名称	故障现象	原因分析	故障处理方法
监控火灾事故	监控火灾事故	由于短路或外因引起的监控火灾	断电后灭火，由计算机专业人员采取恢复措施
监控系统误跳闸	监控系统误跳闸	机组或高压断路器误跳闸	查清原因恢复系统运行，不能恢复现场改手动控制
监控系统由于断电等原因停运	监控系统由于断电等原因停运	控制改为 LCU 控制或手动控制	查清原因尽快恢复系统运行

【思考与练习】

1. 简述计算机监控系统的基本要求。
2. 现地控制单元级可以选用哪些设备配置？
3. 自动发电控制的限制条件有哪些？
4. 什么是 AGC？什么是 AVC？
5. 计算机监控系统以控制方式分哪几类？
6. 计算机监控系统以系统结构分哪几类？
7. 什么是数据处理控制？
8. 采用双重监控方式的水电厂要设置几套控制系统？
9. 监控系统软件主要分为哪两大类？
10. 现地控制单元设备基本结构分为哪几大类？
11. 开机条件不具备的原因有哪些？
12. 网络常见硬件故障有哪些？
13. 操作员工作站系统主机出现故障时，处理步骤是什么？
14. 停机令机组不解列的故障原因是什么？

第十三章 电气倒闸操作

第一节 电气倒闸操作的基本要求

一、倒闸操作的基本概念

倒闸操作是将电气设备从一种状态转换为另一种状态的操作，分运行、热备用、冷备用、检修四种状态。

（1）运行状态：是指设备或电气系统带有电压，其功能有效。母线、线路、断路器、变压器、电抗器、电容器及电压互感器等一次电气设备的运行状态，是指从该设备电源至受电端的电路接通并有相应电压（无论是否带有负荷），且控制电源、继电保护及自动装置正常投入。

（2）热备用状态：是指该设备已具备运行条件，经一次合闸操作即可转为运行状态的状态。母线、变压器、电抗器、电容器及线路等电气设备的热备用是指连接该设备的各侧均无安全措施，各侧的断路器全部在断开位置，且至少一组断路器各侧隔离开关处于合上位置，设备继电保护投入，断路器的控制、合闸及信号电源投入。断路器的热备用是指其本身在断开位置、各侧隔离开关在合位，设备继电保护及自动装置满足带电要求。

（3）冷备用状态：是指连接该设备的各侧均无安全措施，且连接该设备的各侧均有明显断开点或可判断的断开点。二次设备工作电源投入，连接片在投入位置或虽在退出位置，但具备投入条件。

（4）检修状态：是指连接设备的各侧均有明显的断开点或可判断的断开点，需要检修的设备已接地的状态，或该设备与系统彻底隔离，与断开点设备没有物理连接时的状态。在该状态下设备的保护和自动装置、控制、合闸及信号电源等均应退出，继电保护装置连接片位置根据检修工作需要确定。

二、倒闸操作应遵循的顺序

（1）设备停电检修时倒闸操作的顺序。运行状态转为热备用，转为冷备用，转为检修。

（2）设备投入运行时倒闸操作的顺序。由检修转为冷备用，转为热备用，转为运行。

（3）停电操作时倒闸操作的顺序。先停用一次设备，断开该设备各侧断路器，然后拉开各断路器两侧隔离开关，后停用保护、自动装置。

（4）送电操作时倒闸操作的顺序。先投入保护、自动装置，后投入一次设备；投入一次设备时，先合上该设备各断路器两侧隔离开关，最后合上该设备断路器。

（5）设备送电时倒闸操作的顺序。合隔离开关及断路器的顺序是从电源侧逐步送向负荷侧。

（6）设备停电时倒闸操作的顺序。与设备送电顺序相反。

三、倒闸操作现场必须具备的条件

（1）操作人、监护人应经考试合格，持有相应上岗证，且名单经生产副厂长或总工程师批准公布。

（2）现场设备应有明显标志，包括醒目且位置正确的设备双重名称（设备名称和编号）

标示牌、分合指示、旋转方向、切换位置的指示和区别电气相别的色标；二次设备的按钮、连接片、切换开关、电源开关（熔断器）等应贴有醒目标签。

（3）有与现场实际相符合的电气一次与机械系统模拟图或电子接线图。

（4）应具备齐全和完善、准确、有效的运行规程、典型操作票，并具有统一规范、确切的操作术语及手势。

（5）应有确切操作指令和预演合格的操作票。

（6）应有合格的操作工具、安全用具（如验电器、验电棒、绝缘棒、绝缘手套、绝缘靴、绝缘电阻表等）和设施（包括对号放置接地线的专用装置）。

（7）高压电气设备必须具有完善的防止电气误操作闭锁装置；机械设备应有完善的防止误操作锁具。

（8）对于重要的、易发生误操作的机械设备，操作位置应设置警示标志或明确的操作步骤和操作示意图。

（9）现场操作尽可能采用电动操作，充分利用防误闭锁功能。

（10）值班员在离开值班岗位3个月以上，要重新回到原岗位，须经上岗考试合格后方能上岗。

（11）新进值班人员必须经过安全和技能培训，并经考试确认已达到一定水平，并由分厂下令，方可进行管辖内设备的操作。

四、倒闸操作基本步骤

（1）值班负责人预发操作任务，值班员接受并复诵无误。

（2）操作人查对模拟图板、检修申请、工作票要求填写操作票。

（3）审票人审票，发现错误应由操作人重新填写。

（4）监护人与操作人进行模拟预演，核对操作步骤的正确性。

（5）调度正式发布操作指令，准备必要的安全工具、用具、钥匙，对操作中所需使用的安全用具进行检查，检查试验周期及电压等级是否合格且符合规定，另外，还应检查外观是否有损坏，如绝缘手套是否漏气、验电器试验声光是否正常等。

（6）组织召开操作准备会，明确操作目的，分析危险项和布置预控措施。

（7）值长审核正确后正式发布操作指令，并复诵无误。

（8）监护人逐项唱票，操作人复诵，并指明设备；核对设备名称编号相符；监护人确认无误后，发出允许操作的命令"对，执行"；操作人正式操作，监护人逐项打勾（严禁跳项操作）。

（9）对操作后设备进行全面检查。

（10）向值班负责人汇报操作任务完成并做好记录，盖"已执行"章。

五、倒闸操作的原则

（1）电气操作应根据调度指令进行。紧急情况下，为了迅速消除电气设备对人身和设备安全的直接威胁，或为了迅速处理事故、防止事故扩大、实施紧急避险等，允许不经调度许可执行操作，但事后应尽快向调度汇报，并说明操作的经过及原因。

（2）发布和接受操作任务时，必须互报单位、姓名，使用规范术语、双重名称，严格执行复诵制，并录音。

（3）雷电时禁止进行户外操作（远方操作除外）。

（4）电气操作应尽可能避免在交接班期间进行，如必须在交接班期间进行者，应推迟交接班或操作告一段落后再进行交接班。

（5）电气设备转入热备用前，继电保护必须按规定投入。

（6）一次设备不允许无保护运行。一次设备带电前，保护及自动装置应齐全且功能完好、整定值正确、传动良好、连接片在规定位置。

（7）系统运行方式和设备运行状态的变化将影响保护工作条件或不满足保护的工作原理，从而有可能引起保护误动时，操作之前应提前停用这些保护。

（8）倒闸操作前应充分考虑系统中性点的运行方式，不得使 110kV 及以上系统失去接地点。

（9）原则上不允许在无防误闭锁装置或防误闭锁装置解除状态下进行倒闸操作，特殊情况下解锁操作必须经防误专责人批准。

（10）电网并列操作必须满足以下三个条件：

1）相序、相位一致。

2）频率相同，偏差不得于 0.2Hz。

3）电压相等。

六、电气倒闸操作中的危险点分析及预控措施

电气操作票危险点预控见表 13-1。

表 13-1　　　　　　　　　　电气操作票危险点预控

序号	危险点	预控措施
1	人身感电	不跨越围栏、与相邻带电设备（间隔）保持安全距离
		装、拆接地线时身体不得触及接地线，戴好绝缘手套
		测绝缘时，绝缘电阻表接线牢固，使用正确，戴好绝缘手套
2	带电挂接地线	检查挂点两侧有明显断开点，挂接地线前验电，进行"四对照"
3	带接地线合闸	严格按调度指令顺序操作、检查送电范围内接地线全部拆除，且无临时接地线
4	误拉合开关、带负荷拉合刀闸	严格执行监护制度，认真核对设备位置和名称，拉合刀闸前检查与其串联的附近开关在分位
5	物体打击	正确佩戴安全帽，离开危险区域、注意高空落物、施工架构下方
6	低压感电	为防止低压触电，拉、合电动刀闸操作电源时戴线手套
7	系统稳定破坏	为防止系统稳定破坏拉、合线路开关时检查系统潮流分布，满足系统稳定要求
8	接地刀闸虚接	为防止接地刀闸虚接，应检查接地刀闸合闸良好
9	接地刀闸未被闭锁	为防止接地刀闸未被闭锁，应检查接地刀闸闭锁可靠
10	误入带电间隔	倒闸操作时精力集中，严格执行监护制度
11	TA 开放	戴好线手套，先将 B 相保护屏外层 SDA~N 电流端子切至"旁路侧"，然后取下旁路辅助保护屏 SDA~N 电流端子短接片，防止 TA 开放
12	保护定值更改错误	严格按保护定值区号切换保护定值
13	高空坠落	人员站稳，扶好围栏，不跨越围栏
14	个人防护不当	正确佩戴安全帽，正确使用个人防护用具
15	身心状况不佳	操作前，应了解操作人员的身心状况，避免身心状况不佳人员进行操作
16	SF6 气体泄漏造成中毒窒息	进入含 SF6 气体设备的区域前，检查泄漏检测系统是否有报警，发现告警，立即停止操作
17	操作工具不合格	使用前应对工具进行全面检查，不合格的工具禁止使用

第二节　一次系统的防误操作装置

电气误操作事故给电网、设备、人身都造成巨大的危害。轻者造成设备损坏、人员受伤。重者造成主设备烧毁、电网大面积停电、人身死亡。因此，确保电网安全运行，防止电气设备误操作事故的发生，防误闭锁装置发挥重要作用。

一、防误闭锁装置主要实现五防功能

（1）防止带负荷拉、合隔离开关。

（2）防止带接地线（接地隔离开关）合闸。

（3）防止人员误入带电间隔。

（4）防止误分、误合断路器。

（5）防止带电挂接地线（合接地隔离开关），以及防止非同期并列等。实现闭锁非同期并列的基本方法是通过压差和频差鉴定装置实现同期闭锁，倒闸操作过程中及时投入同期闭锁装置，以防止非同一供电的两个系统非同期合闸。

二、五防功能的实现方法和特点

在方式上有：对于手动操作的开关设备，一般采用机械方式达到机械连锁；电动操作的开关设备通过断路器辅助转换开关中的辅助触点按照一定的逻辑关系接入控制回路，以实现操作互锁。

1. 机械闭锁

机械闭锁是靠设备操作机构的机械结构相互制约，从而达到相互连锁的闭锁方式。即一元件操作后另一元件就不能操作。其特点是闭锁可靠，不易发生误操作；这种闭锁实现的前提是一体化设备，由于机械闭锁只能在隔离开关与接地刀闸之间进行闭锁。如果要实现断路器与隔离开关的闭锁就非常困难。若要实现，一般采用电气闭锁或电磁闭锁。

2. 电磁闭锁

电磁闭锁是利用断路器、隔离开关、断路器柜门等的辅助触点，接通或断开需闭锁的隔离开关、开关柜门等电磁锁电源，使其操作机构无法动作，从而实现开关设备之间的相互闭锁。这种闭锁装置原理简单，实现便捷，非一体的开关设备之间就可实现闭锁；它在干燥的环境运行比较可靠。

3. 电气逻辑闭锁

电气回路逻辑闭锁是利用断路器、隔离开关等设备的辅助触点接入需闭锁的隔离开关或接地刀闸等电动操作回路，从而实现开关设备之间的相互闭锁。特点是二次回路复杂，安装、维护工作量大，经常需要检修的同志协助或配合操作，以便及时消除闭锁失灵。

4. 微机防误闭锁

微机防误闭锁装置主要由 PC 机、智能模拟屏、工控机、电脑钥匙和各种锁具组成。通过在 PC 机或智能模拟屏上模拟预演，由系统内预先存储的逻辑规则和状态对每步预演进行判断，并通过串行接口通信将操作步骤输入电脑钥匙中，然后用电脑钥匙打开装于现场相应设备上的编码锁，然后进行倒闸操作。解决了装置"防走空程序"问题。其中模拟操作显示屏是用于供操作人员在对实际设备进行实际操作前，进行操作预演和显示有关提示信息的装置。一般是在特制的屏板上装设表示实际设备"电气一次接线图"和相应断路器、隔离开关

的模拟操作键、状态指示灯及与微机相连的通信口。电脑钥匙的主要功能是用于辨别被操作设备身份和打开符合规定程序之被操作设备的闭锁装置，以控制操作人员的操作过程。高性能产品的电脑钥匙还带有微处理器和"黑匣子"，具有智能防误功能，供操作人员在紧急情况下，无需返回主控室进行模拟预演而直接进行不在预定操作程序中的合法操作，但事后须用电脑钥匙向微机汇报操作过程，如前所述，微机会追查、复核操作过程，并指出已执行的不在预定程序中的合法项目和被电脑钥匙闭锁而中止的未遂违规操作项目及没有执行的预定操作项目。

微机闭锁已开始在电力系统大面积推广应用，其综合指标相比其他防误闭锁装置具有不可比拟的优越性。特别是闭锁全面、操作方便、维护简单、性能可靠、造价相对较低受到电力系统的肯定。现已发展到蓝牙实时回传操作信息，以及实现视频跟踪功能。

三、防误闭锁装置的维护项目

（1）定期检查操作系统是否正常。

（2）定期检查开票、传票是否正常，电脑钥匙是否充电良好，充电器是否完好。

（3）定期对防误闭锁装置清洁。

（4）每半年对微机闭锁的逻辑关系进行检验确认完好。

四、防误闭锁装置系统使用

（1）在微机模拟图上预演操作时，计算机就根据预先储存的逻辑关系对每一项操作进行判断，若操作准确，则发出操作正确的声音，若操作错误，则发出报警声，直到错误项恢复。

（2）在计算机上一次预演模拟结束后，按下传票按钮，通过微机模拟盘上的传输口将正确的操作内容输入到电脑钥匙中。

（3）按照预演的顺序进行现场设备操作。

（4）操作结束后，电脑钥匙将自动显示下一个操作内容，如走错间隔，电脑钥匙检测出与操作内容不符，发出持续报警声提醒人员离开场地。

（5）全部操作结束后，电脑钥匙显示操作结束这时开机状态下将电脑钥匙插入传输口，进行回传或自动回传。

第三节 单母线倒闸操作

一、单母线分段接线特点及使用范围

出线回路数增多时，可用断路器将母线分段，成为单母线分段接线。根据电源的数目和功率，母线可分为2～3段。段数分得越多，故障时停电范围越小，但使用的断路器数量越多，其配电装置和运行也就越复杂，所需费用就越高。

（一）单母线分段接线的优点

在正常运行时，可以接通也可以断开运行，如图13-1所示。当分段断路器 QF 接通运行时，任一段母线发生短路故障时，在继电保护作用下，分段断路器 QF 和接在故障段上的电源回路断路器便自动断开。这时非故障段母线可以继续运行，缩小了母线故障的停电范围。当分段断路器断开运行时，分段断路器除装有继电保护装置外，还应装有备用电源自动投入装置，分段断路器断开运行，有利于限制短路电流。

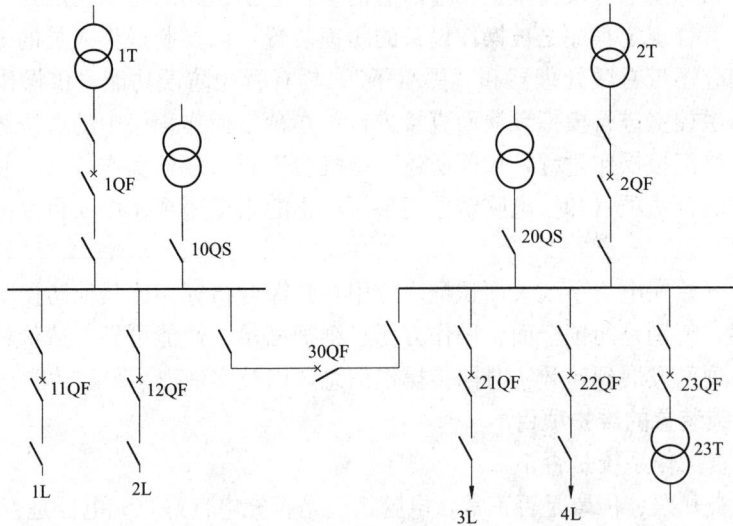

图 13-1　单母线分段接线

对重要用户，可以采用双回路供电，即从不同段上分别引出馈电线路，由两个电源供电，以保证供电可靠性。

（二）单母线分段接线的缺点

（1）当一段母线或母线隔离开关故障或检修时，必须断开接在该分段上的全部电源和出线，这样就减少了系统的发电量，并使该段单回路供电的用户停电。

（2）任一出线断路器检修时，该回路必须停止工作。

单母线分段接线，虽然较单母线接线提高了供电可靠性和灵活性，但当电源容量较大和出线数目较多，尤其是单回路供电的用户较多时，其缺点更加突出。因此，一般认为单母线分段接线应用在 6～10kV，出线在 6 回及以上时，每段所接容量不宜超过 25MW；用于 35～66kV 时，出线回路不宜超过 8 回；用于 110～220kV 时，出线回路不宜超过 4 回。

在可靠性要求不高时，或者在工程分期实施时，为了降低设备费用，也可使用一组或两组隔离开关进行分段，任一段母线故障时，将造成两段母线同时停电，在判别故障后，拉开分段隔离开关，完好段即可恢复供电。

二、单母线倒闸操作一般规定

（1）母线停电时，应先拉开出线断路器，再拉开电源断路器。送电时的顺序与此相反。

（2）拉开分段断路器两侧隔离开关时，应先拉开停电母线侧隔离开关，后拉开带电母线侧隔离开关，送电时相反。

（3）停电时母线所接电压互感器的操作应在拉开分段断路器后进行，送电时与此相反，尽量不带电操作。对于可能产生谐振的采用不同的操作方法，停电时先停用电压互感器，送电时后送电压互感器。

（4）给空母线充电时尽量要用分段和变压器断路器，并且保护要投入。向母线充电时，应注意防止出现铁磁谐振或因母线三相对地电容不平衡而产生的过电压。

（5）分段断路器检修时，两段母线不能并列运行，，当两母线接有双回线并配有双回线保护时，应停用该保护。

三、单母线倒闸操作顺序

1. 母线由运行转检修

(1) 拉开该母线线路断路器。

(2) 拉开该母线主变压器母线侧断路器。

(3) 拉开母线分段断路器。

(4) 拉开该母线电压互感器二次。

(5) 拉开该母线电压互感器一次隔离开关。

(6) 拉开该母线线路断路器母线侧隔离开关。

(7) 拉开该母线变压器断路器母线侧隔离开关。

(8) 拉开母线分段断路器两侧隔离开关。

(9) 检修母线装设接地线。

2. 母线由检修转运行

(1) 拆除母线装设接地线。

(2) 合上该母线变压器断路器母线侧隔离开关。

(3) 合上该母线线路断路器母线侧隔离开关。

(4) 母线分段断路器两侧隔离开关。

(5) 合上该母线电压互感器一次隔离开关。

(6) 合上该母线电压互感器二次。

(7) 合上母线分段断路器。

(8) 合上该母线主变压器母线侧断路器。

(9) 合上该母线线路断路器。

四、单母线倒闸操作注意事项

(1) 各组母线上电源与负荷分布的合理。

(2) 为避免在向带有电磁式电压互感器的空母线充电时，因断路器触头间的并联电容与电压互感器感抗形成串联谐振，必须投入空载线路，或拉开充电断路器后重新充电，谐振就可能消失。

(3) 进行母线倒闸操作，操作前要做好事故预想，防止因操作中出现异常，如隔离开关支持绝缘子断裂等情况而引起事故的扩大。

(4) 一次结线与电压互感器二次负载对应。

(5) 一次结线与保护二次交直流回路对应。

第四节 双母线倒闸操作

一、双母线分段接线特点及使用范围

双母线接线就是将电源线和出线通过一台断路器和两组隔离开关连接到两组（一次/二次）母线上，每一回路都可通过母线联络断路器并列运行，如图 13 - 2 所示。

与单母线相比，它的优点是供电可靠性大，可以轮流检修母线而不使供电中断，当一组母线故障时，只要将故障母线上的回路倒换到另一组母线，就可迅速恢复供电，另外还具有调度、扩建、检修方便的优点；其缺点是每一回路都增加了一组隔离开关，使配电装置的构

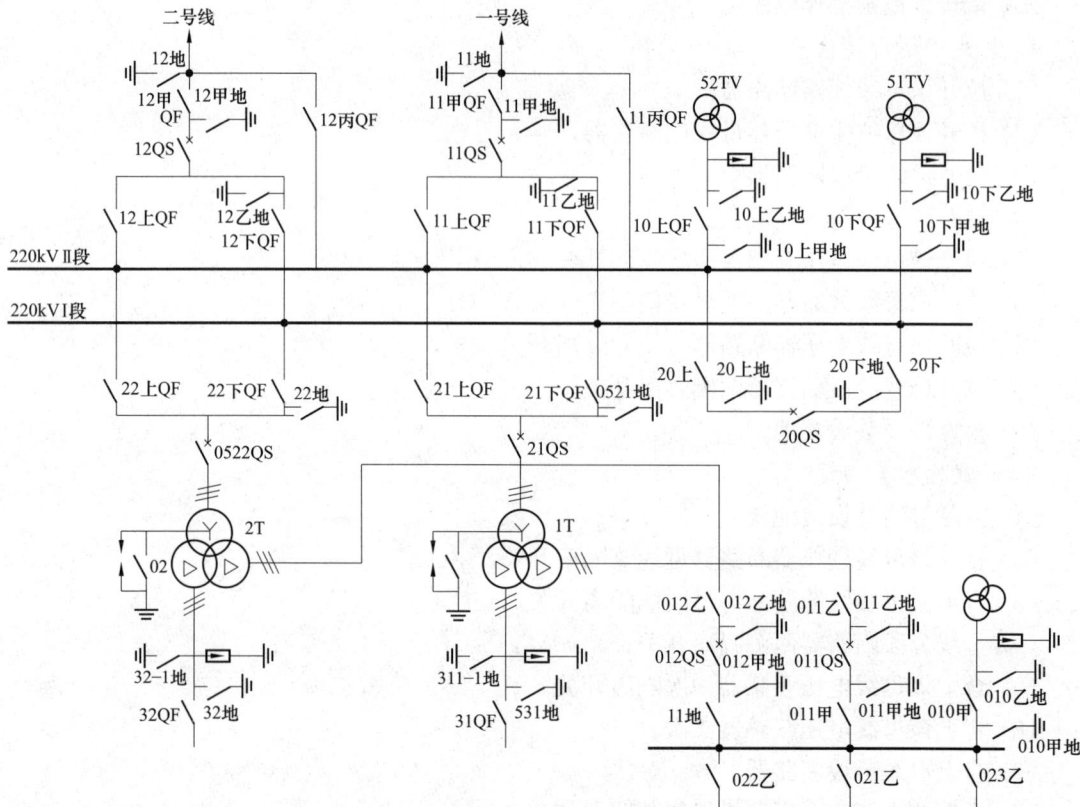

图 13-2 双母线接线图

架及占地面积、投资费用都相应增加；同时由于配电装置的复杂性，在改变运行方式倒闸操作时容易发生误操作，且不宜实现自动化；尤其当母线故障时，须短时切除较多的电源和线路，这对特别重要的大型发电厂和变电站是不允许的。

二、双母线倒闸操作一般规定

（1）母线操作时，应根据继电保护的要求调整母线差动保护运行方式。（倒母线操作应将母差保护的选择元件退出，即投入互联连接片）。

（2）倒母线必须取下母联断路器控制熔断器，应将母联断路器设置为死断路器。保证母线隔离开关在并、解时满足等电位操作的要求。

（3）在母线隔离开关的拉、合过程中，如可能发生较大弧光时，应依次先合靠母联断路器最近的母线隔离开关，拉闸的顺序则与其相反。

（4）运行设备倒母线操作时，母线隔离开关必须按"先合后拉"的原则进行。

（5）在停母线电压互感器操作时，应先断开电压互感器二次空气开关或熔断器，再拉开一次隔离开关。

（6）母联断路器停电，应按照断开母联断路器、拉开停电母线侧隔离开关、拉开运行母线侧隔离开关的顺序进行操作。复电时按相反的顺序进行操作。

（7）对母线充电的操作，一般情况下应带电压互感器直接进行充电操作。可能发生谐振的除外。

（8）仅进行热备用间隔设备的倒母线操作时，应先将该间隔隔离开关操作到冷备用状态，然后再操作到另一组运行母线热备用。

（9）拉母联断路器前，母联断路器的电流表应指示为零。应检查母线隔离开关辅助触点、位置指示器切换正常。防止"漏"倒设备或从母线电压互感器二次侧反充电，引起事故

（10）对于母联断路器带有断口均压电容，并可能与母线电磁式电压互感器构成谐振的，母线停电操作时，应先停母线电压互感器，再操作断开母联断路器。充电时按相反的顺序进行操作。

（11）退出某保护功能连接片时，应先退出出口连接片，再退出功能连接片（或切换开关）。投入某保护功能连接片时，应先投入功能连接片（或切换开关），再投入出口连接片。

（12）用母联断路器对母线充电时，应投入母联断路器充电保护，充电正常后退出充电保护。

（13）对于双母线接线，用隔离开关辅助触点作为电压回路和电流回路切换的，合上、拉开隔离开关后，应检查电压回路和电流回路切换正确。

三、双母线接线倒母线操作顺序

（1）双母线接线的倒母线操作前应停用母联断路器控制电源并检查母联断路器确在合闸位置，防止操作中母联断路器突然断开破坏等电位条件后造成带负荷拉合隔离开关。

（2）双母线接线的倒母线操作前应投入母差保护的手动互联回路，使母差保护按照无选择方式投入，确保在倒母线操作过程中发生故障母差保护可以将全部单元切除，操作完毕后停用手动互联回路。

（3）双母线接线的倒母线操作时，应首先合上运行母线隔离开关，再拉开原运行母线隔离开关，防止造成带负荷拉隔离开关。倒换操作过程中应同时切换电压回路及相应的保护回路，如电能表电压开关、电压切换连接片、低频低压减载装置电压开关等。倒换操作后必须检查母差保护盘相应隔离开关切换指示正确，防止因二次切换不良引起母差保护不正确动作。

（4）双母线接线的一段母线停电前，应停用可能误动的保护和自动装置，如停用母差保护相应母线的电压闭锁回路，停用故障录波器相应母线的电压启动回路。母线恢复正常方式后将保护及自动装置按照正常方式投入。

（5）双母线接线的一段母线停电，拉开母联断路器前应检查母联电流指示为零，防止误切负荷。拉开母联断路器后应立即检查母线电压指示正确。

（6）一段母线停电前应检查两段母线电压互感器二次并列开关确在断开位置，防止运行母线电压二次回路向停电母线返送电。母线停电后应取下母线电压互感器二次熔断器或断开二次开关。

（7）母线停电后，根据检修任务在母线上装设接地线或合上接地刀闸。电压互感器本身有工作，应在电压互感器上装设接地线或合上接地刀闸。

（8）母线检修后送电前应检查母线上所有检修过的母线隔离开关确在断开位置，防止向其他设备误充电。

（9）双母线接线利用母联断路器向一段母线充电前应投入母线充电保护，充电良好后立即将充电保护停用，防止双母线运行中充电保护误动。单母线分段利用分段断路器向一段母线充电前，应投入分段断路器保护及变压器跳分段断路器的连接片，充电良好后立即停用，防止运行中分段断路器保护误动。

四、母线检修操作步骤

1. 母线由运行转为冷备用的主要操作步骤

（1）投入母差保护屏的互联连接片。

（2）取下母联断路器的操作电源熔断器。

（3）检查母联断路器在合位。

（4）检查不需停电的一组母线侧隔离开关在合上位置。

（5）合上负荷线路（及主变压器）不需停电的一组母线侧隔离开关。

（6）检查其在合上位置。

（7）检查所有线路（及主变压器）不需停电的一组母线侧隔离开关的辅助触点用作电压回路的切换正确；（如不拉开隔离开关不能检查电压回路的切换正确，拉开隔离开关后检查）。

（8）拉开线路（及主变压器）需停电的一组母线侧隔离开关。

（9）检查需停电的一组母线侧隔离开关在拉开位置。

（10）合上（投入）母联断路器的操作电源空气开关（熔断器）。

（11）检查母联断路器电流为零。

（12）断开母联断路器。

（13）检查母联断路器在分闸位置。

（14）拉开母联断路器停电母线侧隔离开关。

（15）拉开母联断路器运行母线侧隔离开关。

（16）断开（取下）母联断路器的操作电源空气开关（熔断器）。

（17）断开停电母线上的电压互感器二次空气开关。

（18）拉开停电母线上的电压互感器一次隔离开关。

＊注意：检查隔离开关的辅助触点作为判断电流回路和电压回路的切换是否正常的工作，也可以在每操作完一组隔离开关之后进行检查。

2. 停电母线由冷备用转为原方式运行的主要操作步骤

（1）合上停电母线上的电压互感器一次隔离开关。

（2）检查停电母线上的电压互感器一次隔离开关在合上位置。

（3）在确认停电电压互感器的二次与运行的电压互感器的二次电压回路完全隔离的情况下，合上停电母线上的电压互感器二次空气开关。

（4）合上（投入）母联断路器的操作电源空气开关（熔断器）。

（5）检查母联断路器在分闸位置。

（6）合上母联断路器运行母线侧隔离开关。

（7）检查母联断路器运行母线侧隔离开关在合上位置。

（8）合上母联断路器停电母线侧隔离开关。

（9）检查母联断路器停电母线侧隔离开在合上位置。

（10）投入母联断路器的充电保护连接片。

（11）合上母联断路器。

（12）检查母联断路器在合闸位置。

（13）检查复电的母线充电正常，母线电压指示正常。

（14）退出母联断路器的充电保护连接片。

（15）将母差保护改为非选择性方式（如：投入母差保护屏的互联连接片）。

（16）断开（取下）母联断路器的操作电源空气开关（熔断器）。

（17）按原运行方式合上负荷线路（及主变压器）需转移的复电母线侧隔离开关。

（18）按每合上一负荷线路（及主变压器）需转移的复电母线侧隔离开关，即检查其在合上位置，逐一检查需转移的复电母线侧隔离开关在合上位置。

（19）检查所有负荷线路（及主变压器）需转移的复电母线侧隔离开关的辅助触点用作电流回路和电压回路的切换正确。

（20）按原运行方式拉开负荷线路（及主变压器）需转移的母线侧隔离开关。

（21）按每拉开一负荷线路（及主变压器）需转移的母线侧隔离开关，即检查其在拉开位置，逐一检查需转移的母线侧隔离开关在拉开位置。

（22）检查所有负荷线路（及主变压器）需转移的母线侧隔离开关的辅助触点用作电流回路和电压回路的切换正确。

（23）合上（投入）母联断路器的操作电源空气开关（熔断器）。

（24）将母差保护改为选择性方式（如：退出母差保护屏的互联连接片）。

注意：检查隔离开关的辅助触点作为判断电流回路和电压回路的切换是否正常的工作，也可以在每操作完一组隔离开关之后进行检查。

五、双母线倒闸操作注意事项

1. 母线停电的注意事项

双母线接线中当停用一组母线时，要防止另一组运行母线电压互感器二次倒充停用母线而引起次级熔断器熔断或自动开关断开使继电保护失压引起误动作。在倒母线后，应先拉开空出母线上电压互感器次级开关，后拉开母联断路器，再拉开空出母线上电压互感器一次隔离开关。

拉母联断路器（母线失电）前，必须做到以下几点：

（1）对停电的母线再检查一次，检查母联电流表指示为零，确保停用母线上隔离开关已全部断开，防止因漏倒而引起停电事故。

（2）如母联断路器设有断口均压电容的，为了避免拉开母联断路器后，可能与该母线电压互感器的电感产生串联谐振而引起过电压，宜先停用电压互感器（破坏构成谐振的条件），再拉开母联断路器；复役时相反。如果是电容式电压互感器便可先停母线后停电压互感器。

2. 母线送电的注意事项

（1）向母线充电，应使用具有反映各种故障类型的速动保护的断路器进行。在母线充电前，为防止充电至故障母线可能造成系统失稳，必要时先降低有关线路的潮流。

（2）用变压器向 220kV、110kV 母线充电时，变压器中性点必须接地。

（3）向母线充电时，应注意防止出现铁磁谐振或因母线三相对地电容不平衡而产生的过电压。

3. 进行倒母线操作时的注意事项

（1）应将母线保护的选择元件退出（破坏方式），避免在转移电路的过程中，可能因某种原因造成母联断路器误跳闸而引起事故。

（2）倒母线操作时，母联断路器应合上，并取下母联断路器的控制熔断器，这是保证倒母线操作过程中母线隔离开关等电位和防止母联断路器在倒母线过程中自动跳闸而引起带负荷拉、合隔离开关的重要技术措施。

（3）倒母线操作中母线隔离开关的操作有两种方法：其一是合上一组备用的母线隔离开关之后，就立即拉开相应一组工作的母线隔离开关；其二是先合上所要操作的全部备用的母线隔离开关之后，再拉开全部工作的母线隔离开关。选用哪一种操作方法，各变电所可视具体情况，本着安全、方便的原则而定。

（4）注意母差保护运行方式的改变。倒母线完毕后，根据运行方式确定母差工作方式。

（5）倒母线操作时必须考虑各组母线上电源与负荷分布是否合理，尽量限制通过母联断路器的潮流在规定的允许范围内。

（6）尽量避免在母差保护停用时进行母线侧隔离开关的操作。

4. 母线电压互感器操作注意事项

（1）双母线并列运行时，当一组电压互感器需单独停用时，如该母线上仍有断路器运行，则在另一组电压互感器容量足够的前提下，可将两组电压互感器二次并列。但停用电压互感器的二次自动开关必须停用。

（2）母线电压互感器检修后或新投前，必须先"核相"，以免由于相位错误，而使两母线电压互感器二次并列时引起短路。

（3）母线电压互感器停运后，其不能切换至其他母线的负载并失电，此时应注意：操作前运行人员应将相应母线的电容器开关操作至分闸状态，将所在母线的线路低周减载保护停用，将故障录波器相关回路停用，但备投、距离保护等装置的停用应在调度命令下执行。

六、双母线侧路送电原则

线路断路器出现故障而不能正常操作时，或线路保护故障或更换，具有母联兼旁路断路器的厂、站，可以采用旁路带出线方式，使故障断路器脱离电网（注意停用并联断路器的直流操作电源）；用母联断路器串带故障断路器，故障断路器加锁；然后拉开对侧断路器和本侧母联断路器，使故障断路器停电。

如果线路不允许停电，可经侧路隔离开关或跨接线方式，将故障断路器退出运行，以有侧路隔离开关为例进行说明。

（一）母差为固定连接方式的母线保护侧路送电原则程序

1. 线路由本线路改至侧路送电原则顺序

（1）母差保护入"非选择"。

（2）拉开母联断路器操作直流，将上母线所有元件倒至下母线。

（3）合上母联断路器操作直流，拉开母联断路器（上母线停电）。

（4）合上被带线路侧路隔离开关（上母线充电）。

（5）投入母联断路器保护与被带线路断路器保护相同。

（6）母线差动保护电流回路改线。

（7）将被带线路切换高频保护改至侧路位置。

（8）合上母联断路器。

（9）拉开被带线路断路器。

（10）被带线路断路器做检修措施。

2. 线路由侧路改至本线路送电原则顺序

（1）投入被带线路断路器保护。

（2）将被带线路隔离开关恢复至下母线位置。

（3）合上被带线路断路器。

（4）将被带线路切换高频保护改至本线路位置。

（5）拉开母联断路器，拉开被带线路侧路隔离开关（上母线停电）。

（6）母线差动保护电流回路改线。

（7）合上母联断路器（上母线充电）。

（8）拉开母联断路器操作直流，220kV 母线恢复固定连接。

（9）退出母联断路器保护。

（10）合上母联断路器操作直流，母线差动保护入"有选择"。

（二）比率式母差保护线路侧路送电原则程序

1. 线路由本线路改至侧路送电原则顺序

（1）母差保护互联连接片投入。

（2）拉开母联断路器操作直流，倒系统至只有被带线路在上母线。

（3）合上母联断路器操作直流，投入母联断路器保护与被带线路断路器保护相同。

（4）母差保护互联连接片退出。

（5）退出第一套纵联（切换）保护。

（6）将被带线路第一套纵联（切换）保护改至侧路位置。

（7）投入第一套纵联（切换）保护，退出第二套纵联（本线）保护。

（8）拉开被带线路断路器操作直流，合上侧路隔离开关。

（9）合上被带线路断路器操作直流，拉开被带线路断路器。

（10）被带线路断路器做检修措施。

2. 线路由侧路改至本线路送电原则顺序

（1）投入被带线路断路器保护。

（2）将被带线路隔离开关恢复至上母线位置。

（3）合上被带线路断路器。

（4）拉开被带线路断路器操作直流，拉开被带线路侧路隔离开关。

（5）合上被带线路断路器操作直流。

（6）投入第二套纵联（本线）保护，退出第一套纵联（切换）保护。

（7）将被带线路第一套纵联（切换）保护改至本线位置。

（8）投入第一套纵联（切换）保护。

（9）母差保护互联连接片投入。

（10）拉开母联断路器操作直流，220kV 母线恢复固定连接。

（11）退出母联断路器保护，合上母联断路器操作直流。

（12）母差保护互联连接片退出。

（三）对旁路带操作中采用旁路隔离开关操作的注意事项

（1）母联断路器保护定值按所带断路器的旁路保护相应定值单调整，旁路断路器保护投入方式应与待停出线断路器保护相一致（包括相间距离、接地距离、方向零序、失灵保护及单相重合闸等），若不一致时，常规保护应通知维护人员更改，微机保护则由运行人员更改。

（2）两套保护的线路侧路送电时，及时将可切换的保护切换至母联运行，切换前将保护停用，切换后检查无误投入运行。

（3）切换电流端子一定要先短接后断。防止电流回路开路。

（4）线路断路器方向高频（高频相差）保护由跳闸改为停用（双高频可以切换时，可切换的进行切换）。

（5）合上所带出线断路器的旁路隔离开关，旁路断路器运行后出线断路器转热备用，进行切换保护由出线切至旁路断路器运行，出线断路器转冷备用后再转检修。

（6）使用隔离开关环并环解必须保证环内断路器为死连接，即拉开断路器的操作直流。防止带负荷拉开（合上）隔离开关。

（7）倒母线应考虑各组母线的负荷与电源分布的合理性。

（8）母联电字必须及时记录。

（9）与断路器并联的旁路隔离开关，当断路器合上时，可以拉合断路器的旁路电流。

（10）220kV倒母线操作，若采用热倒方式，应先合上母联断路器并将其改为非自动，以等电位方法进行隔离开关的操作，须遵循先合后拉的原则；如果是冷倒母线，隔离开关的操作须遵循先拉后合的原则。

第五节　桥型接线的倒闸操作

一、桥型接线及特点

（一）内桥接线及特点

图12-3所示为内桥接线。桥式连接断路器3QF接于变压器侧，另外两台断路器1QF、2QF接在引出线侧，其接线特点如下。

（1）线路故障时，仅故障线路断路器跳闸，其余三条支路可继续工作。

（2）变压器故障时，本侧出线和桥路联络断路器跳闸，本侧未故障线路停电，需经倒闸操作才能恢复无故障线路供电。

（3）变压器停送电时，操作复杂。

（二）外桥接线及特点

图13-4所示为外桥接线。桥式连接断路器3QF接在线路侧，另外两台断路器1QF、2QF接在变压器回路侧，其特点如下。

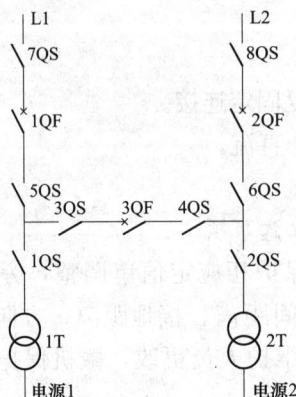

图13-3　内桥型接线　　　　　　图13-4　外桥型接线

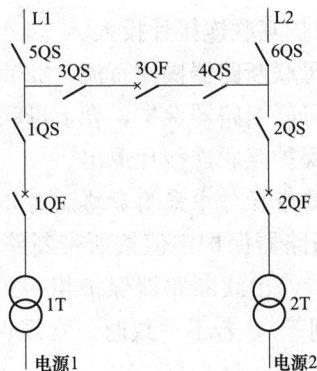

（1）变压器发生故障，仅故障变压器支路断路器跳闸，其余三条支路照常工作。

（2）线路故障，本侧变压器和桥路联络断路器跳闸，并切除本侧一台主变压器，需经倒闸操作，才能恢复无故障变压器供电。

（3）线路停送电时，操作复杂。

二、桥型接线倒闸操作的原则

（1）外桥线路停、送电时，在拉、合线路隔离开关前要同时检查相邻两个断路器确在开位（1QF、3QF 或 2QF、3QF）。

（2）外桥接线当一条线路停电时，应考虑另一条线路能否带全部负荷。

（3）变压器停、送电时，在拉合主变压器隔离开关前要同时检查相邻两个断路器确在开位（1QF、3QF 或 2QF、3QF）。

（4）内、外桥线路及主变压器停电应按现场规程考虑相应保护的变动。

三、桥型接线刀闸操作的步骤

（一）内桥接线停、送电操作步骤

1. 线路（L1）停电，断路器（1QF）由运行转检修的操作步骤

（1）拉开线路（L1）断路器（1QF）。

（2）拉开线路（L1）断路器（1QF）两侧隔离开关（7QS、5QS）。

（3）拉开线路（L1）断路器操作直流熔断器、动力熔断器。

（4）做相应保护变动。

（5）布置安全措施。

2. 线路（L1）送电，断路器（1QF）由检修转运行的操作步骤

（1）拆除安全措施。

（2）合上线路（L1）断路器的操作直流熔断器、动力熔断器。

（3）合上线路（L1）断路器（1QF）两侧隔离开关（5QS、7QS）。

（4）合上线路（L1）断路器（1QF）。

（5）做相应保护变动。

3. 变压器（1T）由运行转检修的操作步骤

（1）拉开桥连接断路器（3QF）。

（2）拉开线路（L1）断路器（1QF）。

（3）拉开变压器（1T）的隔离开关（1QS）。

（4）合上线路（L1）断路器（1QF）。

（5）合上桥连接断路器 3QF。

（6）布置安全措施。

4. 变压器（1T）由检修转运行的操作步骤

（1）拆除安全措施。

（2）拉开桥连接断路器（3QF）。

（3）拉开线路断路器（1QF）。

（4）合上变压器（1T）隔离开关（1QS）。

（5）合上线路（L1）断路器（1QF）。

（6）合上桥连接断路器（3QF）。

（二）外桥接线停、送电的操作步骤

1. 线路（L1）由运行转检修的操作步骤

（1）将变压器（1T）负荷转移。

（2）拉开桥连接断路器（3QF）。

（3）拉开变压器（1T）断路器（1QF）。

（4）拉开线路（L1）隔离开关（5QS）。

（5）合上桥连接断路器（3QF）。

（6）合上变压器（1T）断路器（1QF）。

（7）做相应保护变动。

（8）布置安全措施。

2. 线路（L1）由检修转运行的操作步骤

（1）拆除安全措施。

（2）将变压器（1T）负荷转移。

（3）拉开桥连接断路器（3QF）。

（4）拉开变压器（1T）断路器（1QF）。

（5）合上线路（L1）隔离开关（5QS）。

（6）合上桥连接断路器（3QF）。

（7）合上变压器（1T）断路器（1QF）。

（8）做相应保护变动。

3. 变压器 1B 由运行转检修的操作步骤

（1）拉开变压器（1T）断路器（1QF）。

（2）拉开变压器（1T）的隔离开关（1QS）。

（3）拉开变压器（1T）断路器操作直流熔断器、动力熔断器。

（4）布置安全措施。

4. 变压器（1T）送电由检修转运行的操作步骤

（1）拆除安全措施。

（2）合上变压器（1T）断路器（1QF）操作直流熔断器、动力熔断器。

（3）合上变压器（1T）的隔离开关（1QS）。

（4）合上变压器（1T）断路器（1QF）。

第六节　角形接线的倒闸操作

一、角形接线及特点

角形接线没有集中的母线，相当于把单母线用断路器按电源和引出线的数目分段，且连接成闭合的环形，如图13-5和图13-6所示。这种接线中每两台断路器之间引出一条回路，每一回路中不装设断路器，仅装隔离开关。

1. 角形接线的优点

（1）平均每条出线一台断路器，较双母线接线省一台断路器，并具有双母线接线的特点，经济灵活可靠。

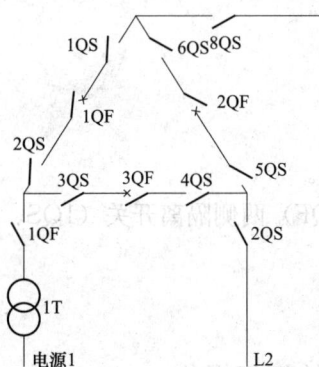

图 13-5 三角形接线

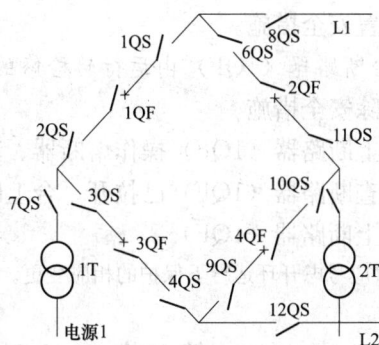

图 13-6 四角形接线

（2）任一断路器检修全部电源和负荷仍可继续工作，不影响供电。

（3）所有隔离开关只用于检修时隔离电源，易于实现自动化控制。

2. 角形接线的缺点

（1）检修任一断路器或刀闸将打开环行接线，此时发生故障会造成分割运行，降低供电可靠性。

（2）电器设备不能按每一回路的工作电流来选择，可能造成总造价偏高。

（3）由于运行方式的变化，使继电保护装置配置及整定复杂。

二、角形接线刀闸操作的原则

（1）线路、主变压器停、送电在拉合线路断路器、主变压器隔离开关前应检查两个有关断路器确在开位。

（2）线路停电、任一断路器停电要考虑负荷分配是否合理，是否有过负荷现象。

（3）线路停电、解环运行应按现场规程考虑相应保护的变动。

三、角形接线倒闸操作的步骤

（一）角形接线出线（变压器）停、送电操作的步骤

1. 角形接线出线（L1）停电操作步骤

（1）拉开线路（L1）相邻两断路器（1QF、2QF）。

（2）拉开线路（L1）隔离开关 8QS。

（3）合上线路（L1）相邻两断路器（1QF、2QF）。

（4）布置安全措施。

2. 角形接线变压器（1T）送电操作步骤

（1）拆除安全措施。

（2）拉开变压器（1T）相邻两断路器（1QF、3QF）。

（3）合上主变压器（1T）隔离断路器（7QS）。

（4）合上变压器（1T）相邻两断路器（1QF、3QF）。

（二）某台断路器（1QF）停、送电操作的步骤

1. 某台断路器（1QF）由运行转检修的操作步骤

（1）拉开该断路器（1QF）。

（2）拉开该断路器（1QF）两侧隔离断路器（1QS、2QS）。

（3）拉开断路器（1QF）操作熔断器、动力熔断器。

（4）布置安全措施。

2. 某台断路器（1QF）由运行转检修的操作步骤

（1）拆除安全措施。

（2）合上断路器（1QF）操作熔断器、动力熔断器。

（3）检查断路器（1QF）已拉开，合上断路器（1QF）两侧隔离开关（1QS、2QS）。

（4）合上断路器（1QF）。

注：此时应考虑开环运行下保护的相应变更。

第七节　3/2 形接线出线的倒闸操作

一、3/2 形接线及特点

3/2 形接线也叫一个半断路器接线，每回线路由两个断路器供电形成环形接线。3/2 形接线图如图 13-7 所示，其特点如下。

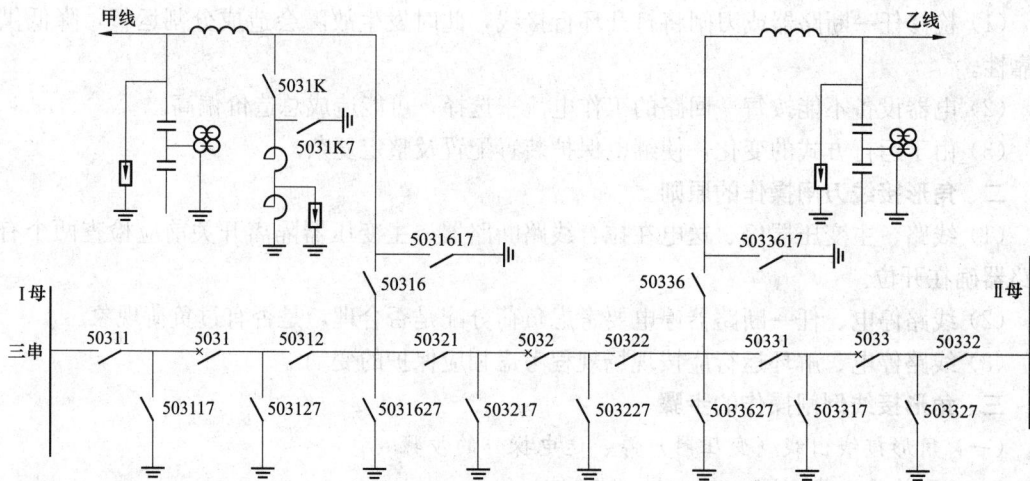

图 13-7　3/2 形接线出线图

（1）有高度可靠性。每一回路由两台断路器供电，发生母线故障时只跳与母线相连的断路器，任何回路不停电。

（2）运行调度灵活。正常时两组母线和全部断路器都投入工作，从而形成环型供电，运行调度灵活。

（3）操作检修方便，不敷设专用旁路。隔离开关只作为检修时隔离电源，减少误操作的发生；断路器检修时不需要旁路的倒闸操作；母线检修时，回路不需要切换。

（4）由于每个回路接两台断路器，中间断路器接两个回路，使继电保护配置及二次回路复杂。

二、3/2 形接线出线的操作原则

（1）线路停送电的操作次序是：停电时先断开联络断路器，后断母线断路器，隔离开关由负荷侧逐步拉向母线侧；送电时与此相反。合环操作一般用联络断路器进行。

（2）线路停电后需要恢复完整串运行时，要求投入短引线保护，用以保护两断路器间的引线。

（3）线路停电后不需要恢复完整串运行时，要注意保护的变动，此时应投入相关线路的停讯并联连接片。

（4）带有电抗器的线路停电时，应先合线路出口接地刀闸，后拉并联电抗器刀闸，防止电抗器放电。恢复送电时要先投入并联电抗器。

三、3/2 形接线出线倒闸操作的步骤

线路停送电类型按串运行方式分为线路停电后不恢复完整串运行和线路停电后恢复完整串运行；按有无并联电抗器分为带并联电抗器线路的停送电操作和不带并联电抗器线路的停送电操作。

（一）线路停、送电不恢复完整串倒闸操作的步骤

1. 线路由运行转检修不恢复完整串的操作步骤

（1）拉开该线路串上联络断路器。

（2）拉开该线路母线侧断路器。

（3）拉开该线路出口隔离开关。

（4）汇报调度。

（5）布置安全措施。

（6）保护做相应变动。

2. 线路由检修转运行恢复完整串的操作步骤

（1）联系调度。

（2）拆除安全措施。

（3）合上该线路出口隔离开关。

（4）合上该线路母线侧断路器。

（5）合上该线路串上联络断路器。

（6）保护恢复正常运行方式。

（二）线路停、送电恢复完整串倒闸操作的步骤

1. 线路由运行转检修恢复完整串的操作步骤

（1）拉开该线路串上联络断路器。

（2）拉开该线路母线侧断路器。

（3）拉开该线路出口隔离开关。

（4）合上该线路母线侧断路器。

（5）合上该线路串上联络断路器。

（6）汇报调度。

（7）布置安全措施。

2. 线路由检修转运行恢复完整串的操作步骤

（1）联系调度。

（2）拆除安全措施。

（3）拉开该线路串上联络断路器。

（4）拉开该出线母线侧断路器。

（5）合上该线路出口隔离开关。

（6）合上该线路母线侧断路器。

（7）合上该线路串上联络断路器。

（8）汇报调度。

注：①当接线串中出线退出要恢复完整串运行时，要检查短引线保护投入良好；②带并联电抗器线路的停、送电操作步骤与上面不带电抗器线路基本相同，所不同的是要注意电抗器停、送电的操作顺序。

四、3/2 形接线出线倒闸操作的实例

（1）操作任务：500kV 甲线及电抗器由运行转检修，恢复完整串运行。

1）拉开三串联络 5032 断路器。

2）拉开甲线 5031 断路器。

3）联系调度。

4）检查 5032 断路器在开位。

5）检查 5031 断路器在开位。

6）拉开甲线 50316 隔离开关。

7）联系调度。

8）合上甲线 5031 断路器。

9）检查 5031 断路器在合位。

10）合上三串联络 5032 断路器。

11）检查 5032 断路器在合位。

12）联系调度。

13）在甲线 A 相 50316 隔离开关线路侧验电确无电压。

14）合上甲线 A 相 5031617 刀闸。

15）在甲线 B 相 50316 隔离开关线路侧验电确无电压。

16）合上甲线 B 相 5031617 刀闸。

17）在甲线 C 相 50316 隔离开关线路侧验电确无电压。

18）合上甲线 C 相 5031617 刀闸。

19）拉开甲线并联电抗器 5031K 隔离开关。

20）在甲线并联电抗器 A 相 5031K 隔离开关电抗器侧验电确无电压。

21）合上甲线并联电抗器 A 相 5031K7 刀闸。

22）在甲线并联电抗器 B 相 5031K 隔离开关电抗器侧验电确无电压。

23）合上甲线并联电抗器 B 相 5031K7 刀闸。

24）在甲线并联电抗器 C 相 5031K 隔离开关电抗器侧验电确无电压。

25）合上甲线并联电抗器 C 相 5031K7 刀闸。

26）拉开甲线电压互感器二次熔断器。

27）停用甲线并联电抗器保护切三串断路器及远跳连接片。

（2）操作任务：500kV 甲线及电抗器由检修转运行，恢复完整串运行。

1）拉开甲线并联电抗器 A 相 5031K7 刀闸。

2）拉开甲线并联电抗器 B 相 5031K7 刀闸。

3）拉开甲线并联电抗器 C 相 5031K7 刀闸。

4）合上甲线并联电抗器 5031K 隔离开关。

5）拉开甲线 A 相 5031617 刀闸。

6）拉开甲线 B 相 5031617 刀闸。

7) 拉开甲线 C 相 5031617 刀闸。

8) 投入甲线电压互感器二次熔断器。

9) 拉开三串联络 5032 断路器。

10) 拉开甲线 5031 断路器。

11) 检查 5032 断路器在开位。

12) 检查 5031 断路器在开位。

13) 合上甲线 50316 隔离开关。

14) 投入甲线并联电抗器保护切三串断路器及远跳连接片。

15) 合上甲线 5031 断路器。

16) 合上三串联络 5032 断路器。

第八节 3/2 形接线母线的倒闸操作

3/2 形接线母线图如图 13-8 所示。

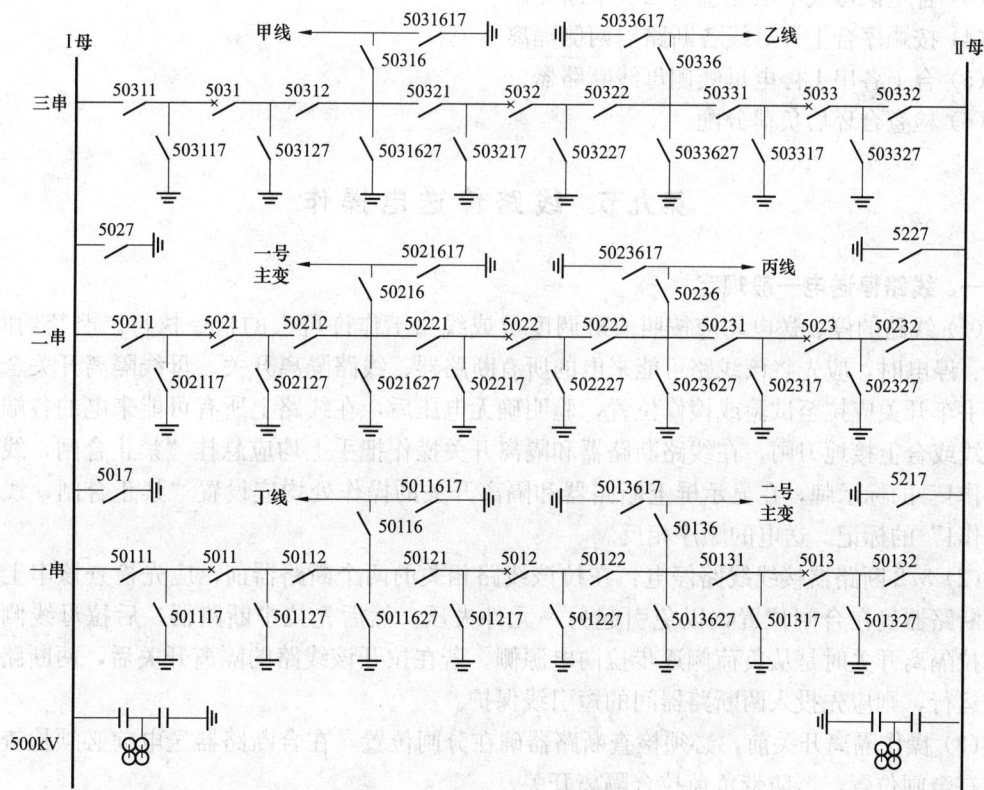

图 13-8 3/2 形接线母线图

一、3/2 形接线母线倒闸操作的原则

（1）母线投、停操作顺序：停电时先依次拉开该母线上所有断路器，然后再拉开该母线各断路器两侧隔离开关。送电时与此相反。

（2）母线充电时要用断路器进行，并投入充电保护。不允许用隔离开关拉、合母线。

（3）母线上接有的单相电压互感器，停电时应拉开其二次熔断器。投入停电断路器微机保护并联停讯连接片，停用停电断路器启动失灵连接片。

（4）母线停电后要注意检查负荷分配情况。

二、3/2 形接线母线倒闸操作的步骤

1. 3/2 形接线母线由运行转检修的操作步骤

（1）拉开各串上该母线侧母线断路器。

（2）检查解环后负荷分配情况。

（3）按顺序拉开该母线各断路器两侧隔离开关。

（4）拉开该母线电压互感器二次熔断器。

（5）做相应保护变动。

（6）布置安全措施。

2. 3/2 形接线母线由检修转运行的操作步骤

（1）拆除安全措施。

（2）做相应保护变动。

（3）合上该母线电压互感器二次熔断器。

（4）按顺序合上该母线各断路器两侧隔离开关。

（5）合上各串上停电母线侧母线断路器。

（6）检查合环后负荷分配。

第九节　线路停送电操作

一、线路停送电一般规定

（1）线路的停、送电均应按照值班调度员或线路工作许可人的指令执行。严禁约时停、送电。停电时，应先将该线路可能来电的所有断路器、线路隔离开关、母线隔离开关全部拉开，手车开关应拉至试验或检修位置，验明确无电压后，在线路上所有可能来电的各端装设接地线或合上接地刀闸。在线路断路器和隔离开关操作把手上均应悬挂"禁止合闸，线路有人工作！"的标示牌，在显示屏上断路器和隔离开关的操作处均应设置"禁止合闸，线路有人工作！"的标记。送电的顺序相反。

（2）3/2 断路器接线线路停电：在拉该线路相关的两个断路器前，应先检查该串上的另一个断路器确在合闸位置，以免引起另一元件失压。然后先拉中断路器，后拉母线侧断路器；拉隔离开关时是从负荷侧逐步拉向电源侧。若在拉开该线路的隔离开关后，两断路器仍投入运行，则应先投入两断路器间的短引线保护。

（3）操作隔离开关前，必须检查断路器确在分闸位置，在合断路器送电前必须检查隔离开关在合闸位置，严防带负荷拉合隔离开关。

（4）多端电源的线路停电检修时，必须先拉开各端断路器及相应隔离开关，然后方可装设接地线或合上接地开关，送电时顺序相反。

（5）检修后相位有可能发生变动的线路，恢复送电时应进行核相。

（6）220kV 及以上电压等级的长距离线路送电操作时，线路末端不允许带空载变压器。

二、填写线路倒闸操作票

220kV 一号线由运行转检修操作票见表 13-2。

表 13 - 2   **220kV 一号线由运行转检修操作票**

电站名称：   统一编号：

指令号			预控票编号			
发令人		受令人	发令时间		年 月 日 时 分	
操作开始时间	年 月 日 时 分		操作结束时间		年 月 日 时 分	
操作任务名称			220kV 一号线由运行转检修			

预演记号	操作记号	项目序号	项目名称	执行时间
		1	检查一号线 2205 断路器电流表计三相指示正确_____ A	
		2	联系调度，拉开一号线 2205QF 断路器	
		3	检查一号线 2205QF 断路器三相在分位	
		4	拉开一号线 22053QS 隔离开关	
		5	检查一号线 22053QS 隔离开关三相在分位〈试指令〉	
		6	检查一号线 22052QS 隔离开关三相在分位	
		7	拉开一号线 22051QS 隔离开关	
		8	检查一号线 22051QS 隔离开关三相在分位〈试指令〉	
		9	检查一号线 22054 隔离开关三相在分位	
		10	拉开一号线电压互感器二次开关	
		11	在一号线 22053 隔离开关至线路侧三相验电确无电压	
		12	联系调度，合上一号线线路侧 2205 丙接地刀闸	
		13	检查一号线线路侧 2205 丙接地刀闸三相在合位〈试指令〉	
		14	在一号线 22053QS 隔离开关至 2205QF 断路器间三相验电确无电压	
		15	合上一号线 2205 乙 QS 接地刀闸	
		16	检查一号线 2205 乙接地刀闸三相在合位〈试指令〉	
		17	在一号线 2205QF 断路器至 22052QS 隔离开关间三相验电确无电压	
		18	合上一号线 2205 甲接地刀闸	
		19	检查一号线 2205 甲接地刀闸三相在合位〈试指令〉	
		20	一号线第一套重合闸 1XB8 保护连接片由"本线"位切至"中"位	
		21	检查一号线第二套重合闸 1XB5 保护连接片在退出	
		22	退出一号线三跳启动失灵 XB1 保护连接片	
		23	退出母线保护一号线跳闸 XB14 保护连接片	
		24	退出母线保护一号线失灵 XB24 保护连接片	
		25	拉开一号线 220V 直流自动空气开关 306QK	
		26	挂牌，全面检查，汇报发令人	

备注：

操作人：   监护人：   值长：

三、线路倒闸操作注意事项

（1）线路的停电操作，应先断开线路两侧断路器，然后依次断开线路侧隔离开关、母线侧隔离开关，在整个过程中，保护应始终保持正常运行。

（2）送电时，应将线路保护投入运行正常，再合母线侧隔离开关、线路侧隔离开关、断路器。这样的操作，即使断路器由于某些原因未在断位，一般也不会导致母线停电、事故扩大。

（3）重合闸的停用和启用应根据规程使用。

（4）拉开断路器之前应检查线路潮流。

（5）线路有人作业不能将线路接地刀闸拉开，作业需要必须拉开时，应先装设一组接地线后拉开。

（6）勿使发电机在无负荷情况下投入空载线路产生自励磁。

【思考与练习】

1. 什么是热备用状态？
2. 什么是冷备用状态？
3. 倒闸操作原则是什么？
4. 倒闸操作应遵循的顺序是什么？
5. 防误闭锁装置主要实现哪五防功能？
6. 单母线分段接线的缺点有哪些？
7. 单母线倒闸操作注意事项有哪些？
8. 双母线倒闸操作注意事项有哪些？
9. 双母线停电的注意事项有哪些？
10. 桥型接线倒闸操作的原则是什么？
11. 内桥接线的特点有哪些？
12. 外桥接线的特点有哪些？
13. 角形接线刀闸操作的原则是什么？
14. 角形接线的优缺点有哪些？
15. 3/2 形接线刀闸操作的原则是什么？
16. 3/2 形接线的特点有哪些？
17. 3/2 形接线出线线路由运行转检修恢复完整串的操作步骤是什么？
18. 说明线路停送电的一般规定。
19. 线路倒闸操作的注意事项有哪些？

参 考 文 献

[1] 李启荣. 水电站机电设备运行与检修技术问答（上、下册）. 北京：中国电力出版社，1996.

[2] 刘忠源. 徐睦书. 水电站自动化. 北京：中国水利水电出版社，1998.

[3] 王铁汉. 水轮发电机组自动化和运行. 北京：中国水利水电出版社，1998.

[4] 邬承玉. 王义林. 水轮发电机组辅助设备与测试技术. 北京：中国水利水电出版社，1999.

[5] 任煜峰. 水轮发电机组值班（上、下册）. 北京：中国电力出版社，2003.

[6] 湖南省电力公司. 水电站事故（障碍）案例与分析. 北京：中国电力出版社，2004.

[7] 乔海山. 公伯峡水电厂辅助设备运行情况简介. 2005 水电厂附属设备技术进步研讨会. 珠海：中国电力企业联合会，2005.

[8] 陈国庆，谢刚，吴丹清. 水电厂运行技术问答. 北京：中国电力出版社，2005.

[9] 汤正义. 水轮机调速器机械检修. 北京：中国电力出版社，2013.

[10] 李伟清，王绍禹. 发电机故障检查分析及预防. 北京：中国电力出版社，2000.

[11] 陈化钢，张开贤，程玉兰. 电力设备异常运行及事故处理. 北京：中国水利水电出版社，2001.

[12] 刘云. 水轮发电机故障处理与检修. 北京：中国水利水电出版社，2002.

[13] 陈化钢. 电力设备运行实用技术问答. 北京：中国水利水电出版社，2002.

[14] 万千云，梁惠盈，齐立新，等. 电力系统运行实用技术问答. 北京：中国电力出版社，2003.

[15] 周统中，郑晓丹. 水电站机电运行. 郑州：黄河水利出版社，2007.

[16] 贾伟. 电网运行与管理. 北京：中国电力出版社，2007.

[17] 牟道槐. 发电厂变电站电气部分. 重庆：重庆大学出版社，1996.

[18] 许正亚. 电力系统自动装置. 北京：中国电力出版社，1990.

[19] 王维俭. 发电机变压器继电保护应用. 北京：中国电力出版社，1998.

[20] 马永翔. 电力系统继电保护. 重庆：重庆大学出版社，2004.

[21] 贺家李. 宋从矩. 电力系统继电保护原理（增订版）. 北京：中国电力出版社，2004.

[22] 张举. 微型机继电保护原理. 北京：中国电力出版社，2004.

[23] 熊为群，陶然. 继电保护自动装置及二次回路. 2 版. 北京：中国电力出版社，2000.

[24] 李基成. 现代同步发电机励磁系统设计及应用. 北京：中国电力出版社，2002.

[25] 龚在礼. 水电厂机电设备运行与管理. 郑州：黄河水利出版社，2009.

[26] 陈家斌. 电气设备运行维护及故障处理. 北京：中国水利水电出版社，2003.